Waschbär
bis 70 cm

Rotfuchs
bis 85 cm

Steinmarder
bis 48 cm

Wildkatze
bis 80 cm

Seehund
bis 200 cm

Wildschwein
bis 180 cm

Damhirsch
bis 160 cm

Alpensteinbock
bis 145 cm

Joachim Dobers
Joachim Jaenicke
Günter Rabisch

ERLEBNIS Biologie 1

Ein Lehr- und Arbeitsbuch

Schroedel

ERLEBNIS Biologie 1

Herausgegeben von
Joachim Dobers
Joachim Jaenicke
Günter Rabisch

Bearbeitet von
Konrad Bauerle
Joachim Dobers
Dr. Joachim Jaenicke
Fritz Klöckner
Hana Meuer
Günter Rabisch
Monika Semrau
Antje Starke
Annely Zeeb

unter Mitarbeit der Verlagsredaktion

Illustrationen:
Liselotte Lüddecke
Karin Mall
Tom Menzel
Heike Möller
Kerstin Ploß
Barbara Schneider-Rank

Grundlayout und Pinnwände:
Atelier *tiger*color Tom Menzel

Umschlaggestaltung:
Cordula Hofmann

ISBN 3-507-76800-3

Druck A 5 4 3 2 1 / Jahr 2003 2002 2001 2000 1999

Alle Drucke der Serie A sind im Unterricht parallel verwendbar, da bis auf die Behebung von Druckfehlern untereinander unverändert. Die letzte Zahl bezeichnet das Jahr dieses Druckes.

CHLORFREI
Gedruckt auf Papier, das nicht mit Chlor gebleicht wurde. Bei der Produktion entstehen keine chlorkohlenwasserstoffhaltigen Abwässer.

Gesamtherstellung:
Universitätsdruckerei H. Stürtz AG, Würzburg

Die Biologie beschäftigt sich mit Lebewesen

Menschen halten Tiere und sind für sie verantwortlich

Bau und Leistungen des menschlichen Körpers

Pflanzen und Tiere in der Umgebung der Schule

Bau und Leistungen der Blütenpflanzen

Wirbeltiere in ihren Lebensbereichen

Die Pubertät – Zeit der Veränderungen

Pinnwand

Hier findest du zusätzlich Bilder und Informationen zum jeweiligen Thema. Mit einem gekennzeichnete Aufgaben dazu findest du auf benachbarten Text- oder Übungsseiten.

Streifzug durch die ...

Hier findest du weitere Informationen zu Themen, die in anderen Bereichen und Fächern von Bedeutung sind.

Übung

Hier findest du Versuche, Aufgaben und Bauanleitungen, die du selbstständig oder mit deinen Mitschülerinnen und Mitschülern ausführen kannst.

Prüfe dein Wissen

Hier findest du vielfältige Aufgaben zum Wiederholen und Vertiefen der Inhalte des Kapitels.

Die Biologie beschäftigt sich mit Lebewesen

A

B

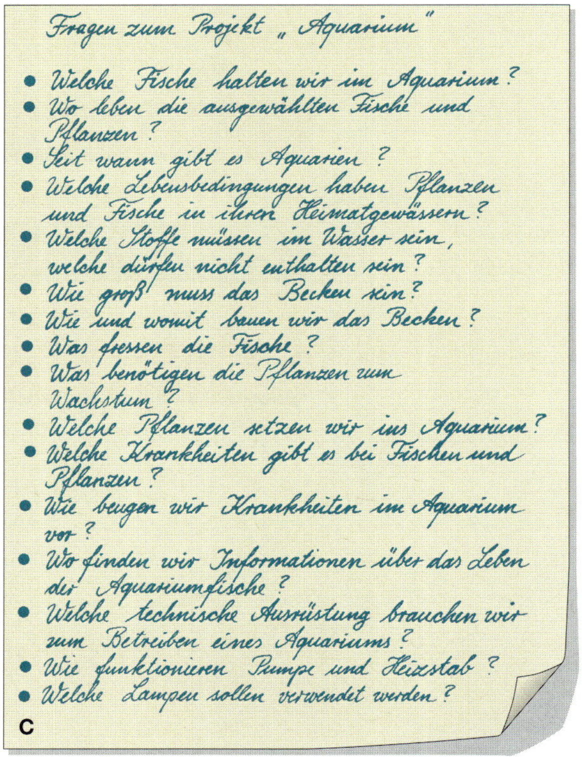

Fragen zum Projekt „Aquarium"

- Welche Fische halten wir im Aquarium?
- Wo leben die ausgewählten Fische und Pflanzen?
- Seit wann gibt es Aquarien?
- Welche Lebensbedingungen haben Pflanzen und Fische in ihren Heimatgewässern?
- Welche Stoffe müssen im Wasser sein, welche dürfen nicht enthalten sein?
- Wie groß muss das Becken sein?
- Wie und womit bauen wir das Becken?
- Was fressen die Fische?
- Was benötigen die Pflanzen zum Wachstum?
- Welche Pflanzen setzen wir ins Aquarium?
- Welche Krankheiten gibt es bei Fischen und Pflanzen?
- Wie beugen wir Krankheiten im Aquarium vor?
- Wo finden wir Informationen über das Leben der Aquariumfische?
- Welche technische Ausrüstung brauchen wir zum Betreiben eines Aquariums?
- Wie funktionieren Pumpe und Heizstab?
- Welche Lampen sollen verwendet werden?

C

1 ***Aquarium. A*** *Foto;* ***B*** *Plakat für ein Projekt;* ***C*** *Fragenkatalog zum Projekt*

1 Biologie – vernetzt mit anderen Bereichen

Petra besitzt ein kleines Aquarium. Oft sitzt sie davor und beobachtet die Fische. Gibt sie Futterflocken auf die Wasseroberfläche, kommen sie herbei und beginnen zu fressen. Einmal konnte Petra beobachten, dass ein Weibchen einen dicken Bauch hatte. Es war schwanger. Am nächsten Morgen entdeckte sie viele kleine Jungfische zwischen den Wasserpflanzen. Im Sachunterricht der Grundschule hat Petra schon einiges über das Leben von Tieren und Pflanzen erfahren. Seit einigen Tagen besucht Petra eine Realschule. Unter den vielen Unterrichtsfächern gefällt ihr **Biologie** besonders gut. Sie ist begeistert, als die Lehrerin ein kleines Aquarium mit einigen Fischen mitbringt.
Die Lehrerin schlägt vor, ein Projekt „Aquarium" durchzuführen, um noch mehr über Fische und ihre Lebensbedingungen zu erfahren. Zunächst werden von der Klasse Fragen zusammengestellt. Später werden dann Gruppen gebildet, die die einzelnen Fragen bearbeiten. Bei der Vorbereitung des Projekts treten Fragen auf, die nicht nur das Fach Biologie betreffen. So werden Kenntnisse aus Bereichen der Physik, Technik, Chemie, Erdkunde, Geschichte und auch der Medizin benötigt. Es wird deutlich, dass Fragen der Biologie fast immer mit anderen Fächern verknüpft sind. „Wie in einem Netz", denkt Petra, „hängt hier vieles zusammen."

Im Fach Biologie ergeben sich häufig Fragestellungen, die fächerübergreifend sind.

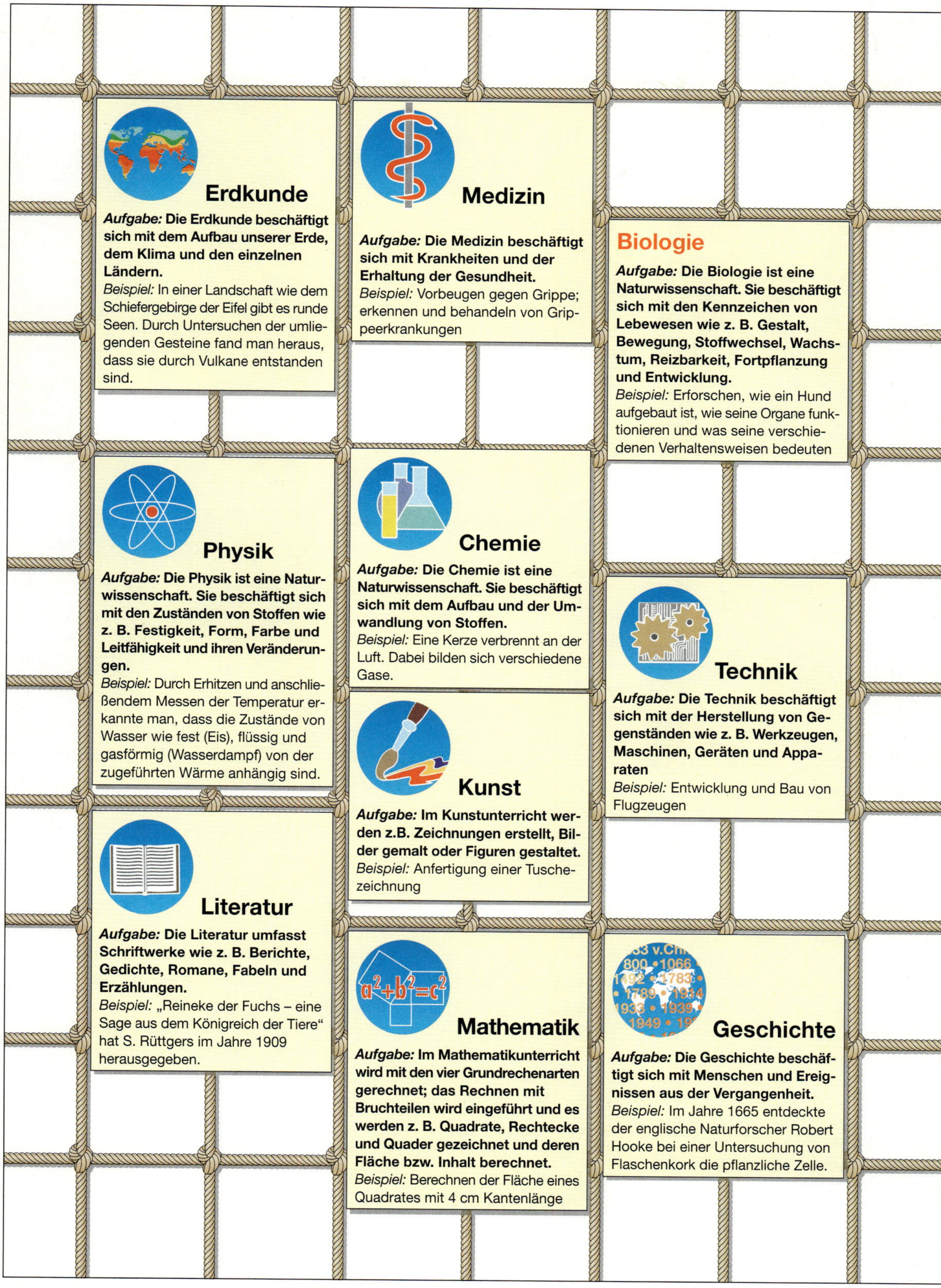

2 Die Biologie ist mit vielen Bereichen verknüpft.

*1 **Weiße Hausmaus. A–C** Mäuse mit Jungen. (Die Aufnahmen wurden in bestimmten Zeitabständen hintereinander aufgenommen.) Neugeborene Mäuse wiegen etwa ein Gramm, haben geschlossene Augen und Ohren und sind nackt. Nach zwei Wochen wiegen die Mäuse etwa sechs Gramm, können hören und sehen und haben ein kurzes Fell. Nach etwa drei Wochen ähneln sie den Elterntieren.*

2 Kennzeichen der Lebewesen

2.1 Tiere sind lebendig

Arne wünscht sich eine weiße Maus. Eines Tages schenkt ihm sein Opa eine Spielzeugmaus. Arne ist enttäuscht. Er hatte doch an eine lebendige Maus gedacht. Was kennzeichnet ein Lebewesen?

Die Spielzeugmaus hat zwar die **Gestalt** einer lebendigen Maus, doch das Fell und der Schwanz sind aus Kunststoff. Statt der Beine hat sie zwei kleine Räder. Diese können durch Aufziehen eines Uhrwerks im Inneren angetrieben werden.

Die starre **Bewegung** entspricht jedoch nicht der einer lebendigen Maus. Eine lebendige Maus läuft z. B. flink an der Wand des Käfigs entlang, hält inne, schnuppert und läuft weiter. Versucht man sie zu greifen, flüchtet sie: Sie ist also **reizbar.**

Dies kann man auch bei der Aufnahme von Nahrung beobachten: Sie schnuppert zum Beispiel erst an den Getreidekörnern, bevor sie diese frisst. Mit der Nahrung nimmt die Maus Nährstoffe auf, die sie zur Aufrechterhaltung von Lebensvorgängen wie Bewegung und Reizbarkeit benötigt. Stoffe, die sie nicht verwerten kann, werden ausgeschieden. Einen solchen **Stoffwechsel** hat keine Spielzeugmaus.

Auch neugeborene Mäuse zeigen einen Stoffwechsel: Sie saugen an den Zitzen des Muttertieres die Milch, der sie alle notwendigen Stoffe entnehmen. So wachsen sie recht schnell heran. Während dieser **Entwicklung** sehen sie den erwachsenen Mäusen immer ähnlicher.

Nach etwa sechs Wochen sind sie geschlechtsreif, das heißt, sie können sich **fortpflanzen.**

Tiere wie zum Beispiel Mäuse sind Lebewesen, da sie die Kennzeichen des Lebendigen zeigen: Gestalt, Bewegung, Reizbarkeit, Stoffwechsel und Wachstum, sowie Entwicklung und Fortpflanzung.

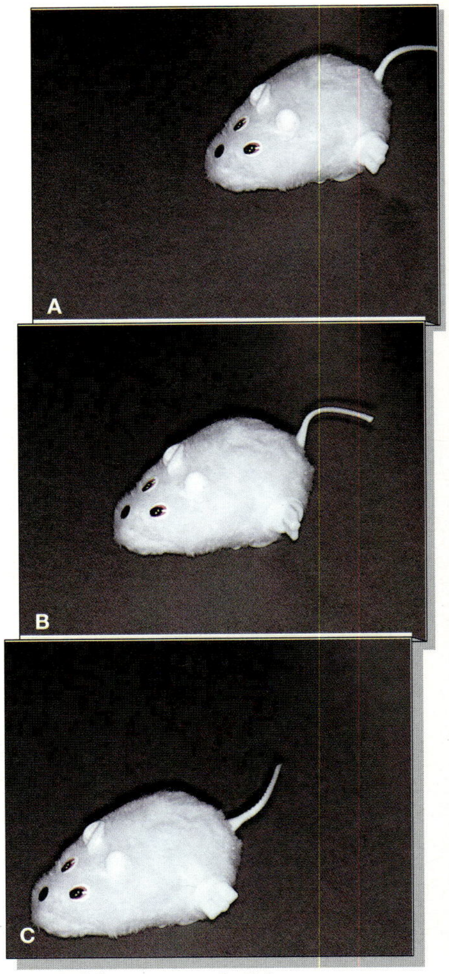

*2 **Spielzeugmaus. A–C** Bewegung nach Aufziehen des Uhrwerks (Die Aufnahmen wurden in bestimmten Zeitabständen hintereinander aufgenommen.)*

1 Welche der abgebildeten Mäuse auf dieser Seite sind lebendig? Erläutere.

2 Worin unterscheiden sich Spielzeugmaus und lebendige Maus? Fertige eine Tabelle an.

3 Welche Kennzeichen des Lebendigen zeigen die auf der Pinnwand Seite 11 dargestellten Tiere?

4 Auch der Mensch zeigt die Kennzeichen des Lebendigen. Nenne Beispiele.

5 Welches Kennzeichen des Lebendigen zeigt das linke Mädchen auf der Pinnwand Seite 11?

Pinnwand

KENNZEICHEN DES LEBENDIGEN BEI TIEREN

Name: Kohlmeise
Lebensraum: Gärten, Parks, Wälder
Lebensweise: nistet in Höhlen; Eiablage von April bis Juli (8 - 12 gefleckte Eier); zwei Bruten im Jahr; beide Eltern füttern
Nahrung: Insekten, ölhaltige Samen

Name: Goldhamster
Lebensraum: Syrische Wüste
Lebensweise: tagsüber im Bau; sammelt abends Nahrungsvorräte; Winterschläfer; 7 - 8 mal im Jahr Würfe von 6 - 12 Jungen
Nahrung: Getreidekörner, Grünpflanzen

Name: Weinbergschnecke
Lebensraum: Gebüsche, Gärten, Parks, Weinberge, kalkhaltige Gebiete
Lebensweise: nacht- und tagaktiv; meidet direkte Sonnenbestrahlung
Nahrung: Pflanzen

Name: Delfin
Lebensraum: in allen wärmeren Meeren
Lebensweise: leben in kleinen Gruppen; Delfine finden Hindernisse und Beute, indem sie Ultraschallaute ausstoßen. Diese werden von Hindernissen oder Fischen zurückgeworfen und können von den Delfinen wiederum wahrgenommen werden.
Nahrung: Fische

1 ***Geranie. A*** *Blütenstand;* ***B*** *Blütenausschnitt;* ***C–D*** *Entwicklung einer Blüte*

1 a) Welches Kennzeichen des Lebendigen zeigt die Wasserpest auf der Pinnwand Seite 13?
b) Woran erkennt man es auf dem Bild?

2 a) Welche Kennzeichen zeigen die auf der Pinnwand Seite 13 dargestellten Pflanzen?
b) Erläutere die Bildfolge beim Gänseblümchen

3 Die Mimose auf der Pinnwand Seite 13 heißt auch Sinnpflanze. Erläutere diese Bezeichnung.

2.2 Auch Pflanzen sind lebendig

Auf den ersten Blick sehen die Blüten der abgebildeten Geranien gleich aus: Die roten Kronblätter haben zwar eine ähnliche *Gestalt,* bei näherem Hinsehen entdecken wir jedoch Unterschiede: Die Blüten der linken Pflanze zeigen Einzelheiten wie Staubblätter und Stempel. Die Blüten der rechten Pflanze hingegen enthalten nur ein grünes, künstlich erscheinendes Stielstück. Die Knospen der linken Pflanze besitzen Kelchblätter mit feinen Härchen, die der rechten haben keine Kelchblätter. Betrachtet man eine Blütenknospe der linken Pflanze über eine längere Zeit, öffnet sie sich. Diese Blüten**bewegung** erfolgt durch das **Wachstum** der Kronblätter. Die Knospen der rechten Geranienpflanze verändern sich nicht.

Du hast sicherlich schon erkannt, dass die rechte Geranienpflanze nicht lebendig ist. Sie ist aus Kunststoff hergestellt. Eine künstliche Pflanze benötigt auch kein Wasser, das lebendige Pflanzen über ihre Wurzeln aufnehmen. Über ihre Blätter können lebendige Pflanzen Wasserdampf und andere gasförmige Stoffe abgeben. Sie zeigen also **Stoffwechsel.**

Aus einem abgeschnittenen Geranienstängel **entwickelt** sich wieder eine blühende Pflanze. Für diese Art der **Fortpflanzung** sind keine Blüten notwendig. Die Geranie bildet aber nach dem Blühen auch Samen aus. Aus ihnen können sich dann neue Geranienpflanzen entwickeln.

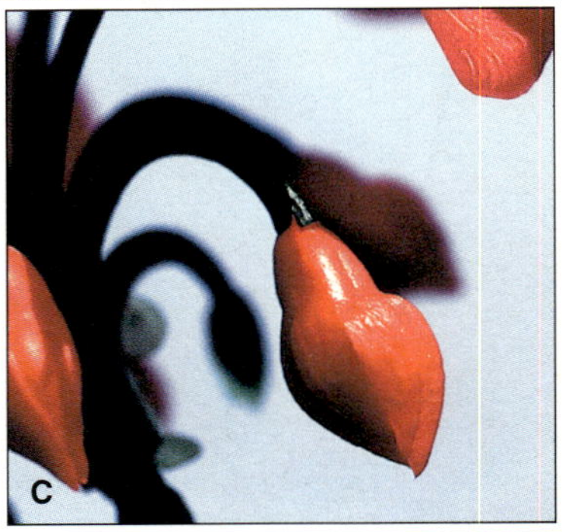

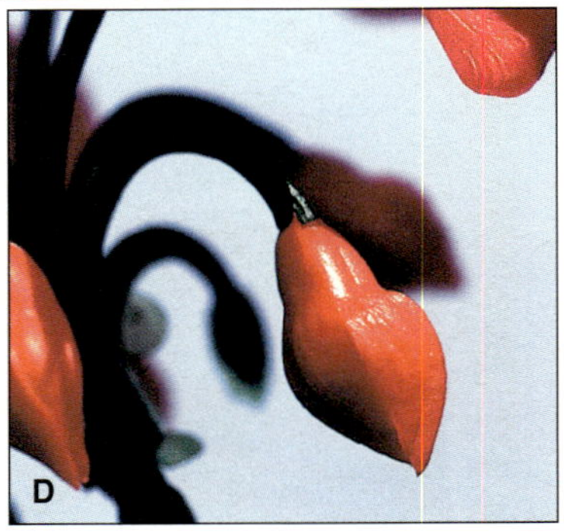

2 ***Geranie. A*** *Blütenstand;* ***B*** *Blütenausschnitt;* ***C–D*** *Knospe über einen längeren Zeitraum*

Pflanzen sind Lebewesen, da sie die Kennzeichen des Lebendigen, wie Gestalt, Bewegung, Reizbarkeit, Stoffwechsel, Entwicklung und Fortpflanzung zeigen.

Pinnwand

KENNZEICHEN DES LEBENDIGEN BEI PFLANZEN

Name: Wasserpest
Vorkommen: untergetaucht in stehenden oder fließenden Gewässern; häufig in Aquarien
Merkmale: aus abgerissenen Sprossabschnitten wachsen neue Pflanzen; benötigen Licht, Wasser, Nährsalze zum Wachstum; Pflanze gibt Gase wie Sauerstoff über Blätter und Stängel ab.

Name: Brutblatt (Bryophyllum)
Heimat: Madagaskar
Blütezeit: Mai bis August
Besonderheit: Dickblattgewächs, das an den Blatträndern winzige Pflänzchen bildet. Diese fallen zur Erde und wachsen zu großen Brutblattpflanzen heran.

Name: Mimose
Heimat: tropisches Amerika
Blütezeit: Mai bis September
Besonderheit: die handförmig gefiederten Blätter klappen bei Berührung zunächst einzeln, dann paarweise zusammen. Bei stärkeren Reizen senken sich zunächst alle Blattstiele nach unten. Erfolgt kein Reiz mehr, breitet die Pflanze ihre Blättchen allmählich wieder auseinander.

Gänseblümchen

Morgen

Mittag

Abend

Nacht

***1 Zwiebelpflanze. A** Beet; **B** Zwiebel mit Arbeitsgeräten; **C** trockenes Schuppenblatt, Aufsicht; **D** Zwiebelhälften; **E** inneres Schuppenblatt, Aufsicht; **F** Zwiebelwachstum; **G** Zwiebelscheibe*

3 Wir beschäftigen uns mit Pflanzen und Tieren

Grit hilft ihren Eltern im Garten. Als sie das Zwiebelbeet von Wildkräutern befreien will, staunt sie über die Größe der Zwiebelpflanzen. Erst vor wenigen Wochen hatte ihre Mutter Zwiebeln in die Erde gesteckt. „Wie kann sich aus einer Zwiebel eine Pflanze entwickeln?“ fragt sich Grit.

Um dieses *Problem* zu lösen, macht sich Grit einige Gedanken. Sie stellt *Vermutungen* an: Die Zwiebel könnte ein Teil der Zwiebelpflanze sein, aus dem eine neue Pflanze wächst. Es könnte aber auch sein, dass bereits die Zwiebel eine kleine Zwiebelpflanze ist, die nur zu einer größeren heranwächst. Grit beschließt, diese Vermutungen zu *überprüfen.*

Hierzu *betrachtet* sie eine Zwiebel. Sie nimmt auch ein Vergrößerungsglas, eine Lupe, zu Hilfe. Beim Drehen der Zwiebel in der Hand merkt Grit, dass sich die braunen, trockenen Schalen leicht entfernen lassen. Wie übereinanderliegende Schuppen umgeben sie die Zwiebel. Mit der Lupe entdeckt Grit parallel verlaufende, dunkle Linien, die sie an Blattadern erinnern. Sollten diese Schalen vertrocknete Blätter sein? Beim Entfernen der Schalen merkt Grit, dass sie am breiteren Ende der Zwiebel fester sitzen. Hier findet Grit auch vertrocknete Fäden, die Wurzeln ähneln. Nach innen zu werden die Schalen heller und saftiger und lassen sich nicht mehr so leicht entfernen. Blätter und Wurzeln weisen auf die Richtigkeit der zweiten Vermutung hin. Wo aber befindet sich der Stängel, an dem die Blätter sitzen?

Grit ist neugierig geworden: Sie *untersucht* das Innere der Zwiebel. Mit einem Messer schneidet sie die Zwiebel längs durch. An den Schnitthälften sieht Grit, dass die Zwiebel aus nach innen zu dicker werdenden Schalen

besteht. Alle Schalen entspringen einem scheibenförmigen Bereich, an dem auch die Wurzelfäden sitzen. Grit löst eine Schale heraus. Auch hier findet sie mit der Lupe Linien, die Blattadern ähneln. Die scheibenförmige Verdickung müßte demnach ein gestauchter Stängel sein.
Um letzte Gewissheit zu erlangen, überlegt sich Grit ein *Experiment:* Sie setzt eine Zwiebel auf ein Glas mit Wasser. Nach einigen Tagen wachsen Wurzeln in das Wasser. Grit schreibt ihre *Beobachtungen* auf, sie erstellt ein *Versuchsprotokoll.*
Bald wachsen auch grüne Blätter aus dem oberen Bereich der Zwiebel. Ihre Anlagen hatte Grit bereits am Längsschnitt gesehen. Ihre zweite Vermutung trifft also zu: Die Zwiebel ist eine vollständige kleine Zwiebelpflanze.

Grit will sogleich ihrer Freundin Meike ihre neue Entdeckung mitteilen. Meike hat jedoch ein anderes Problem. Sie und ihr Bruder haben Meerschweinchen bekommen. Nun versuchen sie aus Büchern zu erfahren, wovon sich die Tiere ernähren. Sie haben bereits erfahren, dass Meerschweinchen Nagetiere und Pflanzenfresser sind. Was sie jedoch genau fressen, haben sie noch nicht gefunden. Grit hat eine Idee: „Laßt uns doch ausprobieren, wovon sich eure Meerschweinchen ernähren!" Sie stellen Vermutungen an und planen schließlich eine Versuchsreihe, wie sie aus dem nebenstehenden Versuchsprotokoll zu entnehmen ist.

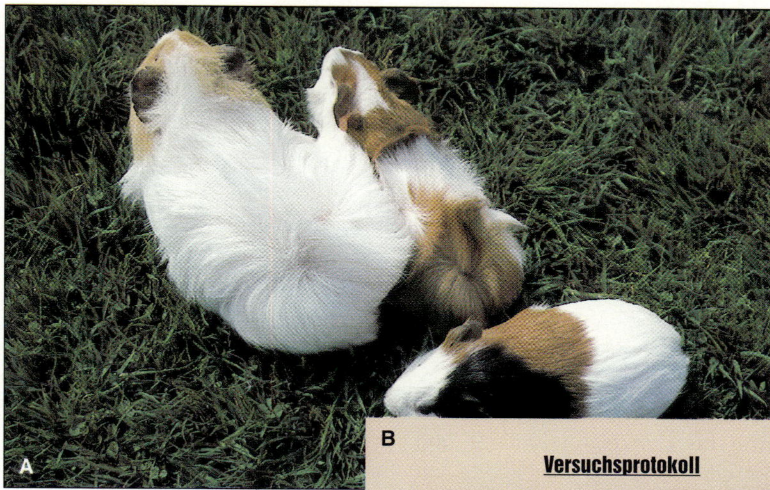

1 Erstelle über die Untersuchungen zur Entwicklung von Zwiebelpflanzen ein Versuchsprotokoll. Nimm die Abbildung 2B zu Hilfe.

B

Versuchsprotokoll

Problem: Wovon ernährt sich ein Meerschweinchen?
Material: Meerschweinchen; Käfig mit Zubehör; Getreidekörner; kleines Stück frische Leber; Salatblatt; Löwenzahnblätter; Möhre; Stück Apfel; Stück Kartoffel; Stück Brot; Mehlwürmer; Heu
Durchführung: In den Futternapf werden zunächst Getreidekörner gegeben. Das Verhalten der Meerschweinchens am Futternapf wird beobachtet und notiert. Danach wird des Napf gesäubert. Der Versuch wird dann fortgesetzt, indem auf diese Weise die aufgeführten Futterarten einzeln geprüft werden.
Beobachtung:

Futter	Meerschweinchen frisst	frisst nicht
Getreidekörner	X	
Leber		X
Salatblatt	X	
Löwenzahnblätter	X	
Apfel	X	
Kartoffel	X	
Brot	X	
Mehlwürmer		X
Heu	X	

Deutung: Das Meerschweinchen frisst Grünfutter, Körnerfutter, Heu, Obst und Gemüse. Es ist ein Pflanzenfresser.

2 Meerschweinchen. ***A*** *Muttertier mit Jungen;* ***B*** *Versuchsprotokoll;* ***C*** *Fressen von Löwenzahnblättern*

Betrachten, beobachten, untersuchen und experimentieren sind wichtige Arbeitsmethoden der Biologie. Dabei gelangt man über Fragen (Problemen), Vermutungen und verschiedenen Überprüfungsmöglichkeiten zu einer Erkenntnis.

4 Wir untersuchen Lebewesen näher

Die Wasserpestpflanze wächst in Bächen und Teichen. Sie ist auch eine beliebte Aquarienpflanze, die unter der Wasseroberfläche lebt. Ihre Blätter sind zart ausgebildet und können Wasser und Nährsalze direkt aufnehmen. Wie sind solche Blätter aufgebaut?

Betrachte ein Blatt näher! Es ist grün bis dunkelgrün gefärbt und hat eine längliche Blattspreite mit kurzer Spitze. Nimmst du eine **Lupe** zu Hilfe, entdeckst du Einzelheiten, die du mit bloßem Auge nicht genau sehen kannst. Eine Lupe ist ein Vergrößerungsglas, mit dem du das Blatt der Wasserpest bis zu 20mal vergrößert betrachten kannst. Dies ist möglich durch gewölbte und geschliffene Gläser, die *Linsen*.

Legt man zwei Linsen in einem bestimmten Abstand übereinander, erhält man eine noch stärkere Vergrößerung. Sind die Linsen zum Beispiel in einer Metallröhre befestigt, hat man ein einfaches **Mikroskop.** In der Röhre, dem *Tubus,* bezeichnet man die Linse als *Okular* (lateinisch „oculus" = Auge), die dem Auge zugewandt ist. Die andere Linse ist das *Objektiv,* da sie sich vor dem zu beobachtenden Gegenstand, dem Objekt, befindet. Das Okular vergrößert wie eine Lupe, zum Beispiel 5×, 10× oder 15× (× = mal). Diese Zahl findest du auf dem Okular. Auch die Vergrößerung des Objektivs ist durch eine eingravierte Zahl angegeben. Verwendest du zum Beispiel ein zehnfach (10×) vergrößerndes Okular und ein vierzigfach (40×) vergrößerndes Objektiv, erhältst du eine **Gesamtvergrößerung** des Mikroskops von 400×.

Untersuchen wir ein Blatt der Wasserpest mit dem Mikroskop! Dazu stellen wir uns zunächst ein **Präpa-**

***1 Wasserpest. A** mit bloßem Auge;*
***B** mit Lupe betrachtet*

2 Herstellung eines Präparates des Blattes der Wasserpest.
***A** Mit einer Pipette wird ein Tropfen Leitungswasser auf die Mitte eines Glasstreifens, des Objektträgers, gegeben. Dann wird das abgezupfte Blatt, das Objekt, mit einer Pinzette in den Tropfen gelegt.*
***B** Ein dünnes Glasplättchen, das Deckglas, wird seitlich an den Wassertropfen gesetzt und vorsichtig aufgelegt. Das Deckglas bedeckt das Objekt und schützt es vor dem Austrocknen.*
***C** Überschüssiges Wasser wird mit einem Streifen Filtrierpapier seitlich abgesaugt. Das Frischpräparat ist fertig zur mikroskopischen Untersuchung.*

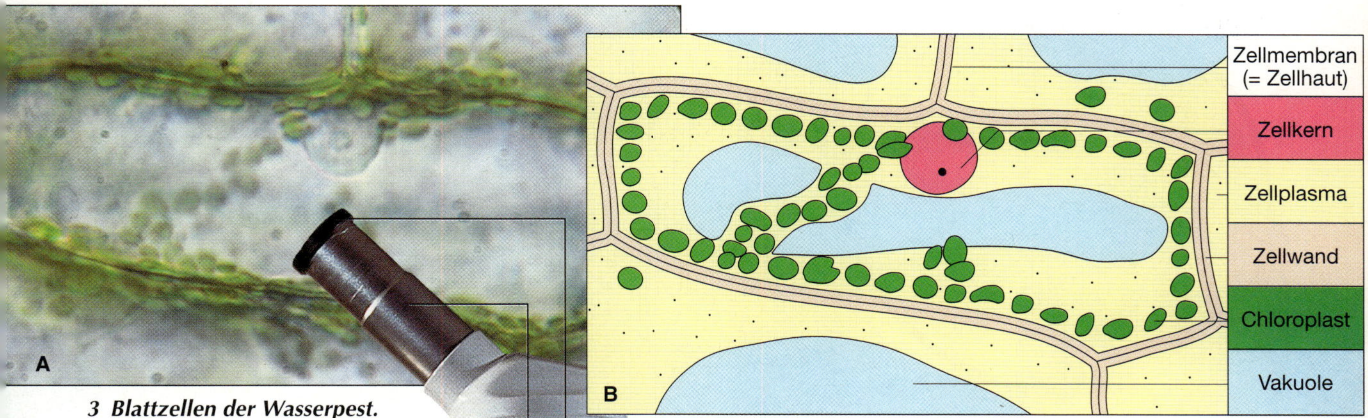

3 Blattzellen der Wasserpest.
***A** Foto; **B** Schema*

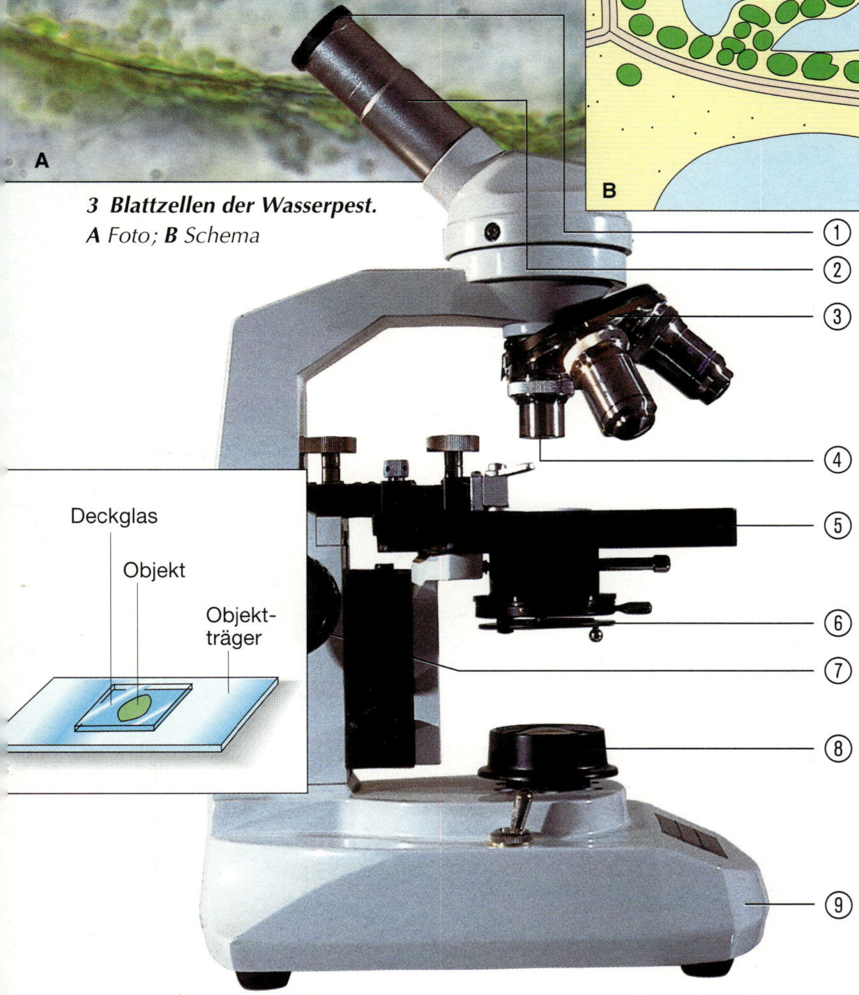

① **Okular.** Das Okular ist die dem Auge zugewandte Linse. Es ist auswechselbar und vergrößert wie eine Lupe.
② **Tubus.** Der Tubus ist eine Röhre, die Okular und Objektiv in richtiger Lage und im richtigen Abstand hält.
③ **Objektivrevolver.** Hier sind verschiedene Objektive eingeschraubt, die durch Drehen des Objektivrevolvers verwendet werden können.
④ **Objektiv.** Die Linse im Objektiv ist dem Objekt zugewandt.
⑤ **Objekttisch.** In der Mitte des Objekttisches befindet sich eine Öffnung, über die das Präparat gelegt wird.
⑥ **Blende.** Mit der Blende können Helligkeit und Kontrast reguliert werden.
⑦ **Triebrad.** Mit dem Grobtrieb und dem Feintrieb kann das Objekt scharf eingestellt werden.
⑧ **Beleuchtung.** Durch das Licht wird das Objekt durchstrahlt.
⑨ **Stativ.** Am Stativ sind alle wesentlichen Teile des Mikroskops befestigt.

4 Bau eines Lichtmikroskops

rat her, wie in der Abbildung 2 dargestellt. Bei schwacher Vergrößerung sieht man im Mikroskop ein Muster eckig verlaufender Linien, das an ein Muster einer Bienenwabe erinnert. Ein ähnliches Muster entdeckte der englische Naturforscher Robert HOOKE 1665 beim Mikroskopieren von Flaschenkork. Er nannte diese wabenartigen Gebilde **Zellen.**

Jede Zelle des Blattes der Wasserpest ist von einer **Zellwand** umgeben. Sie sorgt für Festigkeit und bestimmt ihre Gestalt. Das Innere der Zelle wird von einer zähen Flüssigkeit erfüllt, dem **Zellplasma.** Dieses wird von einer feinen Haut, der **Zellmembran,** begrenzt. Sie ist so dünn, dass man sie auch bei stärkster Vergrößerung nicht sieht. Im Zellplasma fallen grüne Körner auf. Sie enthalten den Farbstoff *Chlorophyll,* was mit Blattgrün übersetzt werden kann. Diese Blattgrünkörner heißen **Chloroplasten.** Sie haben die Aufgabe, Nährstoffe für die Pflanze aufzubauen. Zwischen den Chloroplasten kann man den rundlichen, durchscheinenden **Zellkern** entdecken. Jede Zelle enthält einen Zellkern. Er steuert alle Lebensvorgänge in der Zelle. Außerdem liegt im Zellplasma eine mit Zellsaft gefüllt Blase, die **Vakuole.** Der Zellsaft ist eine Flüssigkeit, die bei manchen Pflanzen Farbstoffe enthalten kann. Die Zellen der Schup-

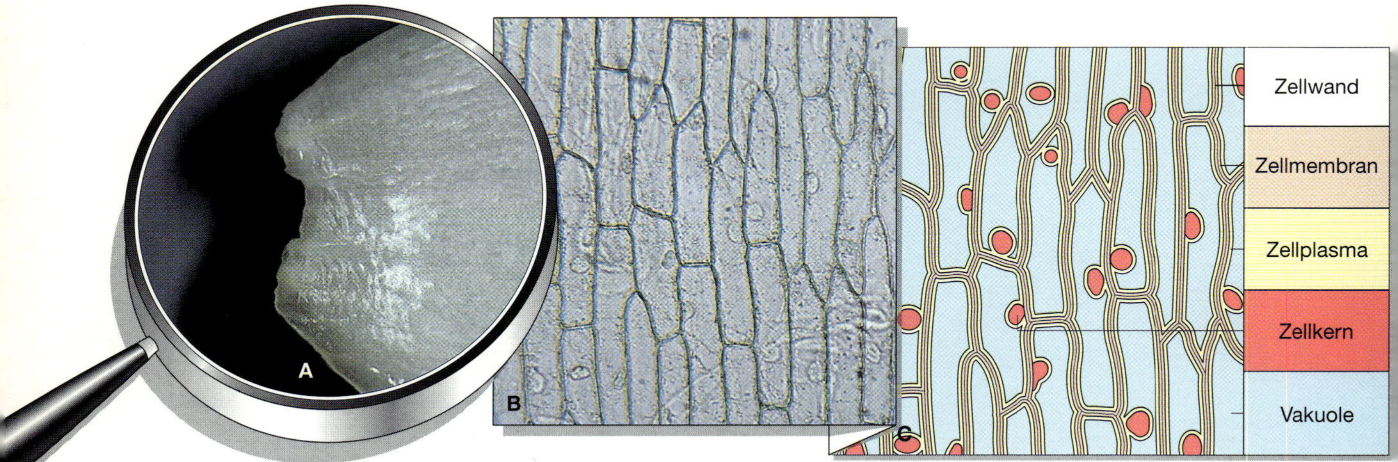

*4 **Zwiebelschuppenblatt. A** mit Lupe betrachtet; **B** Zellen (Foto); **C** Zellen (Schema)*

penblätter von Zwiebeln hingegen sind farblos. Sie enthalten weder Chloroplasten noch einen Farbstoff in ihren Vakuolen.
Ob wir Blätter, Zwiebeln oder andere Teile von Pflanzen untersuchen, immer werden wir feststellen, dass sie aus Zellen bestehen. Trifft dies auch auf Tiere und Menschen zu?
Untersuchen wir einmal die Leber eines Rindes! Dazu zerdrücken wir ein erbsengroßes Stück in wenig Wasser so lange, bis wir einen braune Flüssigkeit erhalten. Hiervon geben wir eine Tropfen auf einen Objektträger und stellen ein Präparat her. Im Mikroskop erkennen wir, dass die Leber aus Zellen besteht. Durch das Zerreiben sind einige Zellen voneinander getrennt worden. Im Gegensatz zu Pflanzenzellen besitzen Leberzellen keine festen Zellwände. Ihr Zellplasma wird von einer elastischen Zellhaut, der Zellmembran, begrenzt. Im Zellplasma liegt der Zellkern. Außerdem erkennen wir kleine Teilchen, die aus tierischer Stärke bestehen. In Leberzellen finden wir weder Vakuolen noch Chloroplasten. Dies ist ein Merkmal aller tierischen und auch menschlichen Zellen.

Pflanzen, Tiere und der Mensch sind aus Zellen aufgebaut. Jede Zelle besteht aus Zellmembran, Zellplasma und Zellkern. Pflanzliche Zellen haben außerdem eine Zellwand und eine Vakuole. Grüngefärbte Pflanzenteile enthalten zusätzlich Chloroplasten in ihren Zellen.

1 Auf der Pinnwand der Seite 19 sind Zellen von Sternmoos und der menschlichen Mundschleimhaut abgebildet. Worin unterscheiden sich die Zellen?

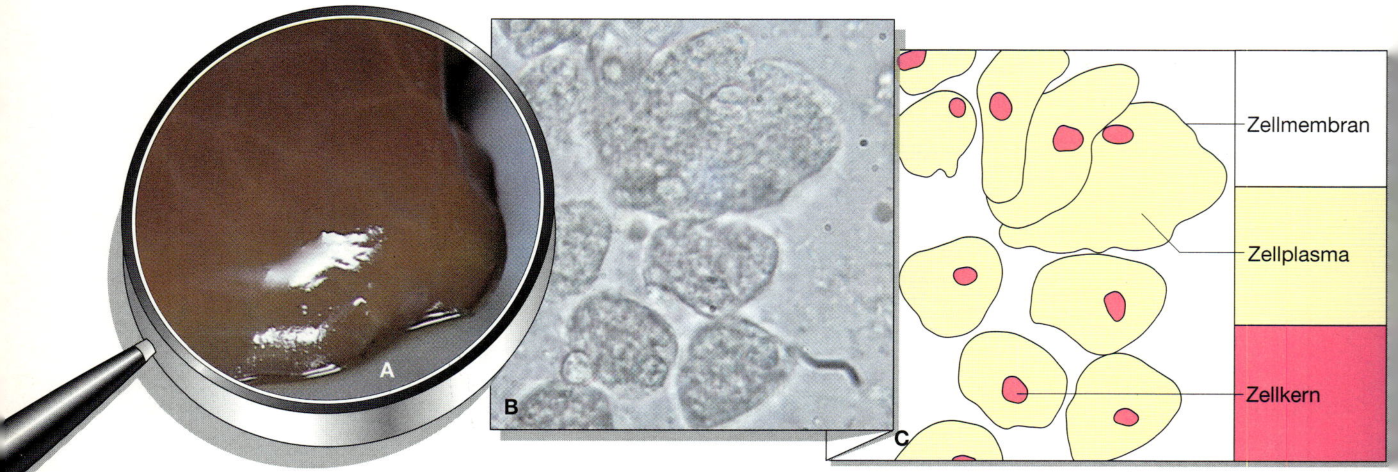

*5 **Leber. A** mit Lupe betrachtet; **B** Zellen (Foto); **C** Zellen (Schema)*

Pinnwand

MIKROSKOP UND ZELLTYPEN

Richtige Bedienung eines Mikroskopes

§ 1 Zu Beginn des Mikroskopierens ist die kleinste Vergrößerung eingestellt.

§ 2 Lege das Präparat mitten über die Objekttischöffnung und klammere es fest.

§ 3 Schalte die Mikroskoplampe ein.

§ 4 Schaue durch das Okular. Stelle durch vorsichtiges Drehen des Triebrades das Objekt scharf ein.

§ 5 Reguliere gegebenenfalls mit der Blende Helligkeit und Kontrast.

§ 6 Willst du die Vergrößerung ändern, vergrößere zunächst den Abstand zwischen Objekt und Objekttisch.

§ 7 Stelle eine stärkere Vergrößerung durch Drehen des Objektivrevolvers ein.

§ 8 Bewege Objekttisch und Objektiv mit Hilfe des Triebrades vorsichtig aufeinander zu. Kontrolliere von der Seite, dass das Objektiv nicht das Präparat berührt. Verfahre weiter nach § 4 und § 5.

§ 9 Fasse nie mit Fingern auf die Linsen. Säubere die Linsen mit einem weichen Lappen.

§ 10 Stelle nach dem Mikroskopieren die kleinste Vergrößerung ein. Nimm das Präparat vom Objekttisch. Schalte die Lampe aus.

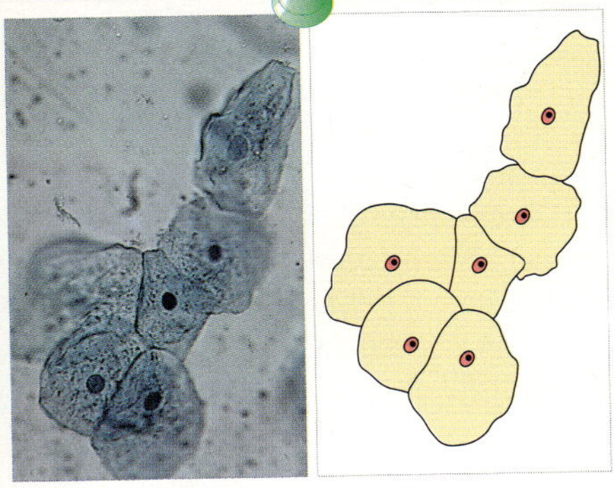

Name: ***Mundschleimhautzelle***
Vorkommen: Innenseite der Wangen
Aufgabe: Auskleidung der Mundhöhle; Schutz vor Verletzungen

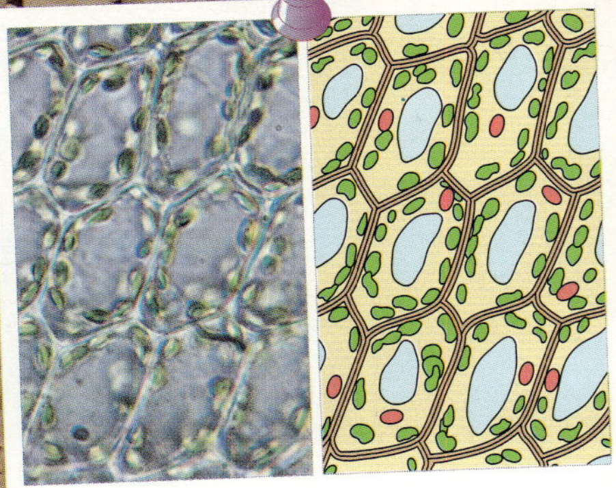

Name: ***Blattzelle***
Vorkommen: Sternmoos; ein Laubmoos in Wäldern
Aufgabe: Aufbau von Nährstoffen (Stärke)

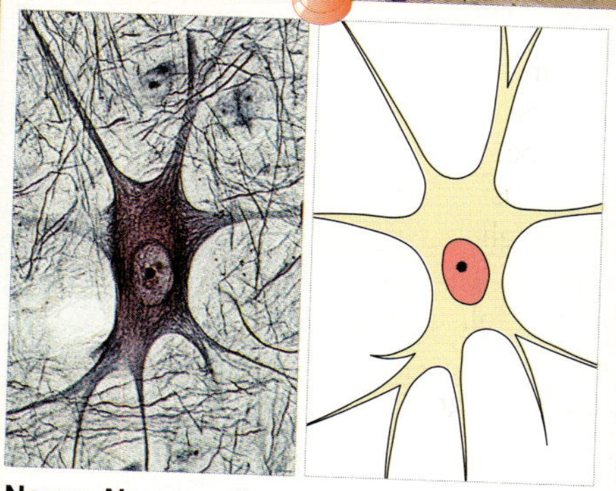

Name: ***Nervenzelle***
Vorkommen: Gehirn (z.B. Ratte)
Aufgabe: Verarbeitung und Weiterleitung von Erregungen, die durch Reize entstanden sind.

Gewebe erfüllen bestimmte Aufgaben

Die Zwiebelhaut setzt sich aus vielen gleichartig gebauten Zellen zusammen, die eng nebeneinander liegen und untereinander verbunden sind. Einen solchen Zellverband gleichartiger Zellen bezeichnet man als **Gewebe**. Ein Gewebe erfüllt eine bestimmte Aufgabe. Die Zwiebelhaut schützt zum Beispiel das Innere des Zwiebelschuppenblattes. Auch die menschliche Mundschleimhaut besteht aus einem Verband gleichartiger Zellen. Sie ist also ein Gewebe, das die Mundhöhle auskleidet und schützt.

Übung

Mikroskopieren

V1 Wir mikroskopieren Zwiebelhautzellen

Material: Messer; Rasierklinge mit Korkhalterung; Pinzette; Objektträger; Deckglas; Pipette; Becherglas mit Wasser; Mikroskop; Zeichenmaterial; Küchenzwiebel
Durchführung: Zur mikroskopischen Untersuchung von Zwiebelzellen eignet sich besonders gut die Außenhaut des Zwiebelschuppenblattes. Du erhältst ein Stückchen Zwiebelhaut, wie in der Abbildung dargestellt:

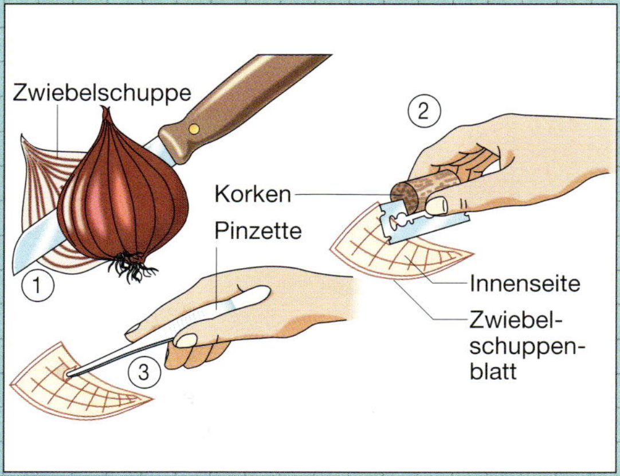

Gib dann einen Tropfen Wasser mit der Pipette auf die Mitte eines Objektträgers. Lege das Zwiebelhautstück auf den Tropfen. Setze ein Deckgläschen seitlich an den Wassertropfen und lege es vorsichtig auf. Auf diese Weise soll verhindert werden, dass Luftblasen in das Präparat kommen.
Aufgaben: Gib das Präparat auf den Objekttisch deines Mikroskopes. Betrachte das Objekt zunächst bei kleinster Vergrößerung. Fertige bei stärkerer Vergrößerung eine Zeichnung einer Zwiebelhautzelle an. Beschrifte.

V2 Wir mikroskopieren Blattzellen

Material: Objektträger; Deckglas; Becherglas mit Wasser; Pipette; Pinzette; Mikroskop; Zeichenmaterial; Spross eines Sternmooses
Durchführung: Zupfe mit einer Pinzette von dem Stängel einer Sternmoospflanze ein Blättchen ab. Fertige ein Präparat an, wie es in Abbildung 2 auf Seite 16 beschrieben wird.
Aufgabe: Lege das Präparat auf den Objekttisch deines Mikroskopes. Betrachte das Objekt zunächst bei kleiner Vergrößerung. Fertige bei stärkerer Vergrößerung eine Zeichnung einer Blattzelle an! Beschrifte!

V3 Wir mikroskopieren Mundschleimhautzellen

Material: Objektträger; Deckglas; Pipette; Teelöffel
Durchführung: Schabe mit dem Teelöffel über die Innenseiten deiner Wangen. Stelle dann mit der abgeschabten Haut ein Präparat her, wie es in V1 beschrieben wird.
Aufgabe: Mikroskopiere und zeichne einige Zellen bei stärkster Vergrößerung. Beschrifte.

A4 Ein Modell einer pflanzlichen Zelle

Eine durchsichtige Kunststoffbox enthält auf dem Deckel die Aufschrift „ZELL" und auf dem Boden „MODELL". Ein Tischtennisball liegt in der Box. Bei der Projektion dieses Modells einer pflanzlichen Zelle mit dem Arbeitsprojektor sieht man eine flächige Darstellung. Je nach Objektiveinstellung erscheint entweder der Schriftzug ZELL oder MODELL scharf.
Aufgaben: a) Beschreibe das Vergrößerungsprinzip beim Lichtmikroskop.
b) Worin stimmt das Zellmodell mit der Wirklichkeit, zum Beispiel einer Zwiebelhautzelle, nicht überein?
c) Jede Zelle enthält einen Zellkern. Im mikroskopischen Bild eines Zwiebelhäutchens sehen wir ihn jedoch nicht in jeder Zelle. Erkläre diesen scheinbaren Widerspruch!

Die Biologie beschäftigt sich mit Lebewesen

Prüfe dein Wissen

A 1 Tina und Kai beobachten Stichlinge in einem Gewässer. Plötzlich fragt Kai: „Was fressen Stichlinge eigentlich?“
Wie können Tina und Kai herausfinden, wovon Stichlinge sich ernähren?

A 2 Dummies verwendet man als „Testpersonen“ für die Sicherheit von Fahrzeugen. Obwohl ein Dummy wie ein Mensch aussieht, ist er kein Lebewesen. Erläutere.

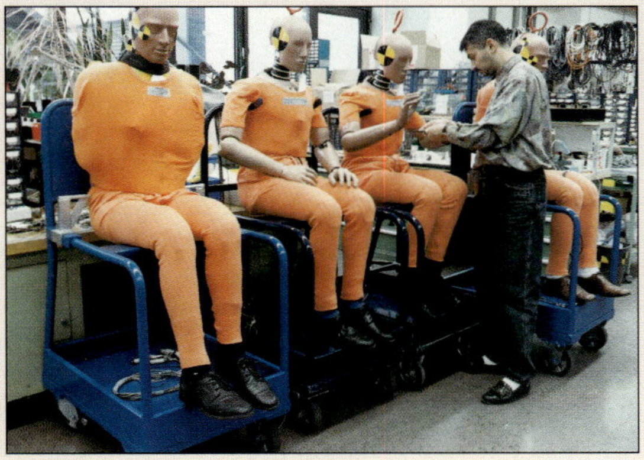

A 3 „Pflanzen sind keine Lebewesen, da sie sich nicht bewegen können!“ Weshalb stimmt diese Aussage nicht?

A 4 Durch einen Erdrutsch hatte sich eine junge Birke so geneigt, dass sie vom Berg weg zu wachsen schien. Tatsächlich zeigte sie in den folgenden Jahren das abgebildete Wachstum. Welches Kennzeichen des Lebendigen erfüllt die Birke in diesem Falle?

A 5 Die abgebildete lichtmikroskopische Aufnahme
a) zeigt pflanzliche Zellen;
b) zeigt tierische Zellen;
c) enthält keine Chloroplasten;
d) hat eine mikroskopische Gesamtvergrößerung von 50×.
e) hat eine mikroskopische Gesamtvergrößerung von 400×;
Finde die richtigen Lösungen und erläutere jeweils.

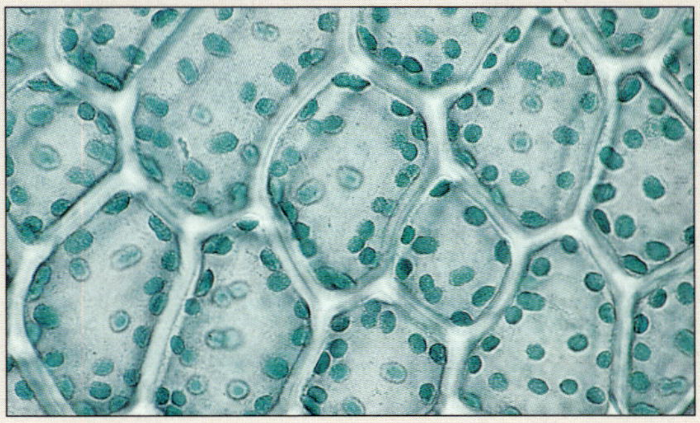

A 6 An den auseinandergezogenen Schnitthälften einer Zelle siehst du, dass die Zellbestandteile innerhalb der Zelle unterschiedlich verteilt sind. Ordne den Ziffern die richtigen Begriffe zu.

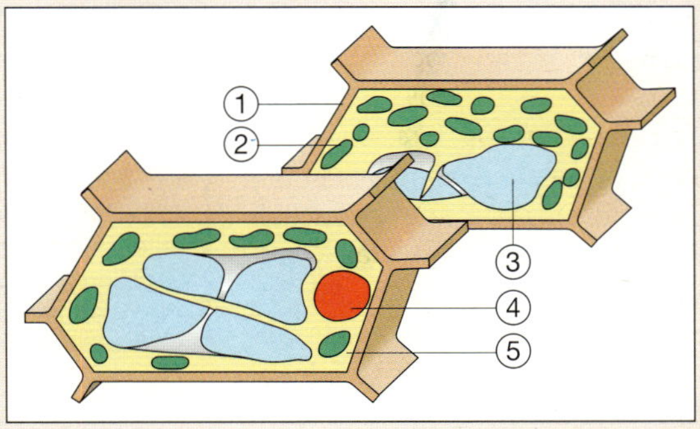

A 7 Jens sollte das Schema einer Blattzelle der Wasserpest zeichnen. Was hat er falsch gemacht?

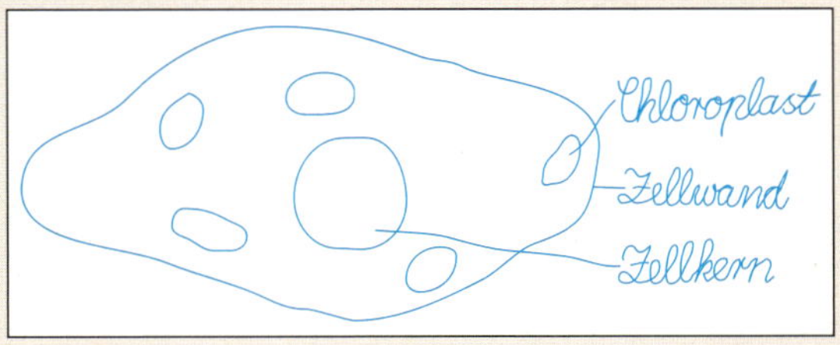

Menschen halten Tiere und sind für sie verantwortlich

1 Ein Schäfer betreut seine Herde

1 Mensch und Tier

1.1 Warum hält der Mensch Tiere?

In fast jedem zweiten Haushalt in Deutschland wird ein Tier gehalten. Warum leben wohl so viele Menschen mit Tieren zusammen?

Das Gefühl, für ein Lebewesen da zu sein, ist für sie wichtig. Nicht nur ältere und einsame Menschen halten deshalb einen Hund, eine Katze, einen Vogel oder Zierfische. Sie füttern und pflegen sie, halten sie sauber und schützen sie vor Gefahren. Beim Umgang mit ihnen empfinden sie Freude, Entspannung und Unterhaltung.
Kinder besitzen z.B. Goldhamster, Meerschweinchen und Zwergkaninchen. Sie benutzen sie als Spielgefährten und gelegentlich auch als „Schmusetiere". Dabei besteht die Gefahr, dass diese Tiere nicht so behandelt werden, wie es ihren natürlichen Bedürfnissen entspricht. Eine solche *artgerechte Haltung* ist aber wichtig, wenn man lange Freude an ihnen haben will.

Neben diesen **Heimtieren** gibt es Millionen von Tieren, die aus wirtschaftlichen Gründen gehalten werden. Rinder liefern uns z.B. Milch, Fleisch und Leder. Vom Schwein verwenden wir Fleisch, Haut, Borsten und andere Rohstoffe. Hühner geben Eier, Federn und ebenfalls Fleisch. Pferde setzt man, wenn auch nur noch selten, als Zug- und Arbeitstiere ein. Vom Schaf bekommen wir Milch, Fleisch und Wolle. Solche Tiere, die für unser Leben fast unentbehrlich geworden sind, heißen **Nutztiere.**

Stichwort

Haustier

Haustiere stammen von Wildtieren ab. Sie haben in Aussehen und Verhalten oft kaum noch Ähnlichkeiten mit ihren Vorfahren. Zu den Haustieren gehören die Heimtiere und die Nutztiere.

Sowohl Heim- als auch Nutztiere müssen vom Menschen gefüttert, gepflegt und untergebracht werden. Das setzt voraus, dass man ihre Lebensweise, ihre Herkunft und ihre natürlichen Bedürfnisse kennt. Nur dann ist eine verantwortliche Tierhaltung möglich, die nicht in Tierquälerei ausartet.

Heimtiere werden zu Hause gehalten, um sich an ihnen zu erfreuen. Nutztiere bringen dem Menschen wirtschaftliche Vorteile.

1 Wie heißen die abgebildeten Tiere auf der Pinnwand S. 23? Ordne nach Heim- und Nutztieren. Begründe.

2 Sind Karpfen, Schildkröte, Hausmaus, Honigbiene, Stubenfliege und Kanarienvogel Haustiere? Entscheide. Begründe.

3 Betrachte Abb. 1. Welche Aufgaben hat der Schäfer? Berichte.

HEIMTIERE - NUTZTIERE

1 Meerschweinchen sind zutrauliche Heimtiere

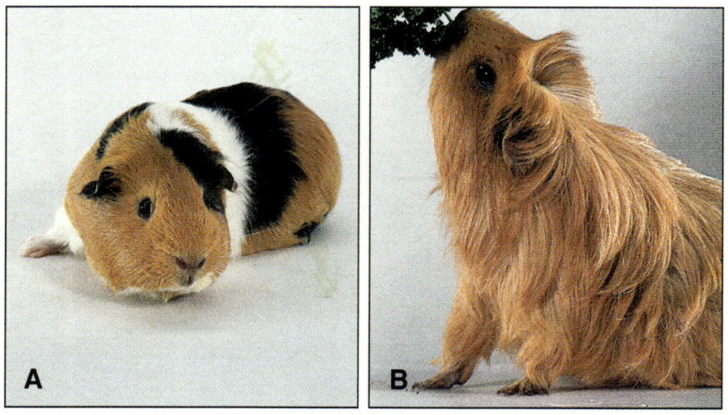

*2 **Meerschweinchen. A** glatthaariges Meerschweinchen; **B** Angora-Meerschweinchen*

1.2 Auswahl und Pflege von Heimtieren

Wünschst du dir ein eigenes Tier, das du „knuddeln", herumtragen und umsorgen kannst? Soll es ein Tier mit weichem Fell, rundlichem Kopf und Körper sowie großen, dunklen Augen sein? Dann kommen Meerschweinchen in die engere Wahl.

Meerschweinchen sind Heimtiere, die etwa 25 cm lang werden. Wenn man ihre Ansprüche in Unterbringung, Ernährung, Haltung und Pflege beachtet, bereiten sie viel Freude. Man kann sie problemlos in der Wohnung halten. Dazu ist nicht einmal die Einwilligung des Vermieters nötig. Du solltest jedoch keine Allergie gegen Tierhaare haben.

Meerschweinchen erreichen ein Alter von 5 bis 10 Jahren. Mittel- und Südamerika sind ihre ursprüngliche Heimat. Dort sind die Wildmeerschweinchen über den ganzen Kontinent verbreitet. Sie bilden kleine Gruppen und wohnen in Erdbauten. Meerschweinchen werden dort schon seit über 3000 Jahren als Haustiere gehalten. Seeleute brachten sie vor etwa drei Jahrhunderten mit über das Meer nach Europa. Daher stammt das „Meer" in dem Namen „Meerschweinchen".

Ihr rundlicher Körper und die quiekenden Töne, die sie gelegentlich von sich geben, erinnern ein wenig an echte Schweine. Ihr Fell ist weich und kommt in verschiedenen Farbtönen vor. Das Fellhaar kann kurz, lang oder kraus sein.

Wenn du dich entschieden hast, besorgst du dir am besten zwei Meerschweinchen, denn allein fühlen sie sich nicht wohl. Es sollte jedoch kein Pärchen sein, da sie sich sonst stark vermehren.

Meerschweinchen benötigen einen Metallgitterkäfig mit Kunststoffwanne, der leicht sauber zu halten ist. Praktisch sind ein abnehmbares Gitter und eine Tür an

*3 **Haltung von Meerschweinchen. A** Käfigeinrichtung; **B** Freigehege*

der Vorderseite. Die Grundfläche des Bodens sollte die Maße von 80×40 cm nicht unterschreiten. Darauf muss eine Schicht Holzspäne ausgestreut werden, dann folgt Heu oder Stroh. Achte darauf, dass der Käfig nie im prallen Sonnenlicht steht. Zur Käfigausstattung gehören ein Schlafhäuschen und ein rauer Ziegelstein, an dem sich die Tiere die Krallen abwetzen können. Außerdem sind zwei Futternäpfe nötig: einer für Körnerfutter, der andere für Frischfutter wie Salat, Gemüse oder Obst. Eine kleine Raufe mit frischem Heu darf auch nicht fehlen. Als Tränke dient ein Nippelfläschchen mit frischem Wasser. Denke auch an einen Mineralleckstein.
Einmal wöchentlich sollte das Fell der Tiere gebürstet werden. Sie benötigen viel Ruhe, aber auch täglichen Auslauf. Wenn du sie drinnen laufen lässt, pass auf, dass sie keine Elektrokabel durchnagen oder hinter Schränken eingeklemmt werden. Ideal wäre ein Freigehege im Garten.

Meerschweinchen sind problemlos zu haltende Heimtiere. Wenn man ihre natürlichen Bedürfnisse beachtet, bleiben sie gesund und bereiten Freude.

1 Meerschweinchen benötigen einen Metallgitterkäfig. Warum genügt nicht einfach ein Karton oder eine Holzkiste? Begründe.
2 Rennmäuse nicht einzeln halten! Begründe diesen Rat aus ihrer Lebensweise.
3 Begründe, warum Goldhamster als Heimtiere für Kinder eigentlich nicht so gut geeignet sind. Lies dazu den Merkzettel in Abbildung 5.
4 Es gibt Verschiedenes zu beachten, wenn man einen Wellensittich in der Wohnung halten will. Beschreibe.

4 Mongolische Rennmäuse sind pflegeleicht

5 Goldhamster sind nachtaktiv

6 Wellensittiche leben gesellig

1 Jennifer mit Luka

2 Der Hund

2.1 Ein Hund kommt ins Haus

Seit Jennifer einmal einen Dackel über das Wochenende zur Pflege hatte, wünschte sie sich nichts sehnlicher als einen eigenen Hund. Doch der Hauswirt war dagegen. Aber nach dem Umzug der Familie kam „Luka", eine Mischlingshündin, zu ihnen ins Haus.

Jennifer erinnert sich noch an die Einwände ihres Vaters: „Überleg es dir gut! Ein Hund bindet sich für 10–12 Jahre an uns. Haben wir die falsche Wahl getroffen oder können wir nicht die Betreuung bieten, die ein Hund benötigt, kann man ihn nicht einfach wieder abschieben. Und wer kümmert sich während der Urlaubsreisen um ihn?"
Doch Jennifer ließ nicht locker – und eigentlich waren ihre Eltern auch dafür. Taschengeld für ein Körbchen und eine Leine hatte sie schon zurückgelegt. Ihr Vater hatte durchblicken lassen, dass er für die anfallenden Kosten aufkommen würde. Auch beim Füttern, Pflegen und Erziehen des Hundes, besonders zur „Stubenreinheit", würden ihre Eltern ihr helfen. Dafür nahm sich Jennifer vor, täglich ihren Hund auszuführen. Sogar bei schlechtem Wetter – und wenn er „Gassi" gehen müsste. Auch ein Kothäufchen auf dem Gehweg würde sie beseitigen.

Eines Tages war es so weit. Jennifer suchte mit ihrer Mutter ein Tierheim auf. Da sahen sie „Luka". Es war Zuneigung auf den ersten Blick! Luka war noch sehr jung und musste noch viel lernen. Jennifer weiß heute, dass Hunde die Gesellschaft des Menschen und viel Bewegung benötigen, um sich richtig entfalten zu können. Sie sind empfänglich für Lob und Belohnung, entwickeln aber schlechte Angewohnheiten, wenn sie viel allein gelassen werden. Hunde fügen sich gern in eine Menschengruppe ein und befolgen ihre Befehle.

Vor der Anschaffung eines Hundes ist vieles zu beachten wie zum Beispiel Haltung in der Wohnung, Rasse, Hündin oder Rüde, Auslauf, Zeit zur Pflege und zu Spaziergängen sowie die Kosten.

Streifzug durch die Mathematik

Was kostet ein Hund?

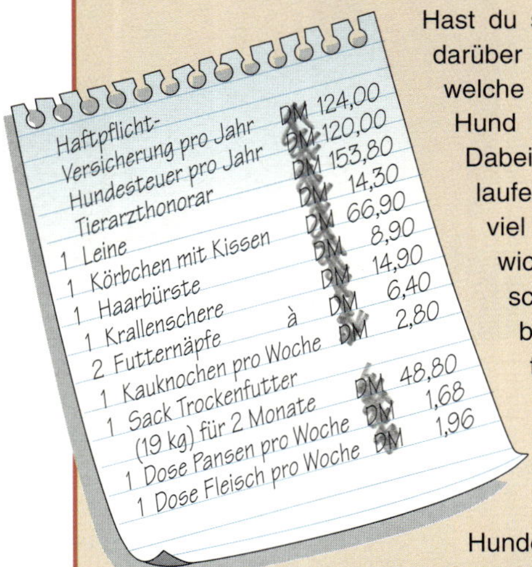

Hast du schon einmal darüber nachgedacht, welche Kosten ein Hund verursacht? Dabei fallen die laufenden Kosten viel mehr ins Gewicht als die Anschaffung. Zubehör wie Futternäpfe, Leinen, Hundekörbe Kissen, Bürsten sowie Hundefutter kosten laufend Geld. Hinzu kommen die Tierarzthonorare für Impfungen, Wurmkuren und Behandlungen. Auch musst du jedes Jahr eine Hundesteuer an die Gemeinde entrichten. Für eventuelle Schäden, die dein Hund anrichtet, solltest du eine Haftpflichtversicherung abschließen.

1 Die obige Aufstellung der Kosten stammt aus dem Jahr 1997 und trifft auf Jennifers Hund Luka zu. Berechne die Kosten für 1 Tag, 1 Woche, 1 Monat, 1 Jahr, für ein Hundeleben (etwa 10 Jahre).

2 Könntest du Hundebesitzer sein? Schreibe auf, was vor der Anschaffung eines Hundes geklärt werden muss. Beachte auch die Pinnwand S. 27.

3 Schreibe auf, welche Bedürfnisse des Hundes bei der Haltung beachtet werden müssen.

BILDER AUS LUKAS LEBEN

Pinnwand

Luka wird aus dem Tierheim abgeholt

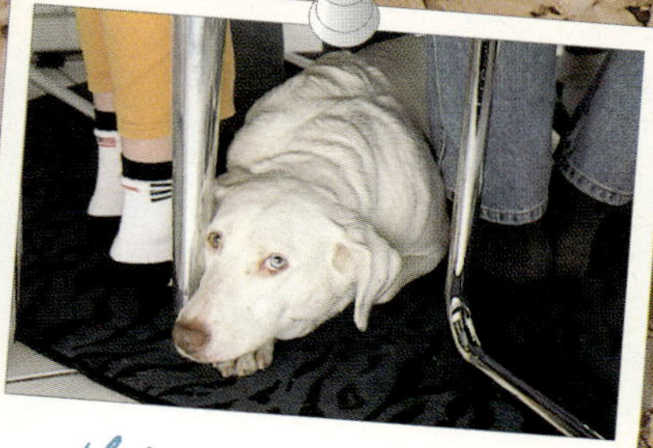

Lukas Lieblingsplatz

Kleines 1x1 der Hundehaltung

- Ein Hund braucht viel Platz im Haus und in der Umgebung genügend Auslauf.
- Mit einem Hund muss man sich täglich ausgiebig beschäftigen.
- Ein Hund benötigt engen Kontakt zu seinem Besitzer.
- Ein Hund ist kein Schmusespielzeug, sondern ein Lebewesen, das Zuneigung braucht.
- Ein Hund muss konsequent zur Sauberkeit, zum Gehorsam und zur Stubenreinheit erzogen werden.
- Ein Hund braucht einen festen, ruhigen Platz im Haus, wo er ruhen, von dem aus er aber auch vieles beobachten kann.
- In neuer Umgebung müssen wir einem Hund Gelegenheit geben, alles mit der Nase genau zu untersuchen.
- Ein Hund mag seine Mahlzeiten zur gleichen Zeit am gleichen Platz.
- Hunde sind an den Menschen, nicht an das Haus gebunden.

Schwierigkeiten bei der Eingewöhnung

Luka wird täglich gepflegt

Regelmäßiges Toben und viel Auslauf für Luka

1 Der Körperbau des Hundes

2 Der Mensch nutzt die Nachfahren des Wolfes. ***A*** *Polizeihund;* ***B*** *Blindenhund;* ***C*** *Wölfe;* ***D*** *Zollhund;* ***E*** *Jagdhund*

2.2 Vom Wolf zum Hund

Kannst du dir erklären, warum viele Menschen einen Hund halten? Fachleute meinen, dass in unserer technisierten Welt der Hund ein Stück übrig gebliebene Natur verkörpert. Nicht selten wird er wegen seiner Treue und Anhänglichkeit sogar als unser „bester Freund" bezeichnet.

Seit Urzeiten besteht eine besondere Beziehung zu diesem Tier. Man weiß, dass Menschen schon vor ungefähr 14 000 Jahren Hunde hielten. Der Hund gilt deshalb als unser ältestes **Haustier.**

Der Hund stammt vom Wolf ab – das ist jedenfalls die Meinung der meisten Forscher. Man stellt sich heute vor, dass Wölfe den Steinzeitmenschen folgten, um an zurückgelassene Nahrungsreste zu kommen. Dabei gelang es Jägern möglicherweise, junge Wölfe einzufangen. Sie stellten schnell fest, dass diese leicht zu zähmen waren.

Bei der Jagd erkannte der Mensch, dass Wölfe sicher das Wild aufspürten. Das lag an ihrer guten **Nase** mit dem *scharfen Geruchssinn.* Beim Zusammenleben erkannten die Steinzeitmenschen weitere Eigenschaften, die ihnen nutzten. Mit ihren leistungsfähigen **Ohren** konnten die Wölfe Geräusche wahrnehmen, die für den Menschen unhörbar waren. Oft machten sie die Menschen dann durch *Lautäußerungen* auf Gefahren aufmerksam.

Von den Nachkommen der bei ihnen lebenden Wölfe wählten unsere Vorfahren nur solche Tiere aus, die für den Menschen nützliche Eigenschaften zeigten. Durch solche *Zuchtauswahl* entstanden nach und nach die **Hunderassen.** Heute gibt es über 400 davon. Manche ähneln im Aussehen der Ursprungsform Wolf nur noch wenig.

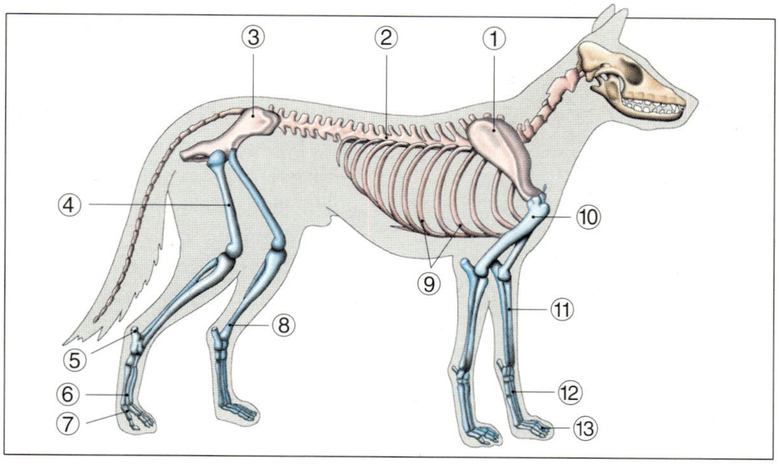

3 Skelett des Hundes

1 Schulterblatt
2 Wirbelsäule
3 Beckenknochen
4 Oberschenkel
5 Ferse
6 Mittelfuß
7 Zehe
8 Unterschenkel
9 Rippen
10 Oberarm
11 Unterarm
12 Mittelhand
13 Fingerknochen

Heute werden geeignete Rassen vom Menschen für vielfältige Aufgaben abgerichtet. Am verbreitetsten sind *Wachhunde*, die z.B. Grundstücke bewachen. *Polizeihunde* verfolgen Verdächtige, *Zollhunde* erschnüffeln Schmuggelware oder Drogen. *Jagdhunde* wiederum spüren Wild auf oder treiben es dem Jäger zu. Herden werden von *Hirtenhunden* überwacht, während *Schlittenhunde* Gefährte über weite Strecken ziehen können. Gut ausgebildete *Blindenhunde* führen Sehbehinderte an Gefahrenstellen vorbei.

Wenn man Kindern beim Spiel mit ihren Hunden zuschaut, kann man kaum glauben, dass Hunde **Raubtiere** sind. Spüren sie jedoch im Gelände einen Hasen auf, hetzen sie ausdauernd auf ihren langen, kräftigen Laufbeinen hinterher. Hunde bezeichnet man deshalb als *Hetzjäger*. Dabei treten sie als *Zehengänger* nur mit den Zehen auf. Ihre Fußsohlen sind mit weichen Ballen gepolstert. Die Krallen sind kurz und stumpf und können nicht eingezogen werden.

„Scharfe" Hunde würden ihre Beute sofort packen und „totschütteln". Beim Zupacken leisten die langen, dolchartigen *Eck-* oder *Fangzähne* im **Raubtiergebiss** gute Dienste. Die gezackten, scharfen *Backenzähne* dienen dazu, Fleisch abzubeißen und zu zerkleinern. Die stärksten Backenzähne heißen *Reißzähne*. Die kleinen *Schneidezähne* dienen nur dazu, Fleischreste von Knochen abzuzupfen.

Der Wolf gilt als Stammvater aller Hunderassen. Hunde gehören zu den Raubtieren mit einem ausgeprägten Geruchs- und Gehörsinn. Durch Zucht sind zahlreiche Hunderassen entstanden, die vom Menschen in vielfältiger Weise genutzt werden.

1 Erkläre, warum der Deutsche Schäferhund gelegentlich auch Wolfshund genannt wird.

2 Nenne Aufgaben des Hundes und gib Rassen an, die dafür besonders geeignet sind.

3 Zeige an einem Hundegebiss der Schulsammlung die verschiedenen Zahnarten! Erkläre ihre Aufgaben.

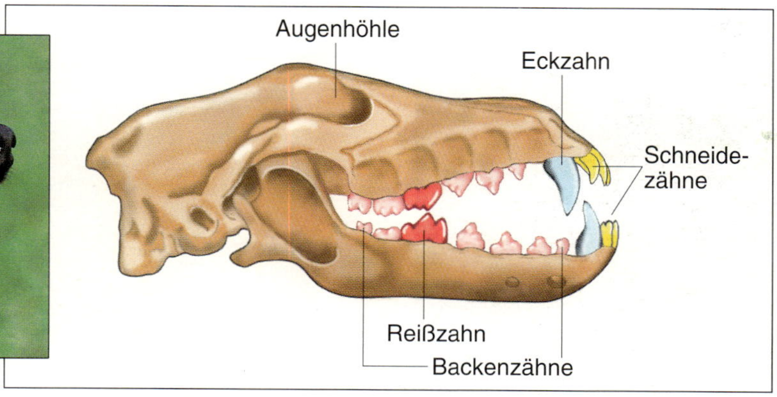

4 Hunde besitzen ein Raubtiergebiss

2.3 So verhalten sich Hunde

Um Hunde zu verstehen, muss man das Leben der Wölfe kennen. Wölfe leben zu mehreren in einer Gemeinschaft, in einem **Rudel.** Jagden sind nur im Rudel erfolgreich. Während einige Wölfe die Beute hetzen, schneiden ihr andere den Fluchtweg ab.

In einem Rudel nimmt jedes Mitglied seinen Platz in einer ausgekämpften **Rangordnung** ein. Rangniedere Tiere unterwerfen sich dem stärkeren Tier, indem sie die Kehle zum Biss „anbieten". Der *Leitwolf* hat die Führung im Rudel. Das Jagdgebiet, das **Revier,** wird mit Urin und Kot markiert und so gegen Eindringlinge abgegrenzt.

Einzeln gehaltene Hunde sehen im Menschen ihren „Leithund", die Familie ist das Rudel. Haus und Garten stellen das Revier dar, das oft gegen fremde Personen verteidigt wird. Sie werden zum Kennenlernen beschnüffelt. Aufgeregtes Zappeln begreifen Hunde als Angriff. Fortlaufende Menschen werden oft als „Beutetiere" verfolgt.

Begegnen sich Hunde, beschnüffeln sie sich unter der Rute. Das ist ein wichtiges Begrüßungsverhalten. Männliche Hunde, die **Rüden,** setzen beim Spaziergang an Ecken und Bäumen zur Reviermarkierung ein paar Tröpfchen Urin als Duftmarken ab. An der Körperhaltung, der Mimik und dem Bellen kann man „Stimmungen" des Hundes erkennen.

1 Hunde begegnen sich

2 Spielaufforderung

Stichwort

Verhalten

Unter dem Verhalten eines Tieres versteht man alle seine Bewegungen, Lautäußerungen und Körperhaltungen.

3 Unterwerfung

4 Reviermarkierung

5 Körpersprache des Hundes

Viele Verhaltensweisen des Hundes lassen seine Abstammung vom Wolf erkennen. Hunde verständigen sich durch Körperhaltungen, Mimik und Laute.

1 Beschreibe anhand von Abb. 5 die Körpersprache des Hundes.

2 Welcher Hund auf der S. 31 käme für dich in Frage? Begründe.

Pinnwand

MISCHLINGE UND RASSEHUNDE

Bernhardiner

Rettungs- und Familienhund

Fell: dicht; braun-weiß
Größe: bis 70 cm
„Wesen": zuverlässig, anhänglich, gelehrig

Sibirian Husky

Schlittenhund

Fell: kurz; lang, schwarz-weiß bis grau
Größe: bis 57 cm
„Wesen": eigenwillig, unabhängig, wenig menschenbezogen

Rauhaardackel

Jagd- und Familienhund

Fell: lang, rau; graubraun
Größe: bis 35 cm
„Wesen": eigenwillig, bellfreudig, lebendig, mutig, wachsam

Mischlinge

Boxer x Schäferhund — Pudel x Schnauzer

Alle Hunderassen sind vom Menschen gezüchtet worden. Mischlinge haben Eltern verschiedener Rassen oder besitzen selbst Mischlinge als Vorfahren. Sie gelten im allgemeinen als sehr anhänglich, gesellig, lernfähig und sind körperlich meist robust und wenig krankheitsanfällig.

Boxer

Wach- und Familienhund

Fell: kurz; gelb bis braun, gestromt
Größe: 57 bis 63 cm
„Wesen": freundlich, anhänglich, wachsam, mutig

Zwergpudel

Begleit- und Familienhund

Fell: wollig; schwarz, weiß, grau
Größe: 25 bis 35 cm
„Wesen": wachsam, gutmütig, temperamentvoll, sehr gelehrig

Pinnwand

AUSWÜCHSE DER HUNDEHALTUNG UND ZUCHT

Für die Schönheit muss er leiden!

Was für ein Hobby! Um das schöne Tier, ein Yorkshire-Terrier, auf einer unterhaltsamen Ausstellung präsentieren zu können, muss man es gründlich vorbereiten. Die Fellhaare dürfen gekämmt, aber nicht gefärbt werden. Locken und Wellen sind nicht verboten. Gut macht sich ein Schleifchen im Haar. Allerdings dürfen Nagellack, Haarspray und Lockenwickler bei der Vorstellung nicht mehr zu sehen sein, sonst wird man disqualifiziert. Es wäre schon toll, wenn sich später der herausgeputzte Liebling vor den Richtern als Champion entpuppen sollte!

Basset Hound:
Sind Triefaugen wirklich schön? Ein Basset Hound sieht aus wie ein Riesendackel. Er hat nicht nur die Nase, sondern auch die langen Ohren am Boden! Lang gebaut, kurzbeinig und mit sorgenvollem, triefaugigem Faltenblick verzücken diese Tiere ihre Fans. Züchter achten streng da-rauf, dass das Rote im klaffenden Unterlid sichtbar ist. Dadurch auftretende Bindehautentzündungen kann man ja behandeln. Leider neigt der Hund dazu, Blasensteine zu bekommen.

Kampfhund beißt Kind tot

Berlin (gr). Ein Pitbull-Terrier hat gestern ein neunjähriges Mädchen totgebissen. Das Tier wurde inzwischen eingeschläfert – so die Polizei. Gegen den Mann wird wegen fahrlässiger Tötung ermittelt. Der Rüde war aus dem unverschlossenen Zwinger entkommen. Er fiel das vorbeikommende Mädchen sofort an und biss ihm in die Kehle. Der herbeigerufene Notarzt konnte nur noch den Tod feststellen. Fachleute meinen, dass Hunde dieser Rasse unter kundiger Führung keine Gefahr darstellen. Falsch erzogen oder gar scharf gemacht, können sie jedoch wirklich gefährlich werden.

Allergiker können aufatmen:

Hunde ohne Haare

Auf Ausstellungen wird er bestaunt, dieser anschmiegsame "Zuchterfolg" ohne Fell: der Chinesische Schopfhund. Wer überempfindlich auf Hundehaare reagiert, braucht also nicht zu verzichten. Ein solcher Nackthund ist die Lösung!

Bei Kälte beginnt er heftig zu zittern. Das regt seinen Kreislauf an – und unser Mitleid! Besitzer äußern sich begeistert über die haarlose, weiche, seidige Haut. Man kann seine Körperwärme, die höher als bei anderen Hunden ist, so richtig spüren! In unserer zentralbeheizten Welt leidet er bestimmt weniger als ander Hunde. Schade nur, dass er von Geburt an keine oder nur sehr schlechte Zähne hat.

1 Trächtige Hündin

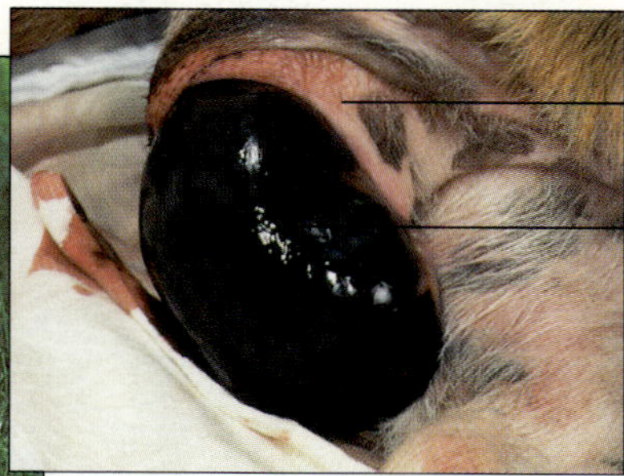

*2 **Geburtsvorgang** (ein Welpe in der Fruchtblase wird durch die Scheide herausgepresst)*

2.4 Hunde säugen ihre Jungen

Die Hündin ist *trächtig,* d.h., sie bekommt bald Nachwuchs. Wie ist es dazu gekommen?
Junge Hündinnen werden zwischen dem 8. und 12. Lebensmonat geschlechtsreif. Sie werden *läufig.* Die **Läufigkeit** dauert etwa 3 Wochen und tritt normalerweise zweimal pro Jahr auf. Kommt es während dieser Zeit mit einem *Rüden* zur Paarung, kann eine Hündin trächtig werden. Die Tragzeit dauert etwa 63 Tage. Kurz vor der Geburt wird die Hündin unruhig, schnüffelt in allen Ecken und versucht, ein „Nest" zusammenzuscharren.
In den frühen Morgenstunden wird der erste **Welpe** „geworfen". Er zappelt in der Fruchtblase, die ihn umhüllt. Die Hündin reißt die Fruchtblase auf und beißt die Nabelschnur durch. Dann leckt sie das nasse und mit verklebten Haaren vor ihr liegende Junge trocken. Durch diesen Leckvorgang wird auch die Atemtätigkeit angeregt.
Neugeborene Welpen sind hilflos. Ihre Augen sind geschlossen. Der im Vergleich zum übrigen Körper große Kopf kann nicht angehoben werden. Unbeholfen kriechen sie an den Bauch der liegenden Mutter. Dort suchen sie durch Hin- und Herpendeln ihres Kopfes die *Zitzen.* Nun beginnen sie zu saugen. Dabei treten sie mit den Vorderpfoten gegen das Gesäuge. Dadurch werden die Milchdrüsen angeregt, Milch zu bilden.
Die Welpen werden von der Mutter gesäugt, gewärmt und verteidigt. Dieses Verhalten nennt man **Brutpflege.** Nach frühestens 8 Wochen können die Welpen von der Hündin getrennt werden.

Stichwort
Säugetier
Säugetiere gebären lebende Junge, säugen sie mit Muttermilch und ziehen sie auf.

Hunde sind Säugetiere. Eine Hündin „wirft" nach 63 Tagen Tragzeit mehrere Welpen. Welpen sind hilflos und auf Brutpflege angewiesen.

1 Nenne Haustiere, die Säugetiere sind.
2 Hunde werden oft so gezüchtet, dass sie im Aussehen und im Verhalten bestimmten Vorstellungen des Menschen entsprechen. Viele Tierschützer wehren sich aber gegen bestimmte Züchtungen. Finde anhand der Beispiele auf der Pinnwand S. 32 Gründe für diese Einstellung der Tierschützer.

3 Hündin mit einem Tag alten Welpen

4 Neugeborener Welpe

1 Hauskatze

3 Die Katze

Wer kennt sie nicht – die Comic-Katze Tom aus den Geschichten von „Tom und Jerry"? Keine echte Katze ist je so bekannt geworden. Hinterlistig und mit bösen Absichten stellt sie der flinken sympathischen Maus Jerry nach. Am Ende aber ist die vermeintlich überlegene Katze der kleinen schlauen Maus hoffnungslos unterlegen.
So wie sie in Zeichentrickfilmen oder Comic-Heften dargestellt werden, verhalten sich Katzen natürlich nicht. Im Vergleich mit Hunden gelten sie als eigenwillig, nicht sehr gesellig und weniger anhänglich. Trotzdem stehen Hauskatzen in der Beliebtheit nach Hunden auf dem zweiten Platz.

Katzen sind **Einzelgänger.** Da sie sehr anpassungsfähig sind, gewöhnen sie sich trotzdem schnell an den Menschen und können sehr zutraulich werden.
Bei uns ist die Hauskatze seit etwa 1000 Jahren heimisch. Damals wurde sie zum *Haustier.* In ihrem Verhalten ist sie aber immer ein **Raubtier** geblieben. So kannst du beobachten, dass Jungkatzen z.B. interessiert Vögel mit ihren Augen verfolgen, wenn sie sich in ihrer Nähe aufhalten. Auch „untersuchen" junge Katzen, die in Wohnungen aufwachsen, alles, was sie erreichen können. Die Geschicklichkeit, Beutetiere zu fangen, müssen sich Katzen jedoch erst erwerben. Dafür ist das Spielen mit den Geschwistertieren oder dem Muttertier wichtig.
Jungkatzen trainieren dabei die Techniken, die für die spätere Jagd nötig sind. Sie lernen, wie schnell sie laufen müssen, um ihre Beute zu fangen und wie weit sie einen Sprung ansetzen, um das Opfer zu erreichen. Auch das Töten mit Schlag oder Biss will gelernt sein.

2 Katze und Maus im Zeichentrickfilm

Auch noch so gut gefütterte Hauskatzen gehen auf *Jagd.* Katzen stellen dann hauptsächlich Mäusen, aber auch Ratten, Kaninchen, Eidechsen, Fröschen oder Vögeln nach. Hat die Katze ein Beutetier in einiger Entfernung entdeckt, schleicht sie sich vorsichtig mit geducktem Körper unter Ausnutzung von Deckungsmöglichkeiten an. Zwischendurch wartet sie immer wieder und beobachtet das Opfer. Wegen ihrer Jagdweise bezeichnet man sie als **Schleichjäger.**

3 Jagdweise der Katze. ***A*** *anschleichen;* ***B*** *abwarten;* ***C*** *lauern;*

4 Klettern mit scharfen Krallen

5 Balancieren

In Sprungweite hält sie unvermittelt an und nimmt eine Lauerstellung ein. Dabei ist der Körper zusammengekauert. Augen und Ohren sind auf die Beute gerichtet. Die Hinterbeine liegen stark angewinkelt unter dem Körper und der Kopf ist weit vorgestreckt. Nur die Schwanzspitze zuckt gelegentlich. Plötzlich springt die Katze los und stürzt sich auf das Opfer. Während die Vorderpfoten mit den ausgefahrenen scharfen Krallen zuschlagen und das Beutetier festhalten, verankern sich die Hinterbeine fest am Boden. Dann erfolgt der Tötungsbiss mit den dolchartigen Zähnen des *Raubtiergebisses* in den Nacken des Opfers. Manchmal lassen Katzen ihre Beute noch einmal kurz los, um den Tötungsangriff zu wiederholen. Sie „spielen" mit ihr. Auf diese Weise bauen Katzen ihren Jagdtrieb ab.

Zum Aufspüren von Beutetieren ist die Katze mit leistungsfähigen **Sinnen** ausgestattet. Die schärfsten Sinnesorgane sind ihre *Augen.* Nachts sind die Pupillen kreisrund und weit geöffnet, sodass auch schwaches Sternenlicht zum Sehen ausreicht. Wird eine Katze dann durch Scheinwerferlicht angestrahlt, leuchten ihre Augen hell auf. Wie von einem Spiegel werden die Lichtstrahlen von der Augenrückwand zurückgeworfen. Tagsüber sind die Pupillen zu einem schmalen, senkrechten Spalt verengt, sodass nur wenig Sonnenlicht in die empfindlichen Augen gelangen kann. Mit ihrem feinen *Gehör* entgehen der Katze selbst schwache Geräusche wie leises Mäusepiepsen nicht. Die beweglichen Ohrmuscheln können Katzen auf die Stellen hin ausrichten, aus denen Geräusche kommen. Die Ohrmuscheln wirken wie Schalltrichter. Auf diese Weise stellen Katzen sowohl die Richtung als auch die Entfernung der Geräuschquelle fest.

6 Hauskatze mit Beute

D *angreifen;* ***E*** *fangen und festhalten;* ***F*** *töten*

7 Lichtspiegelung im Katzenauge

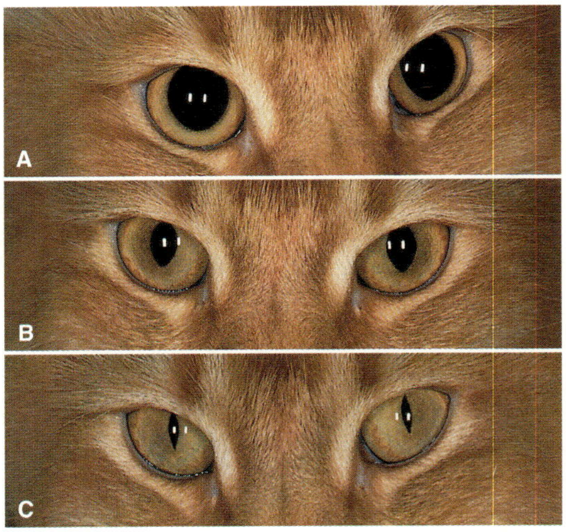

***9* Katzenaugen.**
A *bei Dunkelheit;*
B *bei trübem Wetter;*
C *im hellen Sonnenschein*

8 So fallen Katzen

Auch der *Tastsinn* der Katze ist gut entwickelt. Die langen Tasthaare, die sich vorwiegend an der Oberlippe befinden, sind empfindliche Fühler für den Nahbereich. Damit kann sie auch bei völliger Dunkelheit Hindernisse feststellen, Erschütterungen wahrnehmen und Beutetiere abtasten.
Augen, Ohren und Tastsinn gestatten es also der Katze, sich hervorragend zu orientieren und auch in der Dämmerung oder bei schwachem Licht zu jagen. Die Katze nennt man deshalb auch **Nachtjäger.**

Die Bewegungen der Katze zeichnen sich durch Gewandtheit und Schnelligkeit aus. Katzen sind einzeln jagende Raubtiere, die ihre Beute anschleichen. Augen, Ohren und Tasthaare der Katze sind sehr leistungsfähige Sinnesorgane.

1 Rückstrahler am Fahrrad oder an den Begrenzungspfosten der Fernstraßen nennt man auch „Katzenaugen". Erkläre.

2 Beschreibe das Pupillenspiel im Katzenauge bei verschiedener Helligkeit. Nimm Abb. 8 zu Hilfe.

3 Die Bewegungen der Katze entsprechen ihrer Rolle als Jäger. Betrachte die Abb. 3, 5 und 8. Beschreibe. Welche Rolle spielt dabei der Schwanz?

4 Junge Katzen sind niedlich. Aber was geschieht mit vielen älteren Katzen, die oft niemand mehr haben will? Betrachte Abb. 10. Berichte, woran man schon bei der Anschaffung denken sollte.

5 Welche Katze auf der Pinnwand S. 37 käme für dich in Frage? Begründe.

6 Suche und benenne die Lebensräume der Großkatzen auf der Pinnwand S. 38

10 Streunende Hauskatze

Pinnwand

KATZENRASSEN

Die **Ägyptische Falbkatze** war schon vor ca. 4000 Jahren in Ägypten verbreitet. Sie gehört zu den über die Erde weit verbreiteten *Kleinkatzen*. Falbkatzen haben ein sandfarbenes Fell, das wenig gemustert ist. Man nimmt an, dass unsere etwas kleinere Hauskatze größtenteils von ihr abstammt.

Siamkatzen gehören einer sehr alten Rasse an, die etwa im 16. Jahrhundert in Thailand (Siam) entstand. Typisch sind das cremefarbene Kurzhaar mit dunklen „Abzeichen" an Kopf, Schwanz und Pfoten sowie die strahlend blauen Augen.

Hauskatzen gibt es in schwarzer, weißer, grauer und sandfarbener Fellfärbung. Das Fell kann streifig-gestromt, fleckig-getigert, scheckig-gemustert oder einfarbig sein.
Rassekatzen unterteilt man in *Langhaarkatzen* (seltener) *und Kurzhaarkatzen* (häufiger). Rassemerkmale sind: Fellfarbe, Fellmusterung, Augenfarbe (grün, blau, bernsteingelb), Körpergröße, Kopf-, Schwanz- und Ohrenform.

Die **Türkische Angorakatze** besitzt einen schlanken, elegant wirkenden Körper und spitze Ohren. Kennzeichnend ist das lange, flauschige, seidenweiche Angora-Fellhaar, das rein-weiß, aber auch in anderen Farben und Scheckungen vorkommen kann.

Balinesen sind Abkömmlinge der Siamkatze. Sie haben gleiche Merkmale wie die Siamesen: schlanker Körper, keilförmiger Kopf, blaue Augenfarbe, helles Fell mit dunklen Flächen an Kopf, Schwanz und Pfoten – im Gegensatz dazu aber langes Fellhaar.

Blaue Perser sind beliebte und verbreitete Langhaarkatzen. Das „blaue" Fell ist eher dunkelgrau. Perserkatzen sind gedrungen klein, haben eine platte Nase und große, runde Augen sowie einen hängenden Schwanz. Man züchtet sie in vielen Abwandlungen.

Pinnwand

GROSSKATZEN

Leopard

Leoparden kommen in Afrika und Südasien vor. Sie haben dunkle Tupfer auf dem gelbbraunen Fell. Sie sind Einzelgänger und jagen nur nachts. Als größte Baumkletterer unter den Katzen können sie selbst senkrechte Baumstämme erklimmen. Oben ruhen sie oder verzehren ungestört ihre Beute.

Großkatzen

Innerhalb der Familie der Katzen unterscheidet man Klein- und Großkatzen. Zur Gruppe der Großkatzen gehören Leopard, Jaguar, Tiger und Löwe. Großkatzen können im Gegensatz zu Kleinkatzen lautstark brüllen. Ihre Pupillen sind auch im Hellen rund.

Jaguar

Der Jaguar ist die einzige Großkatze des amerikanischen Kontinents. Er kommt hauptsächlich in den dichten Regenwäldern Südamerikas, aber auch in Mittelamerika und im Süden der USA vor. Er ist größer und gedrungener als der Leopard, aber nicht so flink. Die dunkel geränderten Fellflecken gehen am Bauch in dunkle Tupfer über. Er klettert nicht gut, sondern jagt allein am Boden. Er ist ein guter Schwimmer. Der Jaguar erbeutet Säugetiere, Krokodile, Schlangen, Fische und Vögel.

Tiger

Der Tiger ist die größte und schwerste aller Katzenarten. Größere Vorkommen gibt es heute nur noch in einigen Gebieten Indiens. Die Streifen des Fells gleichen im Gebüsch oder im hohen Gras den Schatten der Blätter und dienen so als Tarnmuster.
Tiger schleichen sich als Einzeljäger an ihre Opfer heran, da sie flüchtenden Beutetieren nur kurze Strecken folgen können. Sie schlagen meist große Beutetiere und benötigen zum Überleben weite Reviere, die der Mensch ihnen aber nimmt.

Löwe

Löwen leben als Großkatzen in Familienverbänden. 5 bis 9 Weibchen und 1 bis 2 Männchen bilden das Rudel. Die gemeinsame Jagd ist Aufgabe der Weibchen. Das Männchen markiert das Revier mit Urin und verteidigt es durch lautes Brüllen. Löwenmännchen haben im Gegensatz zum Weibchen eine Mähne. Freilebende Löwen kommen heute fast nur noch in Afrika vor. Ein Löwe hat im Tierreich kaum Feinde und beeindruckt durch sein prächtiges Aussehen. Menschen gaben ihm deshalb den Titel „König der Tiere".

Katze

Übung

A1 Bau der Katzenzunge

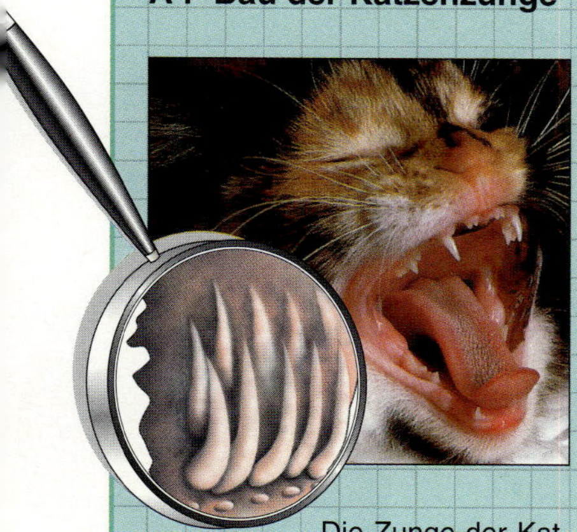

Die Zunge der Katze hat nach hinten gerichtete harte Papillen. Sie wirken wie eine Raspel und wie eine Bürste. Berichte, wozu die Katze eine so gebaute Zunge benötigt.

A2 Orientierung der Katze

Auch bei völliger Dunkelheit können Katzen feststellen, ob sie mit ihrem Körper durch enge Spalten passen. Beschreibe, wie das möglich ist.

A3 Extratür für Katzen

Erkläre, warum Katzenhalter in ihrem Haus oder ihrer Wohnung eine Öffnung nach draußen für ihre Katze vorsehen sollten.

A4 Gebissuntersuchung

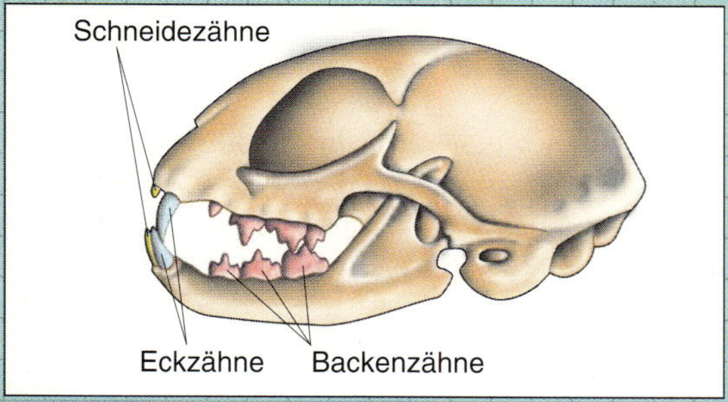

a) Weise anhand des Gebisses nach, dass Katzen Raubtiere sind.
b) Vergleiche das Katzengebiss mit dem Gebiss des Hundes in Abbildung 4 auf Seite 29.

A5 Katzen haben einziehbare Krallen

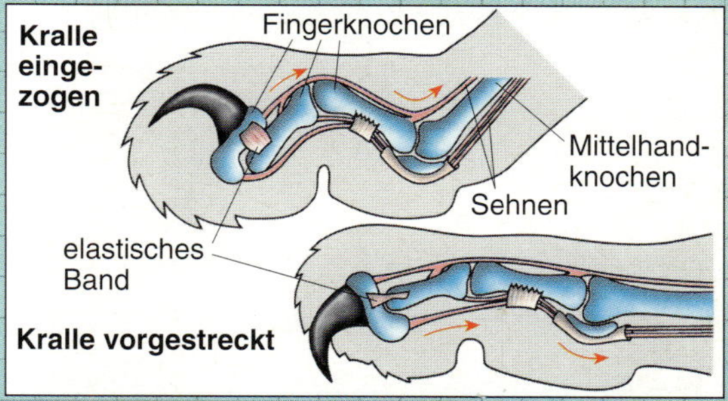

a) Beschreibe anhand der Zeichnungen, wie Katzen ihre Krallen einziehen oder ausstrecken.
b) Erkläre, welche Vorteile einziehbare Krallen für Katzen haben.

A6 Katzenpfoten

Katzenpfoten sind zum Schleichen, Klettern, Festhalten und Töten von Beutetieren geeignet.
a) Beschreibe, wie Katzenpfoten für diese Aufgaben gebaut sind.
b) Erkläre, warum man am Trittsiegel von Katzen keine Krallen erkennt.

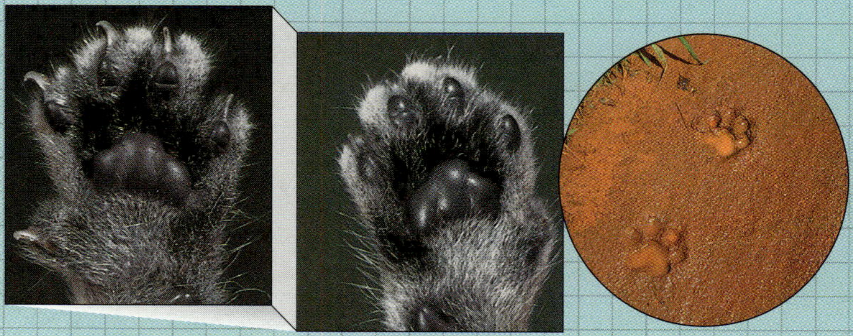

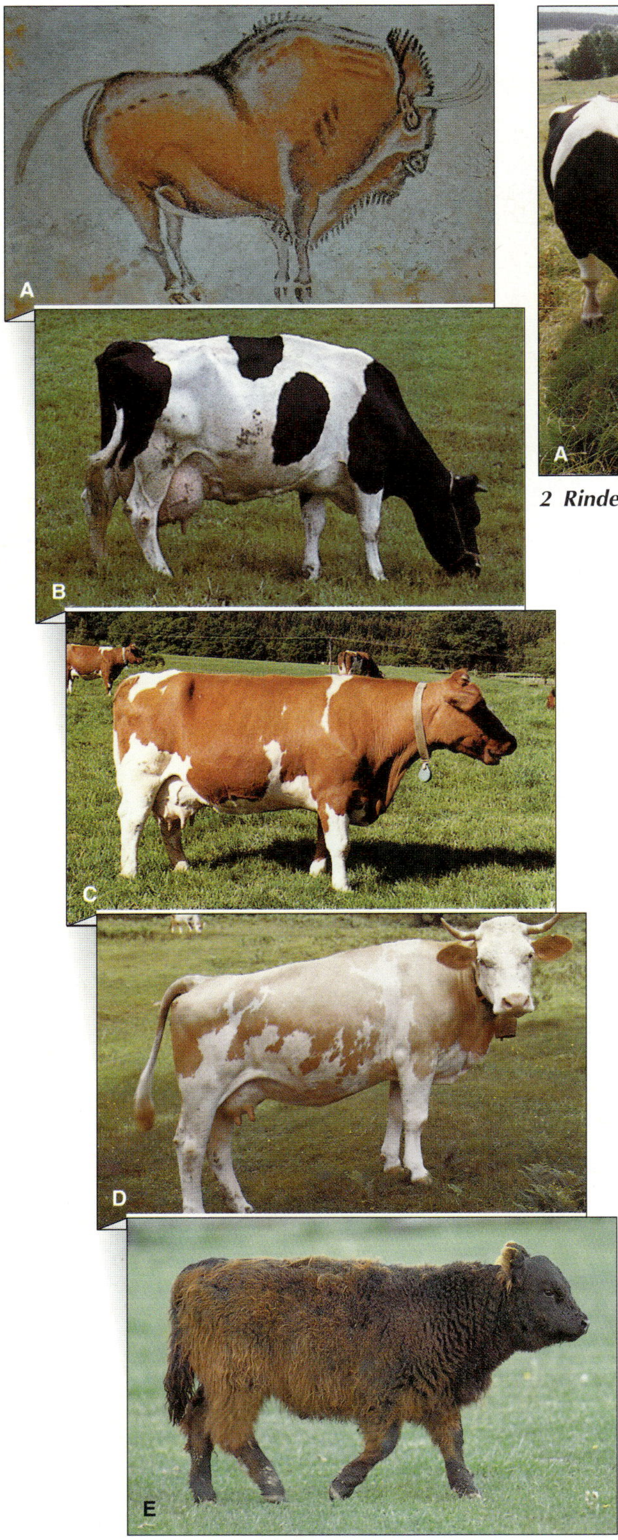

1 ***Rinderrassen. A*** *Urrind (Höhlenzeichnung);*
B *Schwarzbuntes Niederungsrind;* ***C*** *Rotbuntes Rind;*
D *Fleckvieh;* ***E*** *Galloway*

2 ***Rinder. A*** *Auf der Weide;* ***B*** *Zunge*

4 Das Rind

4.1 Rinder sind wiederkäuende Pflanzenfresser

Sicher hast du schon die abgebildeten Rinder auf Weiden grasen gesehen. In Norddeutschland trifft man vorwiegend das *Schwarzbunte Niederungsrind.* Es ist die am häufigsten vorkommende Rinderrasse. Auf Almwiesen in den Alpen dagegen weidet das großwüchsige *Fleckvieh. Rotbunte* Tiere oder andere Rassen kommen seltener vor. Insgesamt gibt es weltweit etwa 450 Rinderrassen.

Alle Hausrinder stammen vom **Ur** oder *Auerochsen* ab. Sein Vorkommen in weiten Teilen Europas ist durch Höhlenzeichnungen aus der Jungsteinzeit bewiesen. Wahrscheinlich schon vor 6000 Jahren wurden Auerochsen gezähmt und vom Menschen gezüchtet. Vor 300 Jahren wurde der letzte Auerochse durch rücksichtslose Jagd ausgerottet.

Auf der Weide sieht man Rinder meist stundenlang gemeinschaftlich grasen. Bis zu 70 kg Futter täglich nehmen sie auf. Mit ihrem guten *Geruchs-* und *Geschmackssinn* können sie schmackhafte von ungenießbaren Pflanzen unterscheiden. Rinder ernähren sich von Pflanzen. Es sind **Pflanzenfresser.**

Beim Fressen kannst du beobachten, wie Rinder mit der langen, muskulösen Zunge Grasbüschel umfassen und sie mit den *Schneidezähnen* des Unterkiefers gegen die *Hornleiste* des Oberkiefers drücken. Dann folgt ein kurzer Ruck mit dem Kopf, um das Gras abzurupfen. Mit Speichel versetzt, aber fast unzerkaut, wird es verschluckt. Über die Speiseröhre gelangen die groben Bissen in eine Art „Vorratskammer", den

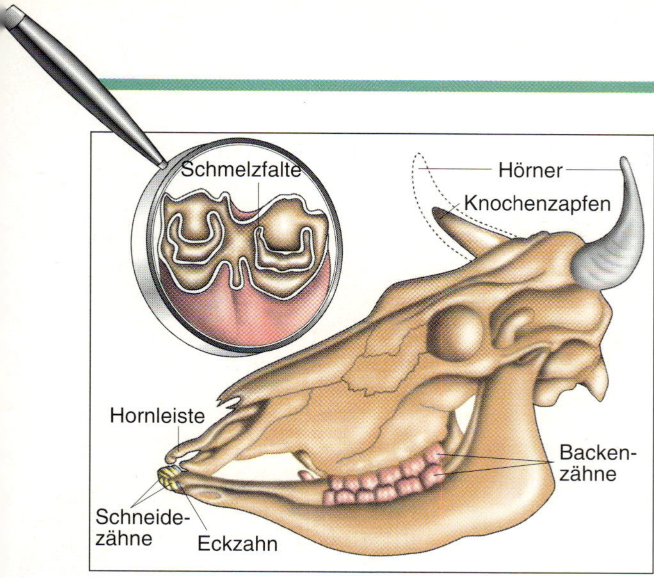

*3 **Schädel und Gebiss des Rindes***

Pansen. Über 160 Liter Pflanzenbrei wird hier gesammelt, aufgeweicht und schon leicht zersetzt.
Nach langem Weiden legen sich die Rinder zur Ruhe nieder. Vom Pansen gelangen nun kleine Futtermengen in den *Netzmagen.* Dort werden sie zu kleinen Ballen geformt und durch Aufstoßen ins Maul zurückbefördert. Rinder kauen ihr Futter jetzt zum zweiten Mal. Deshalb werden sie als **Wiederkäuer** bezeichnet. Zwischen den breiten Backenzähnen wird die Nahrung nun gründlich zerrieben. Dazu sind die Zähne mit rauhen *Schmelzfalten* überzogen. Solche Zähne kennzeichnen ein **Pflanzenfressergebiss.**
Nach dem Wiederkäuen wird der jetzt dünnflüssige Speisebrei endgültig verschluckt. Dabei gelangt er über die Schlundrinne der Speiseröhre in den *Blättermagen.* Hier wird ihm vor allem Wasser entzogen. Erst im letzten Magenabschnitt, dem *Labmagen,* erfolgt die restliche Verdauung. Danach gelangt der Nahrungsbrei in den Darm.

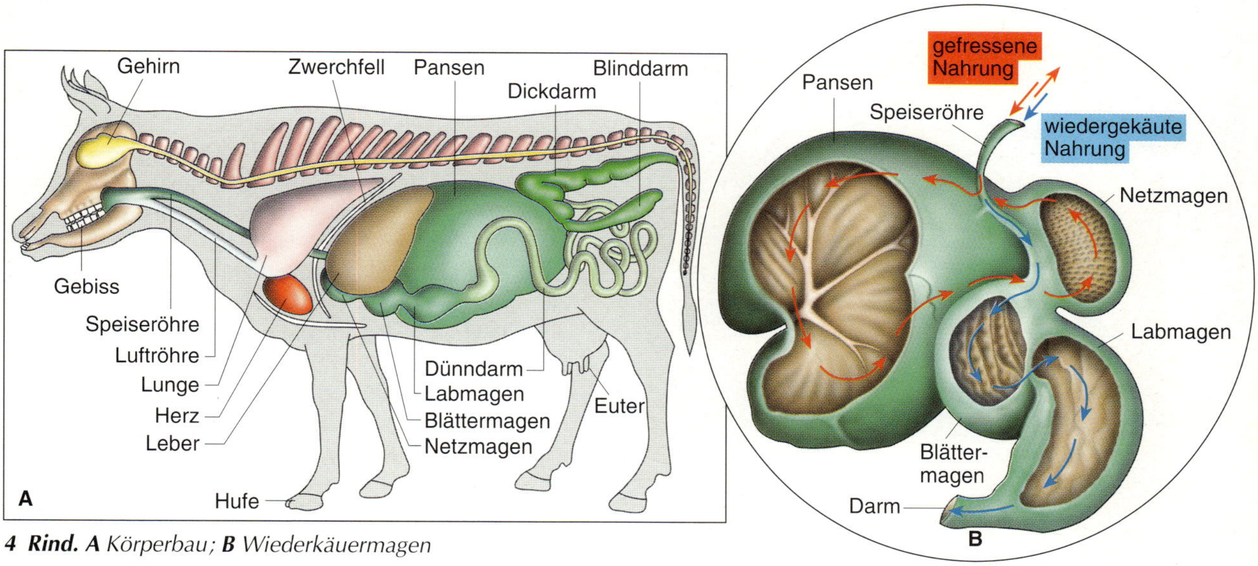

***4 Rind.** **A** Körperbau; **B** Wiederkäuermagen*

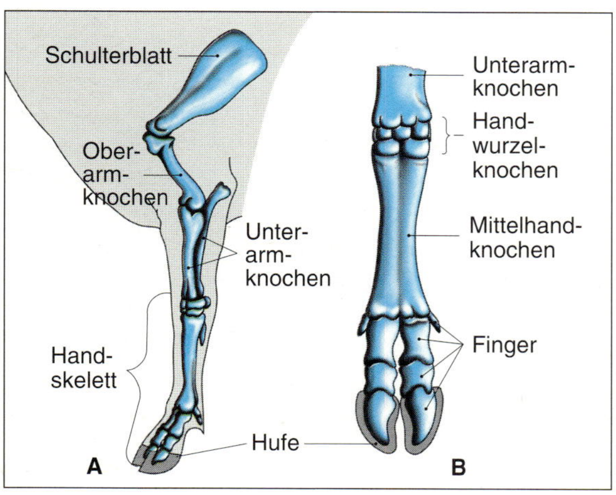

***5 Vorderbein des Rindes.** **A** Gesamtansicht (seitlich); **B** Vorderansicht (Fuß)*

Rinder sind Wiederkäuer. Der Wiederkäuermagen besteht aus Pansen, Netzmagen, Blättermagen und Labmagen. Breite Mahlzähne mit Schmelzfalten kennzeichnen das Pflanzenfressergebiss.

1 Rinder sind Paarhufer, die auf Zehenspitzen gehen. Beschreibe das anhand der Abb. 5.
2 Beschreibe mithilfe der Abb. 4 B den Weg der Pflanzennahrung durch den Wiederkäuermagen.
3 Vergleiche das Pflanzenfressergebiss mit dem des Hundes (S. 29, Abb. 4). Denke an Bau der Zähne, Zahnarten, Zahnformel, … .

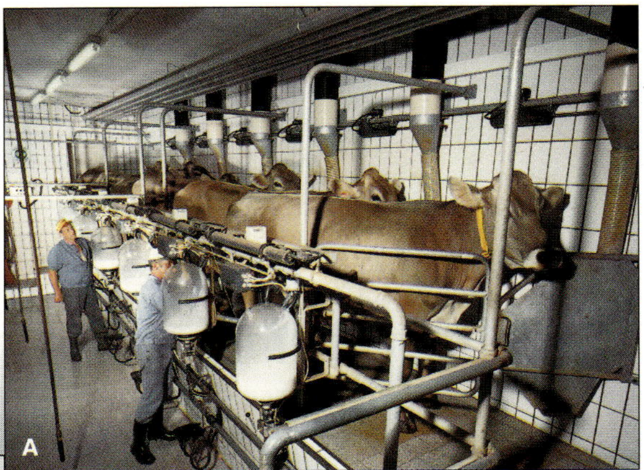

4.2 Rinder haben für den Menschen eine große wirtschaftliche Bedeutung

Seit jeher war das Rind das wichtigste Haustier des Menschen – auch heute noch. Allein in Deutschland gibt es heute etwa 15 Millionen Stück. Weshalb braucht der Mensch so viele Rinder?

In der Altsteinzeit lebte der Mensch als Jäger und Sammler. War die Jagd erfolglos, bedeutete das oft Hunger. Doch dann entdeckten die Menschen in der Jungsteinzeit vor über 6000 Jahren, dass man gefangene Tiere halten und vermehren konnte, um in Notzeiten Nahrung zu haben. Als *Schlachttier* lieferten Rinder nun *Fleisch* und *Fett*. Aber auch Sehnen und die abgezogene *Haut* konnten die Steinzeitmenschen gut gebrauchen.

Als der Mensch sesshaft wurde, setzte er Rinder auch als *Arbeitstiere* ein. Er spannte sie vor Lastkarren und Ackergeräte oder betrieb später mit ihrer Kraft einfache Maschinen. Kuhdung wurde als Dünger verwandt. Das wichtigste Erzeugnis aber war die *Milch*. Man fand heraus, dass Kühe nach dem Kalben über die Aufzuchtzeit der Jungen hinaus Milch geben, wenn man sie weiter ständig melkt. Milch enthält fast alle auch für den Menschen lebenswichtigen Nährstoffe wie Eiweiß, Fett und Zucker sowie Mineralstoffe und Vitamine. So kannst du dir erklären, dass Säuglinge über einen längeren Zeitraum ohne weitere Nahrungsmittel damit auskommen.

Rinder werden heute hauptsächlich zur Milch- oder Fleischerzeugung gehalten. Im Laufe der Zeit sind deshalb besondere Rinderrassen enstanden.

Milchkühe sollen eine hohe **Milchleistung** erzielen. Während eine Kuh des Fleckviehs durchschnittlich 5100 Liter Milch im Jahr gibt, erzeugen Schwarzbunte Kühe mit 6100 Litern eine höhere Jahresmilchmenge. Das sind pro Tag ca. 17 Liter.

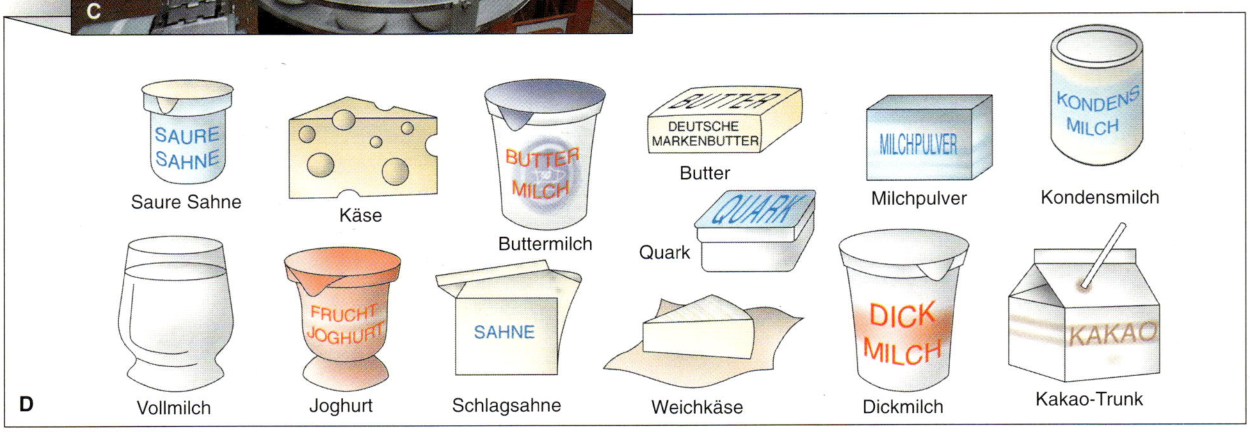

1 Milcherzeugung. ***A*** *Melken;* ***B*** *Milchtransport;* ***C*** *Molkerei;* ***D*** *Milch und Milchprodukte*

Noch vor 100 Jahren wurde die Milch direkt auf dem Bauernhof verarbeitet. Melken und die Butterherstellung waren meist Frauensache. Heute wird die Milch überwiegend maschinell gemolken und in Spezialfahrzeugen in Molkereien transportiert. Dort wird sie zu Butter, Sahne, Quark, Joghurt, Kefir und vielen anderen hochwertigen Milchprodukten weiterverarbeitet.
Mastrinder sind für einen schnellen **Fleischansatz** gezüchtet worden. Das bei der Schlachtung auf Schlachthöfen oder in Fleischereien anfallende Fleisch wird hauptsächlich zu Braten, Rouladen, Gulasch, Steaks, Mett und Wurst verarbeitet. Bei uns werden vorwiegend Rinder gehalten, die während ihres Lebens viel Milch und bei der Schlachtung viel Fleisch liefern. Zu solchen *Zweinutzungsrindern* gehört zum Beispiel das Schwarzbunte Niederungsrind.
Andere bei der Schlachtung anfallende Bestandteile des Rindes wie Haut, Därme, Hufe, Hörner, Knochen, Blut, Talg werden zu Leder, Wursthaut, Dünger, Fetten, Futtermitteln sowie medizinischen und anderen Produkten weiterverarbeitet.
Man kann also feststellen, dass ein geschlachtetes Rind vom Menschen fast vollständig verwertet wird.

Milch und Milchprodukte gehören zu unseren wichtigsten Nahrungsmitteln. Rinder decken einen großen Teil unseres Fleischbedarfs. Der Mensch verwertet fast alle Teile des Rindes.

1 Nenne Gründe, warum Rinder für den Menschen zu allen Zeiten eine wichtige Bedeutung hatten.
2 Zähle Produkte auf, zu deren Herstellung Milch benötigt wird. Werte dazu auch Abb. 1 aus.
3 Stelle die Werte zur Jahresmilchmenge auf S. 44 „Pinnwand Rind" in einem Säulendiagramm dar.

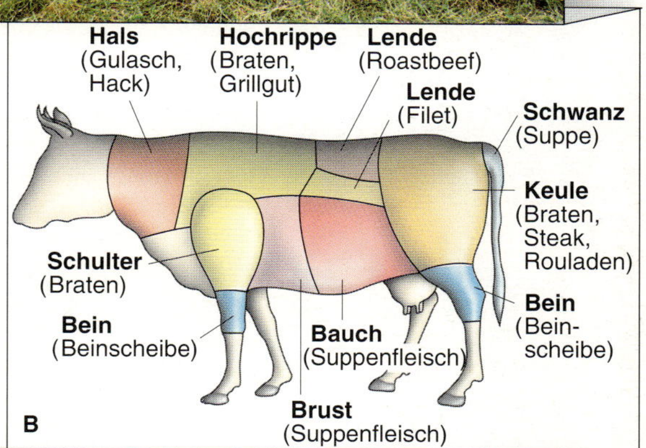

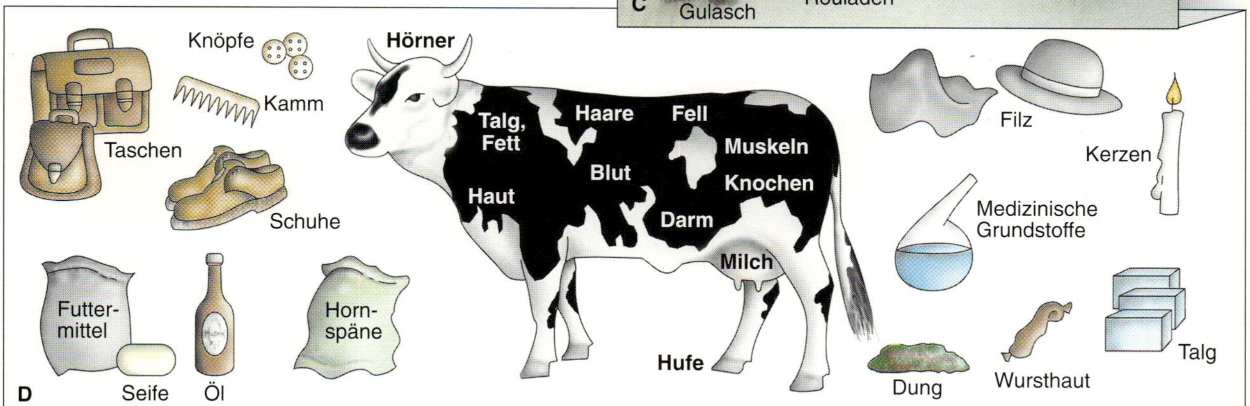

2 ***Rind. A*** *Mastbulle;* ***B*** *Fleischarten;* ***C*** *Fleischprodukte;* ***D*** *verwertbare Teile und Produkte vom Rind*

Pinnwand

RINDER

Europa: Tiertransporte – Hölle auf Rädern?

Bonn (dp) Für Transporte von Rindern und anderen Nutztieren gibt es endlich neue Regelungen. Früher wurden z.B. Rinder tagelang auf engstem Raum durch Europa gefahren. Oft kamen sie ausgemergelt und zerschunden am Zielort an. Die neue Verordnung, die ab 1997 gilt, sieht vor, dass Schlachttiere in Deutschland auf normalen Fahrzeugen ohne besondere Fütterungseinrichtungen nur 8 Stunden transportiert werden dürfen. Dann müssen die Tiere entladen werden sowie Wasser und Futter erhalten. Erst nach einer 24-stündigen Pause darf es weitergehen. Tierschützer sind auch mit dieser neuen Regelung nicht zufrieden.

Indien: KÜHE SIND HEILIG

Das Land mit den meisten Rindern ist Indien. Dennoch trägt ihr Fleisch dort nicht zur Ernährung der Bevölkerung bei. Aus religiösen Gründen dürfen die Tiere nicht geschlachtet und wirtschaftlich genutzt werden. Kühe gelten als heilig. Niemand würde es wagen, ihnen etwas anzutun. Als Nutztiere werden in Indien vorwiegend Ziegen gehalten.

Alfelder Bote — Freitag, den 7. Februar 1997

Eine Rinderseuche mit Folgen

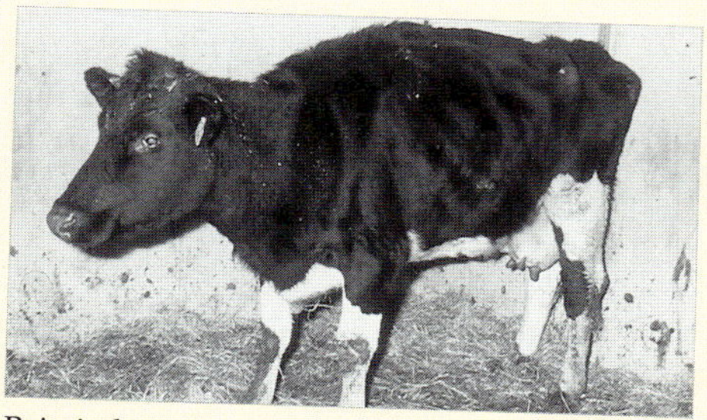

Viele Liebhaber von Rindfleisch sind seit einiger Zeit verunsichert – sie meiden Fleisch vom Rind. Grund ist eine ziemlich unerforschte tödliche Seuche bei Rindern – der Rinderwahnsinn, auch **BSE** genannt.

BSE ist die Abkürzung für **B**ovine **S**pongiforme **E**nzephalopathie, einer Krankheit, die das Gehirn der Rinder zerstört. Erkrankte Rinder können nicht mehr sicher laufen und verenden schnell. Britische Wissenschaftler stellten **BSE** 1986 zum ersten Mal bei toten Rindern in Großbritannien fest. Der Erreger konnte bis heute nicht gefunden werden. Die Infektionskrankheit wurde durch Beimischungen von gemahlenen Schafsinnereien in das Rinderfutter ausgelöst. Sie kann vom Muttertier auf das Kalb übertragen werden. Viele Menschen haben Angst vor einer Übertragung vom Rind auf den Menschen, obwohl es dafür noch keine Beweise gibt.

Begriffe rund um das Rind

Kuh = weibliches Tier (nach dem 1. Kalben, ca. 3. Lebensjahr)
Bulle = männliches Rind
Stier = männliches Rind
Kalb = Jungtier
Färse = weibliches Jungtier, das noch kein Kalb zur Welt gebracht hat
Ochse = unfruchtbar gemachtes männliches Rind

Jährliche Milcherträge pro Kuh

Deutschland (Durchschnitt aller Rassen, gerundet)

1810	1200 Liter	1975	4000 Liter
1850	1600 Liter	1980	4500 Liter
1910	2100 Liter	1991	4800 Liter
1930	2400 Liter	1992	5000 Liter
1950	2500 Liter	1993	5200 Liter
1965	3700 Liter	1996	Liter

Pferde in der Malerei

Streifzug durch die Kunst

Pferdemotive tauchen in der Malerei bereits seit frühen Zeiten auf. Was mag der Grund sein? Betrachten wir die Höhlenbilder, die schon vor 15000 Jahren entstanden sind. Sollte damit die Achtung vor der Schöpfung zum Ausdruck gebracht werden? Versuchte der Mensch durch die Bilder magische Kräfte über Tiere erhalten oder wollte er Jagdglück erflehen? Diese Fragen beschäftigen Forscher bis heute.

Motive aus dem Bereich der Religion waren über lange Zeit sehr beliebt. Aus dem 16. Jahrhundert stammt das Bild von Albrecht Dürer, einem bedeutenden Künstler der damaligen Zeit. Der Kupferstich vom Kreuzritter auf seinem Pferd drückt aus, wie ein Mensch – im Glauben stark – unbeirrt an den „Mächten der Finsternis" vorüberreitet.
Zu Lebzeiten des holländischen Malers Rubens im 17. Jahrhundert war es Mode, dass sich wichtige Personen als Zeichen ihrer Bedeutung in prächtigen Reiterbildnissen darstellen ließen.
Mit Ende des 19. Jahrhunderts erfreuten sich die Menschen an einfachen Motiven aus ihrem bürgerlichen Leben. Maler wie der Franzose Rousseau schufen Bilder von großer Detailtreue.
Der deutsche Maler Franz Marc stellte Anfang des 20. Jahrhunderts Pferde farbintensiv und vereinfacht dar. Er wollte damit ausdrücken, dass Tiere als eigenständige Lebewesen anzusehen wären und der Mensch seine Herrschaft über die Tiere aufgeben sollte.
Salvador Dalí, ein spanischer Maler unserer modernen Zeit, benutzte das Pferd als Sinnbild für schreckliche Dämonen und böse Geister. Der heilige Antonius will sie mit seinem Kreuz zurückhalten.

__1 Pferde. A__ Lascaux (Frankreich): Höhlenmalerei (Altsteinzeit); __B__ A. Dürer: „Ritter, Tod und Teufel" (1513); __C__ P. P. Rubens: „Der Ritter vom Goldenen Vlies" (1610); __D__ H. Rousseau: „Der Wagen des Vaters Juniet" (1908); __E__ F. Marc: „Blaues Pferd" (1911); __F__ S. Dalí: „Die Versuchung des heiligen Antonius" (1946)

1 Kinder mögen Pferde

2 Pferde brauchen gute Pflege

3 Tägliche Bewegung durch Ausritte

5 Pferde als Nutztiere – früher und heute

Träumst du nicht auch manchmal von einem eigenen Pferd und dem Wunsch, es zu pflegen und mit ihm auszureiten? Doch nur wenige können sich diesen Traum erfüllen, da Pferdehaltung sehr teuer ist.

Seit 4000 bis 5000 Jahren wird das Pferd als *Haustier* gehalten. Als *Nutztier* war es lange Zeit für den Menschen unentbehrlich. In Kriegen waren Reiterheere dem Fußvolk überlegen. Pferdebespannte Postkutschen dienten der Beförderung von Post sowie der Reiselust der Menschen. Bauern konnten nur mithilfe des Pferdes vor dem Pflug größere Felder bewirtschaften. Auch der Transport von Gütern war ohne Pferd und Wagen nicht denkbar.

Heute haben Auto, Lastkraftwagen, Trecker und Eisenbahn diese Aufgaben übernommen und das Pferd verdrängt. Deshalb nahm besonders die Anzahl der Arbeitspferde, die zur Rassengruppe der **Kaltblutpferde** gehören, beständig ab. Diese stämmigen, grobknochigen, kräftigen Tiere, die vom Temperament her behäbig und durch nichts aus der Ruhe zu bringen sind, sieht man heute manchmal noch vor Brauereiwagen bei Festumzügen.

Der Mensch nutzt das Pferd heute aber vorwiegend zur sportlichen Betätigung und zur Freizeitgestaltung. Da Reitsport immer beliebter wird, werden vermehrt Reit- und Springpferde gezüchtet. Rassen, die dazu verwendet werden, gehören zu den schlanken, schnellen und ausdauernd laufenden **Warmblutpferden.** Trakehner und Hannoveraner gehören dazu.

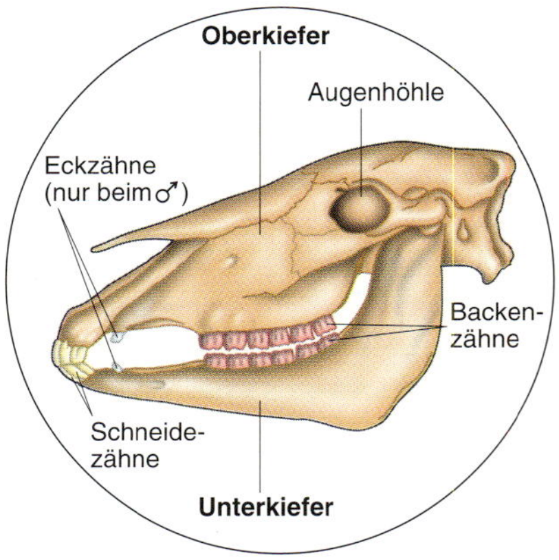

4 Pferdeschädel und Gebiss

5 Kaltblüter beim Ziehen schwerer Lasten

6 Jagd zu Pferde (Warmblüter)

7 Warmblüter sind als Kutschpferde gut geeignet

8 Pferdeherde beim Auslauf

9 Przewalski-Pferde

10 Stute mit neugeborenem Fohlen

Vollblutpferde wie Araber sind die temperamentvollsten und teuersten Pferde. Sie haben einen sehr schlanken Körper und sind zierlich gebaut. Bei Pferderennen und im Zirkus kannst du sie sehen.

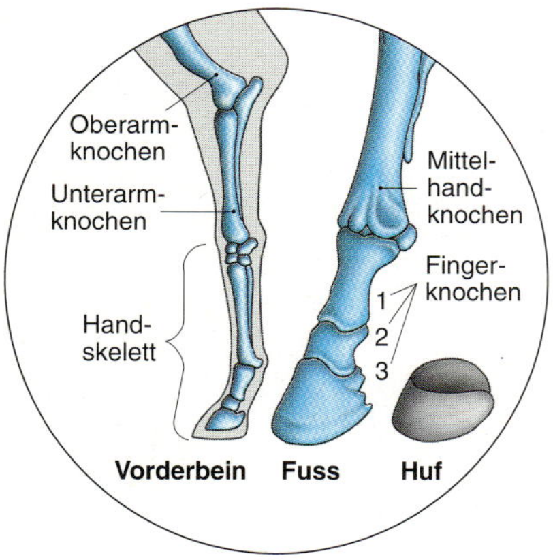

11 Laufbein des Pferdes

Die Bezeichnungen Kalt-, Warm- und Vollblüter kennzeichnen das Temperament der Tiere der jeweiligen Rassengruppe, nicht jedoch die Temperatur des Blutes.
Beobachtest du Pferde auf der Weide, stellst du fest, dass sie meist in Gruppen grasen. Mit ihrem *Pflanzenfressergebiss* beißen sie die Gräser ab, kauen ihr Futter aber nur einmal. Werden sie erschreckt, stürmen sie davon.
Pferde sind *Lauftiere,* die mit ihren schlanken Laufbeinen vor Feinden flüchten. Diese Verhaltensweise stammt von ihren Vorfahren, den Wildpferden. Das *Przewalskipferd* ist die letzte bei uns vorkommende Wildpferdart. Es wird in Zoos oder Tierparks gehalten. Du erkennst es am gelbbraunen Fell und den aufrecht stehenden Haaren der Mähne.

Früher nutzte man Pferde als Arbeitstiere, heute vorwiegend bei Freizeit und Sport. Kalt-, Warm- und Vollblüter unterscheiden sich in Körperbau und Temperament.

1 Pferde haben ein Pflanzenfressergebiss. Vergleiche Abb. 4 mit der Abbildung vom Rindergebiss (S. 41, Abb. 3). Erkläre.

2 Pferde sind Zehenspitzengänger, Lauftiere, Huftiere und Unpaarhufer. Erläutere diese Begriffe mit Hilfe von Abb. 11.

3 Pferde haben ihre Bedeutung als Arbeitstiere weitgehend verloren. Beschreibe, wie man Pferde heute nutzt.

12 Warmblüter beim Springreiten

13 Vollblüter beim Galopprennen

14 Pferdedressur im Zirkus mit rassigen Lipizzanerhengsten (Vollblüter)

1 ***Hausschwein. A*** *Eber;* ***B*** *Sau mit Ferkeln;* ***C*** *Schädel und Gebiss*

6 Schweine sind Allesfresser

Marc besichtigt einen Bauernhof, auf dem Schweine gehalten werden. Laut quiekend drängeln sie sich um den Futtertrog. Sie erhalten Kartoffeln, Kleie, Schrot, Rüben, Küchenabfälle, altes Brot und Fleischreste. Marc wundert sich: „Die fressen ja alles – pflanzliche und tierische Nahrung!"

Schweine sind **Allesfresser.** Das zeigt auch der Bau ihres Gebisses. Die vorderen Backenzähne sind spitzhöckrig wie bei Raubtieren und dienen der Zerkleinerung von Fleischstücken. Die hinteren Backenzähne dagegen besitzen stumpfhöckrige Kauflächen, wie sie bei Pflanzenfressern anzutreffen sind. Sie sind zum Zermahlen von Pflanzenteilen geeignet.

Auf der Weide durchwühlen sie mit ihrer rüsselartigen Nase den Boden, um Fressbares aufzuspüren. Sie finden dort Wurzeln, Gras und Kleintiere. Auch wälzen sie sich gern in schlammigen Mulden, den *Suhlen.* Danach ist ihre rosafarbene Haut mit einer Schlammkruste überzogen, die vor lästigen Insekten schützt.

Weibliche **Hausschweine,** die *Sauen,* können zu jeder Jahreszeit Junge bekommen. Ein guter Wurf bringt bis zu 12 *Ferkel.* Sie werden in den ersten Wochen gesäugt. Schweine sind *Säugetiere.* Nach 8 Wochen können sie ohne Mutter aufgezogen werden.

Schweine nehmen bei guter Fütterung schnell zu. Sie werden gemästet. Nach etwa 8 bis 10 Monaten sind sie schlachtreif. Hausschweine sind für die Ernährung des Menschen wichtig. Bei der Mast kommt es darauf an, viel mageres Fleisch zu erzeugen. Die Fleischqua-

2 ***Wildschwein. A*** *Keiler;* ***B*** *Bache mit Frischlingen;* ***C*** *Schädel und Gebiss*

lität ist am besten, wenn die Tiere Auslauf haben und sich frei bewegen können. Neben Fleisch werden aber auch die bei der Schlachtung anfallenden Därme, das Blut, das Fett, die Knochen und die Haut verwertet. Hausschweine stammen von den heute noch in unseren Wäldern weit verbreiteten Wildschweinen ab. Diese können sich auch mit Hausschweinen paaren, was ein Hinweis auf ihre nahe Verwandtschaft ist.

3 Die häufigsten Schweinerassen in Deutschland.
A *Deutsche Landrasse;*
B *Deutsches Edelschwein;*
C *Piétrain*

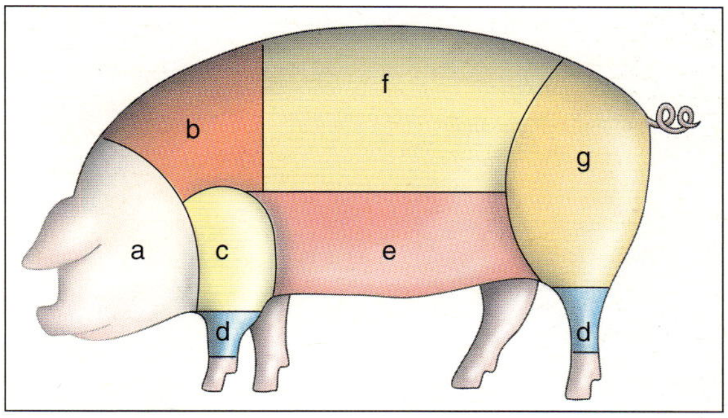

4 Wichtige Fleischpartien beim Schwein.
a Kopf (Sülze); b Nacken (Steaks, Kammscheiben); c Schulter (Vorderschinken); d Bein (Eisbein); e Bauch (Suppenfleisch, Rippchen, Speck); f Rücken (Koteletts); g Keule (Schinken, Schnitzel, Steaks)

Schon vor 5000 Jahren hat der Mensch mit der Züchtung begonnen. Heute gibt es verschiedene Rassen. Weit verbreitet ist das *Deutsche Edelschwein.*

Wildschweine zeigen einen anderen Körperbau. Auffallend sind der längere Kopf und der starke Rüssel. Der ausgeprägte Geruchssinn und die starken Eckzähne, auch *Hauer* genannt, leisten bei der Nahrungssuche gute Dienste. Durch ihr schwarzbraunes Haarkleid sind sie im Wald gut getarnt.

Schweine sind Allesfresser. Hausschweine sind wichtige Fleischlieferanten. Hausschweine sind aus Wildschweinen gezüchtet worden.

1 Vergleiche den Körperbau von Hausschwein und Wildschwein. Denke an Rumpf, Körperfarbe, Kopfform, Ohrenform, … Beschreibe.

2 Erkläre an einem Schweinegebiss Merkmale des Allesfressergebisses.

3 Beschreibe Gemeinsamkeiten und Unterschiede der Gebisse von Haus- und Wildschwein.

4 Beschreibe den Nutzen des Hausschweines. Nimm dazu Abb. 4 und 5 zu Hilfe.

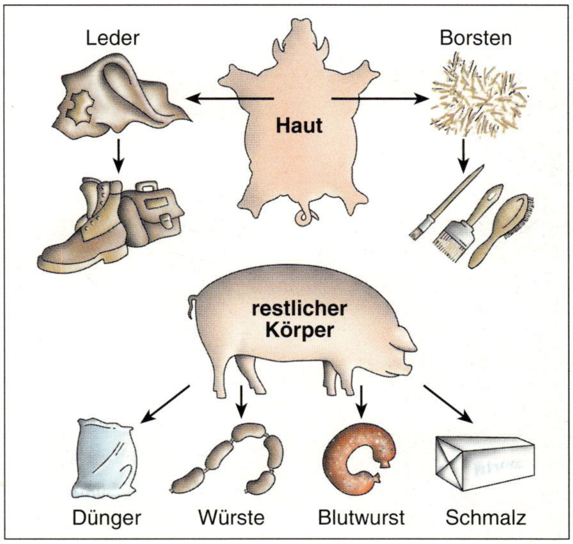

5 So wird das Schwein verwertet

1 Freilandhaltung von Rindern

7 Haltung von Nutztieren

Fleisch ist ein beliebtes Nahrungsmittel. 1997 wurden in Deutschland pro Kopf etwa 39 kg Schweinefleisch und 11 kg Rind- und Kalbfleisch verzehrt. Rinder tragen zudem mit ihrer Milch wesentlich zu unserer Ernährung bei. Aber weißt du, wie diese wichtigen Nutztiere gehalten werden?

Rinder auf der Weide sind in manchen Gegenden noch ein vertrauter Anblick. Sie können sich dort frei bewegen. In der Herde fühlen sie sich wohl. Sie können frisches Gras fressen, Tränken aufsuchen und an schattigen Plätzen ruhen. Abends werden sie gemolken. Diese **Freilandhaltung** kommt der natürlichen Lebensweise des Hausrindes sehr nahe. Doch diese Form der Rinderhaltung wird immer seltener. Heute werden viele Rinder ausschließlich in Ställen gehalten, die oft sehr groß sind. Die Haltung einer großen Anzahl von Tieren in einem Stall soll Kosten sparen. Viele Landwirte können nur durch diese **Stallhaltung** Fleisch und Milch preiswert produzieren.

2 Moderner Rinderstall

In modernen *Boxenlaufställen* haben Rinder Bewegungsfreiheit. Sie können zwischen Weideplätzen außerhalb des Stalles sowie Liege- und Fressplätzen in der Halle pendeln. Ein Computer hilft bei der Zusammenstellung des Kraftfutters. Ausmisten und Melken übernehmen Maschinen.

In älteren Betrieben werden Rinder angekettet nebeneinander gehalten. Dort stehen sie mit dem Kopf zur Futterkrippe nebeneinander, müssen auf diesem Platz leben und können sich kaum rühren. Oft besteht der Boden nur aus Lattenrosten ohne Strohauflage, durch die die Ausscheidungen nach unten fallen. Ob das lebenslange Angebundensein den Rindern in solchen *Anbindeställen* bekommt, ist zu bezweifeln.

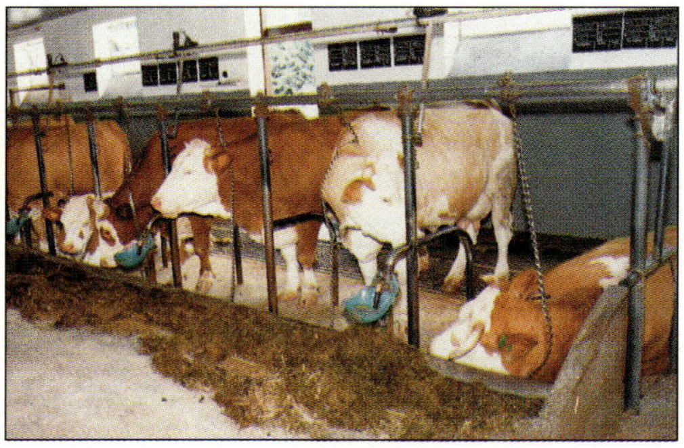

3 Milchkühe im Anbindestall

4 Intensivhaltung von Mastkälbern

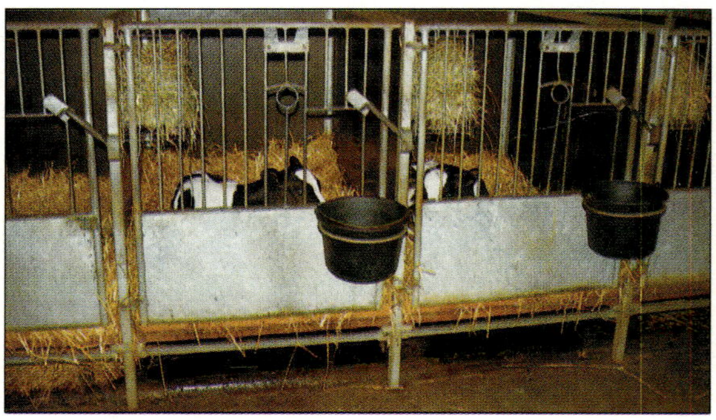

5 Kälberboxen

Nicht artgemäß ist die Kälbermast, bei der Hunderte von Tieren auf engstem Raum aufgezogen werden. Bei dieser **Intensivhaltung** werden die Kälber nach der Geburt vom Muttertier getrennt und in enge Boxen gezwängt, damit sie sich möglichst wenig bewegen. Sie sollen schnell an Gewicht zunehmen. Schon nach etwa 12 Wochen können sie geschlachtet werden.

6 Freilandhaltung von Schweinen

Aus dem Tierschutzgesetz von 1986:
„Wer ein Tier hält, betreut oder zu betreuen hat, muss dem Tier angemessene artgemäße Nahrung sowie eine verhaltensgerechte Unterbringung gewähren, darf das artgemäße Bewegungsbedürfnis eines Tieres nicht dauernd und nicht so einschränken, dass dem Tier vermeidbare Schmerzen, Leiden oder Schäden zugefügt werden."

Hausschweine, die ins Freie können, fühlen sich wohl. Dort können sie suhlen und wühlen und halten sich sauber. Auch in Buchten, die mit Stroh eingestreut werden, halten sich die Schweine sauber. Sie nutzen dort nur eine Ecke als „Klo". In Buchten mit Spaltenböden dagegen, durch die die Ausscheidungen nach unten fallen, ist alles verschmutzt. Dort können die Tiere nicht einmal richtig ruhen.
Schlimm steht es um Sauen, die einzeln gehalten und eng angebunden werden, damit die Ferkel ungehindert trinken können. Solche Tiere zeigen bald Verhaltensänderungen. Aus Langeweile beißen sie zum Beispiel in die Stangen ihrer Abtrennungen oder die Schwänze ihrer Artgenossen ab.

7 Schweinehaltung mit Einstreu

Der Mensch ist für die artgemäße Haltung von Nutztieren verantwortlich. Wirtschaftliche Gründe sollten nicht allein ausschlaggebend für die Haltungsmethode sein.

8 Stall mit Spaltenboden

1 Beschreibe die in den Abbildungen dargestellten Methoden der Nutztierhaltung.
2 Wie beurteilst du die Haltungsmethoden? Lies dazu auch den Auszug aus dem Tierschutzgesetz.
3 Massentierhaltung hat Vor- und Nachteile. Beschreibe. Begründe deine Meinung.

9 Sau mit Ferkeln

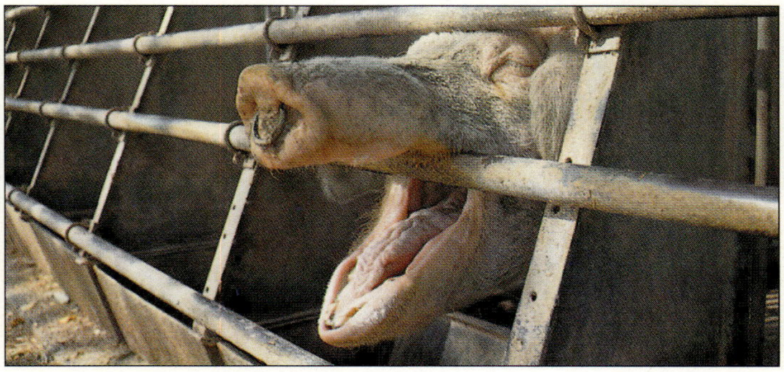

10 Stangenbeißen aus Langeweile

A

B

8 Hühner

8.1 Haushühner – Vögel als Haustiere

Ute und Jan haben mit ihren Eltern Ferien auf dem Bauernhof verbracht. Morgens in aller Frühe wurden sie vom ‚Kikeriki' eines Hahnes geweckt. Zum Frühstück gab es jeden Tag frische Eier. Die stammten von den Hühnern, die dort den ganzen Tag frei herumliefen. Herr Jansen, der Hofbesitzer, erklärte ihnen, dass er sie nur noch so zum Spaß hielte. Seinen Lebensunterhalt würde er mit Zuckerrüben- und Getreideanbau verdienen.

C

Bei ihren Beobachtungen stellten die beiden Kinder fest, dass Hühner kaum noch fliegen können. Ihre Flügel sind klein und das Körpergewicht ist hoch. Wenn es morgens hell wird, verlassen sie den Stall. Im Gelände beginnen sie mit ihren kräftigen, mit Krallen besetzten Zehen zu scharren und mit dem Schnabel zu picken. Hier finden sie Körner, Larven oder Würmer. Schnell und zielsicher picken sie zu. Sie fressen auch Samen, Gras und Käfer sowie Futterreste. Dies alles wird unzerkleinert verschluckt.

D

E

Kommen sich zwei Hühner bei der Futteraufnahme zu nahe, gibt es gelegentlich Streit. Dann hacken sie aufeinander ein. Das unterlegene Huhn ordnet sich danach aber schnell unter. In der Hühnerschar herrscht eine strenge **Rangordnung.**

F

Zwischen den *Hennen* stolziert ein *Hahn* herum. Er ist der Ranghöchste. Er fällt durch seine Körpergröße, seine besonders aufrechte Haltung, den großen Kamm und die langen Kehllappen sowie die prächtigen Schwanzfedern auf. Bei bestimmten Rassen ist zudem das Gefieder viel farbiger als bei den Hennen. Bei Gefahr warnt er das Hühnervolk durch einen besonderen Laut. Mehrmals am Tag legen sich die Hühner in flache Bodenmulden und stäuben ihr aufgeplustertes Gefieder mit trockenem Sand oder feiner Erde ein. Auf diese Weise halten sie sich frei von Ungeziefer.

Zum Eierlegen suchen die Hennen Nester am Boden des Stalles auf. Dazu brauchen sie Ruhe in einer möglichst etwas abgedunkelten Umgebung. Jede Eiablage zeigen sie durch lautes Gegacker an.

Bei Anbruch der Dämmerung sind alle Hühner wieder im Stall verschwunden. Dort verbringen sie schlafend auf Sitzstangen die Nacht. Diese Verhaltensweise stammt von ihren Vorfahren, die auf Bäumen übernachteten. Beim Hinsetzen und Beugen der Gelenke der Beine umschließen die Zehen automatisch die Stange. Das geschieht durch einen bestimmten Sehnenmechanismus. So ermüden die Muskeln nicht und die Hühner können auch im Schlaf nicht von der Stange fallen.

G

Unsere Haushühner stammen vom **Bankivahuhn** ab. Diese Wildhuhnart lebt in Ostasien und wurde schon vor über 4000 Jahren in Indien gezähmt und gehalten. Im Laufe der Zeit wurden diese Vögel so zu Haustieren. Durch Züchtung sind viele Rassen entstanden. Gute *Legehühner* legen heute über 300 Eier pro Jahr. *Fleischhühner* wachsen schnell, haben einen stärkeren Körperbau und setzen viel zartes Fleisch an.

H

1 Hühnerrassen. A *Bankivahahn;* ***B*** *Peking-Bantam-Hahn (Zwerghuhn);* ***C*** *Gelbe Orpington-Henne;* ***D*** *Plymouth-Rocks-Henne;* ***E*** *Rhodeländer-Henne;* ***F*** *Küken;* ***G*** *Italiener-Henne;* ***H*** *Sussex-Henne*

2 ***Leben im Hühnervolk. A*** *Hühnerhof;* ***B*** *Sitzen auf der Stange;* ***C*** *Paarung;* ***D*** *Eierlegen und Brüten;* ***E*** *Schlüpfen der Küken;* ***F*** *Glucke führt ihre Küken*

Haushühner sind Vögel, die kaum noch fliegen können. Im Hühnervolk besteht eine Rangordnung. Hühner scharren im Boden, um an ihre Nahrung zu gelangen. Alle Hühnerrassen stammen vom Bankivahuhn ab.

1 Beschreibe Unterschiede in Gestalt und Lebensweise von Hahn und Henne.
2 Nenne Hühnerrassen, die du schon einmal gesehen hast. Sammle auch Bilder und klebe sie auf. Gib besondere Kennzeichen an. Vergleiche auch mit den Abbildungen auf S. 52/53.
3 Beschreibe die Lebensweise der Hühner anhand der Abbildungsreihe 2.
4 Beobachte bei Gelegenheit ein Hühnervolk. Beschreibe auffallende Verhaltensweisen.

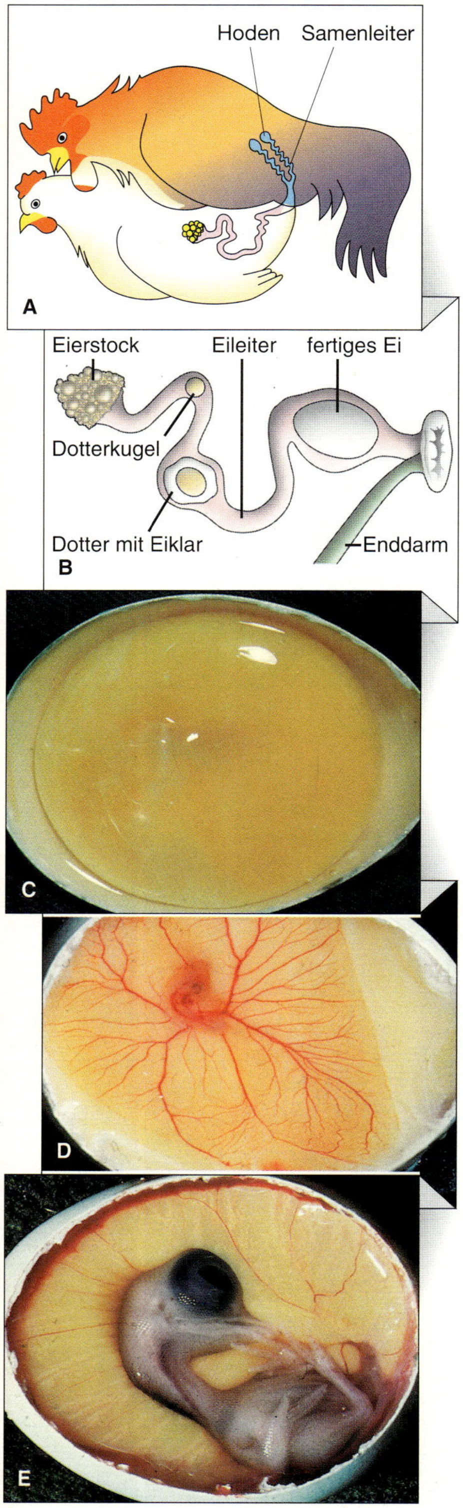

8.2 Küken schlüpfen aus Eiern

Auf dem Hühnerhof balzt ein Hahn. Er pickt auf den Boden und scharrt. Eine paarungsbereite Henne in seiner Nähe duckt sich plötzlich hin. Der Hahn besteigt ihren Rücken und beide pressen ihre Geschlechtsöffnungen aufeinander. Kurz darauf springt er ab.

Hahn und Henne haben sich gepaart. Dabei werden vom Hahn Spermien in den *Eileiter* der Henne übertragen. An dessen Ende, dem *Eierstock,* befinden sich viele kleine Dotterkugeln. Diese wachsen heran und lösen sich nacheinander ab. Im Eileiter werden sie mit Eiklar angereichert. Auf dem Dotter eines reifen Eies liegt die *Keimscheibe.* Dort befindet sich der Kern der Eizelle. Wenn dieser mit dem Kern eines Spermiums verschmilzt, ist das Ei *befruchtet.* Danach bilden sich die pergamentartige Schalenhaut und die Kalkschale. Dann wird das Ei gelegt.

Zur Entwicklung des Embryos ist gleichmäßige Wärme von 38° bis 40° C notwendig. Nach kurzer Zeit überzieht dann ein Netz feiner Blutgefäße, die von der Keimscheibe ausgehen, die Dotterkugel. Bereits nach 6 Tagen ist die Kükengestalt erkennbar. Zum Schluss wird der Dottersack vom Körper „eingesogen". Dotter und Eiklar liefern also alles, was das Küken zum Aufbau benötigt.

Nach etwa 21 Tagen schlüpft das Küken. Mit dem *Eizahn,* einem spitzen Fortsatz auf dem Oberschnabel, ritzt es ein Loch in die Kalkschale. Dann wird sie aufgesprengt und das noch nasse Küken ist frei. Schnell trocknet es. Küken können sofort picken, laufen und scharren. Sie sind **Nestflüchter.**

1 Vom Ei zum Küken. A *Paarung;* ***B*** *Eientstehung;* ***C*** *Dotter mit Keimscheibe;* ***D*** *Embryo am 6. Bebrütungstag;* ***E*** *Embryo am 12. Bebrütungstag;* ***F*** *Embryo am 19. Bebrütungstag;* ***G*** *Aufbrechen der Kalkschale;* ***H*** *und* ***I*** *Küken schlüpft;* ***J*** *der Federflaum trocknet*

Aus befruchteten Hühnereiern entwickeln sich in 21 Tagen Küken.

Hühnerei

Übung

A1 Legeleistung einer Henne

		Januar
		Februar
		März
		April
		Mai
		Juni
Legeleistung	5	Juli
	17	August
	24	September
	26	Oktober
	25	November
	23	Dezember
	21	Januar
	26	Februar
	27	März
	27	April
	28	Mai
	26	Juni
	25	Juli
	23	August
Aussortieren der Legehennen	17	September
	11	Oktober
	6	November
Schlachtung		Dezember

a) Beschreibe den Lebenslauf der in der Abbildung dargestellten Legehenne.
b) Stelle die monatliche Legeleistung der Henne in einem Säulendiagramm dar. Erläutere.

V2 Untersuchung eines gekochten Hühnereies

Material: hart gekochtes Hühnerei; Pinzette; Messer
Durchführung: Entferne mit der Pinzette vorsichtig die Kalkschale. Ziehe danach die Schalenhaut ab. Schneide das Hühnerei dann längs durch.
Aufgabe: Vergleiche den Längsschnitt des Eies mit der Zeichnung vom rohen Hühnerei auf dieser Seite.

V3 Präparation eines rohen Hühnereies

Material: rohes Hühnerei; Petrischale oder Eierpappe; Pinzette; Schere; Nadel; Lupe; Papiertaschentücher
Durchführung: Lege das rohe Ei in eine mit Papiertaschentüchern ausgepolsterte Petrischale oder in die Eierpappe. Bohre mit der Scherenspitze vorsichtig ein Loch in die Schale. Löse mit der Pinzette die Kalkschale so weit ab, dass eine etwa markstückgroße Öffnung entsteht. Schneide die Schalenhaut auf.
Aufgaben: a) Benenne die Eibestandteile, die du durch die Öffnung erkennen kannst.
b) Beschreibe die Lage der Eibestandteile und vergleiche mit der Abbildung vom rohen Hühnerei.
c) Gieße den Inhalt des Eies in die Petrischale. Betrachte die Keimscheibe auf der Dotterkugel, ziehe mit der Pinzette an den Eischnüren und durchsteche schließlich die Dotterhaut. Beschreibe. Zeichne.

A4 Bau eines rohen Hühnereies

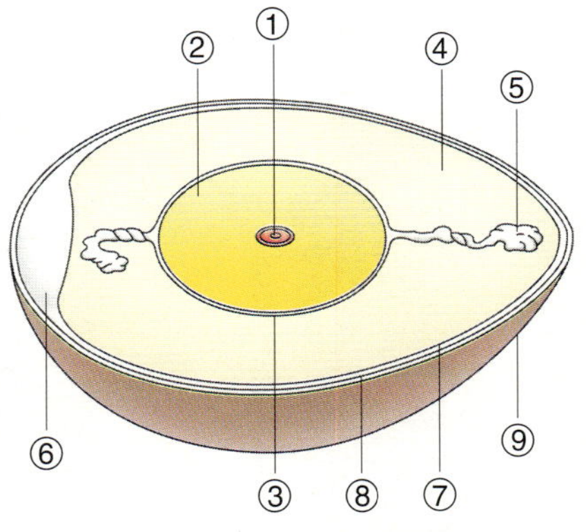

① Keimscheibe
② Eidotter
③ Dotterhaut
④ Eiklar (Eiweiß)
⑤ Eischnur (Hagelschnur)
⑥ Luftkammer
⑦ innere Schalenhaut
⑧ äußere Schalenhaut
⑨ Kalkschale

a) Beschreibe den Bau eines Hühnereies anhand der Abbildung.
b) Versuche mithilfe der Abbildung zu erklären, durch welche Bestandteile die Eidotterkugel in der Mitte des Eies gehalten wird.

8.3 Massenhaltung – bei Hühnern verbreitet

2 *Käfighaltung von Hühnern in Legebatterien*

Frei herumlaufende, scharrende und pickende Hennen und dazwischen ein Hahn – diese früher übliche **Freilandhaltung** gibt es heute kaum noch.
Die meisten Hühner werden in riesigen, oft fensterlosen und künstlich beleuchteten Hallen gehalten. Zur Verbesserung des Raumklimas muss ständig Frischluft zugeführt werden. In solchen *Hühnerfarmen* leben Zehntausende von Tieren auf engstem Raum zusammen.
Wie bei jeder *Massentierhaltung* können sich hier Infektionskrankheiten schnell verbreiten und einen ganzen Bestand gefährden. Deshalb werden vorbeugend oft Medikamente mit dem Futter verabreicht.

Eine besondere Form der *Intensivhaltung* ist die **Batteriehaltung.** Mehrere Legehennen sitzen zeitlebens dicht an dicht in einem Drahtkäfig. Viele solcher Käfige stehen eng nebeneinander und in Stockwerken übereinander. Sie bilden eine „Batterie". Der Käfigboden besteht aus schräg gestellten Gittern. So kann der Kot nach unten durchfallen. Die Eier rollen von allein auf Fließbänder und werden maschinell sortiert. Die Futterrinnen und Tränken füllen sich automatisch. Ein Gesetz schreibt eine Mindestfläche von 21 cm Länge und 21 cm Breite pro Huhn vor. Doch bei dieser Fläche ist die Bewegungsfreiheit der Tiere stark eingeschränkt. Batteriehühner werden deshalb oft angriffslustig.

Bei der **Bodenhaltung** können sich die Legehennen frei bewegen. Eine Kotgrube, die mit Maschendraht überspannt ist, macht etwa die Hälfte des Stalles aus. Auf der restlichen Fläche, die mit Streu aus trockenen Spänen und Sand bedeckt ist, können die Hühner scharren und Sandbäder nehmen. Auch an die Futterstellen und Tränken kommen sie jederzeit heran. Im Wandbereich befinden sich die Nester, in denen die Hennen in Ruhe Eier legen können. Die Eiabsammlung geschieht auch hier automatisch.

1 *Bodenhaltung von Legehennen*

Hühner werden aus wirtschaftlichen Gründen meist in Intensivhaltung aufgezogen und gehalten. Die Haltung in Hühnerfarmen ist stark umstritten.

1 Stelle in einer Tabelle zusammen, wie Hühner artgemäß leben. Denke an Futtersuche, Sandbaden, Eiablage, Zusammenleben, … Vergleiche Freiland-, Batterie- und Bodenhaltung daraufhin.

Menschen halten Tiere und sind für sie verantwortlich

Prüfe dein Wissen

A1 Alle Hunderassen stammen vom Wolf ab, auch der Rauhaardackel. Woran erkennt man das?

a) Sein Fell ist in der Färbung dem des Wolfes ähnlich.

b) Er kann ausdauernd laufen.

c) Er kriecht gern in Höhlen.

d) Er kann mit der Nase die Spur eines Tieres aufnehmen.

A2 In der Zeichnung des Hundegebisses sind Fehler versteckt.

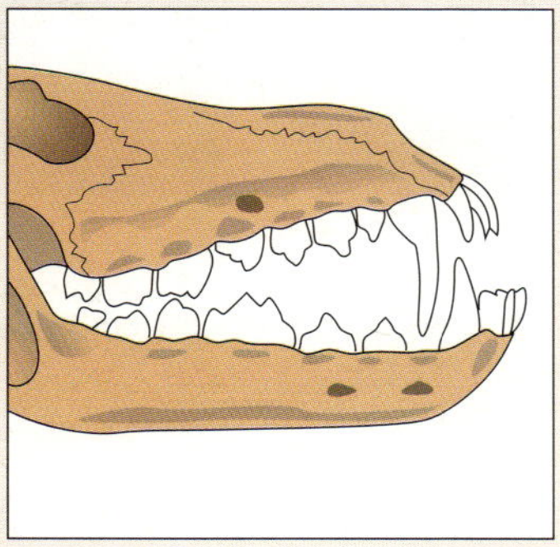

Finde heraus, wie viele und welche Fehler es sind!

A3 So macht eine Hauskatze Beute. Entscheide, welche Aussagen zutreffend sind.

a) Sie sieht die Beute von weitem und rennt blitzschnell hinter ihr her.

b) Sie schleicht tief geduckt heran und nutzt jede Deckung aus.

c) Sie duckt sich tief und nimmt mit der Nase die Spur auf.

d) Sie schleicht sich an und lauert bewegungslos, bis sie mit einem Satz die Beute packen kann.

A4 Vergleiche Hund und Hauskatze in Bezug auf Abstammung, Jagdweise, Laufleistung, Verhältnis zum Menschen, Haltungsgründe, Tastsinn, Leistungen der Augen, Pupillenform bei Tageslicht, Krallenform. Wähle zur Beschreibung aus folgenden Begriffen aus:
stumpf und nicht einziehbar, Falbkatze, Hetzjäger, Schleichjäger, Langstreckenläufer, Bindung an den Menschen, Bindung ans Haus, Wache, Wolf, Kurzstreckenläufer, Mäusejagd, leistungsfähig, nicht leistungsfähig, rund, spaltförmig, spitz und einziehbar.

A5 Die Zeichnung zeigt ein Schema vom Rindermagen.

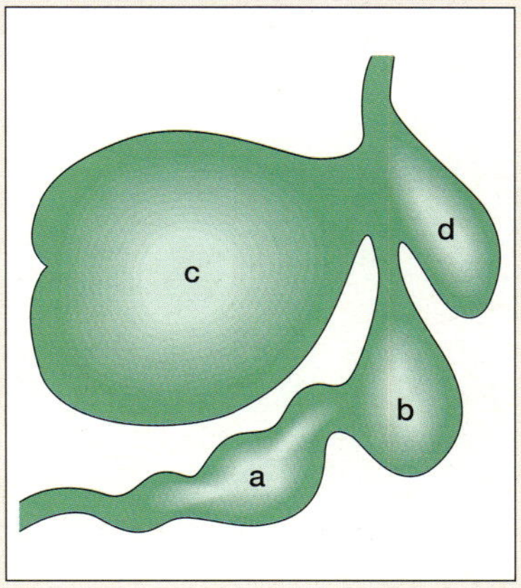

Wie heißen solche Mägen und aus welchen Teilen bestehen sie?

A6 Welchen Weg nimmt die vom Rind aufgenommene Nahrung? Verfolge anhand der Zeichnung in Aufg. 5.

a) Maul – a – b – c – d – Darm.

b) Maul – d – c – Maul – b – a – Darm.

c) Maul – c – d – b – a – Darm.

d) Maul – c – d – Maul – b – a – Darm.

e) Maul – d – c – Maul – b – a – Darm.

A7 Am Gebiss eines Tieres kann man erkennen, ob es ein Fleischfresser, Pflanzenfresser oder Allesfresser ist. Entscheide.

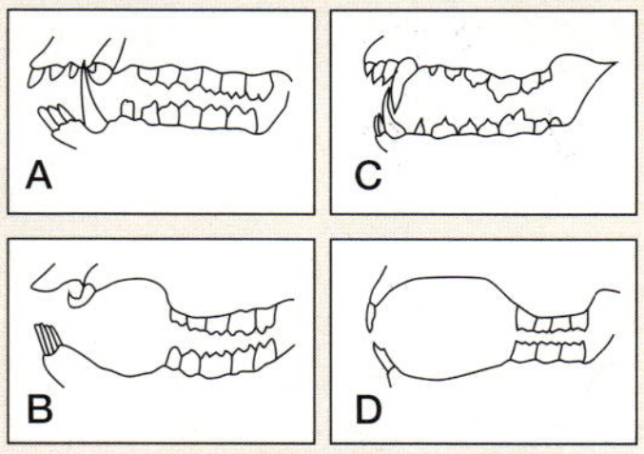

A8 a) Welches der abgebildeten Gebissformen ist ein Schweinegebiss?

b) Zu welchen Tierarten gehören die anderen Gebisse?

A9 Entscheide, welche Aussagen wahr und welche falsch sind.
Damit Küken aus dem Ei schlüpfen können, …

a) … drücken sie die Eischalen von innen auseinander.

b) … ritzen sie von innen mit einem besonderen Zahn die Kalkschale an.

c) … pickt die Henne von außen ein Loch in das Ei.

d) … tritt der Hahn mit dem Fuß auf das Ei.

A10 Fertige eine Tabelle mit den Spalten **Tierart, Vatertier, Muttertier** und **Jungtier** an. Ordne folgende Begriffe in 7 Zeilen richtig zu:
Hund, Kater, Sau, Frischling, Kuh, Hengst, Henne, Hündin, Ferkel, Kätzchen, Eber, Rüde, Katze, Bache, Fohlen, Hausschwein, Welpe, Keiler, Bulle, Stute, Rind, Küken, Huhn, Wildschwein, Pferd, Hahn, Kalb.

Bau und Leistungen des menschlichen Körpers

1 Auf dem Schulhof

*2 **Jennifer. A** Foto;*
***B** Strichzeichnung*

1 Die fünfjährige Jennifer hat ihre Schwester wie in Abb 2B gezeichnet. Was hat sie dargestellt?

2 Schau dir die Abb. 3 an. Zeige, an welcher Stelle sich bei dir die abgebildeten Organe befinden.

1 Dein Körper

Es ist Pause. Alle haben sich auf dem Schulhof zusammengefunden. Die Schülerinnen und Schüler erkennen sich auf den ersten Blick, denn jeder sieht anders aus. Sie unterscheiden sich unter anderem in der Hautfarbe. Susannes Freundin Ying zum Beispiel ist Chinesin. Ihre Eltern haben seit vielen Jahren ein Restaurant in der Stadt. John und Mike sind dunkelhäutig. Sie kommen aus Kalifornien und gehören zu einer Gruppe amerikanischer Gastschüler.

Doch so verschieden die Schülerinnen und Schüler auch aussehen, ihr Körper ist in immer der gleichen Weise gegliedert: in den **Kopf,** den **Rumpf** und die Arme und Beine, die **Gliedmaßen**. Auch der innere Aufbau des Körpers ist bei allen gleich. Einen Überblick über die inneren Organe des Menschen und ihre Lage im Körper gibt dir die Abbildung 3.

Organe, die gemeinsam eine Aufgabe erfüllen, fasst man zu einem Organsystem zusammen. So steuert das Gehirn die Lebensvorgänge und über die Nerven werden die Befehle des Gehirns weitergeleitet. Gehirn und Nerven bilden das **Nervensystem.** Im Brustraum liegt die Lunge, ein Organ des **Atmungssystems.** Auch das Herz, das unseren **Blutkreislauf** antreibt, liegt im Brustraum. Der Magen, die Leber und der Darm befinden sich im unteren Teil des Rumpfes, in der Bauchhöhle. Es sind Organe des **Verdauungssystems.** Schließlich kannst du noch die beiden Nieren und die Blase sehen, die zum **Ausscheidungssystem** gehören.

Der Körper des Menschen ist in Kopf, Rumpf und Gliedmaßen gegliedert. Auch die inneren Organe und ihre Lage sind bei allen Menschen gleich.

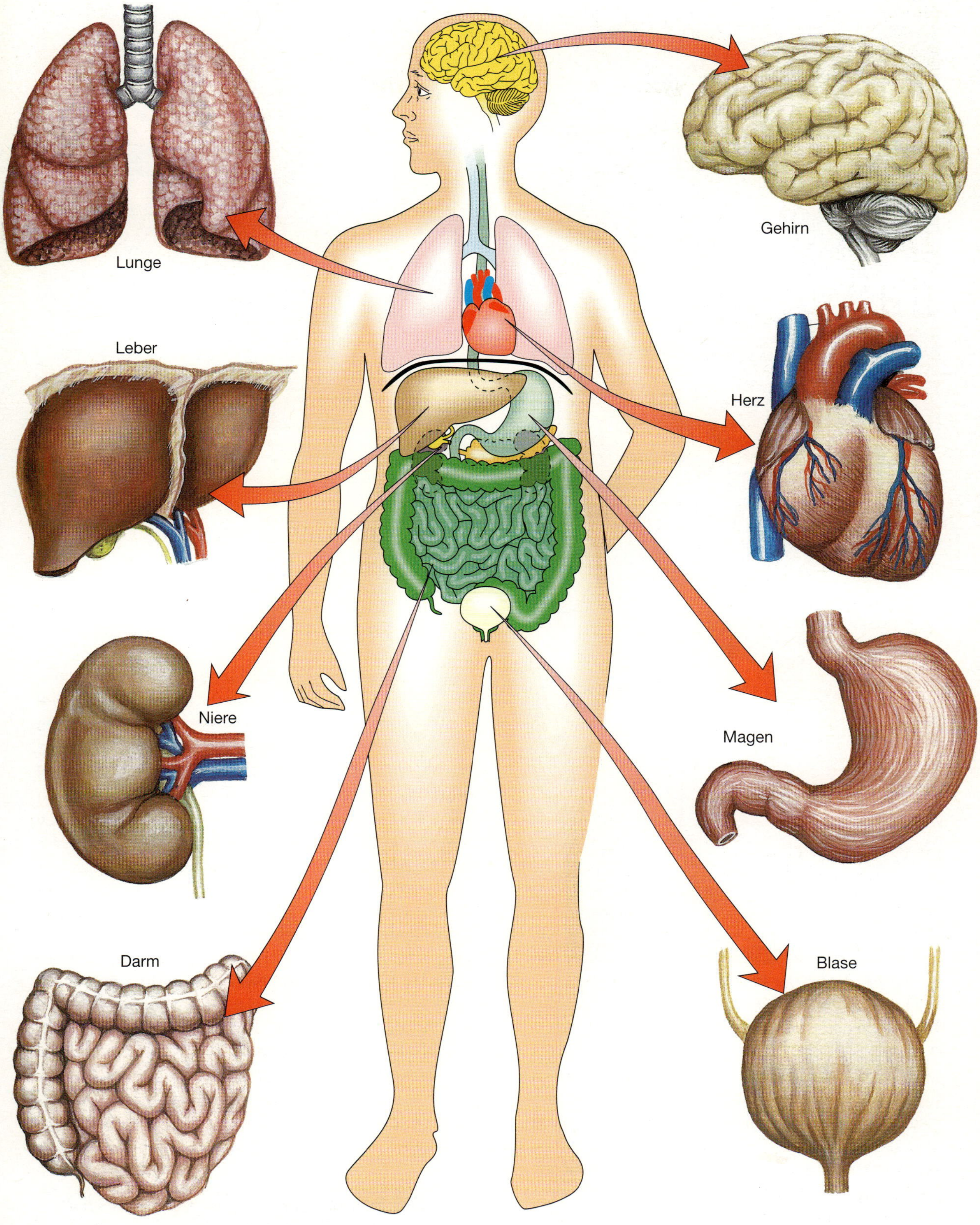

3 Die inneren Organe des Menschen (Auswahl)

1 Daniel beim Tennisspiel

***2 Organe, die bei der Bewegung eine wichtige Rolle spielen. A** Nervensystem; **B** Muskeln; **C** Knochen und Gelenke*

1 Nenne anhand der Abb. 2 die Organe, die beim Tennisspiel an der Ausführung von Bewegungen beteiligt sind.

2 Du stehst in den Startlöchern und wartest auf den Startschuss. Beschreibe, welche Organe bei dir während des „50-Meter-Laufs" aufeinander abgestimmt arbeiten müssen.

2 Haltung und Bewegung

2.1 Bei Sport und Spiel arbeiten die Organe der Bewegung zusammen

Der Tennisball saust in das hintere Drittel des Tennisfeldes. Ein gekonnter Sprung und Daniel erwischt ihn gerade noch. Ein kräftiger Schlag und nun muss Sven, der Gegenspieler, um den Ball kämpfen. Er springt hoch, ein starker Schmetterball und die Lage ist zunächst gerettet ... .
Dieser Schlagaustausch erfordert eine schnelle Abfolge von Bewegungen, bei der mehrere Organe aufeinander abgestimmt zusammenarbeiten müssen.

Sehen wir uns einen Spieler an: Er erblickt den Ball. Sein **Gehirn** verarbeitet dieses Bild, entscheidet, wie dieser Ball zu nehmen ist, und lässt einen entsprechenden Befehl über die **Nerven** den **Muskeln** des Armes zukommen. Der Spieler holt aus und trifft mit Wucht den Ball. Um dieser Kraft standzuhalten, braucht der Körper eine Stütze, eine Art Gerüst. Die **Knochen** bilden dieses Gerüst. Sie sind untereinander durch Gelenke, Muskeln und Bänder beweglich verbunden. Das ganze Knochengerüst wird als **Skelett** bezeichnet.

Bei jeder Bewegung arbeiten das Nervensystem, die Muskeln und das Skelett zusammen.

2.2 Das Skelett gibt dem Körper Halt

Tennisspieler brauchen nicht nur gut trainierte Muskeln, sondern auch eine stabile innere Stütze – das Skelett.
Sven benutzt gerade sein rechtes **Armskelett,** um den Ball zurückzuschlagen. Beim Laufen trägt und stützt ihn sein **Beinskelett.** Damit Sven diese Bewegungen ausführen kann, müssen seine Gliedmaßen mit der **Wirbelsäule** beweglich verbunden sein. Diese Verbindungen stellen **Schultergürtel** und den **Beckengürtel** her.
Die Wirbelsäule stützt das Skelett und hält es aufrecht. An ihr sind die übrigen Teile des Skeletts befestigt.
Beim Tennisspiel lassen sich kleine Unfälle nicht vermeiden. Bekommt ein Spieler unglücklicherweise einen Tennisball an den Kopf, so ist das Gehirn durch das **Kopfskelett** gut geschützt. Ähnlich schützt der **Brustkorb** das Herz und die Lunge. Die 12 Rippenpaare des Brustkorbs sind hinten mit der Wirbelsäule und vorne zum Teil mit dem Brustbein verbunden und bilden so einen schützenden Korb.
Das Skelett setzt sich also aus Kopfskelett, Armskelett, Schultergürtel, Brustkorb, Wirbelsäule, Beckengürtel und Beinskelett zusammen.

Das Skelett stützt den Körper und schützt innere Organe.

1 Schätze, aus wie vielen einzelnen Knochen das menschliche Skelett besteht. Sind es 53, 220, 517 oder 930?

2 Welche Knochen kannst du besonders gut bei dir fühlen? Nenne sie. Orientiere dich an der Abb. 1. Versuche bei dir z.B. Schlüsselbein, Schulterblatt, Rippen oder Brustbein zu ertasten.

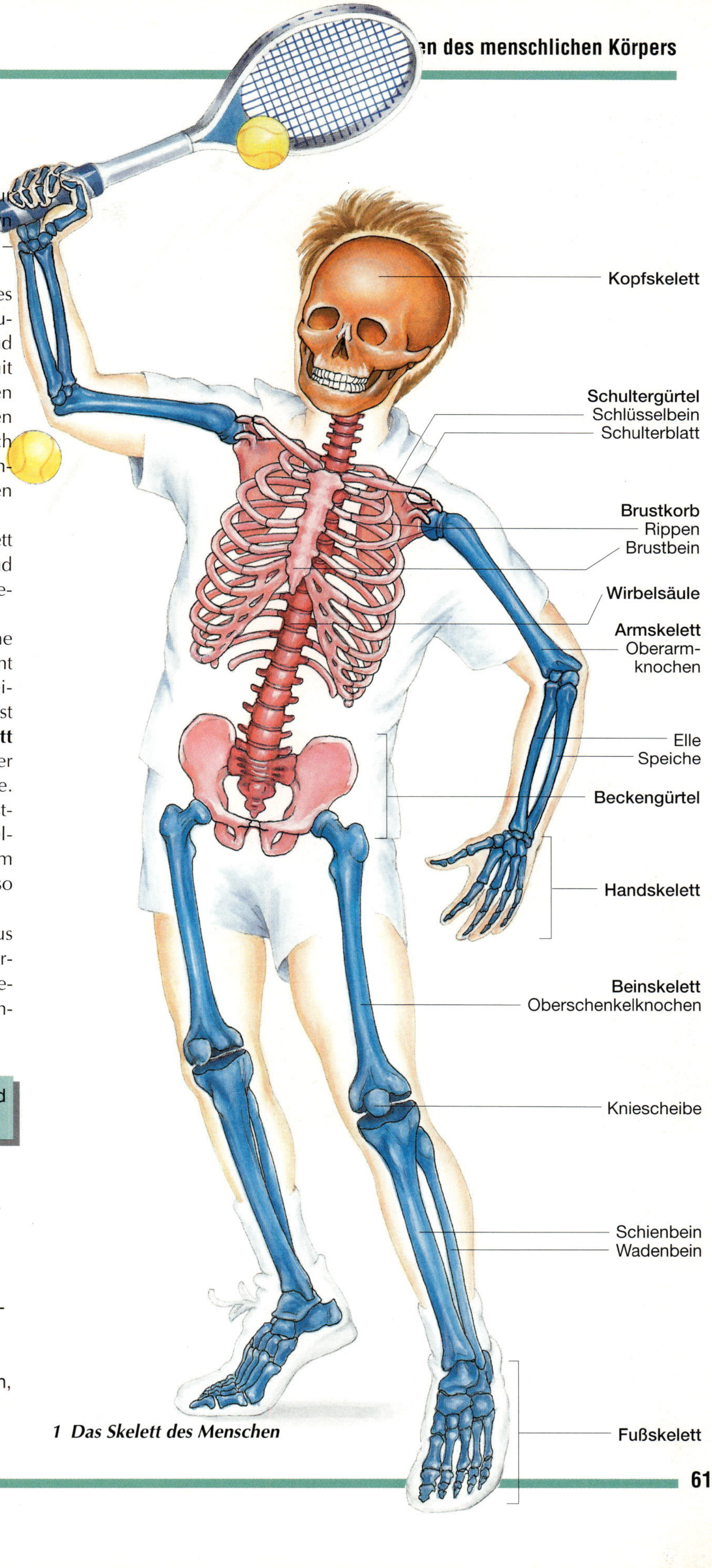

1 Das Skelett des Menschen

1 Im Sportunterricht: Rolle vorwärts

2.3 Die Wirbelsäule – Hauptstütze des Skeletts

Die Klasse 5 a übt Rolle vorwärts. Anna setzt die Hände auf, legt das Kinn an die Brust, krümmt den Rücken, gibt sich mit den Beinen Schwung, rollt über den Rücken ab, springt hoch und steht.

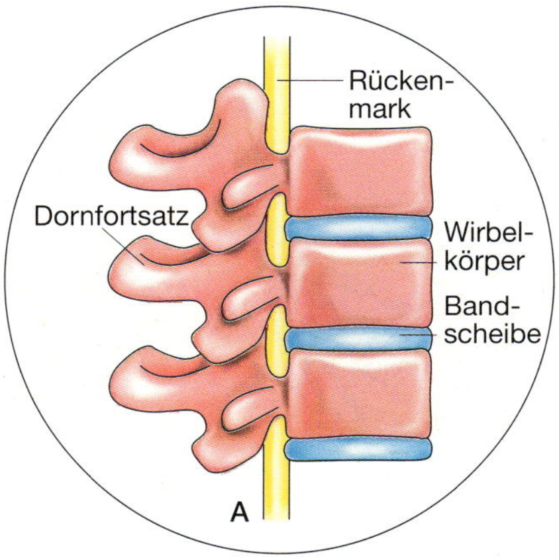

Weshalb ist Anna so beweglich? Betrachten wir das menschliche Skelett: Eine geschwungene Achse durchzieht den Rumpf und hält ihn aufrecht. Es ist die **Wirbelsäule.** Von der Seite hat sie die Form eines „Doppel-S". Dadurch kann sie Stöße beim Laufen und Springen abfangen. Die Wirbelsäule besteht aus über 30 **Wirbeln.** Sie sind im Hals-, Brust- und Lendenbereich gegeneinander beweglich und durch knorpelige Scheiben voneinander getrennt. Diese elastischen **Bandscheiben** geben den Wirbeln Spielraum für Bewegungen beim Drehen und Beugen. Außerdem dämpfen sie Stöße. Bänder und Muskeln verbinden die Wirbel untereinander. Zwischen *Wirbelkörper* und *Wirbelbogen* liegt das *Wirbelloch.* Übereinander gereiht bilden diese Öffnungen den *Wirbelkanal.* Dieser schützt das Rückenmark, einen wichtigen Nervenstrang.

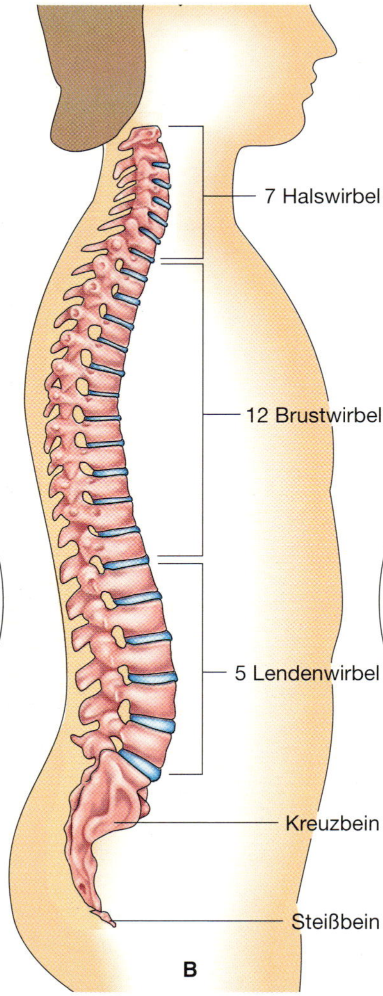

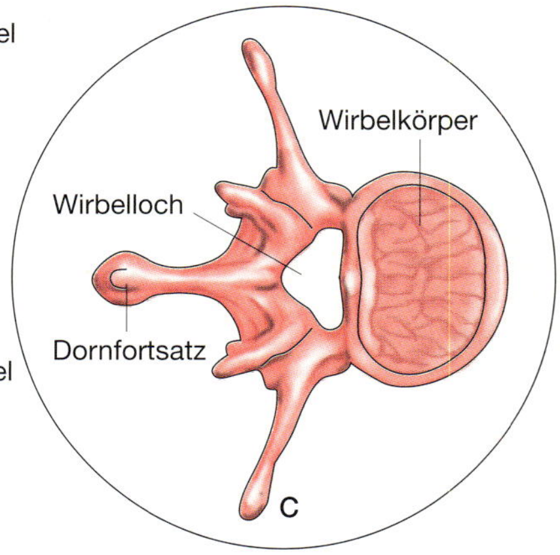

2 Wirbelsäule des Menschen.
***A** Ausschnitt der Lendenwirbelsäule;*
***B** Gesamtbild; **C** Lendenwirbel*

Kreuzbein und **Steißbein** sind Abschnitte der Wirbelsäule, die nur eingeschränkt beweglich sind.

Die Wirbelsäule hält den Körper aufrecht und federt Stöße ab.

1 Beuge deinen Rumpf nach vorn, nach hinten und zur Seite. Welche Bereiche sind besonders beweglich? Erläutere.

2 Welche Knochen müsstest du dem „Skelettatlas" (S. 63) hinzufügen, damit das Skelett vollständig ist?

3 Male die Umrisse der rechten Hand ins Heft. Zeichne vereinfacht die Knochen der Hand ein. Orientiere dich dabei am Skelettatlas (S. 63).

KLEINER SKELETTATLAS

Pinnwand

Kopfskelett

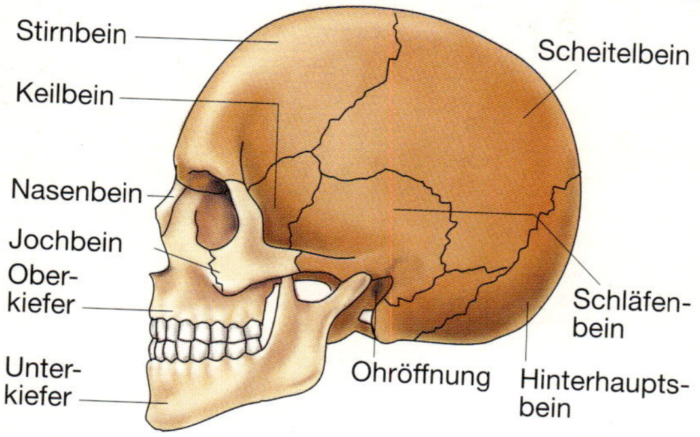

Das Kopfskelett setzt sich aus dem Gesichtsschädel und dem Hirnschädel zusammen. Die massiven Knochen des Hirnschädels bilden eine Kapsel, die das Gehirn schützt.

Handskelett

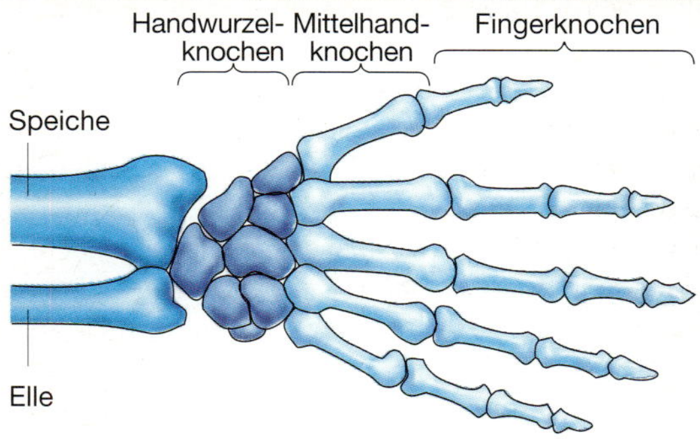

Die Hand besteht aus der Handwurzel, der Mittelhand und den Fingerknochen. Diese Feingliederung des Handskeletts ermöglicht vielseitige Bewegungen.

Schultergürtel

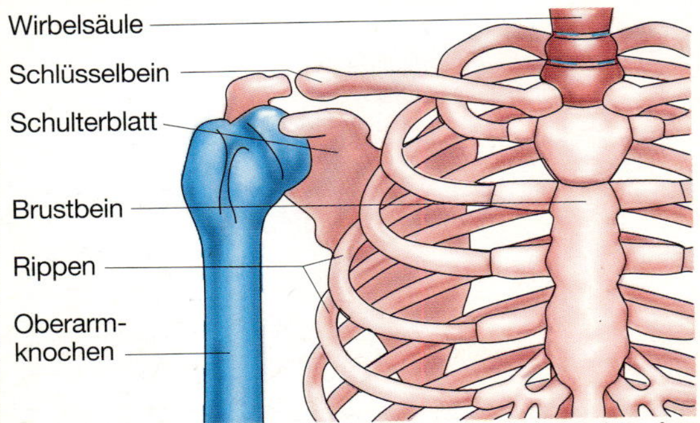

Der Schultergürtel stellt die Verbindung zwischen dem Arm und dem Brustkorb her. Das Schulterblatt liegt auf dem Brustkorb und wird nur durch Muskeln festgehalten. Dadurch ist der Arm sehr beweglich.

Beckengürtel

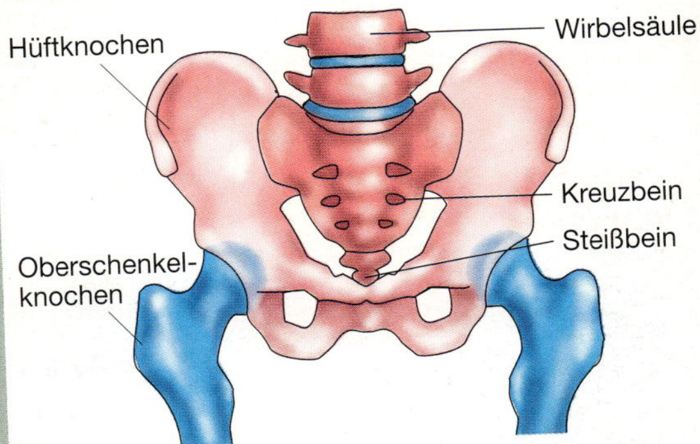

Der Beckengürtel besteht aus 6 Knochen, die erst im erwachsenen Alter ganz miteinander verwachsen sind. Er trägt und schützt Organe der Bauchhöhle.

Fußskelett

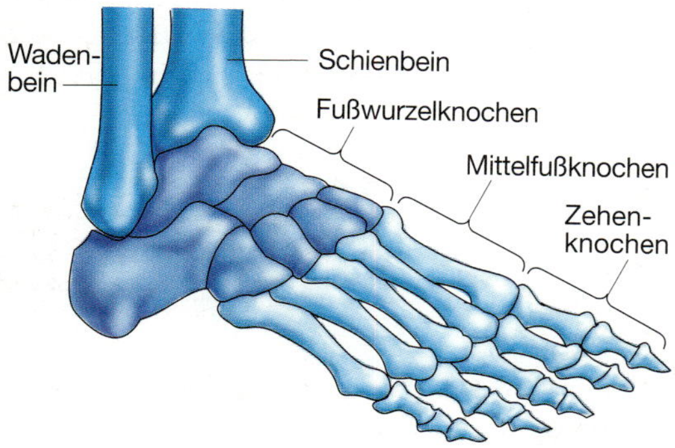

Das Fußskelett trägt das ganze Körpergewicht. Seine Wölbung federt beim Gehen und Springen Stöße und Erschütterungen ab.

2.4 Ohne Gelenke keine Beweglichkeit

Die Mädchen in der Ballettschule haben sich durch einen schnellen Jazztanz aufgewärmt. Jetzt stehen Dehnungsübungen auf dem Programm. Lisa steht an der Stange. Mit Leichtigkeit hebt sie ihr Bein wie zum Spagat hoch. Unglaublich, wie gelenkig sie nach drei Jahren Ballettunterricht geworden ist. Gelenkig, was heißt das eigentlich?

Sehen wir uns in der Abbildung 1 Lisas Beinstellung an: Ihr Oberschenkelknochen ist mit dem Becken fest verbunden und trotzdem kann Lisa ihr Bein fast nach allen Seiten bewegen. Diese Beweglichkeit ermöglicht ihr *Hüftgelenk.* Es ist ein **Kugelgelenk.** Lisas *Ellenbogengelenk* ist im Vergleich zu ihrem Hüftgelenk in seiner Beweglichkeit dagegen stark eingeschränkt. Wie das Scharnier einer Tür erlaubt dieses **Scharniergelenk** Bewegungen nur in einer Richtung. Der feste Griff an der Stange wird durch ein **Sattelgelenk** ermöglicht. Mit seiner Hilfe kann sich der Daumen gegenüber dem Handwurzelknochen in zwei Richtungen bewegen. Nach vorne und hinten sowie nach links und rechts. Die Drehung des Kopfes ermöglichen die beiden ersten Wirbel. Sie sind mit einem **Drehgelenk** miteinander verbunden.

Obwohl diese Gelenkarten verschiedene Form und unterschiedliche Beweglichkeit besitzen, ist ihr Aufbau ähnlich. Das Ende des einen Knochens, der *Gelenkkopf,* passt in die Vertiefung am Ende des anderen Knochens, die *Gelenkpfanne.* Die Knochenenden sind durch eine feste und elastische **Gelenkkapsel** miteinander verbunden. Häufig wird diese Verbindung durch Bänder und Muskeln verstärkt. Damit sich Gelenkkopf und Gelenkpfanne bei Bewegungen durch Reibung gegenseitig nicht beschädigen, sind sie durch einen Knorpelüberzug und ein Gleitmittel, die *Gelenkschmiere,* geschützt.

1 Lisa in der Ballettstunde

Die Bewegungen des Körpers werden durch Gelenke zwischen den Knochen ermöglicht. Man unterscheidet Kugelgelenke, Scharniergelenke, Sattelgelenke und Drehgelenke.

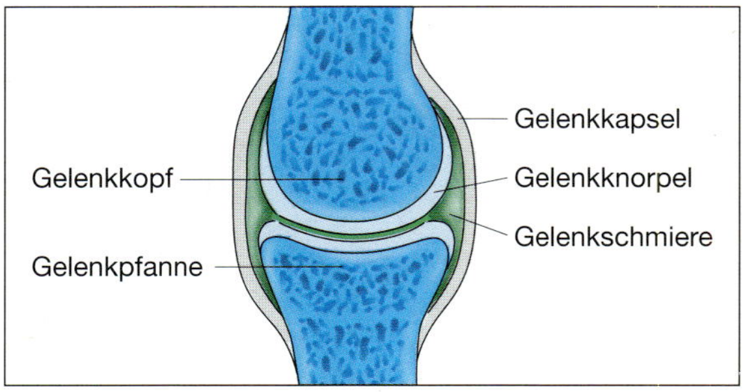

2 Schema eines Gelenkes

1 Suche am Skelett der Schulsammlung Kugelgelenke. Benenne sie.

2 Prüfe die Kugelgelenke des Skeletts der Biologiesammlung auf ihre Beweglichkeit. Beschreibe.

3 Wo findest du an deinem Körper Scharniergelenke? Benenne sie. Beschreibe ihre Beweglichkeit.

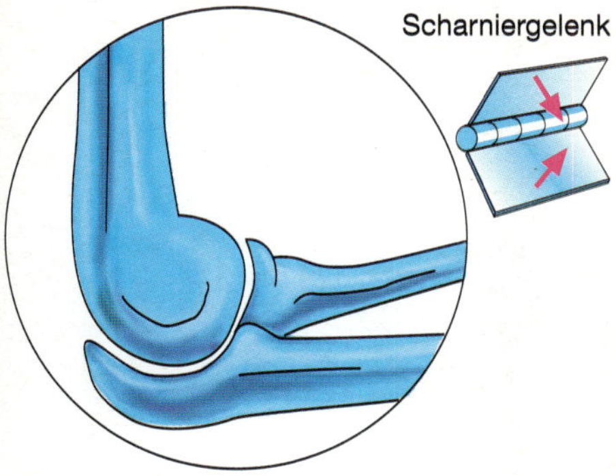

3 Ellenbogengelenk

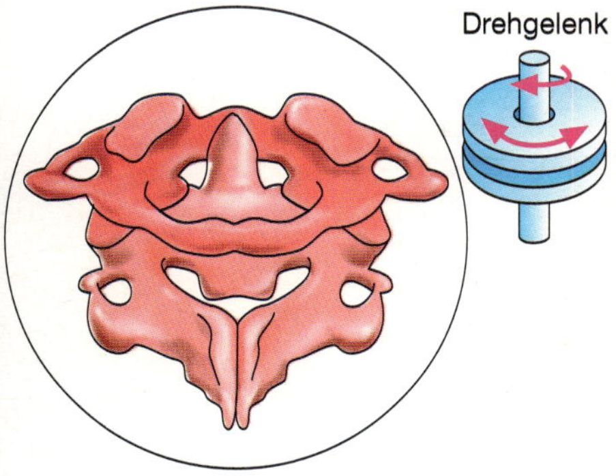

4 Die ersten beiden Halswirbel

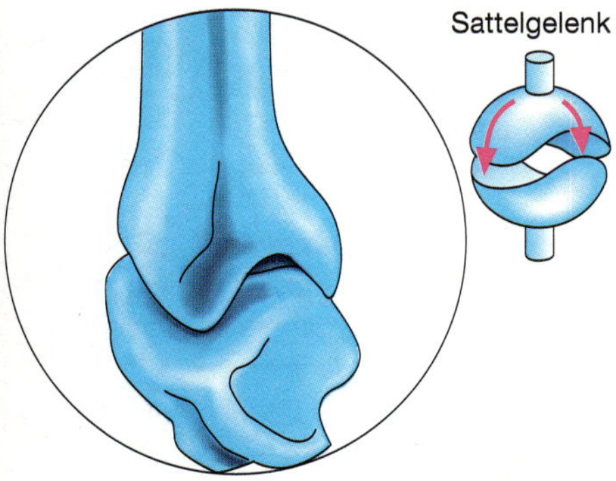

5 Daumengelenk

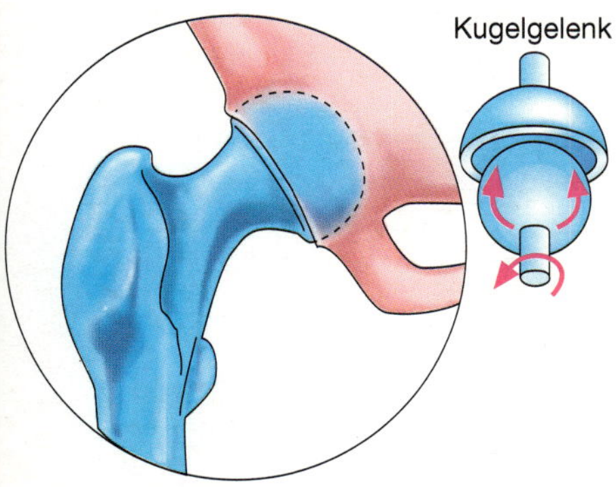

6 Hüftgelenk

Streifzug durch die Technik

Auch Roboter haben Gelenke

7 Roboter bei CD-Fertigung

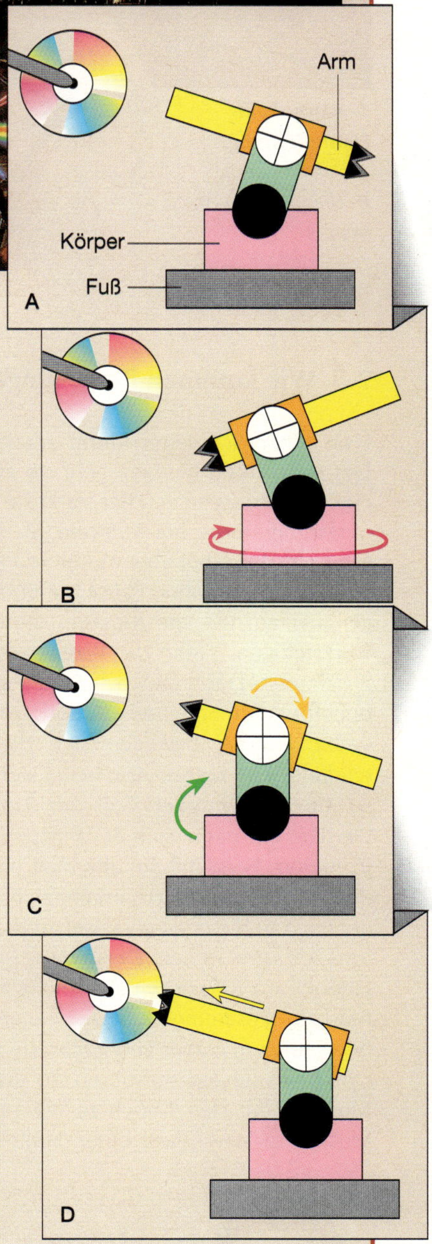

8 Schema eines Armroboters

Seit einigen Jahren erledigen Roboter in der Industrie für uns viele Arbeiten. Um beweglich zu sein, brauchen auch sie Gelenke. Wie funktioniert zum Beispiel ein Armroboter bei der CD-Fertigung? Der Roboter ist in Fuß, Körper und Arm gegliedert. Seine Glieder sind durch Gelenke verbunden.

Verfolgen wir den Vorgang, bei dem der Roboter nach einer CD greift. Zunächst dreht der Roboter seinen „Körper" zu der nächsten CD. Ein *Drehgelenk* zwischen „Fuß" und „Körper" bewirkt eine Kreisbewegung, die mit einer Kopfdrehung des Menschen vergleichbar ist. Mithilfe von zwei *Scharniergelenken* wird der Roboter aufgerichtet. Es sind Bewegungen, wie sie auch unsere Scharniergelenke ausführen. Um die CD zu „ergreifen", wird der Unterarm über ein Teleskopgelenk verlängert. Ein solches *Schubgelenk* finden wir bei dem Menschen nicht. Du kennst es jedoch sicherlich von dem Herausziehen einer Antenne eines Autoradios. Nun ist der Roboter am Ziel und greift nach der CD.

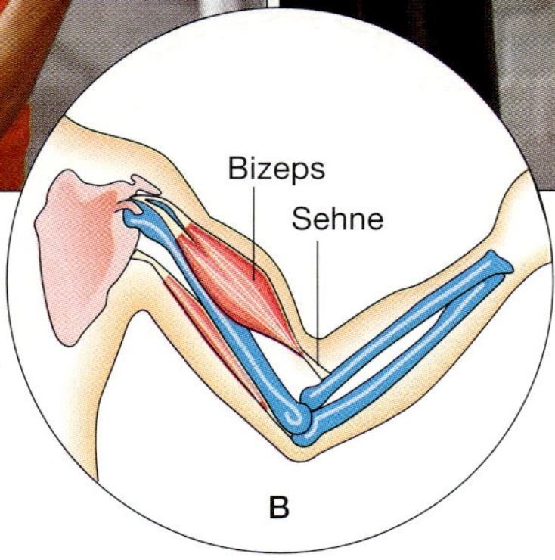

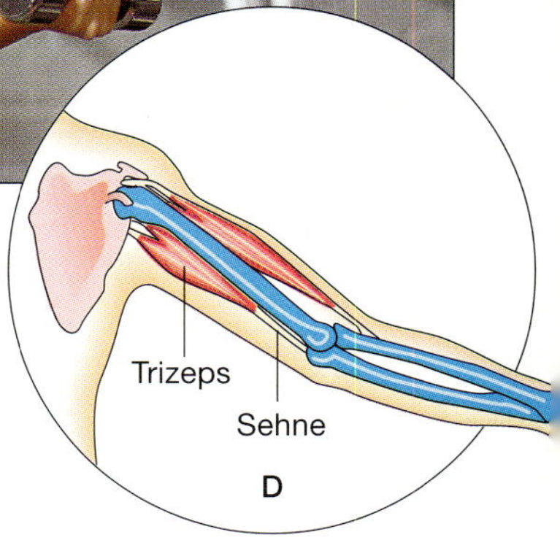

1 Katrin beim Hanteltraining.
A *Armbeugen;*
B *Bizeps beim Armbeugen*
C *Armstrecken;*
D *Trizeps beim Armstrecken*

2.5 Wie kommen Bewegungen zustande?

Lisas große Schwester Katrin arbeitet im Amtsgericht. Um in Form zu bleiben, geht sie zweimal in der Woche ins Fitnesscenter. Hier stärkt sie mithilfe eines Trainingsprogramms ihre Muskeln. Sie trainiert gerade die Muskeln des Oberarms mit einer Hantel. Zwanzigmal geht die Hantel ohne Pause auf und ab. Sehen wir uns genauer an, wie die Muskeln diese Bewegungen bewerkstelligen. Wenn der **Bizeps** arbeitet, zieht er sich zusammen. Dadurch wird er kürzer und dicker. Da er oben mit dem Schulterblatt und unten mit der Speiche verbunden ist, bewegen sich die Knochen gegeneinander und Katrins Arm beugt sich. Der Bizeps ist also ein **Beugemuskel.** Soll der Arm wieder gestreckt werden, entspannt sich der Bizeps und der **Trizeps** tritt in Aktion. Er ist mit Schulterblatt und Elle fest verbunden. Wenn er sich zusammenzieht, werden die Armknochen in die entgegengesetzte Richtung bewegt. Katrins Arm streckt sich. Der Trizeps ist ein **Streckmuskel.** Überall am Körper wirken solche Streck- und Beugemuskeln zusammen und erzeugen entgegengesetzte Bewegungen. Daher nennt man sie *Gegenspieler.*
Um Bewegungen ausführen zu können, müssen die Muskeln mit den Knochen fest verbunden sein. Ein Muskel ist dafür von einer Hülle umgeben, die an ihren Enden in kräftige **Sehnen** übergeht. Die Sehnen sind mit den Knochen fest verwachsen.

Bewegungen entstehen durch Zusammenziehen von Muskeln. Beugemuskeln und Streckmuskeln arbeiten dabei als Gegenspieler.

1 Nimm ein schweres Buch in die rechte Hand und stelle dich vor einen Spiegel. Strecke und beuge deinen Arm und schau dir das „Spiel“ der Oberarmmuskeln an. Fühle mit der freien Hand die arbeitenden Muskeln.
2 Erläutere anhand der Abbildungen 1 B und D, wieso man Bizeps und Trizeps als Gegenspieler bezeichnet.
3 Wie wird die Kraft der Muskeln auf die Knochen übertragen?
4 Nach dem Aufwärmen werden Muskeln weicher und dehnbarer. Dann kommen im Sport Verletzungen viel seltener vor.
a) Lies dir das Gespräch zwischen den beide Personen in der Abbildung unten auf der Seite durch. Was meinst du zu dem Gespräch?
b) Hat sich der Sportlehrer richtig verhalten? Begründe deine Meinung.

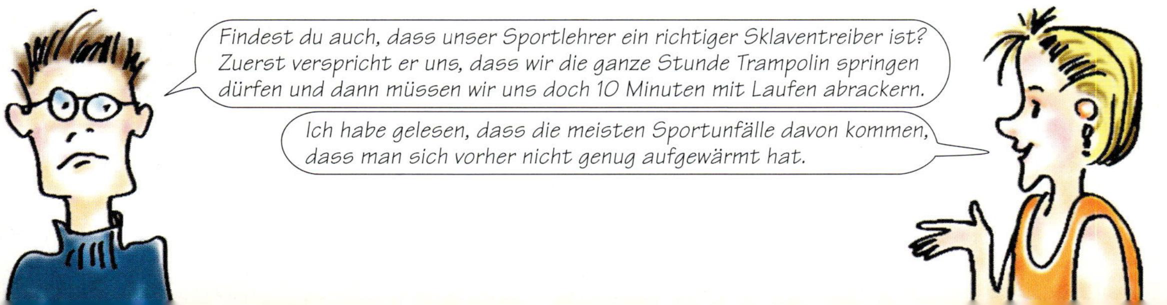

Muskeltraining im Klassenzimmer

Streifzug durch die Medizin

Dein Körper wird durch Bewegung nicht abgenutzt, sondern gesund und leistungsfähig gehalten. Durch langes Sitzen in der Schule oder vor dem Fernseher werden Muskeln, Sehnen und Bänder schwächer und kürzer. Dadurch wirst du mit der Zeit unbeweglich („steif"). Durch die folgenden Übungen kannst du einen kleinen Ausgleich schaffen. Ein Aufwärmen ist nicht nötig, da keine Bewegung stattfinden soll. Die Muskeln werden nur angespannt. Außerdem darfst du keine Schmerzen spüren.

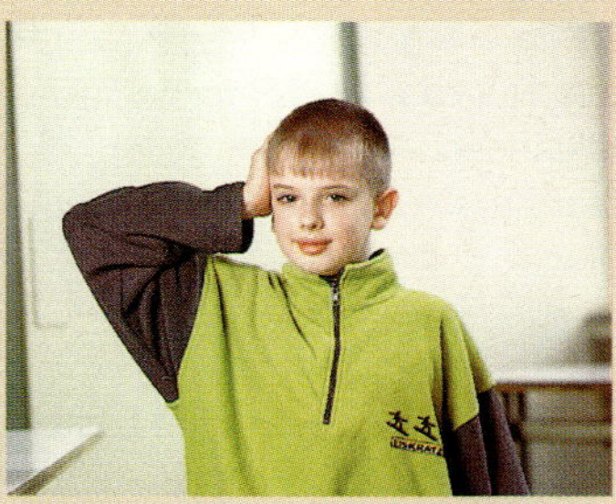

1A Stärkung der Halsmuskeln

Wiederhole jede Aufgabe viermal. Halte jede Muskelanspannung 5 Sekunden lang an und mache zwischen den Übungen 2 Sekunden Pause. Brich die Übung ab, wenn du Schmerzen spürst.

1B Stärkung der Halsmuskeln

1A Drücke deine rechte Hand gegen die rechte Schläfe und drücke den Kopf kräftig dagegen. Wiederhole die Übung mit der linken Seite.

1B Lege die gefalteten Hände gegen die Stirn und drücke gleichzeitig den Kopf gegen die Hände.

2 Hake deine Finger beider Hände ineinander und halte die Arme hoch. Versuche nun die Ellenbogen auseinander zu ziehen.

3 Lege deine Handflächen aufeinander. Drücke sie fest gegeneinander.

4 Halte dich mit beiden Händen an der Stuhlunterkante fest. Versuche deinen Rücken gegen diesen Widerstand aufzurichten.

5 Verschränke deine Hände und drücke sie gegen deinen Bauch. Drücke ebenfalls den Bauch gegen die Hände.

6 Strecke deine Beine aus, lege die Füße unter den Stuhl deines Nachbarn. Versuche die Stuhlbeine mit ausgestreckten Beinen auseinander zu drücken. Versuche anschließend die Stuhlbeine von außen zusammenzudrücken.

7 Strecke die Beine und winkele die Füße an. Lege die Fußspitzen übereinander und drücke sie gegeneinander. Wechsele die Fußspitzen und wiederhole die Übung.

2 Stärkung der Rückenmuskeln

3 Stärkung der Brustmuskeln

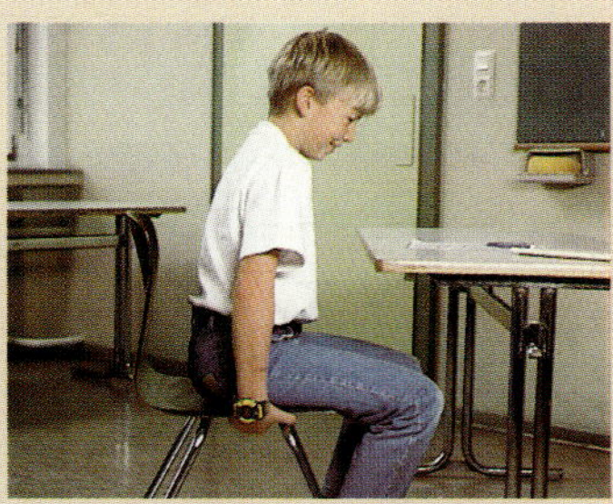

4 Stärkung des unteren Rückens

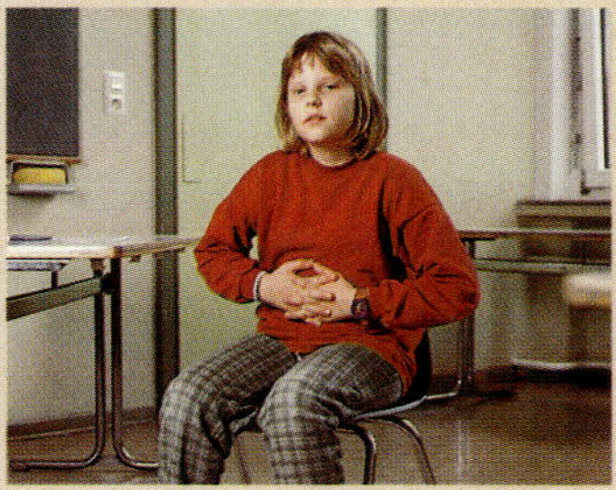

5 Stärkung der Bauchmuskeln

6 Stärkung der Beinmuskeln

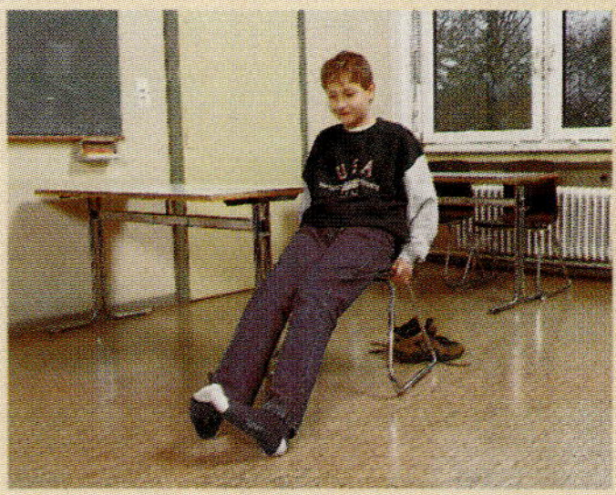

7 Stärkung der Fußmuskeln

Streifzug durch die Medizin

Haltungsschäden und wie du sie vermeiden kannst

„Sitz gerade!" „Gehe nicht so krumm!" – Warum drängen viele Eltern ihre Kinder zu einer aufrechten Haltung? Falsche Haltungen beim **Tragen, Sitzen, Heben** oder **Arbeiten** können zu verschiedenen Verformungen der Wirbelsäule führen. Hexenschuss, Kreuzschmerzen oder sogar ein Bandscheibenvorfall können dann die Folge im Erwachsenenalter sein. Wie kannst du Haltungsschäden vorbeugen?

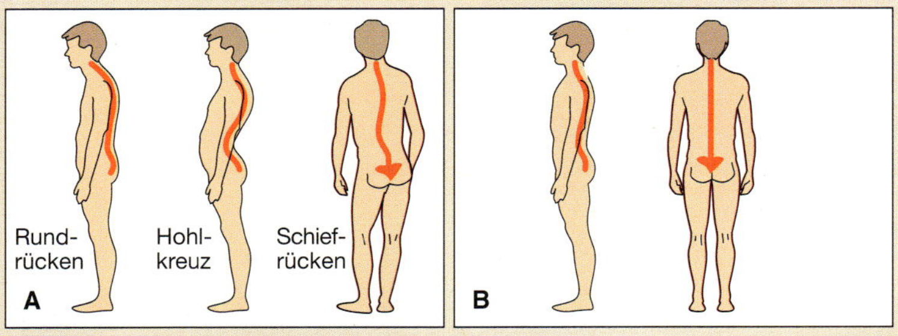

1 ***Wirbelsäule. A*** *Verformungen;* ***B*** *gesunde Form*

2 ***Tragen. A*** *falsch;* ***B*** *richtig*

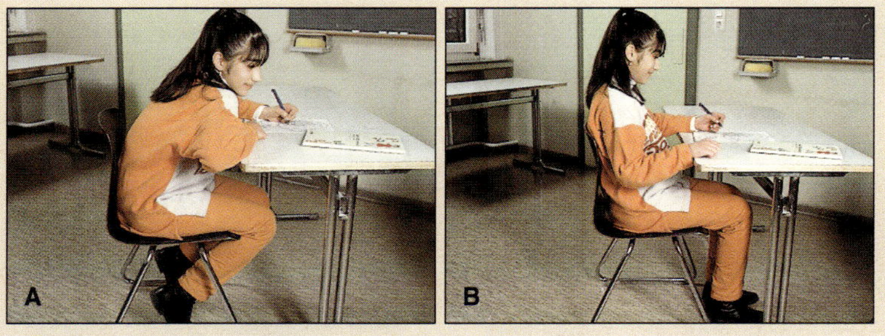

3 ***Sitzen. A*** *falsch;* ***B*** *richtig*

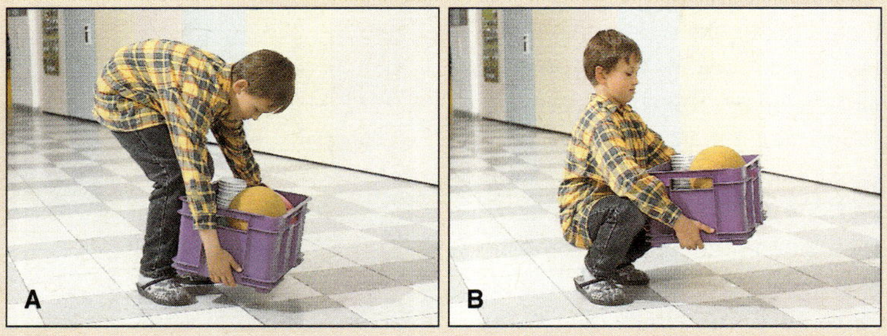

4 ***Heben. A*** *falsch;* ***B*** *richtig*

Versuche einseitige Belastungen sowie einen zu häufig gekrümmten Rücken zu vermeiden. Die folgenden Aufgaben helfen dir, falsche Gewohnheiten zu korrigieren.

1 In der Abb. 2A werden Lasten falsch getragen. Zähle alle Fehler auf, die hier gemacht werden.

2 Ein Schüler (Alter 12) soll nicht mehr als 5 kg Gewicht tragen.

a) Schätze das Gewicht deines Schulranzens.

b) Wiege den Schulranzen und entferne alles, was du für den kommenden Schultag nicht benötigst. Wiege erneut.

3 Zähle Fehler auf, die die Schülerin beim Sitzen (Abb. 3A) macht. Achte auf die Rückenhaltung und auf den Kontakt der Füße mit dem Boden.

4 Hebe deinen Schulranzen genauso, wie es mit der Kiste in den Abbildungen 4A und B geschieht. Die Wirbelsäule wird dabei verschieden beansprucht. Beschreibe den Unterschied, den du spüren kannst.

5 Vergleiche die Rückenhaltung und Beinstellung beim richtigen und falschen Heben (Abb. 4A und B).

6 Beobachte deine Familienmitglieder bei der Hausarbeit und erkläre ihnen mögliche Haltungsfehler.

7 Durch welche Tätigkeiten werden Wirbelsäulenschäden wie in Abb. 1A hervorgerufen?

Erste Hilfe

Streifzug durch die Medizin

Die Geschwister Ulrike und Stefan sind allein zu Hause und wollen für ihre Eltern einen Kuchen backen. Als Stefan vom Schrank eine Backform holen will, kippt der Stuhl mit ihm um und er liegt weinend am Boden. Ulrike schaut zuerst ganz erschrocken, doch dann weiß sie, was zu tun ist. Vor kurzem hatte sie an einem Erste-Hilfe-Kurs teilgenommen.

Zunächst verschafft sie sich einen *Überblick* über das Ausmaß der Verletzung. Manchmal kann man dem Verletzten durch vorschnelle Hilfe schaden. Bei einer Wirbelsäulenverletzung z. B. dürfte Stefan *nicht bewegt* werden. Auch bei einem Beinbruch sollte man die verletzte Stelle nur *ruhig stellen.*

Nun sitzt er aber bereits und klagt über Schmerzen am Bein. Auf Stefans Bein erscheint ein Bluterguss. Ulrike hilft Stefans Bein *hochzulagern,* denn das verringert die Schwellung. Jetzt holt sie aus dem Kühlschrank Eiswürfel und legt sie in einen Waschlappen. Diesen „Kühlbeutel" gibt sie vorsichtig auf die verletzte Stelle. Nach kurzer Zeit gehen durch das Kühlen sowohl die Schmerzen als auch die Schwellung zurück.

Ulrike möchte sichergehen, dass Stefan richtig versorgt ist und wählt die Nummer des **Notrufs: 112.** Sie weiß, auch beim Anrufen darf man keine Fehler machen. Sie erinnert sich an die 5 „W-Fragen" und schildert den Unfall.
Als sie den Hörer auflegt, sieht sie, dass Stefan leichenblass ist. „Wenn er ohnmächtig wird, muss er in die **stabile Seitenlage** gebracht werden", überlegt Ulrike.

Doch schon nach kurzer Zeit klingelt der eigene Hausarzt an der Tür, der von der Notrufzentrale benachrichtigt wurde. Er untersucht Stefan und stellt eine starke Quetschung der Muskeln, eine **Prellung** fest. Stefan hat Glück gehabt. Er hätte sich im Bereich eines Gelenkes auch eine Verstauchung oder Verrenkung zuziehen können.

Bei einer **Verstauchung** wird das Gewebe der Gelenkkapsel durch eine Überdehnung verletzt, bei der **Verrenkung** verliert der Gelenkkopf zeitweilig den Kontakt mit der Gelenkpfanne.
Der Arzt legt einen Verband mit einer Salbe an, wünscht gute Besserung und verabschiedet sich. Aus dem Backen wird nun nichts. Ulrike und Stefan überlegen, wie sie ihren Eltern eine andere Freude machen können.

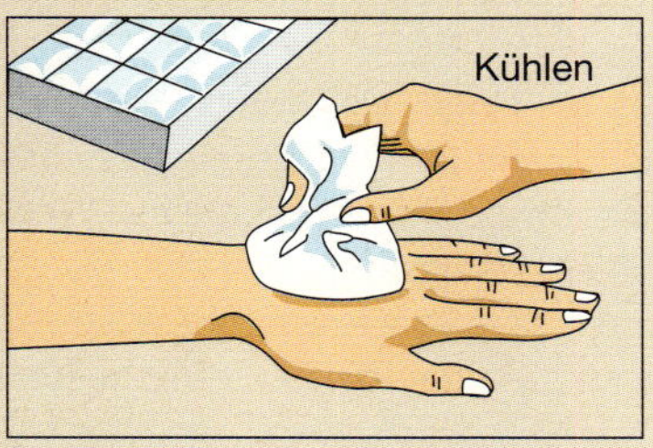

1 Verstauchte Hand

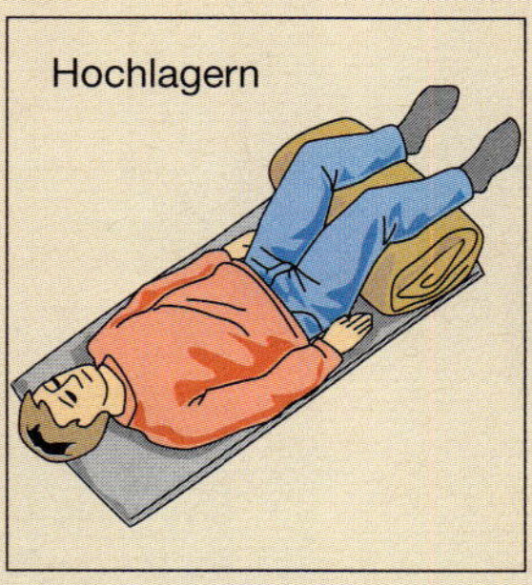

2 Verrenktes Fußgelenk

☎ **NOTRUF 112**

- **Wo** ist es passiert?
- **Was** ist passiert?
- **Wieviel** Verletzte?
- **Welche** Verletzungen?
- **Warte** auf Rückfragen!

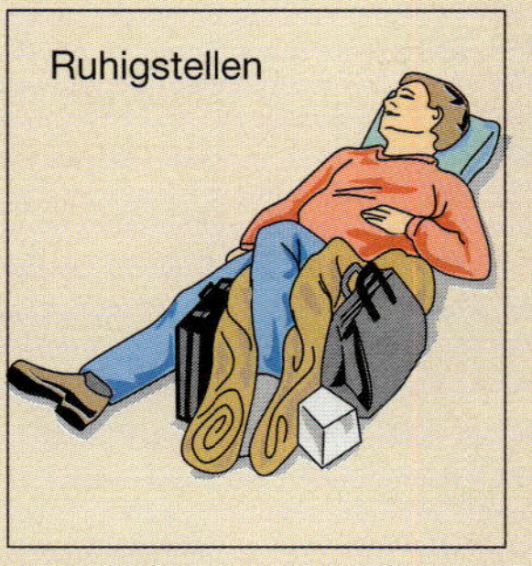

3 Beinbruch

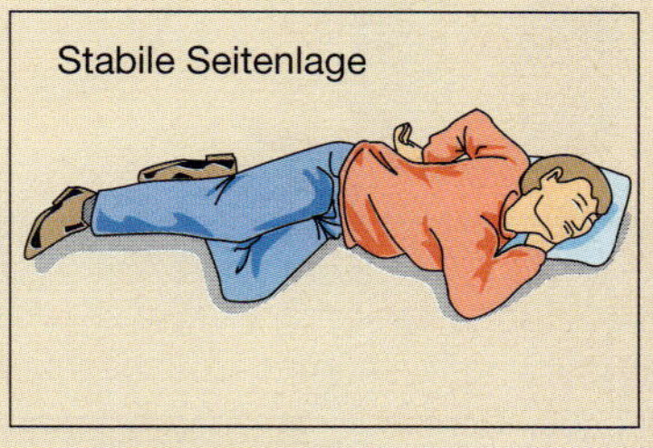

4 Bewußtlosigkeit

Übung

Bewegung

V1 Biegsamkeit der Wirbelsäule

Material: Wellpappe; Schaumstoff 1 cm dick (Bettenfachgeschäft); Kunststoffkleber (z. B. Silikonkleber); Schere; Locher; Bleistift, Zirkel oder Kreisschablone

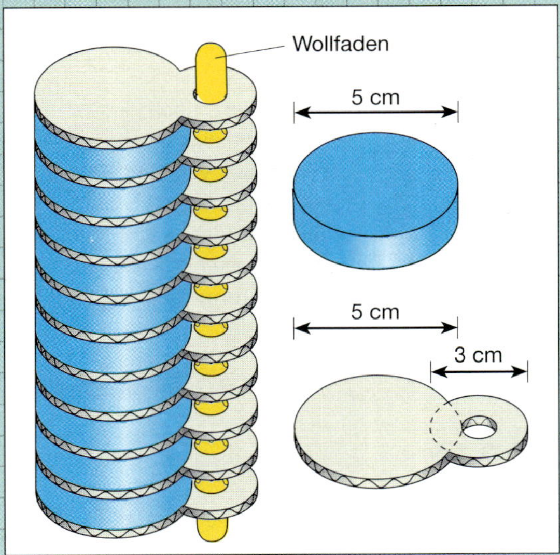

Durchführung: Zeichne 10 Kreise mit einem Durchmesser von 5 cm auf den Schaumstoff und schneide sie aus. Schneide 11 zusammenhängende Doppelkreise wie in der Abbildung mit einem Durchmesser von 5 cm bzw. 3 cm aus der Wellpappe.
Loche die kleinen Kreise wie in der Abbildung zu sehen. Klebe abwechselnd die gleich großen Schaumstoff- und Pappkreise aufeinander. Achte darauf, dass auch die kleineren Kreise übereinander liegen. Ziehe einen Wollfaden durch die Löcher in den kleinen Kreisen.
Aufgaben: a) Was wird durch die Pappe, den Schaumstoff und den Faden veranschaulicht?
b) Krümme das Modell zur Seite. Beschreibe die Verformung der einzelnen Teile. Welche Eigenschaft der menschlichen Wirbelsäule kannst du auf diese Weise nachvollziehen?

V2 Belastbarkeit der Wirbelsäule

Material: ca. 1,5 m Klingeldraht; Unterlage (z. B. ein Holzbrett, 10 cm breit, 20 cm lang und 2 cm dick); ca. 65 Büroklammern; Kombizange; Lineal

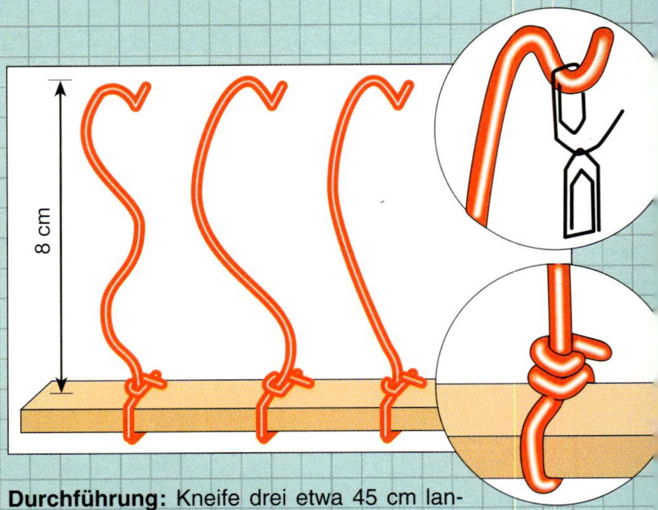

Durchführung: Kneife drei etwa 45 cm lange Drahtstücke ab. Schlinge sie um die Unterlage und drehe sie mit der Zange fest. Kürze die überstehenden Enden auf eine Länge von 13 cm. Biege die einzelnen Drahtstücke zu den abgebildeten Formen. Achte darauf, dass alle drei Drahtformen gleich hoch sind. Hänge auf jede Form wie in der Abbildung eine geöffnete Büroklammer.
Aufgaben: a) Miss die Höhe der Drahtstücke. Belaste die Formen zunächst mit 10 Klammern, dann mit 20 Klammern und miss jeweils ihre Höhe erneut. Welches Modell verbiegt sich am wenigsten?
b) Nenne das Modell, das die menschliche Wirbelsäule wiedergibt. Begründe, warum diese Form besonders vorteilhaft ist.

V3 Stoßdämpferwirkung der Wirbelsäule

Material: Wirbelsäulenmodell und Büroklammern aus V2
Durchführung: Stoße die Unterlage auf einen Tisch auf, sodass die Modelle erzittern. Führe diesen Versuch zuerst ohne Belastung durch. Hänge dann je 10 Büroklammern auf die Formen und wiederhole den Versuch. Stelle fest, bei welcher Form die Schwingungen am schnellsten nachlassen.
Aufgabe: Welche Baumerkmale der menschlichen Wirbelsäule sind für die Stoßdämpferwirkung verantwortlich?

V4 Modell eines Scharniergelenkes

Material: Moosgummiplatte (Papier- oder Bastelladen) in zwei Farben; Versandtaschenklammer; Kleber; Schere; Nagelschere, Bleistift, Lineal; Zirkel

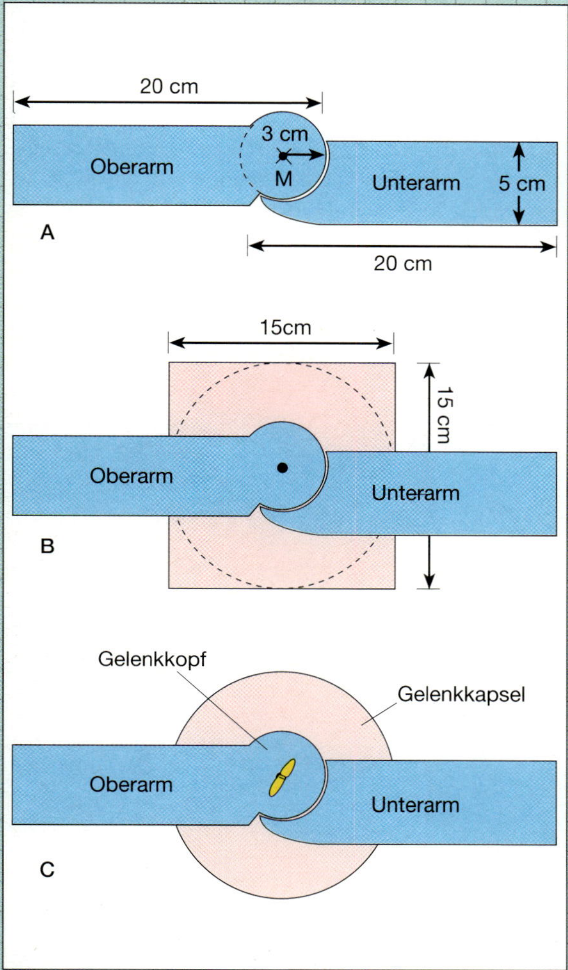

Durchführung: Zeichne das Modell von Oberarm und Unterarm auf Moosgummi in einer Farbe (Abb. A). Beginne die Zeichnung mit dem Kreis. Zeichne auch den Kreismittelpunkt ein. Schneide „Oberarm" und „Unterarm" aus.
Zeichne die „Gelenkkapsel" wie in Abb. B auf das Moosgummi der anderen Farbe und schneide sie aus. Klebe nun den „Unterarm" wie in Abb. B auf die „Gelenkkapsel".
Loche nun den „Gelenkkopf" in der Mitte. Passe ihn in die „Gelenkpfanne" ein. Markiere das Loch im „Gelenkkopf" auf der Gelenkkapsel. Schneide an der markierten Stelle mit der Nagelschere ein Loch in die Gelenkkapsel. Verbinde nun Gelenkkopf und Gelenkkapsel mit der Versandtaschenklammer (Abb. C).

Aufgaben: a) Bewege beide Teile des Modells gegeneinander. In welcher Richtung sind sie beweglich?
b) Vergleiche das Modell mit dem Ellenbogengelenk. Halte Gemeinsamkeiten und Unterschiede fest.

V5 Wie Muskeln arbeiten

Material: Gelenkmodell aus V4, 1 Blatt Papier (nicht zu dünn); Wolle; Basteldraht (15 cm lang); Kombizange; Klebstoff

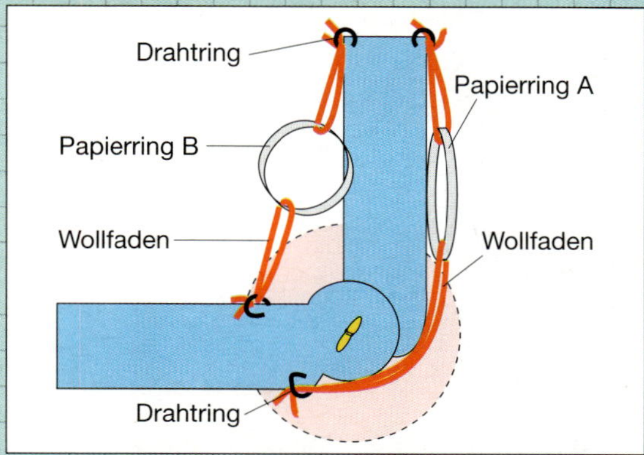

Durchführung: Kneife vier 3 cm lange Drahtstücke ab und steche sie wie in der Abbildung durch das Modell aus V4. Biege den Draht zu kleinen Ringen zusammen.
Schneide zwei Papierstreifen (1 cm breit, 18 cm lang) zu und klebe sie jeweils zu einem Ring zusammen.
Schneide 4 Wollfäden ab (je 25 cm lang) und befestige damit die Papierstreifen an den Drahtringen wie in der Abbildung. Verknote die Wollfäden zunächst aber nur locker.
Beuge den Modellarm und ziehe die Wolle bei Ring A so fest an, dass dieser Ring zu einem Oval verformt wird. Gleichzeitig sollen die Wollfäden am Ring B zwar gespannt sein, aber der Ring B soll in dieser Armstellung seine kreisrunde Form behalten. Verknote die Wollfäden in dieser Stellung nun endgültig.
Aufgaben: a) Strecke und beuge das Modell. Es muss dabei flach auf der Tischplatte liegen. Beschreibe, wie sich dabei die beiden Papierringe verformen.
b) Beschreibe die Arbeitsweise der Armmuskeln und vergleiche sie mit dem Modell. In welchen Punkten entspricht das Modell nicht der Wirklichkeit?

3 Blutkreislauf und Atmung

3.1 Das Herz, eine Saug- und Druckpumpe

Lege einmal deine Hand auf die linke Brustseite. Du spürst das Schlagen deines Herzens. Es schlägt ohne Unterbrechung dein ganzes Leben lang. Was geschieht eigentlich beim Schlagen des Herzens?
Betrachten wir dazu die Abbildung 1. Das **Herz** des Menschen ist ein kräftiger Hohlmuskel. Er liegt etwa in der Mitte der Brust. Große Blutgefäße münden am Herzen. Es sind **Arterien,** die das Blut vom Herzen wegführen und **Venen,** die das Blut zum Herzen hin transportieren. Das Herz selbst ist von *Herzkranzgefäßen* überzogen, die den Herzmuskel mit Blut versorgen.

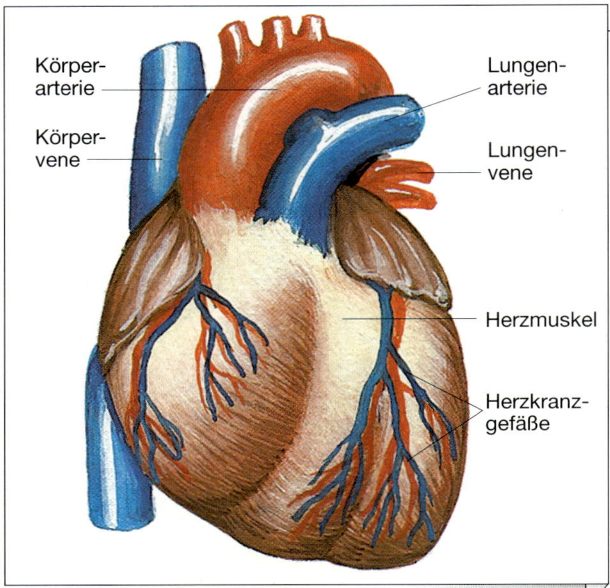

1 ***Herz des Menschen*** *(Aufsicht)*

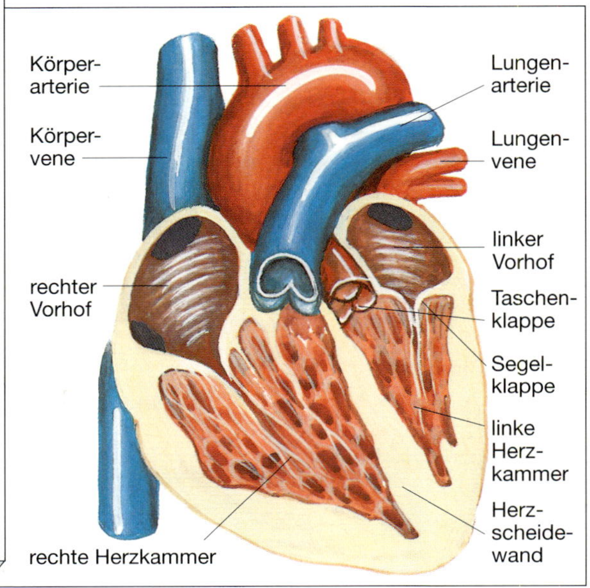

2 ***Herz des Menschen*** *(Längsschnitt)*

Abbildung 2 zeigt den Aufbau des Herzens. Eine Herzscheidewand trennt es in zwei Hälften. Jede Herzhälfte hat einen **Vorhof** und eine **Hauptkammer.** Zwischen Vorhöfen und Hauptkammern liegen **Segelklappen.** Zwischen Hauptkammern und Arterien findet man die **Taschenklappen.**
Mit jedem Herzschlag pumpt das Herz das Blut durch den Körper. Der Herzmuskel zieht sich dabei zusammen und erschlafft wieder. Beim Erschlaffen des Herzens füllen sich beide Vorhöfe mit Blut. Danach zieht sich die Muskulatur der Vorhöfe zusammen und das Blut strömt in die Hauptkammern.
Nun ziehen sich die Muskeln der Hauptkammern zusammen. Das Blut wird in die Arterien gepumpt. Gleichzeitig schließen sich die Segelklappen und verhindern so, dass das Blut in die Vorhöfe zurückfließt. Danach erschlafft das Herz wieder. Die Taschenklappen verhindern, dass das Blut aus den Arterien in die Herzkammern zurückströmt. Gleichzeitig füllen sich die Vorhöfe erneut mit Blut. Ein neuer Pumpvorgang hat begonnen.
Das Herz pumpt das Blut also auf zweierlei Weise: Wenn der Herzmuskel erschlafft, wird das Blut aus den Venen in die Vorhöfe gesaugt. Hier arbeitet das Herz wie eine **Saugpumpe.** Wenn sich der Herzmuskel zusammenzieht und das Blut in die Arterien gedrückt wird, arbeitet es dagegen wie eine **Druckpumpe.**

Das Herz besteht aus zwei Hälften mit je einer Vorkammer und einer Hauptkammer. Es pumpt das Blut durch den Körper. Herzklappen sorgen dafür, dass das Blut nur in eine Richtung strömen kann.

1 Das Herz schlägt bei Jugendlichen in Ruhe etwa 90-mal pro Minute und transportiert dabei 6 Liter Blut. Wie oft schlägt dein Herz mindestens in 30 Tagen und in einem Jahr? Wie viel Liter Blut pumpt es dabei?
2 Bei extremer Anstrengung pumpt das Herz bis zu 30 Litern Blut pro Minute. Wie viel Liter Blut werden während eines 25-minütigen schnellen Laufs befördert?

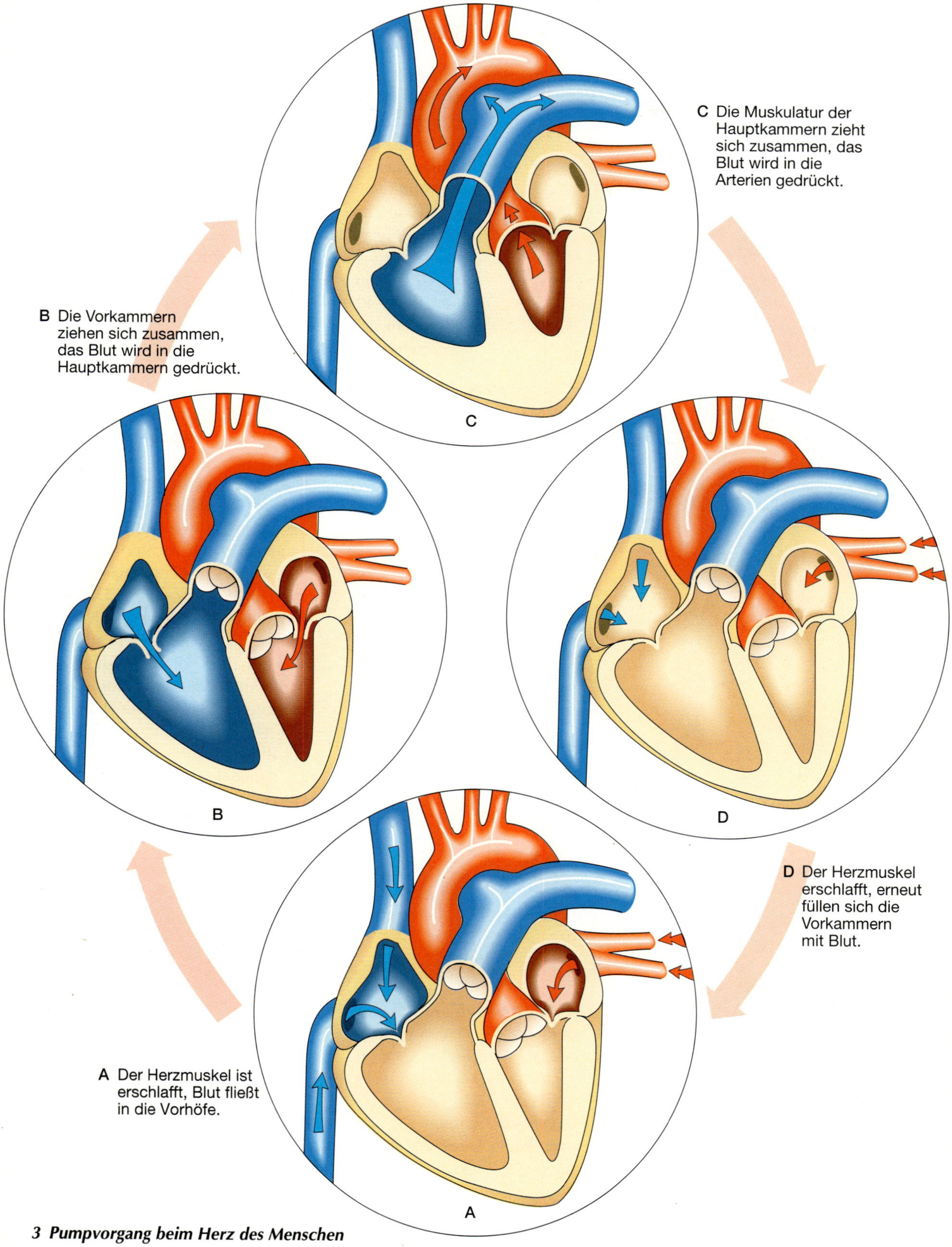

3 Pumpvorgang beim Herz des Menschen

3.2 Blutgefäße versorgen unseren Körper

Hältst du die Finger der linken Hand an die Innenseite des rechten Handgelenks, kannst du deinen Pulsschlag spüren. Du fühlst ihn aber auch an anderen Stellen deines Körpers wie am Hals oder an den Kniekehlen. Wie ist das zu erklären?

Das **Blut** fließt in Röhren, die *Gefäße* heißen. Die Blutgefäße durchziehen deinen gesamten Körper in einem dichten Netz. Stell dir vor, man würde alle Blutgefäße des Körpers hintereinander legen und messen, dann wäre die Länge der Blutgefäße in deinem Körper länger als der Rhein mit 1320 km. Durch dieses **Blutgefäßsystem** stehen alle Teile des Körpers miteinander in Verbindung. Die Hauptverbindungen sind die **Arterien** und die **Venen.** Die Abzweigungen verästeln sich so fein, dass sie nur noch mit dem Mikroskop zu erkennen sind. Diese haarfeinen Verästelungen nennt man Haargefäße oder **Kapillaren.**

Das Herz pumpt das Blut in die Gefäße. Verfolgen wir den Weg des Blutes in den Blutgefäßen genauer: Von der rechten Herzkammer wird es in den Lungenarterien zur Lunge transportiert. Die Lungenarterien verzweigen sich in der Lunge. In den Lungenkapillaren gibt das Blut Kohlenstoffdioxid ab und nimmt Sauerstoff auf. Dieses sauerstoffreiche Blut fließt zur linken Herzhälfte. Diesen Abschnitt des Blutkreislaufes bezeichnet man als **Lungenkreislauf.** In der linken Herzhälfte beginnt der **Körperkreislauf.** Aus der linken Herzkam-

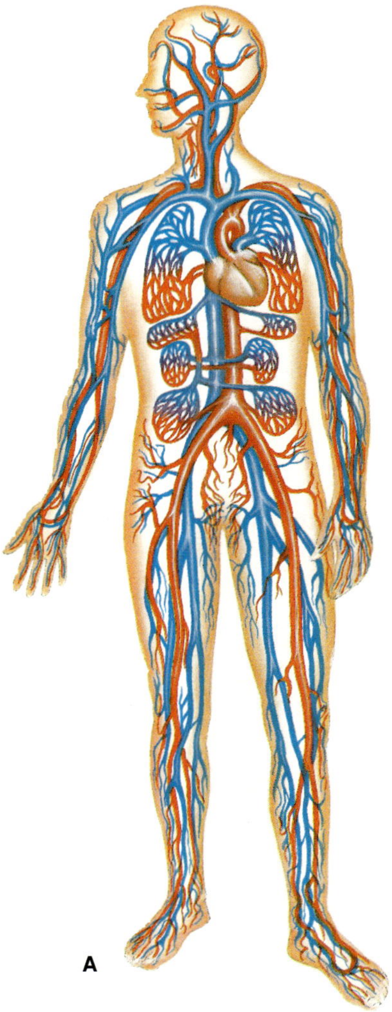

A

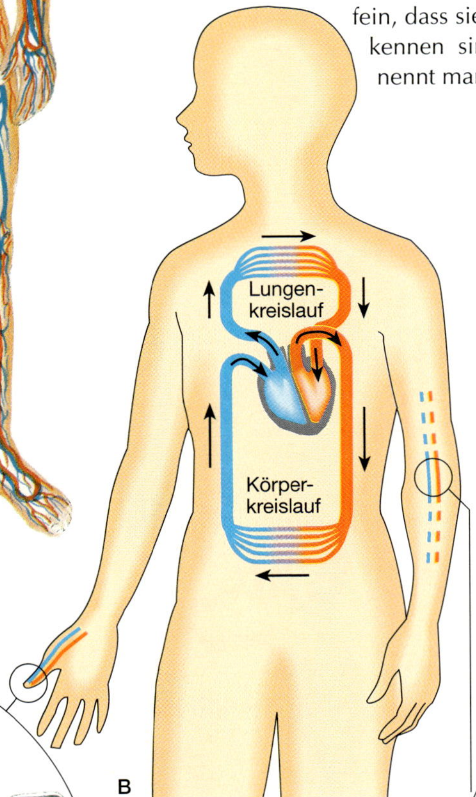

B

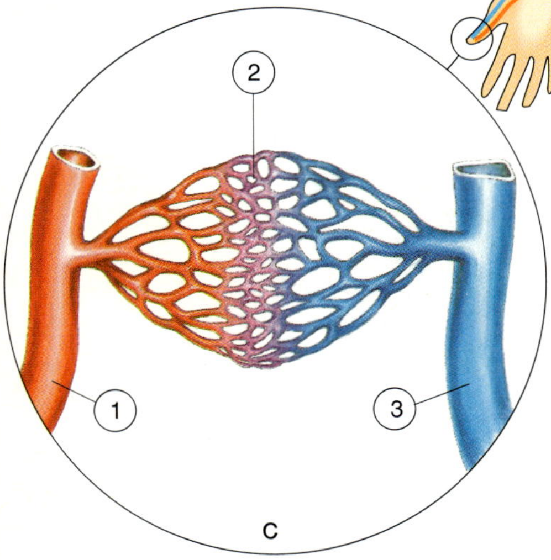

C

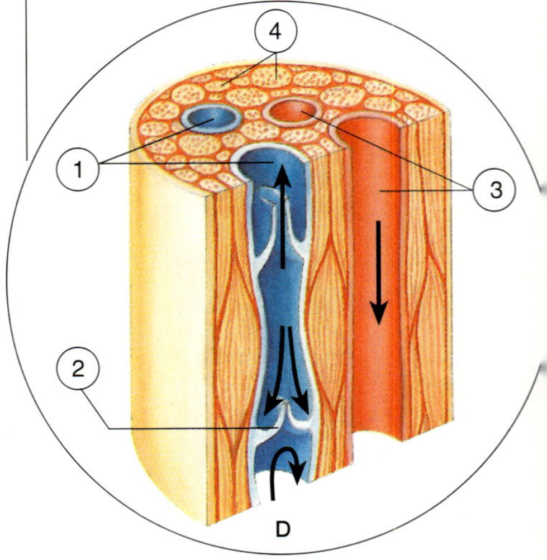

D

1 Blutkreislauf.
***A** Blutgefäßsystem des Menschen; **B** Blutkreislauf (Schema); **C** Kapillaren. 1 Arterie, 2 Kapillare, 3 Vene; **D** Transport von Blut in Arterien und Venen. 1 Venen, 2 Venenklappe, 3 Arterien, 4 Muskeln*

mer wird das sauerstoffreiche Blut in die Körperarterien gepumpt. Dabei unterstützen die Wände der Arterien den Transport des Blutes. Die Wände der Arterien können sich zusammenziehen. So drücken sie das Blut weiter bis zu den Kapillaren. Durch das Blut in den Kapillaren werden die Körperzellen mit Sauerstoff und Nährstoffen versorgt. Die Körperzellen geben unter anderem Kohlenstoffdioxid ab. Das mit Kohlenstoffdioxid angereicherte Blut sammelt sich in den Venen. Es wird in die rechte Herzhälfte zurück transportiert.

Beim Rücktransport des Blutes zum Herzen hilft die Körpermuskulatur mit. Durch ihre Bewegung werden die dünnwandigen Venen eingedrückt und das Blut dadurch weiter transportiert. *Venenklappen* verhindern, dass das Blut in den Venen zurückfließt.
Aus der rechten Herzkammer gelangt das Blut wieder in den Lungenkreislauf. Damit ist der Blutkreislauf im Körper geschlossen. Der Mensch besitzt also einen **doppelten Blutkreislauf**.

Das Blut, das alle Bereiche des Körpers durchströmt, erfüllt vielfache Aufgaben. Diese Aufgaben werden von den einzelnen Bestandteilen des Blutes übernommen. So versorgen die *roten Blutkörperchen* die Körperzellen mit dem notwendigen Sauerstoff. Sie sind auch für den Transport von Kohlenstoffdioxid von den Körperzellen zur Lunge verantwortlich. Die *Blutflüssigkeit* leitet Nährstoffe und Mineralstoffe zu den Körperzellen und nimmt Abbaustoffe von den Zellen auf. Außerdem sorgt sie dafür, dass die Wärme des Körpers in den Körperteilen gleichmäßig verteilt wird. Gelangen Krankheitserreger in den Körper, werden sie von *weißen Blutkörperchen* bekämpft. Die weißen Blutkörperchen sind Bestandteil des Abwehrsystems des Körpers.

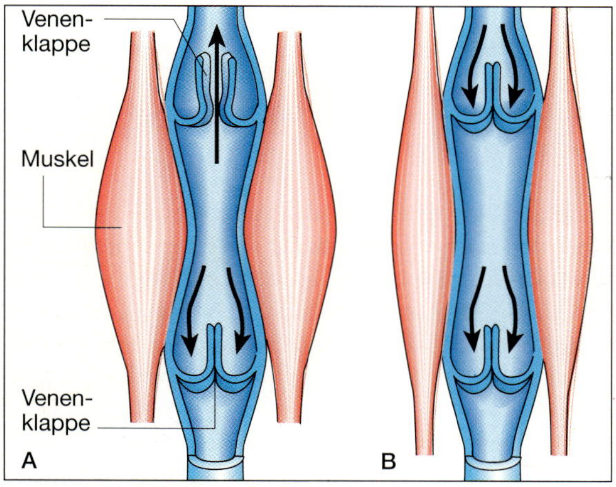

2 Bluttransport in den Venen

Alle Bereiche des Körpers sind durch das Blutgefäßsystem miteinander verbunden. Das Herz pumpt das Blut in einem doppelten Blutkreislauf durch den Körper.

1 Beschreibe anhand von Abb. 1 B den Weg, den das Blut während des Kreislaufs im Körper durchläuft.
2 Auf welche Weise wird das Blut in den Arterien transportiert? Nimm den Lehrbuchtext zu Hilfe.
3 Erkläre anhand von Abb. 2 den Transport von Blut in den Venen und erläutere die Wirkungsweise der Venenklappen.
4 Nenne einzelne Bestandteile des Blutes und ordne diesen deren Aufgaben zu. Fertige dazu eine Tabelle an. Gib der Tabelle eine Überschrift.
5 Begründe, weshalb ein hoher Blutverlust z. B. bei einem Unfall lebensgefährlich ist, und weshalb eine Blutübertragung lebensrettend sein kann.

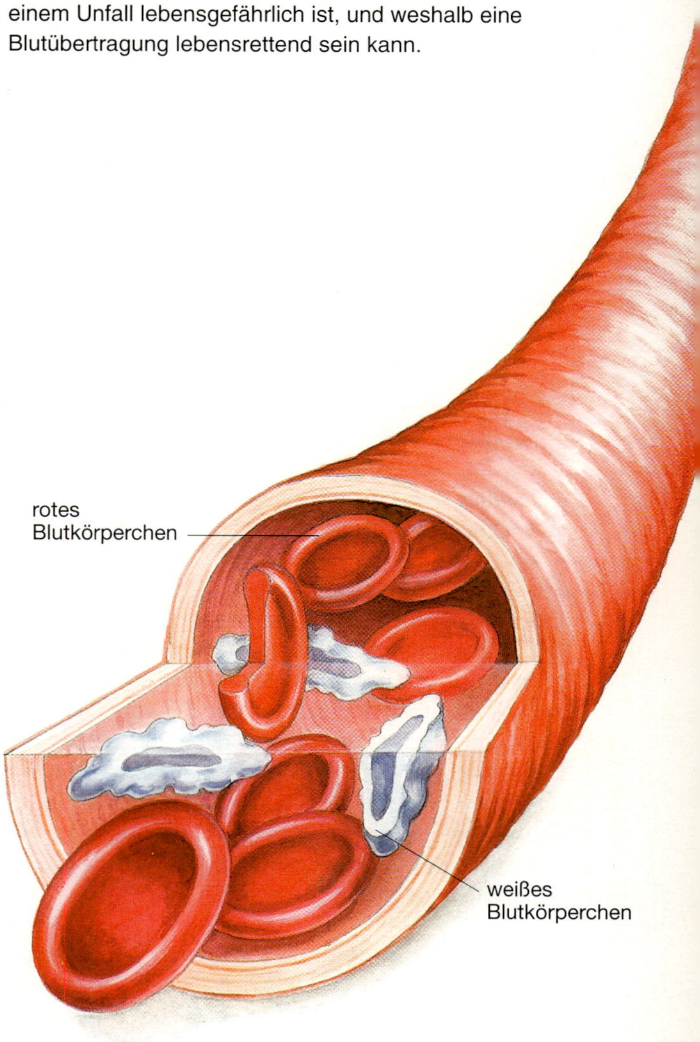

***3 Blutbestandteile** (Schema)*

3.3 Wie wir atmen

Bei einem 100-m-Lauf hat Linda als Erste das Ziel erreicht. Sie ist dabei ganz schön „aus der Puste" gekommen. Bei körperlicher Anstrengung atmet man stärker, Atemluft wird also häufiger als sonst in die Lunge gesogen. In Ruhe atmet man etwa 12- bis 16-mal in der Minute, bei Anstrengung können es bis zu 60 Atemzüge in der Minute sein. Der Körper braucht dann mehr Atemluft. Auf welche Weise gelangt die Atemluft in den Körper?

Atmest du tief ein, hebt sich dein Brustkorb. Beim Ausatmen senkt er

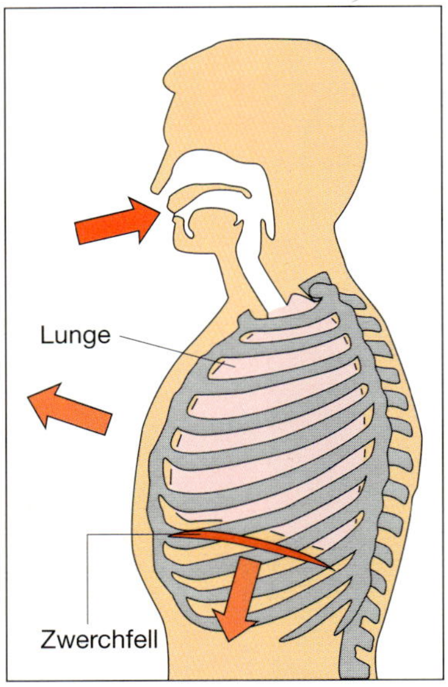

1 ***Einatmen*** *(Brustatmung und Bauchatmung)*

sich wieder. Das kommt daher, dass sich beim Einatmen die Muskeln zwischen den Rippen zusammenziehen und den Brustkorb anheben. Bei dieser **Brustatmung** vergrößert sich der Brustraum und wie ein auseinander gezogener Blasebalg wird die Lunge gedehnt. In den vergrößerten Innenraum der Lunge kann so Atemluft einströmen. Erschlafft die Muskulatur zwischen den Rippen, senkt sich der Brustkorb und der Brustraum verkleinert sich. Wie bei einem zusammengepressten Blasebalg wird die Lunge eingedrückt und die Luft ausgeatmet.

Nach größeren Anstrengungen wird die Atemluft meist durch den geöffneten Mund eingeatmet. Bei ruhiger Atmung ist es jedoch gesünder, durch die **Nase** zu atmen. Die Nasenschleimhaut ist stark durchblutet und sondert Schleim ab. So wird die Atemluft im Nasenraum angewärmt und angefeuchtet. Außerdem bleiben Verunreinigungen wie Staubteilchen und Krankheitserreger in der feuchten Schleimhaut haften.

Bei geringeren körperlichen Anstrengungen benötigt der Körper weniger Atemluft. Dann sorgt hauptsächlich das *Zwerchfell* dafür, dass Atemluft in die Lunge gesogen wird. Das Zwerchfell ist eine Muskelschicht, die Bauch- und Brustraum voneinander trennt. Erschlafft die Zwerchfellmuskulatur, wölbt sich das Zwerchfell in den Brustraum. Zieht sich die Muskulatur bei dieser **Zwerchfell-** oder **Bauchatmung** zusammen, flacht das Zwerchfell ab. Dadurch wird

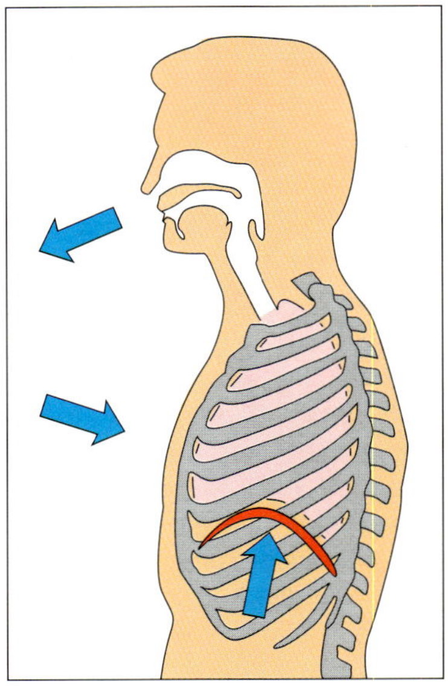

2 ***Ausatmen*** *(Brustatmung und Bauchatmung)*

der Brustraum vergrößert und die Lunge wird im Brustraum gedehnt. Sie füllt sich mit Atemluft. Erschlafft anschließend die Muskulatur des Zwerchfells, wölbt sich das Zwerchfell wieder in den Brustraum und Luft wird aus der Lunge herausgedrückt.

Verfolgen wir den Weg der Atemluft in die Lunge. Über den Rachenraum gelangt die eingeatmete Luft in die **Luftröhre.** Sie ist eine etwa 12 cm lange elastische Röhre, die für Atemluft ständig geöffnet ist. Im Brustraum teilt sich die Luftröhre in die zwei *Hauptbronchien.* Sie führen jeweils zu einem der beiden Lungenflügel.
Eine Schleimhaut und Flimmerhärchen schützen die Bronchien weitgehend vor Fremdkörpern. „Verunreinigungen" in den Bronchien bleiben in der Schleimhaut

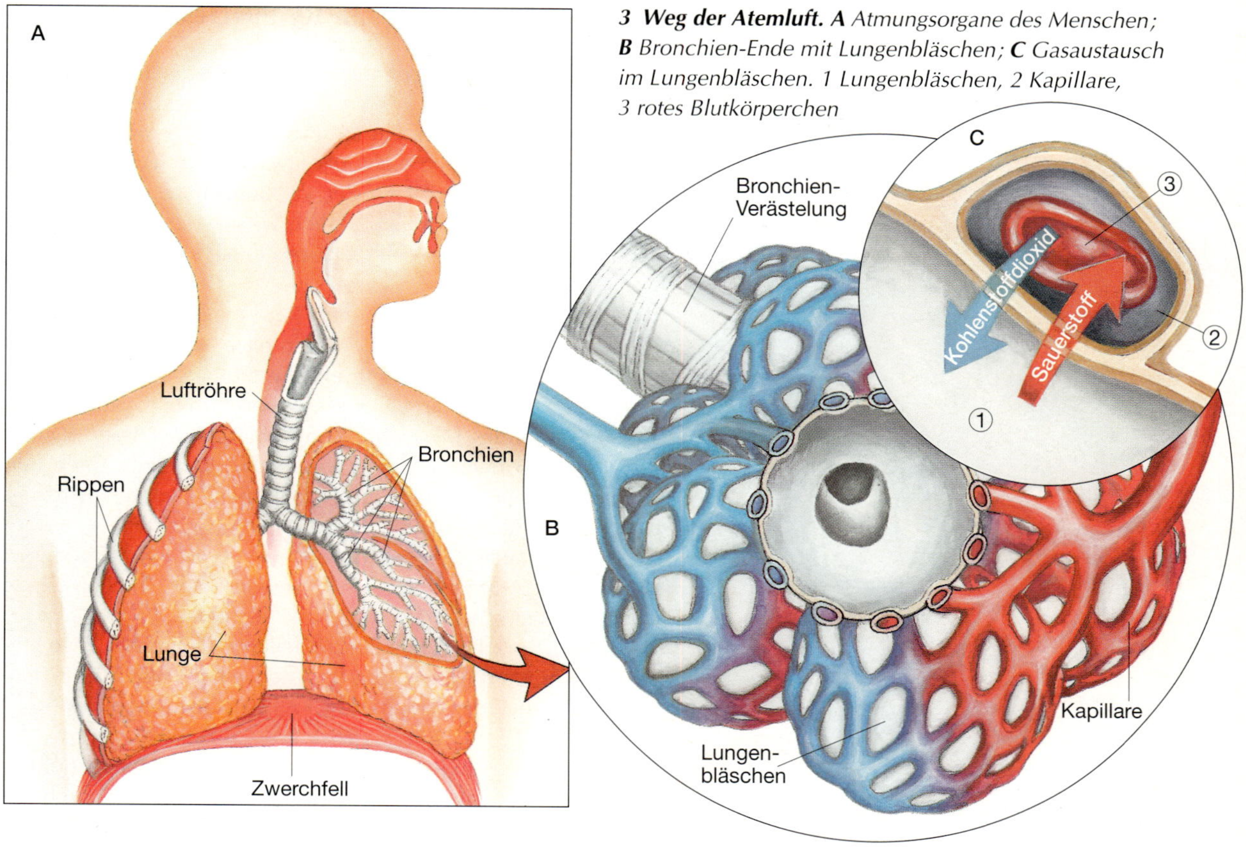

*3 **Weg der Atemluft.** **A** Atmungsorgane des Menschen; **B** Bronchien-Ende mit Lungenbläschen; **C** Gasaustausch im Lungenbläschen. 1 Lungenbläschen, 2 Kapillare, 3 rotes Blutkörperchen*

haften und werden durch Husten heraustransportiert. In den Lungenflügeln verzweigen sich die Bronchien zu immer engeren Röhrchen. Diese feinen Bronchienästchen enden in den kugelförmigen **Lungenbläschen.** Sie hängen wie Beeren an einer Weintraube. In den Lungen befinden sich etwa 500 Millionen Lungenbläschen.

Die dünnen Wände der Lungenbläschen werden von einem dichten Netz von Kapillaren überzogen. An den Lungenbläschen wird der **Sauerstoff** der eingeatmeten Luft in das Blut der Kapillaren abgegeben. Über den Blutkreislauf gelangt der Sauerstoff zu den Körperzellen. Im Gegenzug geben die Körperzellen **Kohlenstoffdioxid** an das Blut ab.

Mit dem Blut gelangt Kohlenstoffdioxid in die Kapillaren der Lungenbläschen. Aus dem Blut wird Kohlenstoffdioxid in den Innenraum der Lungenbläschen abgegeben und schließlich ausgeatmet. In den Lungenbläschen findet also ein *Gasaustausch* statt.

Erkrankungen der Atemwege erschweren die Atmung. Zum Beispiel entzünden sich bei einer *Grippe* die Schleimhäute und oftmals setzen sich Eitererreger fest. Schleim und Eiter verstopfen die Atemwege und durch kräftiges Husten werden Schleimhautteilchen gelöst und herausgeschleudert.

Bestimmte Farben, Lacke, Klebstoffe und Pflegemittel enthalten *Lösungsmittel.* Kommen sie mit Luft in Verbindung, bilden sich oft ätzende und giftige Gase, die die Schleimhäute reizen und angreifen.

Bei der Atmung wird der Brustraum durch die Bewegung der Zwischenrippenmuskeln und des Zwerchfells vergrößert. Dabei werden die Lungen mit Atemluft gefüllt. Beim Gasaustausch an den Lungenbläschen wird Kohlenstoffdioxid an die Luft abgegeben und Sauerstoff ins Blut aufgenommen.

1 Auf welche Weise gelangt Atemluft in die Lunge? Nimm den Lehrbuchtext und Abb. 1 zu Hilfe.

2 Beschreibe an der Abb. 3 A, B den Weg der Atemluft bis ins Lungenbläschen.

3 Erläutere an der Abb. 3 B, C den Satz: „In der Lunge findet ein Gasaustausch statt.“

4 Warum sollte man beim Kauf von Lacken darauf achten, dass diese „wasserlöslich“ sind?

3.4 Rauchen – eine Gefahr für die Gesundheit

„Sei doch keine Memme, steck' dir doch auch mal eine Zigarette an!" So könnte dich ein Mitschüler zum Rauchen auffordern. Du wirst diese Aufforderung sicherlich ablehnen. Doch nicht alle Jugendlichen handeln so vernünftig wie du. Trotz aller Warnungen beginnen sie mit dem Rauchen. Offensichtlich wissen diese Jugendlichen nicht, was hinter dem „blauen Dunst" steckt.

Saugt man zum Beispiel den Rauch einer Zigarette durch ein Papiertaschentuch, bleibt schon nach einem Zug ein gelbbrauner Belag haften. Dieser Belag besteht aus **Teer.** Wird Zigarettenrauch eingeatmet, gelangt er über die Nase, den Rachen und die Luftröhre bis in die Lungenbläschen. Diese „Rauchstraße" wird also beim Rauchen regelmäßig „geteert". Nach und nach verstopfen Bronchien und Lungenbläschen. Dadurch wird der Gasaustausch in der Lunge behindert.
Deshalb haben Raucher Probleme beim Atmen. Schon bei geringen körperlichen Anstrengungen wie Laufen oder Treppensteigen können Raucher schnell aus der „Puste" kommen.
Teer setzt sich aus verschiedenen Bestandteilen zusammen. Einige dieser Stoffe können **Krebs** erzeugen. Das Rauchen erhöht also das Risiko, dass sich an den Organen der Rauchstraße Krebsgeschwulste bilden.

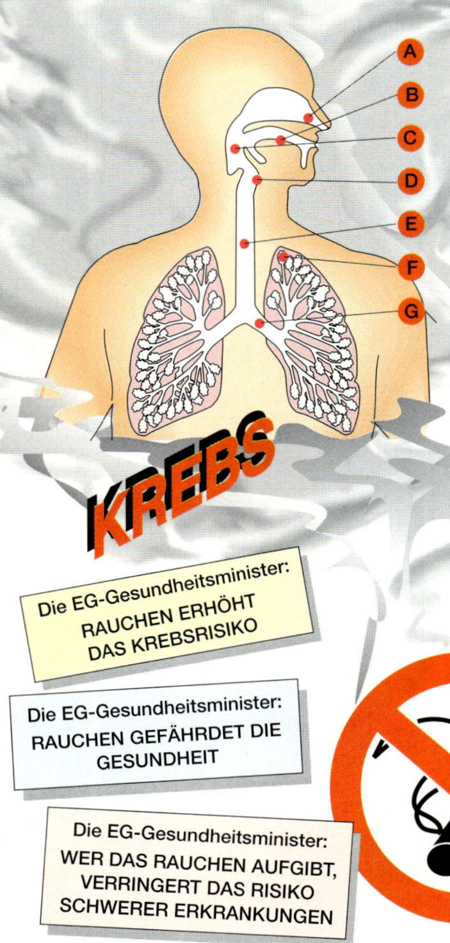

1 Die Rauchstraße
(●: krebsgefährdete Stellen)

Im Tabakrauch sind außerdem starke Gifte enthalten. Bei der Verbrennung entsteht zum Beispiel das farb- und geruchlose **Kohlenstoffmonooxid.** Es sorgt dafür, dass die roten Blutkörperchen weniger Sauerstoff transportieren können. Ebenso giftig ist das **Nikotin.** Durch das eingeatmete Nikotin verengen sich die Blutgefäße und die Durchblutung aller Organe wird gestört. Die Wirkung des Kohlenstoffmonooxids unterstützt diese **Durchblutungsstörungen.** Da das Herz bei Rauchern besonders belastet ist, liegt bei ihnen das Risiko von Herzerkrankungen höher als bei Nichtrauchern. Durchblutungsstörungen an Füßen oder Beinen sind mit starken Schmerzen verbunden. Meist sterben die Zellen ab und oftmals muss solch ein „Raucherbein" amputiert werden.

Durch regelmäßiges Rauchen wird der Körper an die eingeatmeten Gifte gewöhnt. Dabei wirkt das Nikotin auch als ein Gift, das süchtig macht. Raucher können vom Nikotin abhängig werden. Daher fällt es ihnen auch so schwer, mit dem Rauchen aufzuhören.

Um den Gefahren des Rauchens zu entgehen, ist es richtig, dass du dich erst gar nicht zum Rauchen verführen lässt oder mit dem Rauchen anfängst.

Durch Rauchen werden die Atemwege geschädigt und die Durchblutung des Körpers gestört. Regelmäßiges Rauchen macht süchtig und erhöht das Risiko von Herzerkrankungen und Krebs.

1 Nenne anhand von Abb. 1 die Bereiche der Rauchstraße, die besonders krebsgefährdet sind.

2 Nach dem Gesetz ist auf jeder Zigarettenpackung aufgedruckt, wie viel Nikotin (N) und Kondensat (K) (Teer) eine Zigarette enthält. Berechne für eine „Light"-Zigarette, die 0,6 Milligramm Kondensat enthält, wie viel Kilogramm Teer ein Raucher in 20 Jahren aufnimmt, wenn er täglich 20 Zigaretten raucht (1 g = 1000 mg, 1 kg = 1000 g).

3 Mit welcher Begründung würdest du eine dir angebotene Zigarette ablehnen?

Übung

Ausdauertraining

A 1 Trainingsprogramm

„Wir bewegen uns zu wenig und dieser Bewegungsmangel kann zu Gesundheitsschäden führen!“ Diese Mahnung von Ärzten gilt besonders für Kinder und Jugendliche. Sport oder Bewegungstraining helfen, die Muskulatur und den Kreislauf zu stärken. Durch Ausdauertraining wird der Herzmuskel gekräftigt und es kann mehr Blut gepumpt werden. Außerdem kann eine trainierte Lunge mehr Sauerstoff aufnehmen. Zur Stärkung deines Herzens und deiner Atmung eignen sich die rechts stehenden Übungen. Diese Übungen kannst du allein oder in einer Gruppe durchführen.

a) Bevor du mit dem Trainingsprogramm beginnst, muss dein Körper „aufgewärmt“ werden. Mach jede Aufwärmübung etwa 1 Minute lang.
Aufwärmübung 1: Gehen auf der Stelle und die Arme bewegen;
Aufwärmübung 2: Beine auseinander stellen und den Oberkörper kreisen;
Aufwärmübung 3: Laufen auf der Stelle und Arme bewegen.

b) Mache die Ausdauerübungen täglich 10 Minuten lang, also in einer Woche insgesamt mindestens 70 Minuten Ausdauertraining.

c) Führe über dein Ausdauertraining ein Protokoll. So kannst du deinen Trainingserfolg ablesen.

Woche	Datum	Puls vor Training (Puls/Minute)	Puls nach 5 Minuten Training (Puls/Minute)	Puls nach Trainingsende (Puls/Minute)
1. Mo	___	___	___	___
Di	___	___	___	___
Mi	___	___	___	___
Do	___	___	___	___
Fr	___	___	___	___
Sa	___	___	___	___
So	___	___	___	___
2. Mo	___	___	___	___

1 Protokoll des Ausdauertrainings

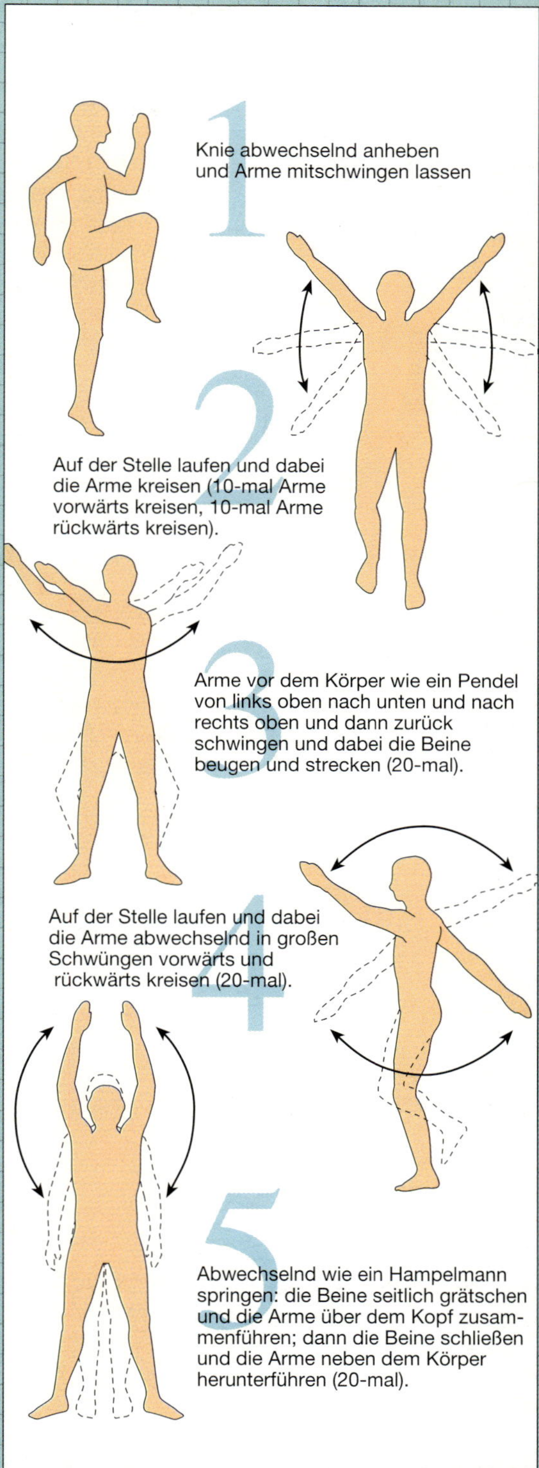

Übung

Blutkreislauf und Atmung

V1 Pulsmessung

Material: Stoppuhr
Durchführung: Fühle deinen Pulsschlag am Inneren des Handgelenkes. Zähle die Pulsschläge in der Minute. Wiederhole die Pulsmessung, nachdem du 15 Kniebeugen schnell hintereinander gemacht hast. Miss anschließend den Puls nach 5 Minuten Ruhe.

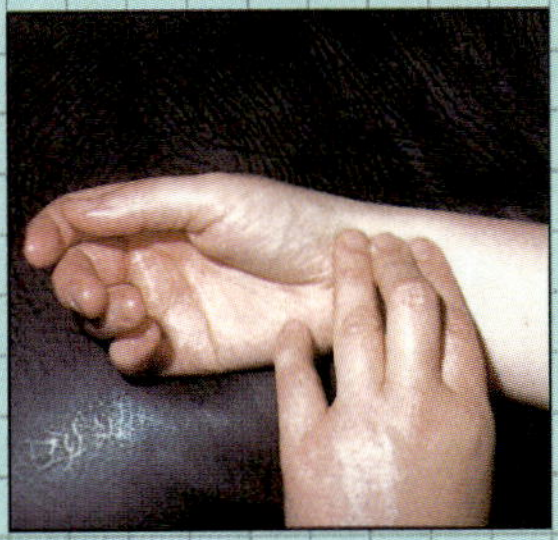

Aufgabe: Vergleiche deine drei Messwerte mit denen deiner Mitschülerinnen und Mitschüler.

A2 Tagesprotokoll deines Herzens

Führe ein Tagesprotokoll über die Pulsschläge während 24 Stunden bei den verschiedenen Tätigkeiten wie ruhigem Liegen (entspricht dem Schlaf), Sitzen, Gehen, Laufen, Radfahren, große Anstrengung. Bestimme die Dauer der Tätigkeit, miss deinen Puls und trage in eine Tabelle nach dem folgenden Muster ein.

Tätigkeiten	Ruhiges Liegen, Schlafen	Sitzen
Dauer (Minuten)	____	____
Pulsschläge pro Minute	____	____

a) Wie viel Herzschläge macht dein Herz an diesem Tag?
b) Berechne danach die durchschnittliche Leistung deines Herzens pro Jahr.

V3 Brustumfang beim Atmen

Material: Maßband
Durchführung: Messe den Brustumfang beim Einatmen und beim Ausatmen. Lege dazu das Maßband unterhalb der Achselhöhlen um den Brustkorb.
Aufgaben: a) Notiere den Unterschied der Werte zwischen Einatmen und Ausatmen.
b) Vergleiche deine Messergebnisse mit denen deiner Mitschülerinnen und Mitschüler.

A4 Zwerchfellatmung

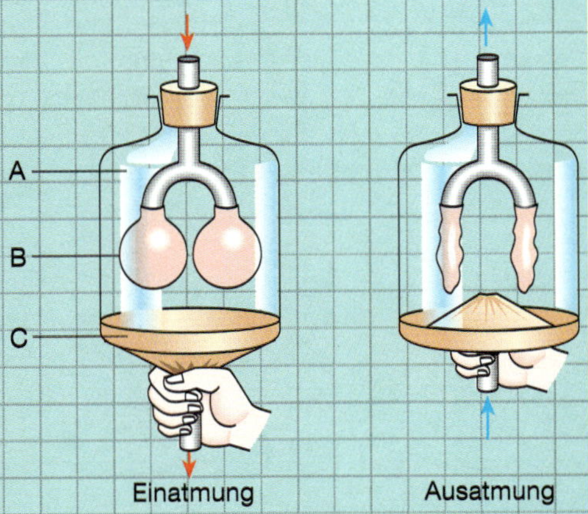

a) Welche Teile des Atemapparates sind in dem Modell dargestellt?
b) Erkläre die Arbeitsweise des Modells. Was soll mit dem Modell veranschaulicht werden? Vergleiche auch mit Abb. 1 und 2, S. 76.

A5 Brustatmung

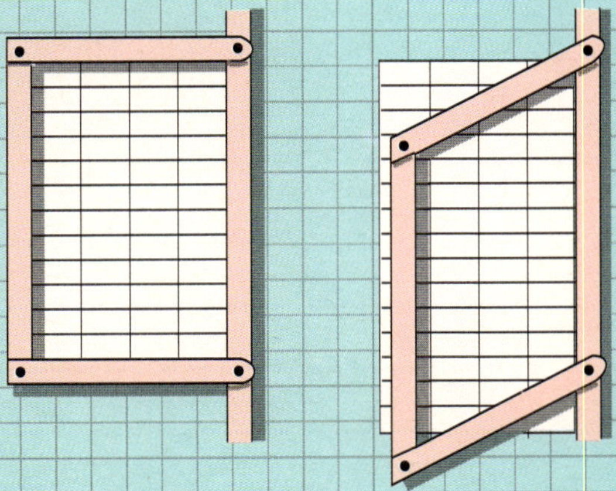

a) Ordne die Darstellung des Schemas den Teilen des Atemapparates zu und erkläre.
b) Was soll das Schema veranschaulichen? Vergleiche auch mit Abb. 1 und 2, S. 76.
c) Bestimme die Anzahl der Kästchen im Zustand des Einatmens und des Ausatmens. Wie viel Liter Luft können eingeatmet werden, wenn jedes Kästchen 100 ml Luft entspricht (1 l = 1000 ml)?

V6 Atemmesser

Material: Kunststoffwanne (etwa 10 l); Glasgefäß mit Deckel (etwa 5 l, z.B. Gurkenglas); Lüfterschlauch für Aquarien; 2 Deckel von Einmachgläsern; Klebeband; Litermaß

Durchführung: Gieße in das Glasgefäß 1 Liter Wasser und markiere den Wasserstand mit Klebeband.

Gieße viermal je 1 Liter Wasser hinzu und markiere nach jedem Liter die Füllhöhe auf dieselbe Weise. Fülle danach das Glasgefäß vollständig mit Wasser und verschließe es mit dem Deckel.

Fülle in die Kunststoffwanne etwa 8 cm hoch Wasser ein und lege die beiden Glasdeckel auf den Boden.

Halte das Glas in die Kunststoffwanne (Deckel nach unten) und entferne unter Wasser den Deckel. Setze die Öffnung des Glases auf die beiden Glasdeckel.

Kippe das Glas vorsichtig etwas an und führe das eine Ende des Schlauches hinein.

Atme tief Luft ein und blase sie durch den Schlauch in das Glasgefäß.

Aufgaben: a) Lies an den Markierungen die ausgeatmete Luftmenge ab. Wie viel Luft kann deine Lunge fassen? Beachte bei der Messung, dass nach dem Ausatmen noch etwa 1,5 Liter Restluft in der Lunge verbleiben.

b) Vergleiche deine Messung mit den Messergebnissen deiner Mitschülerinnen und Mitschüler. Versuche Erklärungen für die Unterschiede zu finden.

Streifzug durch die Geschichte

Die Entdeckung der „Kanäle" im Körper

Schon vor 3000 Jahren war den Ägyptern bekannt, dass das Blut in „Kanälen" durch den Körper fließt. Obwohl die Mediziner Tier- und Menschenkörper untersuchten, war man noch bis zur Zeit des Dreißigjährigen Krieges (1618–1648) der Meinung, dass das Blut in den „Kanälen" ähnlich wie bei Ebbe und Flut hin und her fließt.

1628 veröffentlichte der englische Arzt William Harvey seine Forschungsschrift. Darin beschrieb er, dass bestimmte Blutkanäle das Blut vom Herzen wegtransportieren und andere es zum Herzen zurücktransportieren. Durch einen Versuch mit einem Stück Tiervene konnte man beweisen, dass das Blut nicht im Körper hin und her fließt. Man goss Wasser von dem einen Ende in eine Vene, dreht die Vene und goss Wasser von dem entgegengesetzten Ende in die Vene. Man stellte fest, dass das Wasser nur in einer Richtung durch die Vene floss. Harvey erforschte und erklärte dann auch die Ventilwirkung der Venenklappen. Sie bewirken, dass das Blut in den Venen nur in Richtung Herz transportiert wird.

Harvey vermutete: Im Körper des Menschen gibt es einen Kreislauf des Blutes. Da Harvey der Gebrauch eines Mikroskops unbekannt war, konnte er die Kapillaren nicht erkennen und somit auch nicht erklären, wie das Blut von den Arterien in die Venen gelangt. Durch seine Studien mit dem Mikroskop entdeckte 1661 Marcello Malpighi die Kapillaren im Körpergewebe.

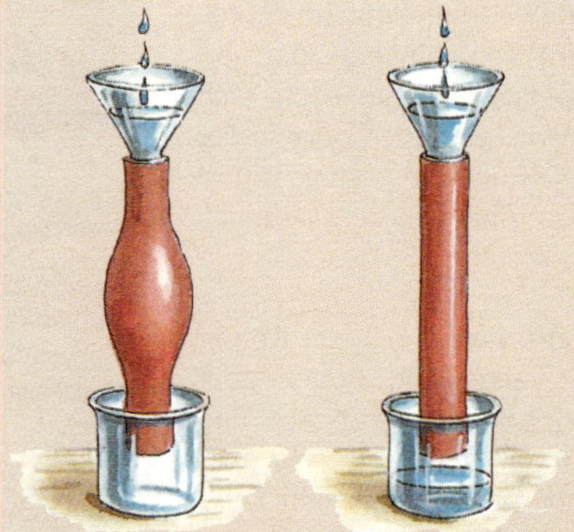

2 „Venenversuch"

4 Ernährung und Verdauung

4.1 Unsere Nahrungsmittel enthalten lebenswichtige Stoffe

Auf dem Einkaufszettel steht: Schinken, Kartoffeln, Butter, Spaghetti, Eier, Tomaten, Vollkornbrot, Äpfel, Reis, Käse, Leberwurst. Lars geht an den Regalen und Theken des Lebensmittelgeschäftes entlang und legt die gewünschten Lebensmittel in den Einkaufswagen. Er wählt aus einem reichhaltigen Angebot von verschiedenen Lebensmitteln aus. Obwohl sie sich durch ihre Herkunft und ihren Geschmack unterscheiden, enthalten sie immer die gleichen Stoffe. Allerdings kommen sie jeweils in unterschiedlichen Anteilen vor. Was sind das für Stoffe und wozu brauchen wir sie?

Backwaren, Nudeln, Reis, Kartoffeln und Süßigkeiten enthalten einen hohen Anteil an Stärke und Zucker. Stärke und Zucker sind **Kohlenhydrate.** Kohlenhydrate sind „Kraftstoffe". Sie haben **Energie** gespeichert. Ein Motor braucht energiehaltige Kraftstoffe wie Benzin oder Diesel, um arbeiten zu können. Ebenso benötigt auch dein Körper energiereiche Stoffe. So liefern Kohlenhydrate die notwendige Energie, damit du dich zum Beispiel bewegen oder in der Schule leistungsfähig sein kannst und Herz und Kreislauf arbeiten können.

Auch **Fette** liefern deinem Körper Energie. Sahne und Butter, aber auch Margarine, Öle, Nüsse und viele Wurstsorten sind sehr fettreich. Aus Fetten kann mehr Energie gewonnen werden als aus der gleichen Menge an Kohlenhydraten.

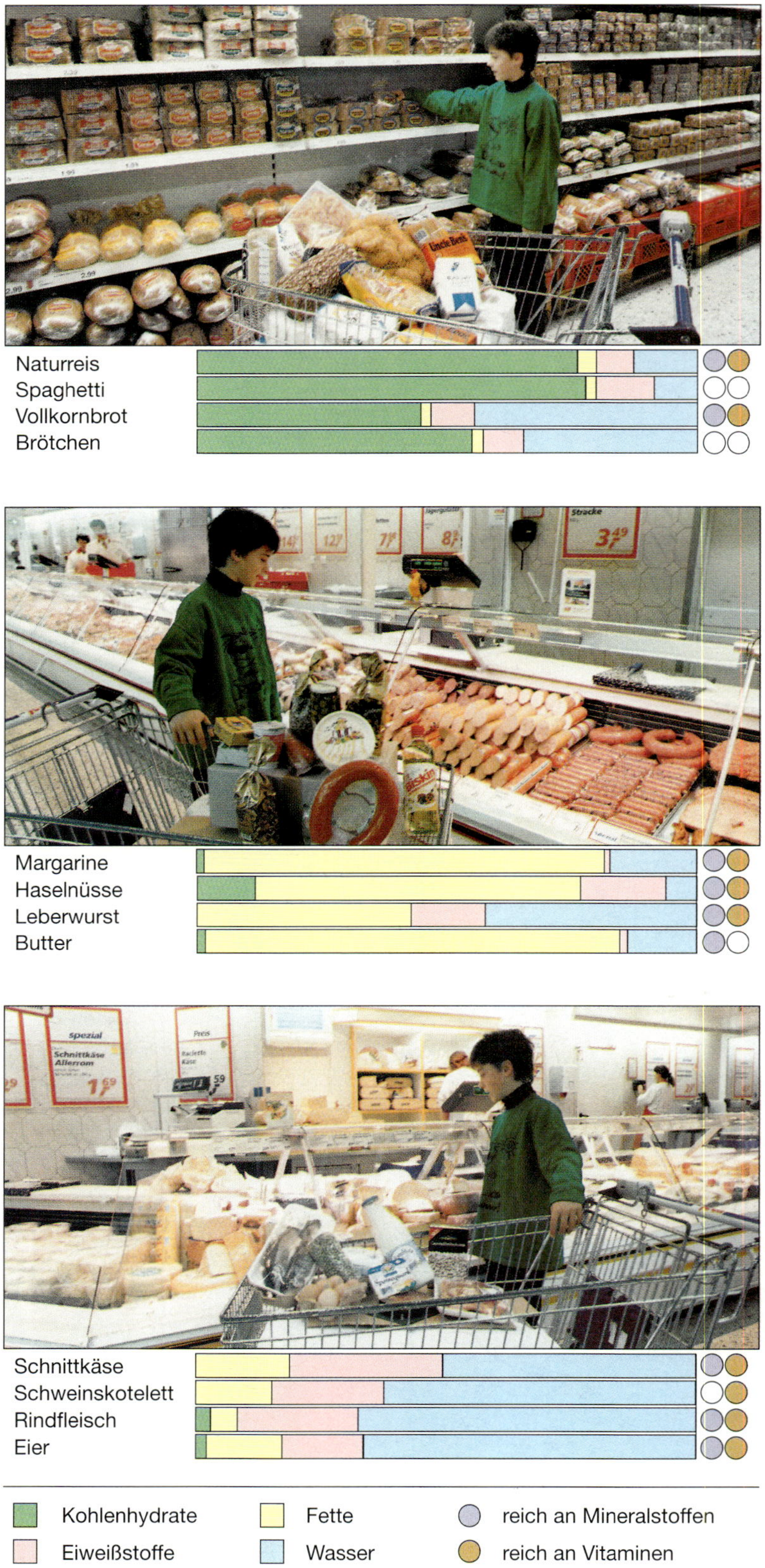

1 Nahrungsmittel und ihre Zusammensetzung

Dein Körper braucht jedoch nicht nur *Energielieferanten,* sondern auch Stoffe, um die Körperzellen aufzubauen und zu erhalten. Alle Zellen des Körpers enthalten **Eiweißstoffe.** Für den Aufbau neuer Körperzellen musst du solche Eiweißstoffe aufnehmen. So enthalten Fleisch und Wurst, aber auch Fisch, Milch, Eier, Erbsen, Bohnen und Getreide einen hohen Anteil an Eiweißstoffen, die als *Baustoffe* für den Körper wichtig sind.

Kohlenhydrate, Fette und Eiweißstoffe sind **Nährstoffe.** Um deinen Körper gesund zu erhalten, reicht die Aufnahme von Nährstoffen allein nicht aus. Du brauchst zusätzlich kleine Mengen von verschiedenen Salzen, die man **Mineralstoffe** nennt. Ebenso brauchst du bestimmte Wirkstoffe, die **Vitamine.** Vor allem in Obst, Gemüse und Vollkornprodukten findet man viele Mineralstoffe und Vitamine. Frische Pflanzenprodukte enthalten neben **Wasser** auch Pflanzenfasern, die als **Ballaststoffe** für die Verdauung notwendig sind.

Nahrungsmittel enthalten die Nährstoffe Kohlenhydrate, Fette und Eiweißstoffe. Kohlenhydrate und Fette liefern Energie. Eiweißstoffe sind Baustoffe für unseren Körper. Viele Nahrungsmittel enthalten lebensnotwendige Mineralstoffe, Vitamine, Ballaststoffe und Wasser.

1 Nenne Nahrungsmittel, die entweder einen hohen Anteil an Kohlenhydraten, an Fetten oder an Eiweißstoffen haben. Nimm Abb. 1 zu Hilfe. Du kannst dich auch an Verpackungsaufschriften verschiedener Nahrungsmittel orientieren.

2 Nenne die Stoffe in Lebensmitteln, die der Mensch zum Leben braucht.

Streifzug durch die Geschichte

Eine Krankheit der Seefahrer

Nachdem 1492 Christoph Kolumbus die Westküste Amerikas entdeckt hatte, brachte er Schätze mit und öffnete neue Handelswege für die Spanier. Auch die Portugiesen wollten durch Entdeckungsreisen zu neuen Reichtümern gelangen. Am 8. Juli 1497 stach der portugiesische Seefahrer Vasco da Gama mit einer Flotte von 4 Schiffen in See. Er segelte Richtung Osten. Das Proviantschiff war hauptsächlich mit Schiffszwieback, Pökelfleisch, Wasser und Wein beladen. Der Vorrat sollte für die Mannschaft von 170 Seeleuten für 3 Jahre reichen.

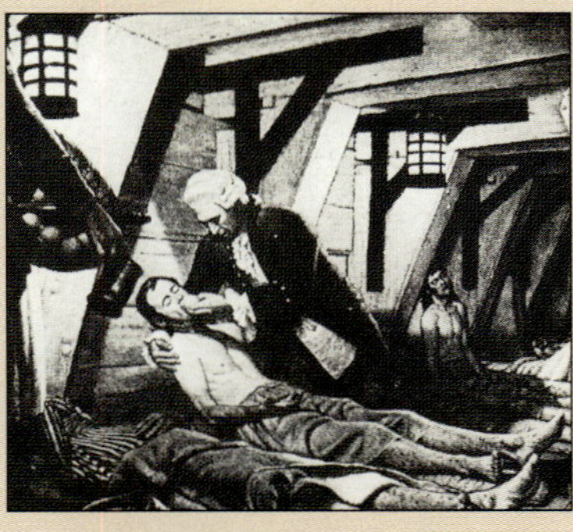

2 Skorbut *(Historische Darstellung)*

Ernährte sich die Mannschaft jedoch zu lange ohne frischen Proviant, wurden die Seeleute krank. Das Zahnfleisch begann sich bläulich zu verfärben, es schwoll an und eiterte.
Einige Tage später blutete das Zahnfleisch und Zähne fielen aus. Der Körper wurde von Fieber geschüttelt. An den Beinen bildeten sich Wunden. Die geschwächten Seeleute lagen bewegungslos auf den Schiffsplanken. Schließlich wurden die Erkrankten bewusstlos und starben einige Wochen nach Ausbruch der Krankheit. Man nannte diese tödliche Krankheit **Skorbut.**

Als Vasco da Gama 1499 mit 54 Seeleuten nach Portugal zurückkehrte, hatte er den Seeweg nach Indien entdeckt. Aber über 100 Seeleute waren an Skorbut gestorben.

Damals wusste man nur, dass sich Skorbut bekämpfen und heilen liess, wenn die Seeleute an Land gingen und frisches Obst und Gemüse zu sich nahmen. 1747 bewies der englische Militärarzt James Lind durch Experimente, dass Orangen und Zitronen zum Heilen von Skorbut und zur Vorbeugung gegen diese Krankheit gut geeignet waren. Englische Seefahrer nahmen seitdem einen Vorrat an solchen Zitrusfrüchten als Proviant mit.

Heute weiss man: den damaligen Seefahrern fehlte das Vitamin C bei ihrer Ernährung.
Zwieback und Pökelfleisch enthalten ebenso wie Konserven kaum Vitamin C. Zitrusfrüchte und anderes frisches Obst und Gemüse dagegen besitzen einen hohen Anteil an Vitamin C.

1 Überlege, warum man früher Zitronen und nicht andere vitaminreiche Früchte, z. B. Äpfel, auf den Schiffen mitführte. Berichte.

4.2 Wie ernähren wir uns richtig?

„Nach diesem anstrengenden Training brauch' ich erst mal Pommes, 'ne Currywurst und 'ne Cola. Du weisst ja, ohne Energie bewegt sich nix!", ruft Jan. „Ich geh' nach Hause und esse lieber 'ne Scheibe Vollkornbrot mit Käse, Joghurt und einen knackigen Salat", erwidert Linda. „Geschmackssache", sagt Jan darauf. Ist es wirklich nur „Geschmackssache", wie man sich ernährt?

Du weisst, dass dein Körper ständig mit Energie versorgt werden muss, damit er arbeiten kann. Jan möchte seinen Energiebedarf mit sehr fettreichen Lebensmitteln decken. Tatsächlich könnte er seinen gesamten Tagesbedarf an Energie zum Beispiel mit etwa 240 g Fetten abdecken.

Bei sehr fettreicher Ernährung steht jedoch meist mehr Energie zur Verfügung, als tatsächlich benötigt wird. Der Körper speichert sie in Form von „Fettpolstern", die man nur sehr schwer wieder los wird. Auch Kohlenhydrate im Übermaß können diese Wirkung haben. Bekannte „Dickmacher" sind zum Beispiel Pommes frites, stark gesüßte Getränke und Süßigkeiten.

Beim Essen solltest du darauf achten, nicht zu viele Energielieferanten zu dir zu nehmen. Bei einer gesunden Ernährung sollten die Nährstoffe außerdem in einem ausgewogenen Verhältnis zueinander stehen.

Darunter versteht man, dass zum Beispiel von 100 g Nährstoffen etwa 65 g Kohlenhydrate, 20 g Fette und 15 g Eiweißstoffe sein sollten. Dabei ist auch die Herkunft der Nahrung wichtig. Nahrungsmittel tierischer Herkunft wie Fleisch enthalten oft ein Übermaß an Eiweißstoffen und Fett. Daher werden bei einer ausgewogenen Ernährung mehr pflanzliche als tierische Nahrungsmittel gegessen. Frische pflanzliche Nahrungsmittel versorgen außerdem deinen Körper mit den notwendigen Vitaminen und Mineralstoffen.

Eine ausgewogene Ernährung besteht nicht nur aus festen Nahrungsmitteln, sondern auch aus einer ausreichenden Versorgung mit Flüssigkeit. Deshalb solltest du am Tag mindestens 1,5 l trinken.

Schließlich ist auch die Verteilung der Mahlzeiten zu beachten. Dein Körper arbeitet im Verlauf eines Tages nicht gleichmäßig. Es entstehen Leistungstiefs. Durch eine Verteilung der Mahlzeiten auf den ganzen Tag kann man solche Leistungstiefs teilweise auffangen.

Ein 2. Frühstück während der Schulzeit und ein Imbiss in dem Zeitraum zwischen Mittagessen und Abendessen sind dazu gut geeignet. Bei einer gesunden Ernährung sind als Zwischenmahlzeiten zum Beispiel frisches Obst, Gemüse, Milchprodukte oder Vollkornprodukte zu empfehlen.

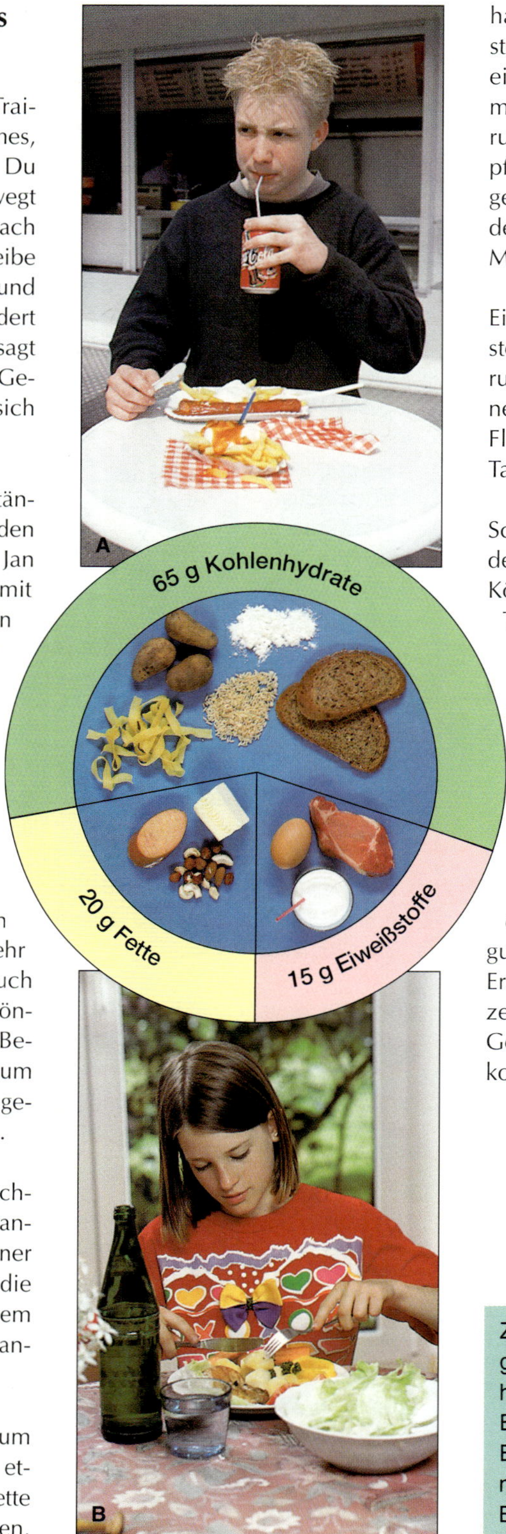

1 Empfohlene Verteilung der Nährstoffe in 100 g Lebensmittel.
A, B *unterschiedliche Mahlzeiten*

Zu einer gesunden Ernährung gehört ein ausgewogenes Verhältnis der einzelnen Nährstoffe. Eine überwiegend pflanzliche Ernährung sichert die Versorgung mit Vitaminen, Mineralsalzen und Ballaststoffen. Die tägliche Ernährung soll sich auf Haupt- und Zwischenmahlzeiten verteilen.

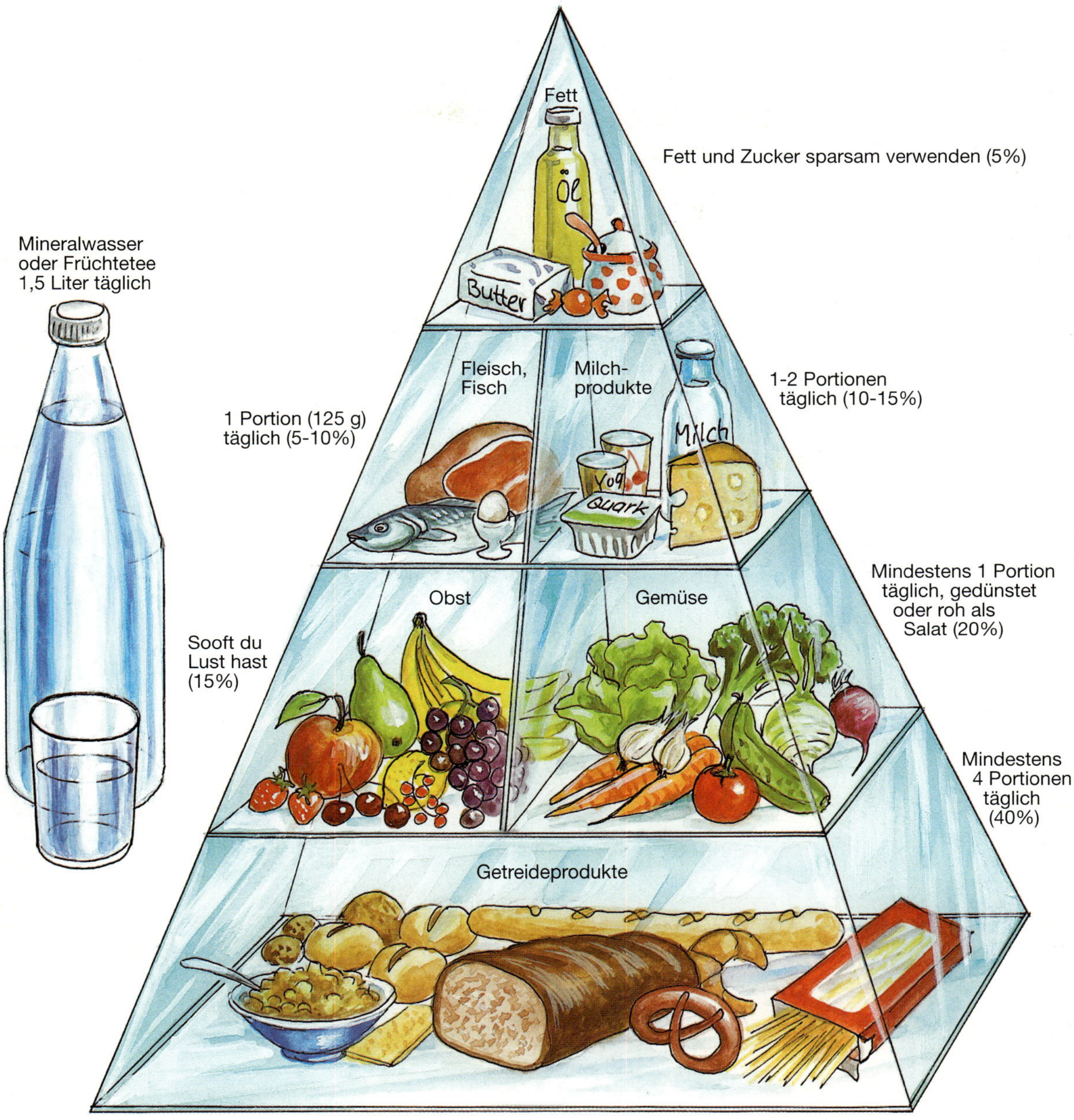

2 Ernährungspyramide. *Wenn man sich die Mahlzeiten aus der Ernährungspyramide zusammenstellt, kommt man auf einfache Weise zu einer gesunden und ausgewogenen Ernährung*

1 Stell dir vor, du nimmst täglich 500 g Nährstoffe zu dir. Wie viel Gramm Kohlenhydrate, Fette und Eiweißstoffe sollten bei einer gesunden Ernährung darin enthalten sein? Nimm die Empfehlung in Abb. 1 zu Hilfe.

2 Betrachte die unterschiedlichen Mahlzeiten in Abb. 1. Nimm Stellung dazu.

3 Überprüfe, ob du dich gesund ernährst. Notiere dazu, welche Nahrungsmittel du an einem Tag isst und vergleiche mit Abb. 2.

4 Stelle für einen Tag einen Ernährungsplan für eine gesunde Ernährung zusammen. Nimm Abb. 2 als Hilfe.

5 Sammle Vorschläge für ein gesundes Frühstück und für Pausensnacks. Nimm auch die Pinnwand auf S. 86/87 zu Hilfe.

6 Vergleiche deine Vorschläge mit den Lebensmitteln und Getränken, die bei dir in der Schule angeboten werden. Sollte man das Angebot ändern? Begründe.

Pinnwand

PROJEKTWOCHE GESUNDES FRÜHSTÜCK UND PAUSENSNACKS

Knackig, fruchtig, gesund & lecker

Unter diesem Motto führten die 6. Klassen ein Projekt zur gesunden Ernährung durch. Höhepunkt war die Zusammenstellung und Zubereitung eines gesunden Frühstücks und von Pausensnacks. Wir von der Redaktion der Schülerzeitung durften an dem Frühstück teilnehmen und kosten. Danach können wir uns nur dem Urteil aller „gesunden Frühstücker" anschließen, es war einfach lecker!
Unser Tipp: Probiert die Rezepte aus, denn fruchtiges Obst und knackiges Gemüse machen fit. Nüsse, Milch- und Vollkornprodukte geben Power und halten gesund.

Dazu brauchst du:
- 200 g Speisequark (20 % oder 40 % Fettgehalt)
- 1 kleinen Apfel
- 2 Esslöffel Mineralwasser
- 1 Esslöffel Zitronensaft
- 1 Teelöffel Zimt
- 1 Teelöffel Honig

Stelle bereit:
1 Schüssel, 1 Küchenreibe, 1 verschließbares Gefäß, Küchenpapier

Apfel-Quark-Creme
(für 2 Personen)

Zubereitung:
Verrühre Quark und Mineralwasser mit dem Mixer schaumig. Wasche den Apfel und entferne das Kerngehäuse. Rasple den Apfel auf der Küchenreibe und träufle Zitronensaft über den zerriebenen Apfel. Gib Apfel, Zimt und Honig zur Quarkcreme und verrühre die Zutaten. Fülle die Apfel-Quark-Creme in ein gut verschließbares Gefäß.

Dazu brauchst du:
- 2 Vollkornbrötchen
- 2 Salatblätter, z. B. Eisbergsalat oder Lollo Rosso
- 1 kleines Stück Schlangengurke
- 1/2 rote Paprika
- 2 Scheiben Gouda

Stelle bereit:
1 Küchenbrett, Küchenmesser

Mac Snack
(für 2 Personen)

Zubereitung:
Wasche das Gemüse gründlich. Schäle die Gurke gründlich und schneide sie in dünne Scheiben. Schneide die Paprika auf, entkerne eine Paprikahälfte und schneide 8 Streifen ab. Schneide das Brötchen auf. Belege die untere Brötchenhälfte mit einem Salatblatt, 1 Scheibe Käse, 2 Gurkenscheiben und 4 Paprikastreifen. Klappe die obere Brötchenhälfte darüber und verstaue den „Mac Snack" in deiner Brötchendose.

Fruchtmilchmix
(für 2 Gläser)

Dazu brauchst du:
- 1/4 Liter Milch
- 100 g Vollmilchjogurt
- 100 g frische süße Früchte (z. B. Banane, Pfirsich, Erdbeeren, Himbeeren)

Stelle bereit:
1 Mixer oder Pürierstab,
1 Schüssel, 1 Küchenmesser

Zubereitung:
Wasche bzw. schäle das Obst und schneide es, wenn notwendig, in kleine Stücke. Gib Obst und Jogurt mit einem Schuss Milch in die Schüssel und zerkleinere es mit dem Mixer (Pürierstab). Rühre die restliche Milch darunter.

Dazu brauchst du:
- 2 Scheiben Vollkornbrot
- 20 g Butter
- 100 g Gouda am Stück
- 1 Banane
- 2 Kiwis oder 8 Weintrauben oder 8 Erdbeeren oder anderes Obst der Saison
- 2 Teelöffel Honig
- 2 Esslöffel Sesam

Stelle bereit:
1 Küchenbrett, 1 Küchenmesser, 1 Backpinsel,
1 Teller, 4 Schaschlikspieße

Fruchtspießchen
(für 4 Portionen)

Zubereitung:
Bestreiche das Vollkornbrot mit Butter und teile jede Scheibe in 6 Stücke. Schneide den Käse in Würfel. Wasche bzw. schäle die Früchte und schneide sie in große Stücke. Stecke Brotstücke, Käsewürfel und Obststücke abwechselnd auf die Schaschlikspieße.
Verteile Sesam auf dem Teller. Bestreiche die Spieße mit dem Pinsel mit Honig und wende die Spieße in dem Sesam.
Je nach Geschmack kannst du auch Stücke von Gemüse wie Möhre, Gurke oder Kohlrabi aufspießen. Aber dann empfiehlt sich der Honig-Sesam-Überzug nicht!

Dazu brauchst du:
- 6 Esslöffel Vollkornhaferflocken
- 6 Esslöffel Rosinen oder Sultaninen
- 2 Esslöffel grob gehackte Haselnusskerne oder Mandeln oder auch Kokosflocken
- 2 Esslöffel Sonnenblumenkerne
- 2 Teelöffel Zucker
- 2 Teelöffel Kakaopulver
- Obst und Milch oder Jogurt

Stelle bereit:
Für den Vorrat: 1 große verschließbare Dose
Für die Pause: 1 kleine verschließbare Dose und 1 Teelöffel

Pausenmüsli
(Vorrat für mehrere Pausen)

Zubereitung:
Vermische die Zutaten und bewahre sie in einer verschließbaren Dose an einem trockenen Platz auf.
In den Pausen kannst du das Müsli trocken essen, mit Obststückchen oder mit Milch oder Jogurt vermischen.

4.3 Zähne zerkleinern die Nahrung

„Zahnpflege muss sein, damit du auch morgen noch kräftig zubeißen kannst!" So raten Zahnärzte, um dich auf die Bedeutung gesunder und gepflegter Zähne hinzuweisen.

Beißt du zum Beispiel in eine Brotschnitte mit Käse, kannst du deutlich die Spuren der vorderen Zähne an der Bisskante erkennen. Die **Schneidezähne** im Ober- und Unterkiefer schneiden die Nahrung in mundgerechte Stücke. Daneben stehen die spitzen **Eckzähne.** Sie halten beim Abbeißen feste oder zähe Teile der Nahrung fest. Beim Kauen wird der abgebissene Nahrungsbrocken zwischen den breiten **Backenzähnen** zerquetscht. Schneidezähne, Eckzähne und Backenzähne bilden das **Gebiss.**

Du hast sicherlich schon zum größten Teil die „zweiten" Zähne, dein *Dauergebiss.* Diese Zähne haben deine *Milchzähne* aus dem Kiefer geschoben. An der Stelle der 20 Milchzähne wachsen die Zähne des Dauergebisses aus dem Kiefer. Es hat 32 Zähne. Die hinteren Backenzähne, die *Weisheitszähne,* erscheinen meist erst nach dem 23. Lebensjahr.

Manchmal wachsen die Zähne schief. Dann muss die Zahnstellung reguliert werden. Solange der Kiefer noch wächst, kann zum Beispiel durch Spangen die Stellung der Zähne gut in die erwünschte Richtung korrigiert werden.
Die Zähne werden täglich beansprucht. Dazu besitzt der äußere Teil des Zahnes, die *Zahnkrone,* eine harte Oberfläche. Porzellanartiger *Zahnschmelz* überzieht wie eine Kappe die Zahnkrone. Unter dem Zahnschmelz liegt das knochenartige *Zahnbein.*
Im Kiefer sitzt die *Zahnwurzel.* Hier ist das Zahnbein von

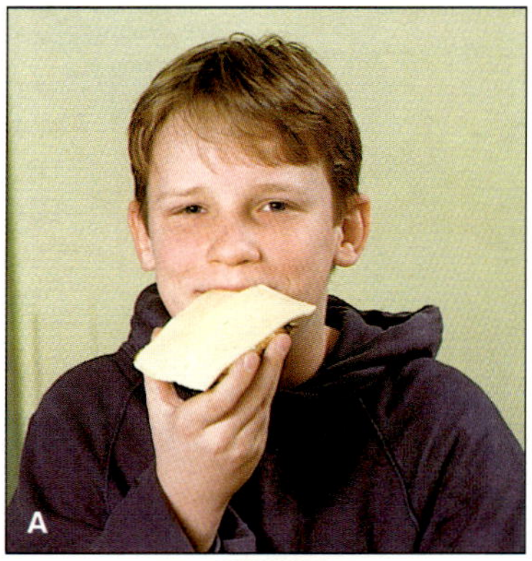

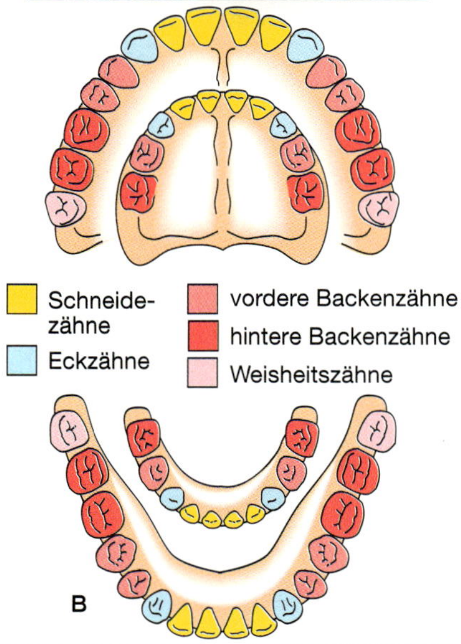

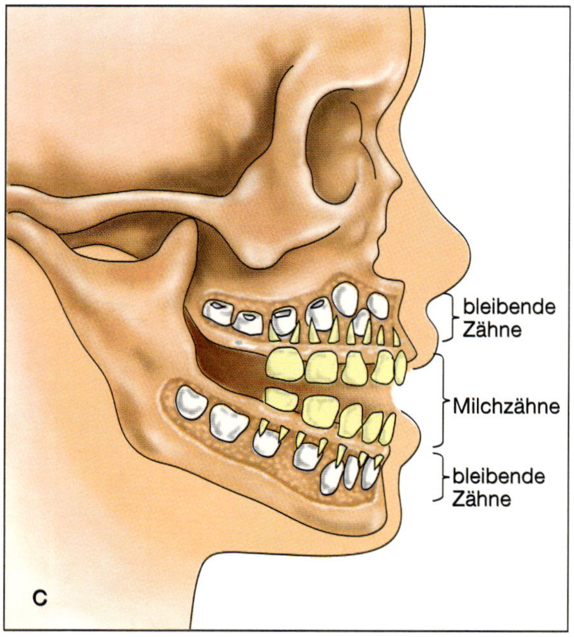

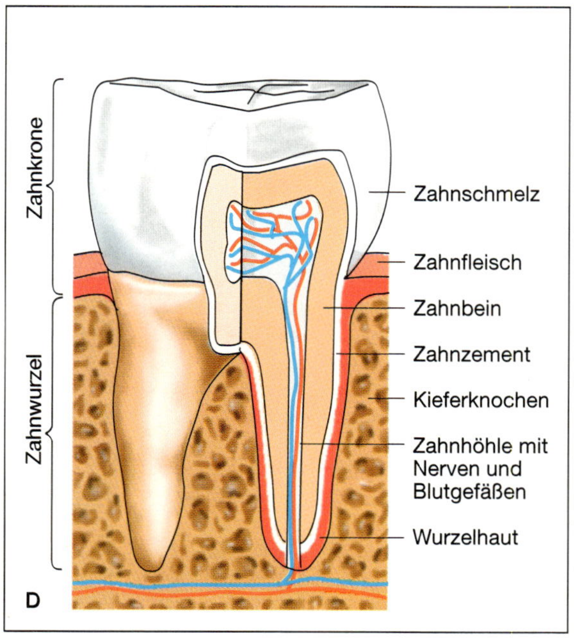

1 Gebiss. A *Abbeißen;* ***B*** *Milchgebiss (innen) und Dauergebiss (außen);* ***C*** *Milchgebiss mit Zahnanlagen;* ***D*** *Backenzahn*

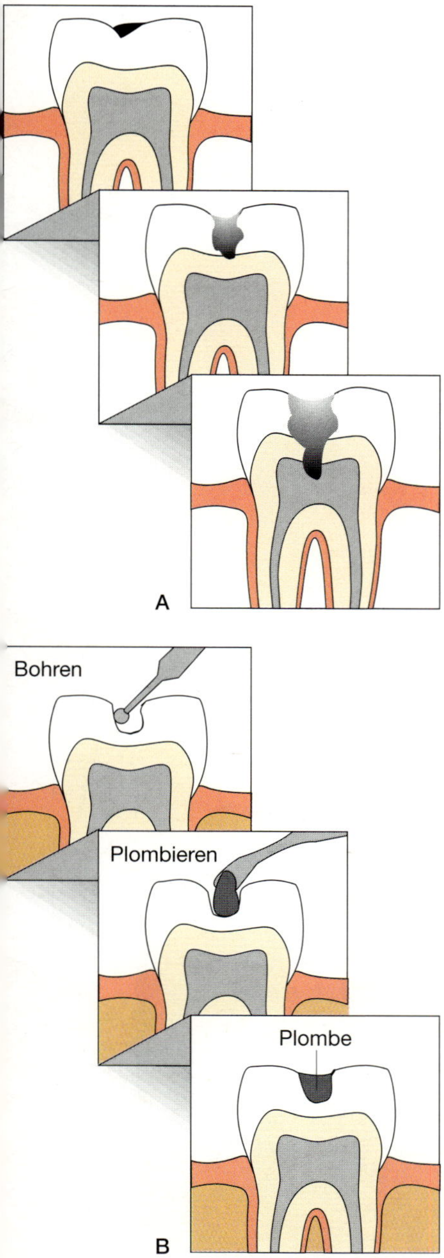

*2 **Karies.***
***A** Entstehung, **B** Beseitigung*

1 Untersuche dein Gebiss mit einem Taschenspiegel. Fertige eine Skizze an und beschrifte.
2 Bettina will ihre Zahnspange nicht tragen. Wie machst du ihr klar, dass für sie das Tragen der Zahnspange notwendig ist?
3 Beschreibe die Entstehung von Karies. Wie beugst du Karies vor?

Zahnzement überzogen. Mit der Wurzel ist der Zahn fest im Kiefer verankert. Die *Zahnhöhle* wird von Blutgefäßen und Nerven durchzogen. Dadurch wird der Zahn mit den notwendigen Nährstoffen versorgt. Wenn der Zahn beschädigt oder erkrankt ist, verursacht er Schmerzen.

Zahnschmerzen entstehen häufig dann, wenn Zähne faulen. Zahnfäule oder **Karies** ist eine sehr häufige Zahnkrankheit. Süßigkeiten und mangelnde Zahnpflege sind häufig die Ursachen. Zuckerhaltige Speisereste bleiben zwischen den Zähnen hängen. Schädigende Bakterien können sich dort rasch vermehren. Es entstehen Säuren, die den Zahnschmelz beschädigen und schließlich das Zahnbein angreifen können. Erst wenn ein „Zahnloch" bis in die Zahnhöhle reicht, spürst du gewöhnlich Schmerzen.
Ist ein Zahn durch Karies geschädigt, kann das „Loch" durch eine Plombe verschlossen werden. Regelmäßige Vorsorgeuntersuchungen beim Zahnarzt sind notwendig. Bei der Kontrolle deiner Zähne können bereits kleine kariöse Zahnstellen festgestellt und behandelt werden, bevor der Zahn zu stark zerstört ist.

Für die Gesunderhaltung deiner Zähne musst du aber auch selbst vorsorgen. Deine Zähne müssen regelmäßig gepflegt werden. Wie du deine Zähne nach jeder Mahlzeit mindestens 3 Minuten lang richtig pflegen solltest, zeigt die Abbildung 3.

Schneidezähne, Eckzähne und Backenzähne zerkleinern die Nahrung. Richtige Zahnpflege und Vorsorgeuntersuchungen sorgen für die Gesunderhaltung des Gebisses.

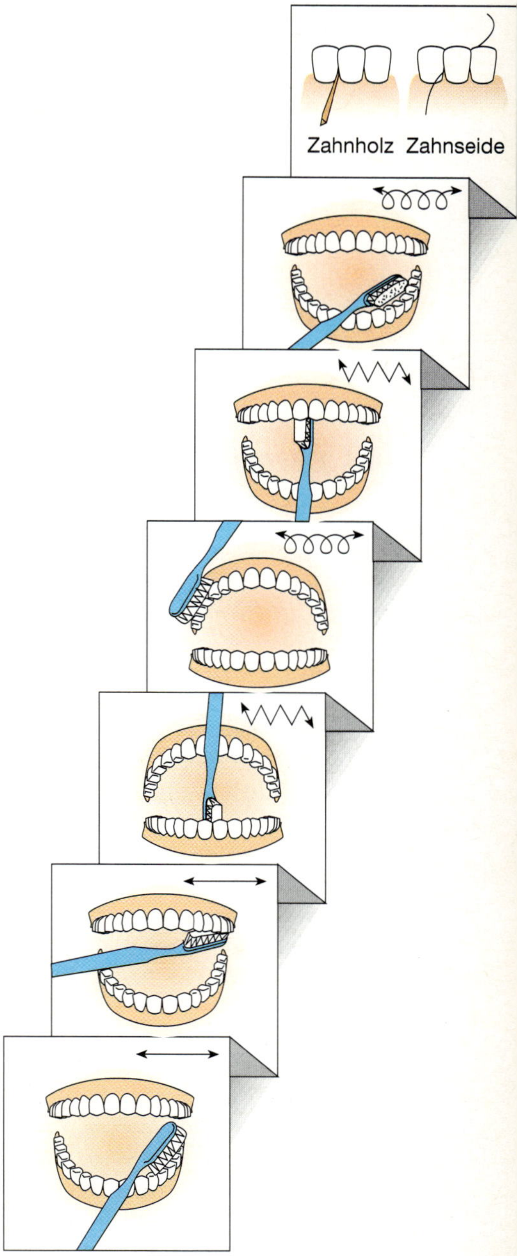

*3 **Zahnpflege***

4 Beschreibe anhand von Abb. 3, wie Zähne richtig gepflegt werden.
5 Durch Bakterien bildet sich auf den Zähnen ein Belag (Plaque). Färbetabletten zeigen diesen Belag an. Überprüfe mit Färbetabletten, ob du beim Zähneputzen Plaque vollständig entfernt hast.

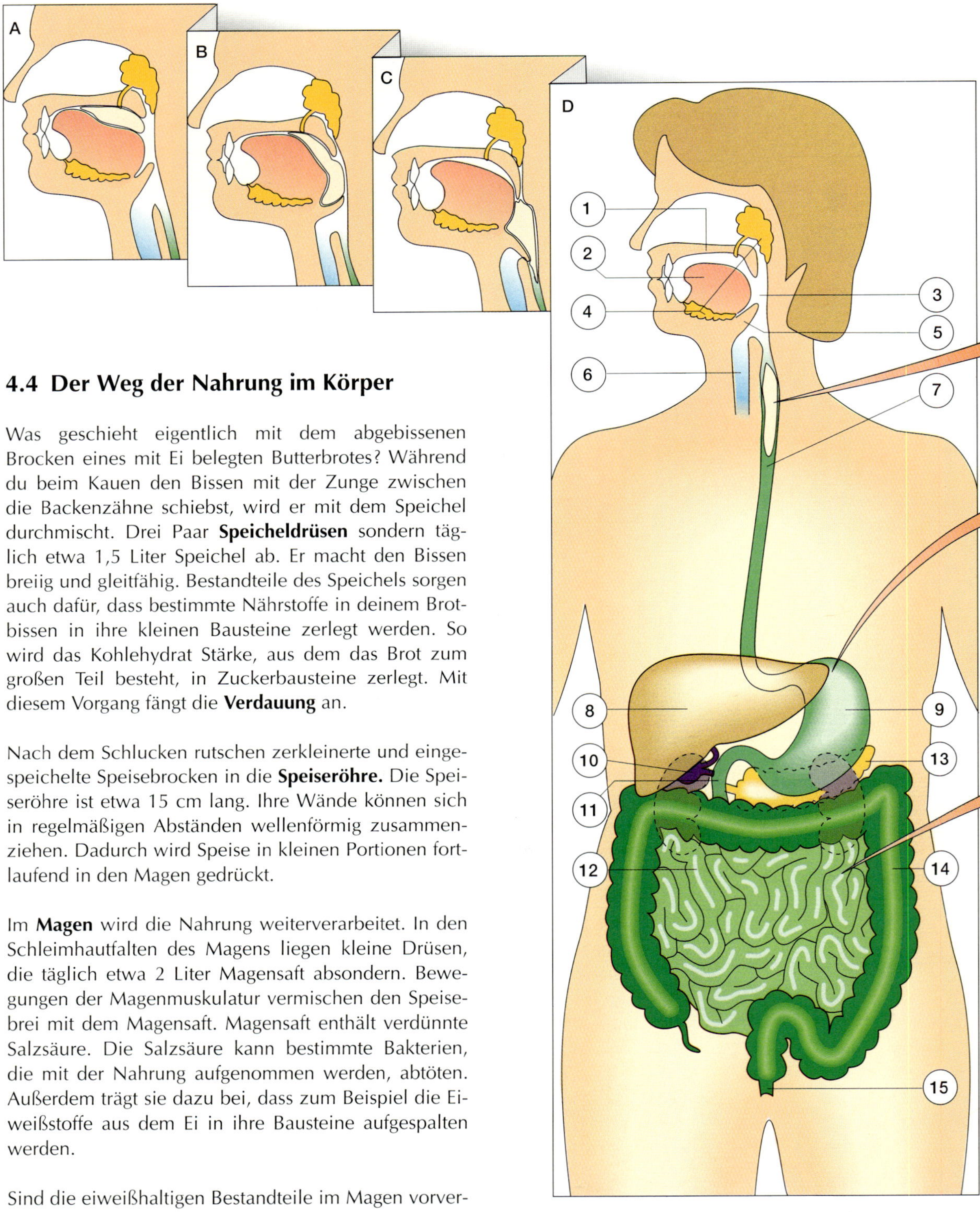

4.4 Der Weg der Nahrung im Körper

Was geschieht eigentlich mit dem abgebissenen Brocken eines mit Ei belegten Butterbrotes? Während du beim Kauen den Bissen mit der Zunge zwischen die Backenzähne schiebst, wird er mit dem Speichel durchmischt. Drei Paar **Speicheldrüsen** sondern täglich etwa 1,5 Liter Speichel ab. Er macht den Bissen breiig und gleitfähig. Bestandteile des Speichels sorgen auch dafür, dass bestimmte Nährstoffe in deinem Brotbissen in ihre kleinen Bausteine zerlegt werden. So wird das Kohlehydrat Stärke, aus dem das Brot zum großen Teil besteht, in Zuckerbausteine zerlegt. Mit diesem Vorgang fängt die **Verdauung** an.

Nach dem Schlucken rutschen zerkleinerte und eingespeichelte Speisebrocken in die **Speiseröhre.** Die Speiseröhre ist etwa 15 cm lang. Ihre Wände können sich in regelmäßigen Abständen wellenförmig zusammenziehen. Dadurch wird Speise in kleinen Portionen fortlaufend in den Magen gedrückt.

Im **Magen** wird die Nahrung weiterverarbeitet. In den Schleimhautfalten des Magens liegen kleine Drüsen, die täglich etwa 2 Liter Magensaft absondern. Bewegungen der Magenmuskulatur vermischen den Speisebrei mit dem Magensaft. Magensaft enthält verdünnte Salzsäure. Die Salzsäure kann bestimmte Bakterien, die mit der Nahrung aufgenommen werden, abtöten. Außerdem trägt sie dazu bei, dass zum Beispiel die Eiweißstoffe aus dem Ei in ihre Bausteine aufgespalten werden.

Sind die eiweißhaltigen Bestandteile im Magen vorverdaut, wird der Nahrungsbrei in den **Dünndarm** abgegeben. Dazu öffnet und schließt sich in bestimmten Zeitabständen ein ringförmiger Muskel am Magenausgang. Kleinere Portionen aus dem Magen gelangen in den Dünndarm. Muskeln in den Wänden des Darmes

1 Verdauung. A–C *Schluckvorgang;* ***D*** *Verdauungsorgane; 1 Gaumen, 2 Zunge, 3 Rachen, 4 Speicheldrüsen, 5 Kehldeckel, 6 Luftröhre, 7 Speiseröhre, 8 Leber, 9 Magen, 10 Gallenblase, 11 Zwölffingerdarm, 12 Dünndarm, 13 Bauchspeicheldrüse, 14 Dickdarm, 15 After*

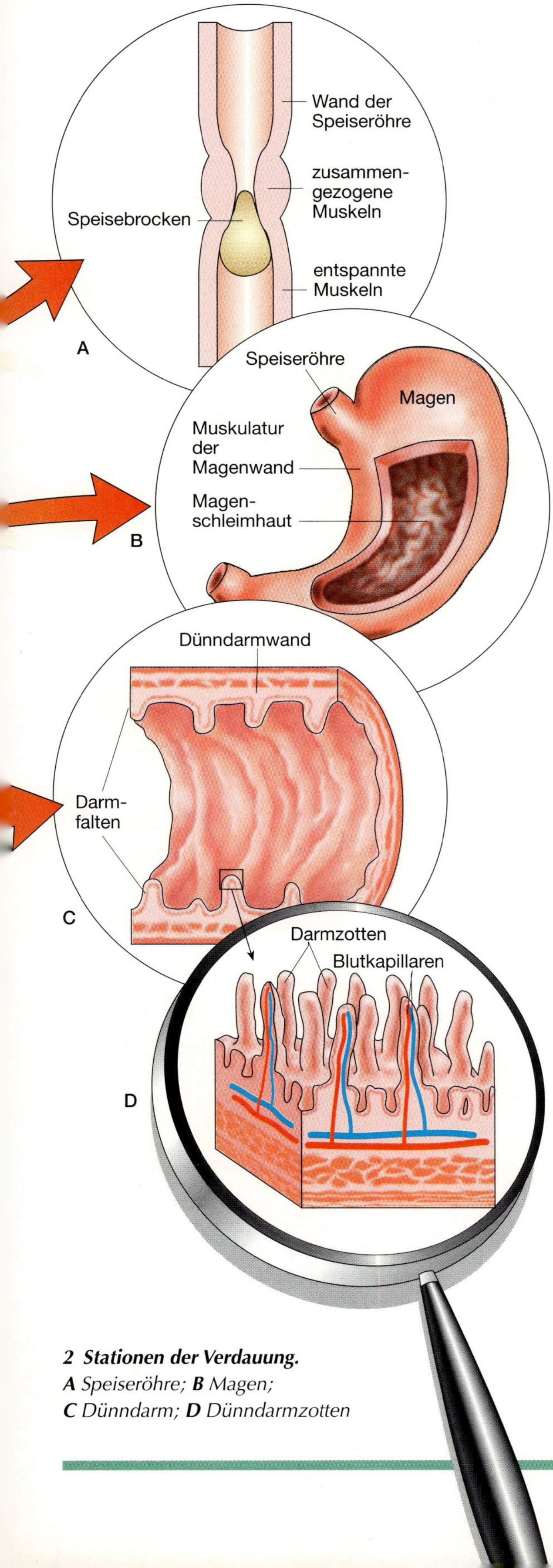

2 Stationen der Verdauung.
A *Speiseröhre;* ***B*** *Magen;*
C *Dünndarm;* ***D*** *Dünndarmzotten*

ziehen sich zusammen und schieben den Verdauungsbrei weiter. Ballaststoffe in der Nahrung unterstützen diese Darmbewegungen.
Der Dünndarm ist etwa 3 bis 4 m lang und liegt wie in Schlingen gelegt im Bauchraum. Den obersten Dünndarmabschnitt bezeichnet man als *Zwölffingerdarm.* In diesem Darmabschnitt wird der Verdauungsbrei mit verschiedenen Verdauungsflüssigkeiten vermischt.
Aus der *Gallenblase* fließt bei Bedarf *Galle* hinzu. Sie wird in der *Leber* erzeugt, in der Gallenblase gespeichert und unterstützt die Verdauung von Fetten. So werden zum Beispiel die Fette aus der Butter in kleinste Tröpfchen zerlegt. Auch die *Bauchspeicheldrüse* sondert verdauungsfördernde Flüssigkeiten ab.
Drüsen in der Wand des Dünndarms liefern ebenfalls Verdauungsflüssigkeiten. Diese Flüssigkeiten sorgen dafür, dass bisher noch nicht vollständig verdaute Kohlenhydrate, Eiweißstoffe und Fette in ihre einzelnen Bestandteile zerlegt werden.

Die Bausteine aller Nährstoffe aus dem Butterbrot mit Ei können nun vom Körper aufgenommen werden. Dies geschieht durch die *Darmzotten* im Dünndarm. Die Bausteine gelangen durch die Dünndarmzotten ins Blut. Über den Blutkreislauf werden diese Bausteine der Nährstoffe zu den Körperzellen transportiert.

Die unverdaulichen Reste gelangen in den **Dickdarm.** Dem flüssigen Brei wird hier ein großer Teil des Wassers entzogen. Die so eingedickten unverdaulichen Reste sammeln sich im Enddarm. Durch den After werden sie als Kot ausgeschieden.

Bei der Verdauung werden die Nährstoffe in der Nahrung schrittweise in ihre Bausteine aufgespalten. Durch die Dünndarmzotten gelangen diese Stoffe in das Blut.

1 Beschreibe den Schluckvorgang anhand von Abb. 1A–D.
2 Auch wenn man bei einem Handstand mit einem Strohhalm trinkt, gelangt die Flüssigkeit in den Magen. Erkläre den Vorgang und nimm Abb. 2A zu Hilfe.
3 Welchen Weg nimmt der Bissen deines Pausenbrotes bei der Verdauung? Erkläre. Nimm die Abb. 1D und den Lehrbuchtext zu Hilfe.
4 Ballaststoffe werden unverdaut wieder ausgeschieden. Wozu sind sie dennoch wichtig?
5 Beiße ein Stück Weißbrot ohne Rinde ab, kaue es kurz und verschlucke es. Wiederhole den Vorgang, kaue das Brot aber etwa 3 Minuten lang. Vergleiche den Geschmack. Erläutere.

Übung

Nachweis von Nährstoffen

A1 Nährstoffe in Nahrungsmitteln

Durch Versuche kannst du Nährstoffe in Nahrungsmitteln nachweisen. Stelle für die Versuche Stärke, Traubenzucker, Butter und Eiklar bereit. Sammle außerdem Nahrungsmittel, die du untersuchen möchtest, wie Mehl, Haferflocken, Weißbrot, Milch, Kartoffeln, Bohnen, Bananen, Weintrauben, Margarine, Nüsse.
Überprüfe bei den Nahrungsmitteln, welche Nährstoffe sie hauptsächlich enthalten. Führe dazu die Iodprobe, die Fettfleckprobe und die Nachweise durch Glucose- und Eiweiß-Teststreifen durch und notiere die Untersuchungsergebnisse.

V2 Nachweis von Stärke durch die Iodprobe

Material: Stärke; Wasser; Iodtinktur; 2 Gläser
Durchführung: Fülle zwei Gläser mit Wasser. Gib in ein Glas etwas Stärke. Gib in jedes Glas jeweils 2 Tropfen Iodtinktur.
Aufgaben: a) Notiere deine Beobachtung.
b) Worin besteht der Nachweis für Stärke?

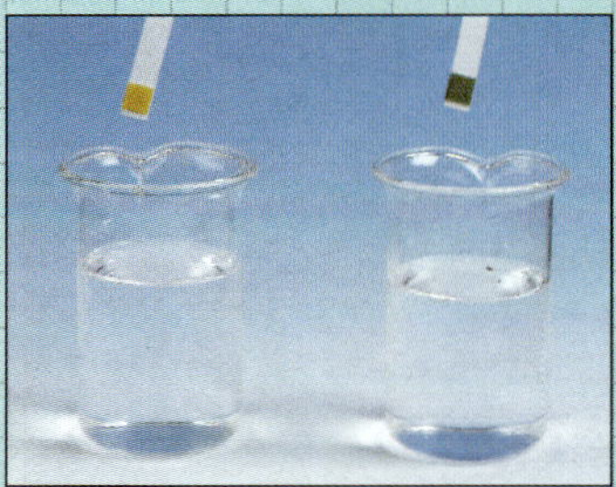

V3 Nachweis von Traubenzucker durch Glucose-Teststreifen

Material: Wasser; Traubenzucker; Glucose-Teststreifen; 2 Gläser
Durchführung: Fülle zwei Gläser mit Wasser. Gib in ein Glas etwas Traubenzucker und rühre um. Tauche in jedes Glas jeweils kurz einen Teststreifen ein.
Aufgaben: a) Notiere deine Beobachtung.
b) Worin besteht der Nachweis für Traubenzucker?

V4 Nachweis von Fetten durch die Fettfleckprobe

Material: Wasser; Butter; Filterpapier; Bleistift
Durchführung: Gib etwas Butter auf das Filterpapier und umkreise die Stelle mit dem Bleistift. Gib einen Wassertropfen daneben und umkreise die Stelle. Trockne das Papier und halte es gegen das Licht.
Aufgaben: a) Notiere deine Beobachtung.
b) Worin besteht der Nachweis für Fette?

V5 Nachweis von Eiweißstoffen durch Eiweiß-Teststreifen

Material: Wasser; Eiklar; Eiweiß-Teststreifen; 2 Gläser
Durchführung: Fülle in ein Glas Wasser, in das andere Glas Eiklar. Tauche in jedes Glas jeweils kurz einen Teststreifen ein.
Aufgaben: a) Notiere deine Beobachtung.
b) Worin besteht der Nachweis für Eiweißstoffe?

Bau und Leistungen des menschlichen Körpers

Prüfe dein Wissen

A 1 Bei dem dargestellten Versuch wurde das Brett hart auf eine Tischplatte gestoßen. Bei A wurde das Seidenpapier durchstoßen, bei B blieb das Seidenpapier unversehrt. – Was ver-deutlicht dieser Modellversuch?

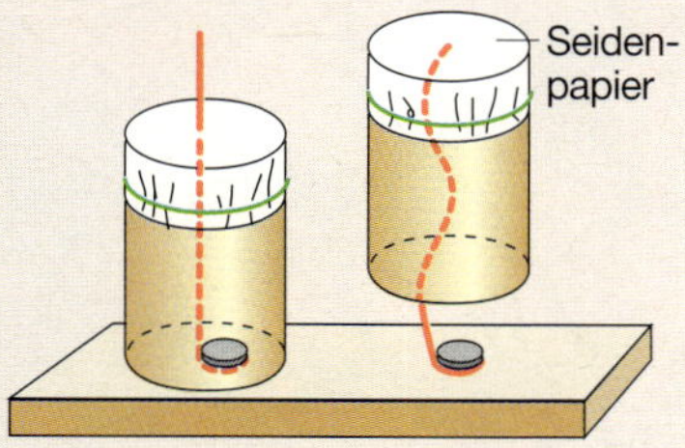

A 2 a) In welche Bereiche ist die Wirbelsäule gegliedert?
b) Zu welchen Abschnitten der Wirbelsäule gehören die abgebildeten Wirbel?

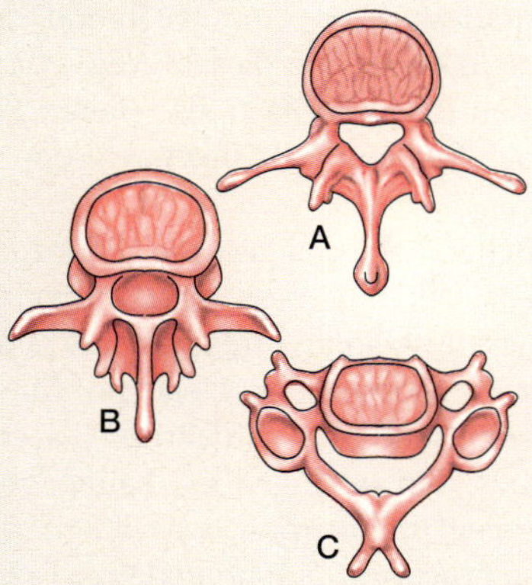

A 3 Die Abbildung zeigt ein Gelenk im Finger.

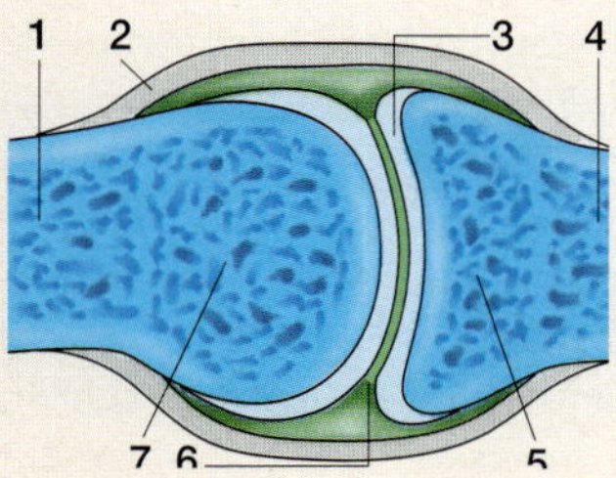

a) Benenne die einzelnen Teile.
b) Handelt es sich um ein Kugelgelenk, Sattelgelenk, Scharniergelenk oder um ein Drehgelenk?

A 4 Die Abbildung zeigt Knochen und Muskeln.

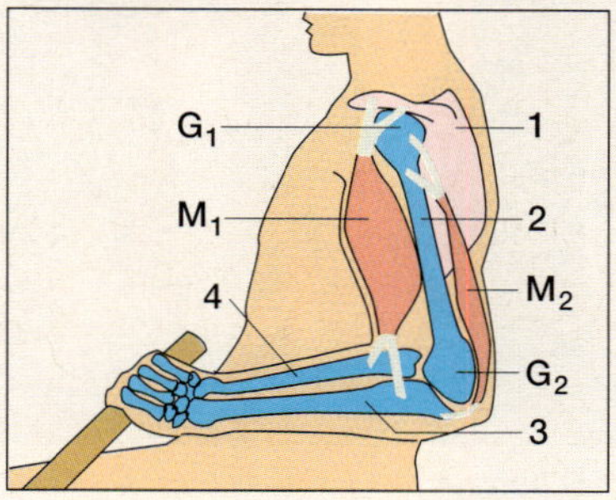

a) Benenne die Knochen 1 bis 4 und die Gelenke bei G_1 und G_2.
b) Wie heißen die Muskeln bei M_1 und M_2?
c) Welche Aufgaben haben die Muskeln M_1 und M_2?

A 5 Der Blutkreislauf – ein doppeltes System

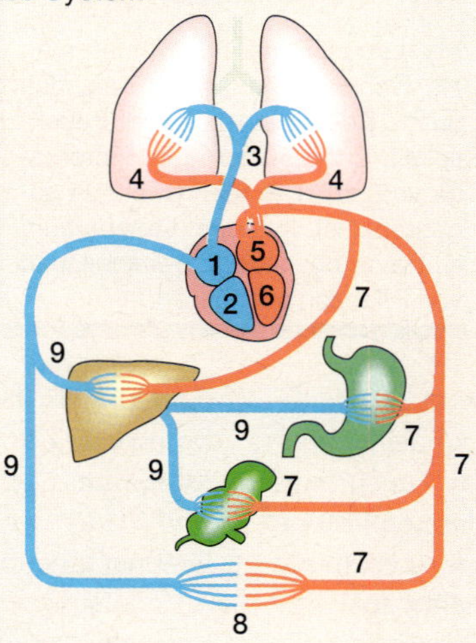

a) Nenne die beiden Kreislaufsysteme.
b) Ordne den Ziffern die richtigen Benennungen zu: Körpervenen, Lungenarterien, Kapillaren, Lungenvenen, linke Herzkammer, rechte Vorkammer, Körperarterien, linke Vorkammer, rechte Herzkammer.

A 6 Wie viele Liter Blut pumpt das Herz in einer Stunde?
a) 6 Liter; b) 80 Liter; c) 300 Liter; d) 2000 Liter.

A 7 Welche Aufgaben erfüllt das Blut?
a) Sauerstoff-Transport;
b) Kohlenstoffdioxid-Transport;
c) Transport von Abfallstoffen;
d) Wundverschluss;
e) Einstellung der richtigen Körpertemperatur;
f) Abwehr von Krankheitserregern.

A 8 a) Was veranschaulicht der Schnitt durch ein Lungenbläschen?

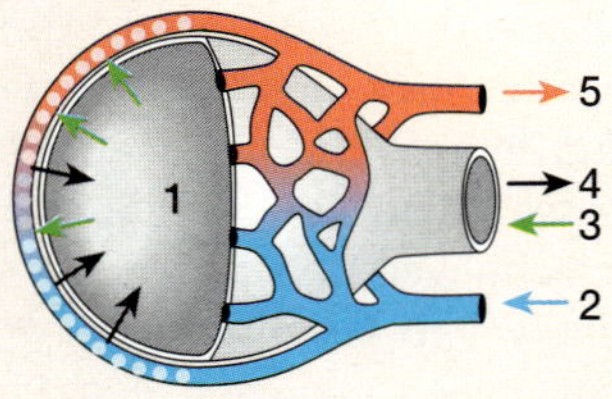

b) Finde zu den Ziffern die entsprechende Beschriftung.

A 9 Nenne die verschiedenen Nahrungsbestandteile der menschlichen Ernährung.

A 10 Bei einer gesunden Ernährung sollten die Nährstoffe in einem bestimmten Mengenverhältnis stehen. Nenne dieses.

Pflanzen und Tiere in der Umgebung der Schule

1 ***Kleinlebensräume in der Umgebung der Schule.*** ***A*** *Hecke;* ***B*** *Mauer;* ***C*** *Pflasterritzen;* ***D*** *Teich*

1 Die Pflasterritze – ein Lebensraum?

Mareike benutzt täglich den Schulbus, der sie morgens aus ihrem Dorf in die Stadt zur Schule und mittags wieder nach Hause bringt. Mit dem Bus fährt sie an *Wiesen* und *Feldern* vorbei. Sie überquert einen *Fluss* und fährt anschließend durch einen *Wald,* ehe sie die Stadt erreicht. Dort wirft sie stets ihren Blick auf einen *Park,* in dessen Mitte ein *See* liegt. Auf ihrem Schulweg ist Mareike also an verschiedenen **Lebensräumen** vorbeigekommen, in denen ganz bestimmte Pflanzen und Tiere leben.

> Stichwort
>
> **Lebensraum**
>
> Als Lebensraum bezeichnet man ein Gebiet in der Landschaft, das durch Besonderheiten bei Feuchtigkeit, Licht, Boden und Temperatur von benachbarten Gebieten abgegrenzt ist. In jedem Lebensraum lebt eine besondere Gemeinschaft von Pflanzen und Tieren.

Aber auch auf ihrem Weg von der Haltestelle bis zum Schuleingang begegnet sie weiteren Lebensräumen: Da gibt es die *Hecke* als „lebenden Zaun“ und eine *Mauer* mit vielen Fugen, aus denen Pflanzen hervorwachsen. Selbst der gepflasterte *Weg* zur Sporthalle ist ein Lebensraum für bestimmte Pflanzen und Tiere. Sieh dir ihn einmal näher an!

Die Ritzen zwischen den Steinen sind mit Sand und herbeigewehten Pflanzenresten ausgefüllt. Sand lässt Regenwasser rasch im Boden versickern. Pflanzenreste dagegen halten die Feuchtigkeit und geben bei ihrer Zersetzung Nährsalze frei. Scheint die Sonne, werden die Steine schnell und stark erwärmt. Während der Schulzeit begehen viele Menschen diesen Weg. Pflanzen und Tiere, die dort leben, müssen also diesen Lebensbedingungen angepasst sein.

Betrachte zunächst die Pflanzen! Dir fällt auf, dass diese nur eine *geringe Höhe* erreichen. Es sind z.B. Moose, das Liegende Mastkraut und das Einjährige Rispengras. Sie vertragen es, häufig „getreten“ zu werden, was ihnen zusammen mit Nachbarpflanzen den Namen **Trittpflanzen** eingebracht hat. – Andere Pflanzen liegen dem Boden flach auf. Sie haben *Rosettenblätter* wie Breitwegerich, Gänseblümchen, Löwenzahn und Mastkraut. Dieser Pflanzenbau und auch *harte Stängel und Blätter* wie beim Vogelknöterich schützen vor Verletzungen beim Niedertreten.

Versuche einmal einen Löwenzahn unversehrt aus dem Boden zu ziehen. Es wird dir selten gelingen. Tief wie ein Pfahl reicht die Wurzel in den Boden. Auch das Hirtentäschelkraut besitzt eine solche *Pfahl*wurzel, mit der die Pflanzen an Wasser und Nährsalze in tieferen Bodenschichten gelangen.

2 Lebensraum Pflasterritzen. A Pflanzen: *1 Breitwegerich; 2 Hirtentäschelkraut; 3 Silber-Birnmoos; 4 Einjähriges Rispengras; 5 Liegendes Mastkraut; 6 Strahlenlose Kamille; 7 Vogel-Knöterich. –* ***B Tiere:*** *8 Ohrwurm; 9 Schnecke; 10 Assel; 11 Regenwurm; 12 Erdläufer; 13 Käferlarve; 14 Laufkäfer; 15 Schnurfüßer; 16 Spinne; 17 Steinkriecher*

Hast du bemerkt, dass viele Pflanzen *kleine Blattflächen* besitzen? Auf diese Weise verdunsten sie wenig Wasser. Der Mauerpfeffer dagegen, den du an weniger begangenen Stellen entdeckst, besitzt mit seinen *fleischigen Blättchen* einen *Wasserspeicher* für Trockenzeiten. Pflanzen der Pflasterritzen sind also ihrem Standort hervorragend angepaßt.

Tiere wirst du in diesem kleinen Lebensraum nicht sofort sehen. Hebst du jedoch einen Stein, kannst du vielleicht eines der oben abgebildeten kleinen Tiere entdecken. Die meisten von ihnen sind *lichtscheu* und verkriechen sich tagsüber unter Steinen. Regenwürmer, Asseln und Schnurfüßer fressen Pflanzenreste, Erdläufer und Steinkriecher erbeuten Insekten, Spinnen, Asseln und Regenwürmer. Tiere und Pflanzen bilden in diesem Lebensraum eine Gemeinschaft.

Pflasterritzen sind Lebensräume für bestimmte Pflanzen- und Tierarten, die an die dort herrschenden Bedingungen angepasst sind.

1 **a)** Untersuche eine gepflasterte Fläche von etwa 1 m × 1 m, auf der Pflanzen wachsen. Notiere, welche Pflanzen vorkommen und wie häufig sie anzutreffen sind (häufig = >10, wenige = <10).
b) Notiere, welche Lebensbedingungen für die Pflanzen dort herrschen. *Boden:* sandig, lehmig, wie Gartenerde, ...? *Feuchtigkeit:* nass, trocken, feucht, ...? *Wärme:* sonnig, halbschattig, schattig, ...? *Wegbenutzung:* häufig, wenig, selten ...? *Breite der Pflasterritzen:* ...?

1 ***Kräutergarten.*** ***A*** *Küchenkräuterbeet;* ***B*** *Heilkräuterbeet;* ***C*** *Kräuterspirale*

2 Projekt Kräutergarten

Tobias berichtet: „Anfang Mai war unser Stundenplan für eine Woche „außer Kraft gesetzt". Wir hatten eine Projektwoche. Unsere Klasse hatte beschlossen, sich in dieser Woche mit **Küchenkräutern** und **Heilkräutern** zu beschäftigen. Wir kamen dabei auf die Idee, einen Kräutergarten anzulegen. Von der Schulleiterin bekamen wir für unser Projekt eine geeignete Fläche auf dem Schulgelände zugewiesen.

Zunächst informierten wir uns, welche Kräuter in der Küche zum Würzen von Speisen verwendet werden. Die Namen dieser **Würzkräuter** wie *Petersilie, Dill, Kerbel, Thymian* und *Majoran* und ihre Verwendung notierten wir an der Tafel. – **Heilpflanzen** wie *Pfefferminze, Kamille* und *Fenchel* hatte fast jeder von uns schon einmal als Tee kennen gelernt. Weitere Heilkräuter konnten wir den Packungsbeilagen von Kräutertee-Sorten entnehmen.

Nun bildeten wir drei Gruppen: eine Gruppe sollte sich mit Heilkräutern beschäftigen, die beiden anderen mit Küchenkräutern. Ich gehörte zu einer Küchenkräuter-Gruppe. Unser Lehrer stellte uns Kräuterbücher, Zeitschriften und Samentüten zur Verfügung, aus denen wir wichtige Informationen über die einzelnen Kräuter erhielten: ihre Herkunft, ihr Aussehen und ihre Lebensweise, ihren Geschmack, ihre Verwendung in der Küche, ihren Anbau im Garten. Auf diese Weise erfuhren wir, dass alle Würzkräuter wegen ihrer *Inhaltsstoffe* zugleich auch Heilpflanzen sind.

Für unseren Kräutergarten war es wichtig zu erfahren, dass einige Kräuter nur einjährige „Sommergäste" sind. Solche *einjährigen Pflanzen* wie *Basilikum, Kresse* und *Majoran* müssen in jedem Jahr wieder neu ausgesät werden. Winterfeste und daher *mehrjährige Pflanzen* sind *Petersilie, Schnittlauch, Estragon, Melisse* und *Liebstöckel*. Als frostempfindlich haben sich *Oregano, Fenchel, Salbei* und *Lavendel* erwiesen. *Rosmarin* soll man sogar im Winter ins Haus holen.

Stichwort

Kräuter

Kräuter sind Pflanzen mit weichen Stängeln. Je nach ihrer Lebensdauer sind sie einjährig, zweijährig oder ausdauernd (mehrjährig). Jede Art zeichnet sich durch bestimmte Inhaltsstoffe aus.

Meine Gruppe hatte sich für den Bau einer **Kräuterspirale** entschieden. Sie hat den Vorteil, dass auf engem Raum verschiedene Küchenkräuter Platz haben. Auch die unterschiedlichen Ansprüche der Pflanzen an ihren Standort wie Feuchtigkeit oder Trockenheit, Sonne oder Schatten konnten wir so berücksichtigen.

Rechtzeitig zum Ende der Projektwoche war unsere Kräuterspirale fertig. In die sumpfige Zone am Fuß der Spirale hatten wir *Brunnenkresse* und *Wasserminze* gepflanzt; in die anschließende nährstoffreiche Pflanzzone aus Gartenerde und Kompost *Pfefferminze, Kerbel, Petersilie* und *Zitronenmelisse*. Auf die Schattenseite brachten wir *Schnittlauch, Kamille* und *Estragon. Thymian, Lavendel, Salbei, Bohnenkraut* und *Rosmarin* kamen in den sonnigen, warmen und trockenen oberen Bereich der Spirale."

Beim Anlegen eines Kräutergartens muß man die unterschiedlichen Ansprüche der Pflanzen berücksichtigen.

1 In welchen Zonen einer Kräuterspirale würdest du die Kräuter der Pinnwand S. 97 setzen? Begründe.

Pinnwand

WÜRZ- UND HEILKRÄUTER

Schnittlauch

Ansprüche: sonnig bis halbschattig; kalkhaltiger, nährsalzreicher, feuchter Boden
In der Küche: für Soßen, Suppen, Salate, Fleisch, Quark, Eier, Kartoffeln
Für Heilzwecke: appetitanregend, verdauungsfördernd

Thymian

Ansprüche: trocken, sonnig; anspruchslos
In der Küche: zu Geflügel, Hammel, Wild, Hackbraten, Wurst, Pizza, Salaten, Schmalz, zum Gurken einlegen
Für Heilzwecke: schleimlösend, bei Husten krampflösend, bakterienhemmend, verdauungsfördernd

Lavendel

Ansprüche: viel Sonne; trockener, leicht kalkhaltiger Boden
In der Küche: für Soßen, Eintopf, Gemüse, Geflügel, Fisch
Für Heilzwecke: nervenberuhigend, schlaffördernd, bei nervösen Magen- und Darmstörungen, appetitanregend

Bohnenkraut

Ansprüche: sonnig; humoser Boden
In der Küche: zu Fleisch, Wild, Wurst, Hülsenfrüchten, Pfefferersatz
Für Heilzwecke: verdauungsfördernd, verhindert Blähungen

Majoran (Wurstkraut)

Ansprüche: sonnig; leicht durchlässiger, nährsalzreicher Boden
In der Küche: zu Hackfleisch, Gänsebraten, Kartoffel- und Tomatengerichten, Aufläufen, Eintöpfen
Für Heilzwecke: appetitanregend, gegen Blähungen, krampflösend, nervenstärkend, bei verstopfter Nase (Salbe)

Rosmarin

Ansprüche: viel Sonne; humoser, durchlässiger Boden
In der Küche: zum Grillen, zu Kalbfleisch, Geflügel, Kartoffeln, Gemüse, Pilzen, Tomaten
Für Heilzwecke: nervenstärkend, anregend für Herz und Kreislauf, galletreibend, appetitanregend

Zitronenmelisse

Ansprüche: sonnig; humoser, durchlässiger Boden
In der Küche: zu Salaten, Quark, Geflügel, Fisch, Wild, Leber
Für Heilzwecke: nervenstärkend, beruhigend, schlaffördernd, krampflösend, gegen Blähungen

Salbei

Ansprüche: sonnig; trockener, humoser, durchlässiger Boden; etwas Kalk
In der Küche: zu Hammel, Geflügel, Wild, Hackbraten, Leber, Tomaten
Für Heilzwecke: gegen Entzündungen im Mund- und Rachenraum (Gurgelmittel), Nachtschweiß

Übung

Projekt Kräutergarten

A1 Würzkräuter

Informiere dich und notiere, welche Kräuter bei dir zu Hause zum Würzen von Speisen dienen (siehe die Abbildung 1 und die Pinnwand S. 97). Berichte über ihre Verwendung.

A2 Kräuterbeete

Mache einen Vorschlag für die Anlage eines Küchenkräuterbeetes (Heilkräuterbeetes). Orientiere dich an folgendem Beispiel:

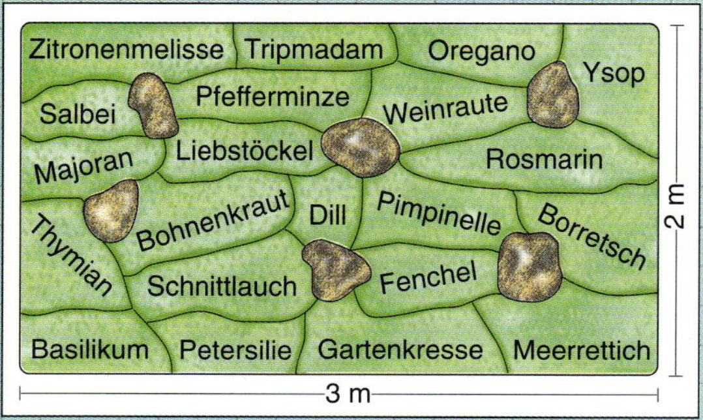

A3 Kräuterspirale

Beim Bau einer Kräuterspirale muss vieles bedacht werden. Notiere weitere wichtige Fragen.

1 Gewürze und Gewürzkräuter

Bau und Bepflanzung einer Kräuterspirale

Übung

Standort: Du brauchst eine Fläche mit einem Durchmesser von etwa 2 Metern. Diese sollte windgeschützt sein und in der Sonne liegen (z. B. in Gebäudenähe).

Material: Spaten; Schaufel; Schubkarre, Bandmaß; Feld-, Pflaster- oder Natursteine (auch Abbruchsteine ohne Mörtel sind geeignet); Schnur; Holzpflöcke; Sand; Kies/Schotter; evtl. kalkhaltiger Bauschutt, Teichfolie (oder Kunststoffbottich); Kompost/Gartenerde; Küchenkräuter nach Wahl

Durchführung: Stecke eine kreisförmige Fläche mit Holzpflöcken ab (Durchmesser ca. 2 Meter). Grabe den Mutterboden etwa spatentief ab und hebe eine Mulde für einen kleinen Teich aus, die du mit etwas Sand auskleidest (siehe Abbildung 1). Lege nun die Teichfolie darüber und verankere sie am Rand im Sand. Fülle die flache Grube mit Schotter oder Kies ebenerdig auf! Jetzt ist das Fundament für die Kräuterspirale fertig.

Schichte nun die Feldsteine/Natursteine wie bei einer frei stehenden Trockenmauer vom Teich ausgehend zu einer Spirale auf (siehe Abbildung 1) und fülle sie von innen gleichzeitig mit grobem Schotter auf. In der Mitte kann die Spirale eine Höhe von etwa 80 cm und einen Durchmesser von etwa 75 cm erhalten. Als Füllmaterial eignet sich auch kalkhaltiger Bauschutt, da viele Kräuter kalkhaltige Böden bevorzugen.

Decke das Innere der Spirale mit Erdboden etwa 20 cm hoch ab. In den oberen Bereich kommt ein Gemisch aus Kies, Sand und Gartenerde. Zum Teich hin verringerst du den Anteil von Sand und Kies zugunsten von Gartenerde.

Gib in den kleinen Teich etwas Sand, damit später dort auch Pflanzen wurzeln können. Fülle den Teich mit Wasser auf. Glätte zuletzt den Boden rund um die fertige Kräuterspirale.

Bepflanzung: Sobald keine Nachtfröste mehr zu erwarten sind, bepflanze die Spirale mit Küchenkräutern nach deiner Wahl. Die Abbildung 1 zeigt ein Beispiel. Du hast mehrere Möglichkeiten, dir Pflanzen zu beschaffen:

a) Pflanzen aus den heimischen Gärten deiner Mitschülerinnen und Mitschüler;

b) in Blumentöpfen vorgezogene Pflanzen; dazu musst du dir im zeitigen Frühjahr aus dem Fachhandel die Samen der gewünschten Küchenkräuter kaufen, diese im „Frühbeet“ nach Anweisung aussäen, auf ein sonniges Fensterbrett stellen und regelmäßig gießen;

c) Pflanzen aus dem Fachhandel.

Pflege: Du musst nach der Bepflanzung der Spirale die Pflanzen regelmäßig gießen.

Aufgaben: a) Welchen Sinn hat die Spiralform?

b) Welche Vorteile hinsichtlich der Bodenverhältnisse siehst du in der Anlage einer Kräuterspirale gegenüber einem Kräuterbeet?

c) Weshalb steht die Wasserminze am Fuß der Kräuterspirale?

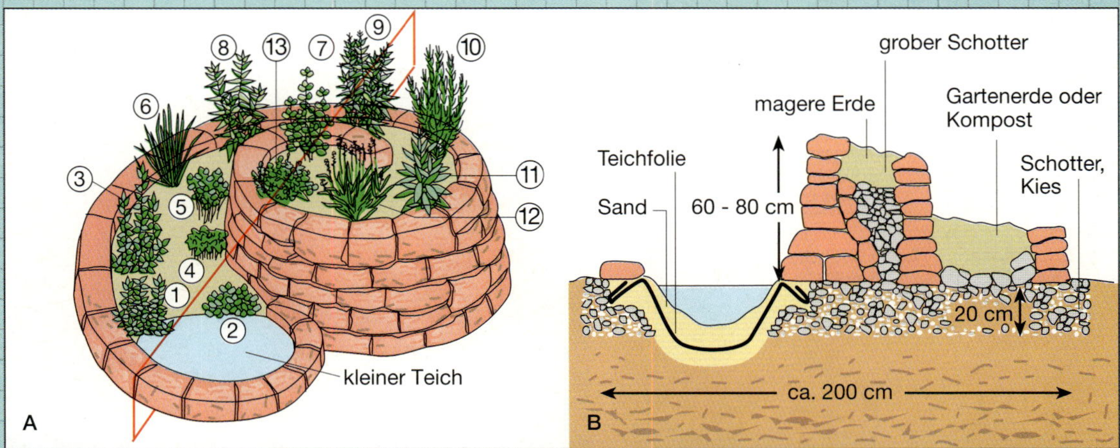

***1 Kräuterspirale. A** Gesamtansicht; **B** Querschnitt: 1 Wasserminze; 2 Brunnenkresse; 3 Melisse; 4 Pimpinelle; 5 Petersilie; 6 Schnittlauch; 7 Majoran; 8 Ysop; 9 Bohnenkraut; 10 Rosmarin; 11 Salbei; 12 Lavendel; 13 Thymian; ▭ Schnittebene*

Übung

Heilkräuter und Küchenkräuter

A1 Die Echte Kamille und ihre Verwandten

Außer der Echten Kamille gibt es noch mehrere andere Kamillenarten. Jedoch nur die Echte Kamille wird als Heilpflanze verwendet. Unterscheide die von dir gesammelten Arten.

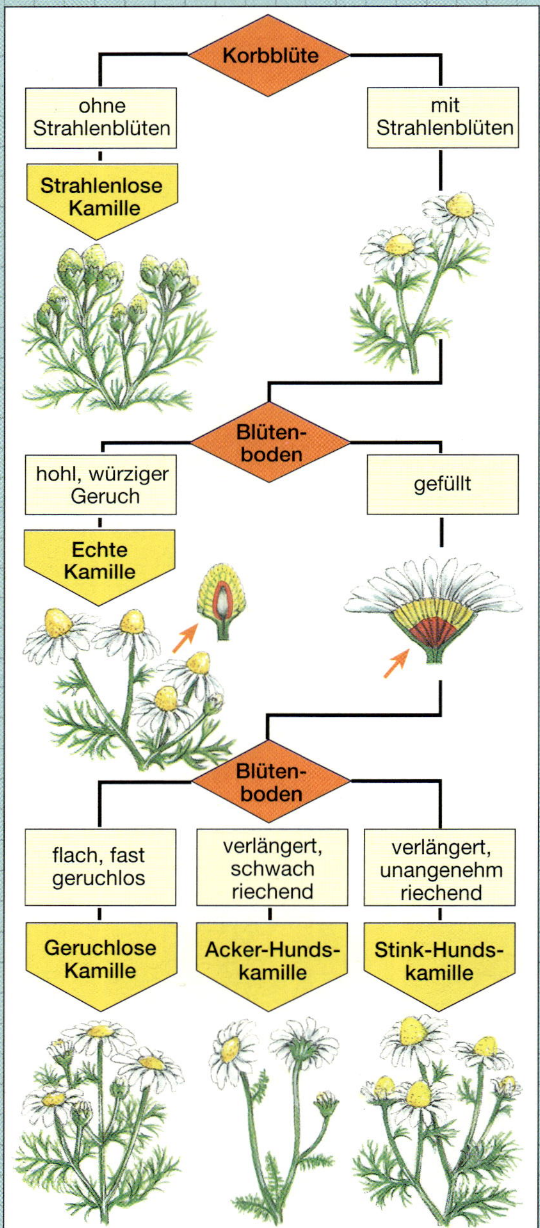

V2 Küchenkräuter-Quiz

Am Küchenkräuter-Quiz nehmen ca. 2–4 Personen teil (eine Gruppe).

Material: Ca. 10 verschiedene Küchenkräuter als Topfpflanzen (z.B. Schnittlauch, Dill, Gartenkresse, Basilikum, Petersilie, Bohnenkraut, Rosmarin, Gartenkerbel, Liebstöckel, Gartenthymian, Gartensalbei, Zitronenmelisse, Fenchel, Majoran) – ersatzweise ca. 10 verschiedene frisch geerntete Küchenkräuter; ca. 10 kleine Gefäße (Marmeladengläser); wasserlösliche Klebeetiketten; Schreibstifte; Schreibpapier; Uhr mit Sekundenanzeiger (Stoppuhr); Augenbinde (Handtuch, Schal)

Spielanleitung: Die Gefäße mit den Küchenkräutern erhalten jeweils ein Etikett mit dem entsprechenden Namen. Nun sollen die „Mitglieder" der Quizrunde nacheinander mit verbundenen Augen die einzelnen Küchenkräuter erraten. Jede richtige Antwort ergibt einen Punkt. Die Zeit zum Erraten wird festgehalten.

Der ersten Versuchsperson werden die Augen verbunden. Durch Betasten, Reiben, Beriechen, Schmecken soll diese die Küchenkräuter wiedererkennen. Die richtigen und falschen Antworten sowie die erforderliche Zeit werden aufgeschrieben.

Nach dem ersten Durchgang wird die Reihenfolge der Küchenkräuter vertauscht. Nun sind nacheinander die nächsten Versuchspersonen an der Reihe. Bei Punktgleichheit am Ende der Quiz-Runde hat gesiegt, wer die kürzeste Zeit für die Antworten benötigte.

V3 Tomatensalat mit frischen Kräutern

Zutaten: Tomaten; Basilikum; Zitronenmelisse; Olivenöl; Salz

Material: Küchenmesser; Gabeln; Küchenbrett; Salatschüssel; Schälchen; Küchensieb; Wasser; Salatbesteck

Zubereitung: Wasche die Tomaten und die Küchenkräuter. Lass diese im Sieb abtropfen. Schneide die Tomaten in Scheiben. Schneide die Basilikum- und Melissenblätter ganz fein. Gib nun die Tomatenscheiben Schicht um Schicht in die Salatschüssel. Bestreue jede einzelne Schicht mit den Kräutern und beträufele sie mit etwas Olivenöl. Lass den Salat nur kurze Zeit durchziehen.

Verteile nun den Salat in die Schälchen und serviere ihn deinen „Gästen". Guten Appetit!

HEILPFLANZEN

Pinnwand

Sonnenhut (Wurzel)

Heilanzeigen:
innerlich: bei allen Entzündungen, Erkältungen; steigert die körperlichen Abwehrkräfte
äußerlich: bei Wunden, Hautkrankheiten, offenem Bein, Eiterungen

Ringelblume

Die Ringelblume ist ein hervorragendes Wund- und Hautmittel. Für Heilzwecke werden ihre Blüten verwendet. Bei Wunden oder Entzündungen im Mund-Rachen-Raum gurgelt man mit dem Aufguss, bei äußerlichen Entzündungen, Sonnenbrand, Quetschungen, schlecht heilenden Wunden legt man einen mit dem Aufguss durchfeuchteten Lappen auf. Zur Pflege fettiger, unreiner Haut empfiehlt sich ein Ringelblumen-Dampfbad.
Ringelblumen kann man im Kräutergarten aussäen. Sie blühen von Frühjahr bis Herbst.

Erkältungs-Kräutertee

Zusammensetzung:
100 g Teemischung enthalten:
32 g Holunderblüten
36 g Lindenblüten
16 g Brombeerblätter
10 g Schafgarbenkraut
6 g Thymian

Pfefferminze (Blätter)

Heilanzeigen:
innerlich (als Tee): gegen Übelkeit, Magen- und Darmverstimmungen, Blähungen, Gallenbeschwerden

Schwarzer Holunder (Blüten)

Heilanzeigen:
innerlich: schweißtreibend (bei Erkältungskrankheiten), harnfördernd

Kamille (Blüten)

Heilanzeigen:
innerlich (als Tee): krampflösend, entzündungshemmend, schmerzlindernd bei Magenschmerzen, Darmkrämpfen und Darmentzündungen
äußerlich: zu Umschlägen bei Hautentzündungen, als Kopfdampfbad bei Erkältungen

1 Stelle die Heilkräuter und die Kräuter der Pinnwand S. 97 nach ihren Heilwirkungen zusammen.

Johanniskraut (Kraut und Blüten)

Heilanzeigen:
innerlich: gegen Angst- und Unruhezustände; nervenberuhigend; gegen nervöse Erschöpfung
äußerlich: gegen kleine Brandwunden; als heilungsförderndes Hautöl

Pinnwand

VORSICHT! – GIFTPFLANZEN!

Achtung!

Kaue oder schlucke von keiner Giftpflanze Früchte, Samen, Blätter oder Teile davon!

Das gilt auch für andere Pflanzen. Es können Krankheitserreger daran haften.

Bei Vergiftungserscheinungen ist sofort ein Arzt aufzusuchen!

Maiglöckchen
alle Teile giftig

Herbstzeitlose
alle Teile giftig

Bittersüßer Nachtschatten
alle Teile giftig

Roter Fingerhut
alle Teile giftig; 2-3 g trockene Blätter können tödlich wirken; auch bei Berührungen Vergiftungserscheinungen möglich

1 Manche Giftpflanzen können auch Heilpflanzen sein. Begründe diese Aussage.

Blauer Eisenhut
giftigste Pflanze Europas
alle Teile giftig

Allgemeine Maßnahmen bei Vergiftungen!

- Hausarzt anrufen (Telefon X X X)
- Notarzt anrufen (Telefon X X X)
- Krankenhaus (Telefon X X X)
- Evtl. Apotheke anrufen (Telefon X X X) wegen Rufnummer des Behandlungszentrums für Vergiftungen

Stichwort: Digitalis
giftiger Inhaltsstoff von Fingerhutarten; in der Medizin in winzigen Mengen bei schwerer Herzschwäche.

Streifzug durch die Geschichte

Mit Heil- und Gewürzpflanzen durch die Jahrtausende

Die Geschichte der Heil- und Gewürzpflanzen ist sehr alt. Schon die **Frühmenschen** vor etwa 50000 Jahren kannten vermutlich die Heilkraft der Pflanzen. Wissenschaftler fanden heraus, dass den Toten verschiedene Blumen mit ins Grab gegeben wurden. Dabei handelte es sich um Heilpflanzen, die es auch heute noch gibt.

Die Bedeutung von Pflanzen für Heilzwecke und auch als Gewürz ist also uralt. In Pfahlbauten der **Jungsteinzeit** (ca. 4000 J. v. Chr.) fand man Reste von *Mohn, Angelika* und *Kümmel,* die als Wildpflanzen gesammelt wurden.

Auch die **Hochkulturen** im Zweistromland von Euphrat und Tigris im Vorderen Orient sowie in Ägypten und Griechenland besaßen umfangreiche Kräuterkenntnisse. Von den *Sumerern,* die vor etwa 7000 Jahren v. Chr. im Zweistromland lebten, besitzen wir die ersten Aufzeichnungen über Heil- und Gewürzkräuter. Sie ritzten auf Tontäfelchen vereinfachte Bilder der Kräuter, die sie benennen wollten.

Die **Ägypter** schrieben 1500 v. Chr. ihre Kenntnisse über Heilkräuter bereits auf aneinandergeleimte und gepresste Fasern der Papyrusstaude. Im Norden des Zweistromlandes lebten um 1000 v. Chr. die **Assyrer.** Einer ihrer Könige ließ die bisher größte aus damaliger Zeit bekannte Bibliothek zusammenstellen. Aus ihr erfahren wir, dass damals *Kardamom, Kümmel, Dill, Fenchel, Thymian* und *Safran* als Heil- und Gewürzkräuter verwendet wurden.

Aus den Mittelmeerländern gelangten mit den römischen Soldaten viele Heil- und Gewürzkräuter über die Alpen nach Germanien und ins Frankenreich. Auch die Mönche aus dem Süden, die nördlich der Alpen neue Klöster gründeten, brachten diese Pflanzen mit und züchteten sie in ihren **Klostergärten.** Sie befanden sich in der Regel in der Nähe von Krankenstationen.

Die ersten **Apothekergärten** entstanden Mitte des 16. Jahrhunderts. Sie dienten vor allem dem Studium der Heilpflanzen.

1 Worüber mögen die Apotheker in dem Apothekergarten wohl diskutieren? Denke dir ein Zwiegespräch aus und schreibe es auf. – Du kannst es auch mit einer Mitschülerin oder einem Mitschüler führen.

2 Diskussion von Apothekern in einem englischen Apothekergarten um das Jahr 1700

1 Blütenhecke

2 Wie heißt der Strauch?

3 Lebensraum Hecke

3.1 Hecken – lebende Grenzen

In Manuelas Schule hatten vor 10 Jahren Eltern beschlossen, zusammen mit ihren Kindern und mit Lehrkräften auf dem Schulgelände zum Nachbargrundstück hin eine **Hecke** zu pflanzen. Anstelle eines Zaunes aus Maschendraht ist nun eine dichte Hecke herangewachsen, die aus verschiedenen Sträuchern besteht. Worin besteht der Vorteil der lebenden Hecke gegenüber dem toten Zaun?
Die Hecke versperrt heute den Blick auf die belebte Straße. Sie ist daher ein guter Sichtschutz. Auch mindert sie den Straßenlärm und filtert Staub und Abgase. Ihre Wirkung als **Lärmschutz** und **Filter** trägt somit zum gesunden Leben bei. Auch als *„Windbremse"* erfüllt die Hecke eine wichtige Aufgabe. – Die Hecke bietet das ganze Jahr über ein wechselndes Bild. Nach und nach blühen die verschiedenen Sträucher. Im Februar stäubt die *Hasel;* im März erscheinen die gelben Blüten der *Zaubernuss;* auch die *Schlehen* hüllen sich in ein strahlendes Weiß; im April leuchten die Blüten der *Forsythien.* Und ab Mai steht dann die Hecke in voller Blüte: *Felsenbirne, Spiräen, Rhododendren, Hartriegel, Schneeball, Weigelie, Jasmin* und *Schneeball.* – Im Verlauf des Jahres entwickeln sich dann aus den Blüten die Früchte. So wandelt sich bis zum Herbst die **Blütenhecke** in eine **Fruchthecke.**

In der Hecke finden sich auch viele Tiere ein. *Insekten* leben von Nektar und Pollen der Blüten, sie fressen von den Blättern oder saugen Säfte aus den Pflanzen. Insekten wiederum dienen verschiedenen *Vogelarten* als Nahrung. Manche Vögel bauen dort auch ihre Nester und ziehen ihre Jungen groß. *Igel* finden Unterschlupf im dichten Gebüsch. *Eichhörnchen* holen sich im Herbst die Haselnüsse und die Vögel finden unter den Früchten einen reich gedeckten Tisch.
Anstelle eines toten Zaunes ist als „lebende Grenze" ein neuer Lebensraum für Pflanzen und Tiere entstanden, der sogar dem Menschen dient.

Hecken dienen als Sichtschutz, Lärmschutz, Windschutz und als Schutz vor Schadstoffen. Sie sind Lebensraum für verschiedene Pflanzen und Tiere.

1 Bestimme in einem festgelegten Abschnitt einer Hecke die dort vorkommenden Sträucher/Bäume. Trage deren Vorkommen in eine Grundrisszeichnung ein. Betrachte hierzu als Anregung die Abbildung 4.
2 Welche Tiere hast du in einer Hecke beobachtet? Unterscheide nach Säugetieren, Vögeln, Insekten, Schnecken, Spinnen und anderen.

3 **Wacholderdrossel mit Vogelbeere** (Eberesche)

A Roter Hartriegel

B Weißdorn

C Schwarzdorn (Schlehe)

D Pfaffenhütchen

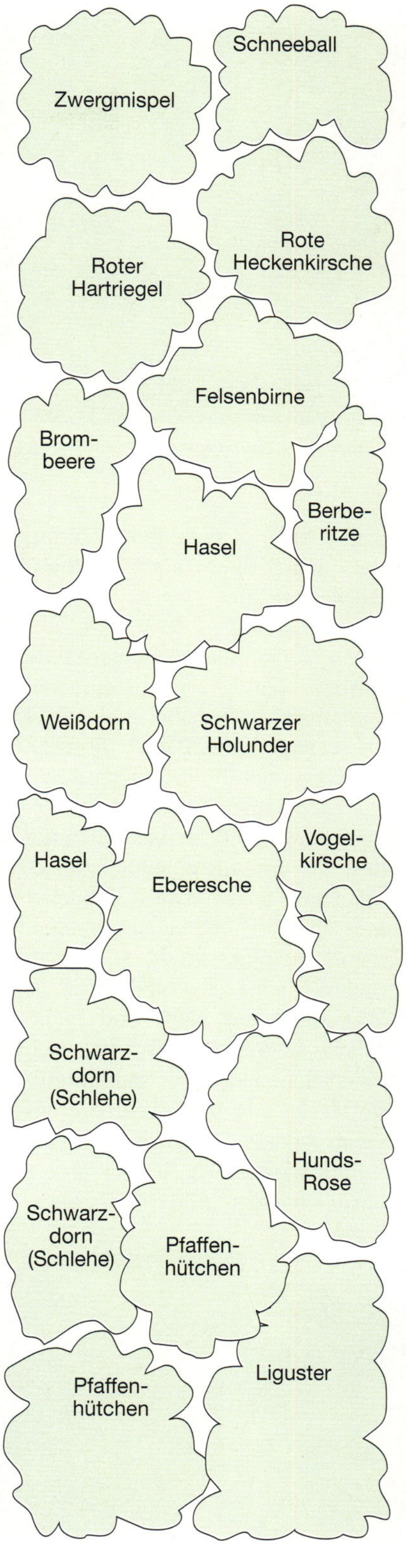

E Fruchthecke (Grundriß)

F Schneeball

G Berberitze

H Hundsrose (Hagebutte)

I Liguster

4 Fruchthecke als Nahrungsgrundlage für Vögel und Kleinsäuger

1 Heckenlandschaft mit Benjes-Hecke (A) und Strauchgruppe (B)

3.2 Hecken in vielerlei Gestalt

Auf dem Weg zur Schule oder bei Ausflügen begegnest du sicher verschiedenen Hecken. Am natürlichsten sind die **Wildhecken,** die Felder, Wiesen und Weiden umgeben. Von selbst haben sich dort verschiedene Pflanzen angesiedelt. So findest du dort neben Wildkräutern vor allem *Weißdorn, Schwarzdorn, Hasel, Schwarzen Holunder, Vogelbeere* und *Weiden.* Manche solcher Wildhecken sind aus aufgeschichtetem Baumschnitt und Reisig entstanden. Dort keimen die Samen von Wildkräutern, Bäumen und Sträuchern, die vom Wind und von Tieren herbeitransportiert wurden. In wenigen Jahren überwuchern die Pflanzen den Reisigwall und wachsen zu einer Wildhecke heran. Nach ihrem „Erfinder" wird diese auch **„Benjes-Hecke"** genannt.

Feldscheunen und Viehunterstände werden häufig von Sträuchern „umrahmt". Hier haben sich Vögel als „Landschaftsgärtner" betätigt, indem sie bei ihrer Rast mit ihrem Kot auch Samen ausschieden.
Im Wohnbereich der Menschen findest du fast ausschließlich angepflanzte Hecken. Diese Sträucher müssen öfter ausgelichtet werden, damit sie nicht zu hoch werden und möglichst dicht bleiben.
Wer nicht auf Lärm und Sichtschutz angewiesen ist, hat sich eine solche Hecke als **sommergrüne Hecke** angelegt. Wenn sie aus verschiedenen Straucharten zusammengesetzt ist, bietet sie ein ansprechendes Bild und vielen Tierarten Lebensraum. Hecken, die nur aus einer Art bestehen, wirken dagegen oft eintönig. Nur wenige Tierarten können darin leben.
Immergrüne Hecken bieten das ganze Jahr über Sichtschutz. Sie bestehen entweder aus Nadelgehölzen wie *Eibe, Lebensbaum, Fichte* oder aus Laubgehölzen wie *Liguster, Feuerdorn, Mahonie.* Auch sie müssen von Zeit zu Zeit „rasiert" werden.

In der Landschaft überwiegen die frei wachsenden Wildhecken, im Wohnbereich der Menschen die in Form geschnittenen sommergrünen und immergrünen Hecken.

2 Sommergrüne Hecke

3 Immergrüne Hecke

3.3 Vögel rund um die Hecke

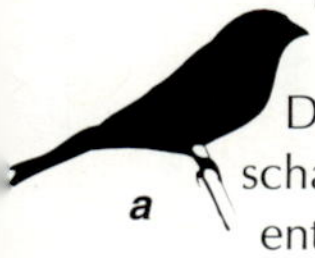
a

b

c

d
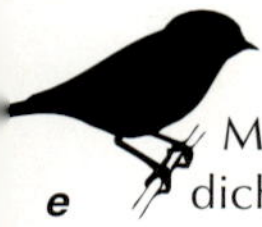
e

Lisa ist eine begeisterte Vogelliebhaberin. Oft geht sie mit Fernglas, Notizblock und Bestimmungsbuch nach draußen, um Vögel zu beobachten. Deshalb hat sie sich auch für die Arbeitsgemeinschaft (AG) „Vögel beobachten und bestimmen" entschieden.

Das erste Mal führt der Weg der AG zu den Hecken und Gebüschen rund um die Schule. Schon von weitem wird Lisa auf den **Gesang** und auf die **Rufe** verschiedener *Vogelarten* aufmerksam. Unverkennbar das „zi-zi-be-be" der *Kohlmeise* sowie das „zizizirr" der *Blaumeise*. Und auch den Gesang des *Buchfinken* werden die Teilnehmer nicht so leicht vergessen: „Fink-Fink-Fink-Fink-schrrreibt-heut-an-die-Regierung." Das leise hervorgestoßene „duk-duk" kann nur von der *Amsel* stammen. Sie warnt. Sie muss dort wohl ihr Nest haben. Während der „Winzling" unter den Singvögeln, der *„Zaunkönig"*, sein Lied laut schmetternd hervorbringt, verrät sich das *Wintergoldhähnchen* in der Fichtenhecke durch ein hohes Wispern, das wie „tihilde-tihilde-tihilde…tihildetit" klingt.

Mit dem Fernglas holt sich Lisa einige Vögel ganz dicht heran. Nach ihrem **Gefieder** und ihrer **Gestalt** kann sie sie jetzt bestimmen. Der gedrungen wirkende Vogel mit dem dicken Schnabel, der schwarzen Kopfkappe und der leuchtend roten Unterseite ist ein männlicher *Dompfaff*. Einen etwas kleineren Vogel mit dem karminroten Vorderkopf und der roten Brust bestimmt Lisa als *Hänfling*. Der rundlich wirkende Vogel mit dem spitzen Schnabel, den auffallend großen und dunklen Augen, der rostroten Kehle und Brust ist ein *Rotkehlchen*.

Jeder Teilnehmer der Arbeitsgemeinschaft legt sich eine Mappe an. In dieser werden die Beobachtungsergebnisse festgehalten. Lisa hat sich etwas Besonderes ausgedacht. Da sie Briefmarken mit Vogelmotiven sammelt, sucht sie zum Thema „Vögel im Bereich der Hecken" alle Arten heraus, die sie beobachtet hat. Mit diesen gestaltet sie eine „Sonderseite".

f

g

h

> Vögel lassen sich nach ihrem Gefieder, ihrer Größe, ihrer Gestalt, ihrem Gesang sowie nach ihren Rufen bestimmen.

i

1 Suche verschiedene Hecken auf und notiere, welche Vogelarten sich dort aufhalten.

2 Verfasse für eine Vogelart einen „Steckbrief": z. B. Name, Größe, Gestalt, Gefieder, Gesang.

3 Benenne die Umrisse a–i mithilfe der Briefmarken in Abb. 1.

1 Vögel im Bereich der Hecken. *1 Singdrossel; 2 Dompfaff; 3 Grünfink; 4 Rotkehlchen; 5 Amsel; 6 Hänfling; 7 Buchfink; 8 Wintergoldhähnchen; 9 Kohlmeise; 10 Zaunkönig*

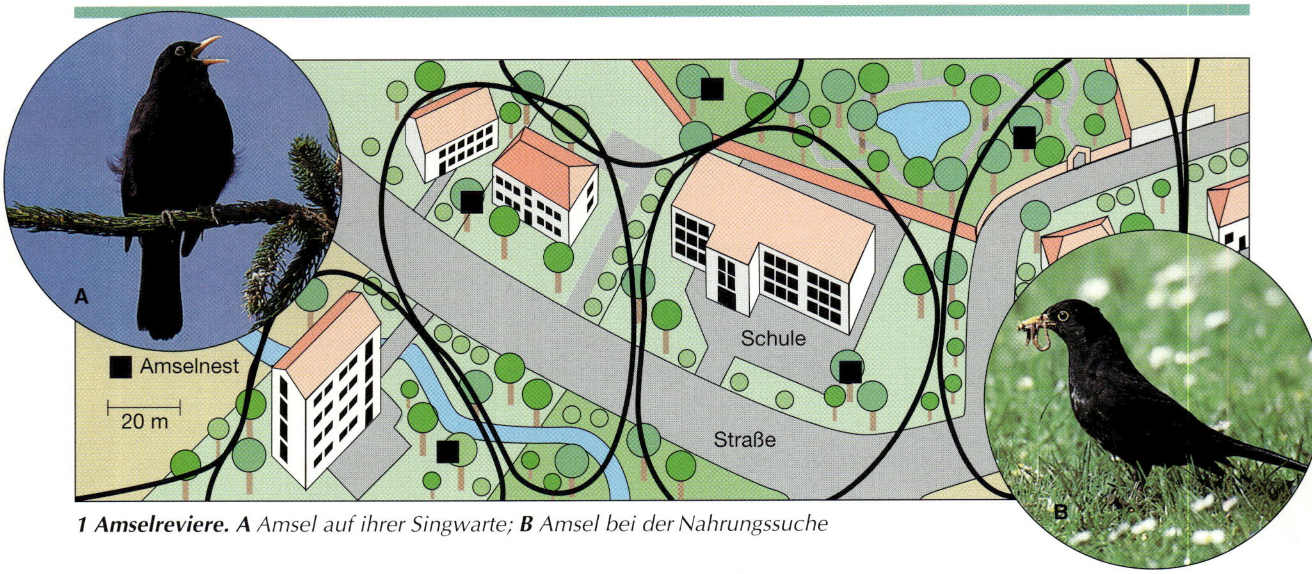

*1 **Amselreviere. A** Amsel auf ihrer Singwarte; **B** Amsel bei der Nahrungssuche*

3.4 Im Revier der Amsel

Amseln kannst du das ganze Jahr über beobachten. Du triffst sie in Gärten, auf dem Schulgelände, auf Wiesen, in Parkanlagen und auf Friedhöfen. Sogar mitten in der belebten Stadt begegnest du ihnen. Woran erkennst du Amseln auf Anhieb? Männchen und Weibchen unterscheiden sich im **Aussehen.** Amselmännchen besitzen ein glänzend schwarzes Gefieder und einen orangegelben Schnabel. Die Weibchen dagegen sehen in ihrem dunkelbraunen Federkleid und der gefleckten Brust unscheinbar aus.

a

Schon im zeitigen Frühjahr machen die Männchen durch *Gesang* auf sich aufmerksam. Hoch oben von einer Baumspitze, einem Dachfirst oder einem Laternenpfahl, tragen sie ihr „Lied" vor. Mit ihrem Gesang teilen sie mit, dass hier ihr Gebiet liegt, in dem sie kein anderes Amselmännchen dulden. Es ist ihr **Revier,** das ihnen Möglichkeiten zum Nisten, zur Nahrungssuche und zur Aufzucht ihrer Jungen bietet. Es wird heftig gegenüber Rivalen verteidigt. Nähert sich ein Amselmännchen der Reviergrenze des benachbarten Artgenossen, wird dieses vom Revierinhaber vertrieben. Dabei läuft es dem Rivalen *imponierend* in geduckter Haltung, mit gesenktem Schwanz und in kleinen Schritten entgegen. Drohend umkreisen sich die beiden Rivalen. Kommen sie sich weiter näher, heben sie den Kopf, strecken den Schnabel nach oben und spreizen den Schwanz zu einem Fächer. Nun wird es ernst! Wenn der Eindringling jetzt nicht flieht, kommt es zum „Luftkampf" an der Reviergrenze. Der Unterlegene gibt schließlich auf und flieht. Der Gesang dient aber auch zum Anlocken eines Weibchens. Gewöhnlich erscheinen mehrere Weibchen im Revier, um die das Männchen nun mit bestimmten Bewegungen und Körperhaltungen wirbt. Ein solches Verhalten bezeichnet man als **Balz.**

b

c

d

e

Meistens suchen sich die Weibchen den „passenden" Partner, der ein für sie geeignetes Revier besitzt. Haben sich ein Amselmännchen und ein Amselweibchen gefunden, paaren sie sich und verteidigen nun gemeinsam das Revier gegenüber Artgenossen.

f

g

Sofort nach der Paarung suchen die Amseln nach einem geeigneten Nistplatz, zum Beispiel in einer Hecke, an einer bewachsenen Hauswand, in einem Nadelbaum oder in einem offenen Holzschuppen. Das Weibchen baut dort aus kleinen Zweigabschnitten, Grashalmen, Moos und feuchter Erde ein napfförmiges Nest. Das Männchen unterstützt dabei das Weibchen, indem es Material herbeischafft.

2 Amsel beim Nestbau

3 Nest und Gelege der Amsel

4 Brütende Amsel

Sobald das Nest fertig ist, legt das Weibchen 3 bis 5 braun gefleckte, grünlich blaue Eier und bebrütet diese anschließend. Nach 13 Tagen schlüpfen aus den Eiern die Jungvögel. Sie sind zunächst noch nackt, blind und hilflos und müssen von den Eltern im Nest gefüttert und gewärmt werden. Man bezeichnet sie daher auch als **Nesthocker.** Von morgens bis abends fliegen die beiden Altvögel mit Regenwürmern, Insekten und Spinnen im Schnabel zum Nest. Sobald sich eine Amsel auf den Nestrand gesetzt hat, nehmen die noch blinden Jungen die Erschütterung wahr, recken ihre Hälse nach oben und sperren ihre Schnäbel weit auf. In diese orangegelben Sperrrachen stopfen die Eltern das Futter. Das *Sperren* der Jungen veranlasst die Amseln, immer weiter zu füttern. Sobald die Jungvögel sehen können, genügt schon das Erscheinen der Altvögel in unmittelbarer Nähe des Nestes, um das Sperren auszulösen. Nach ungefähr 13 Tagen verlassen die Jungvögel das Nest, werden aber noch etwa 8 Tage von den Eltern weitergefüttert. Danach sind sie selbstständig. Amseln betreiben also eine intensive **Brutpflege.**

h

Das *Brutpflegeverhalten* ist den Amseln angeboren. Sie haben es nicht erlernt. Man nennt so etwas **Instinktverhalten.** Auch das Sperren der Jungen im Nest erfolgt instinktiv. Zeigt man ihnen eine Attrappe aus Pappe, die bestimmte Merkmale einer Amsel aufweist, sperren sie auch. Sie erkennen also ihre Eltern nicht.

i

Amseln besitzen Reviere. Sie markieren ihre Reviere durch Gesang und verteidigen sie gegenüber Artgenossen. Amseln betreiben Brutpflege. Das Brutpflegeverhalten erfolgt instinktiv.

1 Beobachte Amseln bei der Futtersuche. Beschreibe ihr Verhalten. Siehe auch Abb. 1B.

2 Die Abfolge der Abbildungen a–i zeigt Ausschnitte aus dem Verhalten von Amseln. Beschreibe die einzelnen Abbildungen.

3 Die Attrappenversuche in Abbildung 5 zeigen, was Amseljungen angeboren ist und was sie noch lernen müssen. Erläutere dazu die Teilabbildungen.

5 Brutpflege bei den Amseln.
A *Fütterung;* ***B*** *Attrappenversuche*

1 ***Mauer als Kleinlebensraum.*** ***A*** *Mauerpfeffer;* ***B*** *Zauneidechse*

4 Mauern – Kleinlebensräume für Pflanzen und Tiere

Vor mehr als 10 Jahren hat ein Landwirt dem Fremdenverkehrsverein eine mehrere Hektar große Fläche zur Verfügung gestellt. Sie liegt am Ortsrand und ist von der Schule aus gut zu erreichen. Auf dieser Fläche hat der Verein mehrere kleine Lebensräume für Pflanzen und Tiere geschaffen. Neben einer Wiese, einem Teich, Tümpeln, Hecken und Baumgruppen gehört auch eine breite, frei stehende **Mauer** aus Natursteinen dazu.

Die Mauer besteht aus Natursteinen, die nur an einigen Stellen zum besseren Halt mit Mörtel zusammengehalten wird. Dadurch gibt es neben Fugen und Ritzen auch viele Hohlräume, die ins Innere der Mauer führen. Ähnlich wie Pflastersteine und Felsen speichert die Mauer die Tageswärme und bietet damit besonders Wärme liebenden Pflanzen- und Tierarten eine geeignete Lebensmöglichkeit. Da die Mauer kaum Wasser speichern kann, haben sich dort nur solche Pflanzen angesiedelt, die mit wenig Wasser auskommen. Es sind *Wassersparer.*

Oben auf der Mauerkrone gedeihen Pflanzen, die am wenigsten Wasser brauchen: der *Mauerpfeffer,* die rosettenförmige *Dach-Hauswurz,* die *Spinnenhauswurz* mit den silbrig übersponnenen kugeligen Blattrosetten und der weiß blühende *Finger-Steinbrech.* Sie alle besitzen dickfleischige Blätter, in denen sie für mehrwöchige Regenpausen Wasser speichern können. Daneben haben sich zwischen *Gräsern* verschiedene Moose angesiedelt, die Trockenheit vertragen.
Es ist die Pflanzenwelt der **Mauerkronen-Gesellschaft.**

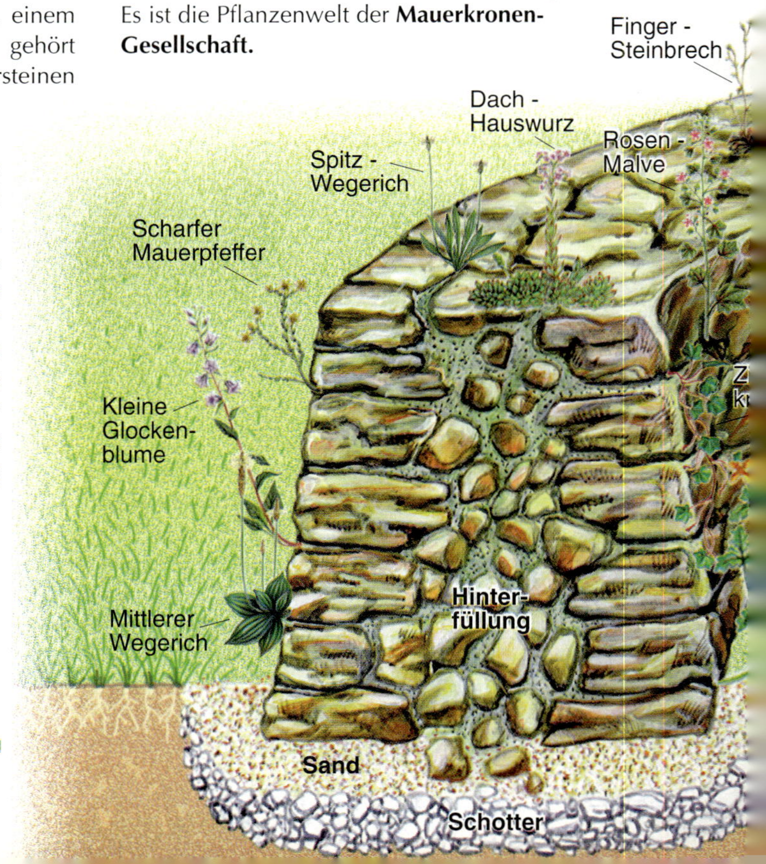

2 ***Pflanzen einer Mauer.*** *Jede Pflanzenart hat an oder auf der Mauer ihren bevorzugten Lebensbereich.*

Solche Pflanzen, die aus den Fugen der Mauerwände herauswachsen, begnügen sich mit wenig Erde oder sie können ihre Wurzeln bis in die Füllung im Innern der Mauer treiben. Nicht zu übersehen ist das gelb blühende *Schöllkraut.* Einige Steine sind vom *Efeu* überwuchert, dessen derbe Blätter nur wenig Wasser verdunsten. Efeu findet man gelegentlich auch auf der Mauerkrone. Das lockere Geflecht fester, fadenförmiger Stängel mit kleinen Blättern, das die Mauerritzen überzieht ist das *Zimbelkraut.* Neben einigen *Moosarten* entdecken wir auch *Farne.* Dort, wo einige Steine mit Mörtel verbunden sind, wächst vereinzelt die *Mauerraute.* An einer schattigen Stelle kommt der *Braunstielige Streifenfarn* vor. Dessen lederartige Blätter schützen ihn vor Austrocknung. Es sind alles Pflanzen der **Mauerfugen-Gesellschaft.**

Am Mauerfuß sind die Lebensbedingungen für die Pflanzen günstiger. Der Untergrund hält Feuchtigkeit und Kot und Harn von Tieren schaffen einen mineralstoffreichen Boden. Dort siedeln zum Beispiel *Brennnesseln, Giersch* und *Gänsefuß.* Sie gehören zur **Mauerfuß-Gesellschaft.**

Ein Abschnitt der Mauer ist vom Verkehrsverein mit verschiedenartigen Zierpflanzen „begrünt“ worden, die diesem extremen Standort angepasst sind. Hierzu gehören Polsterpflanzen wie *Blaukissen* und *Polsterphlox, Glockenblumen* und *Nelkenarten.*

3 Mauer vor dem Begrünen

Die Wärme der Mauer mit ihrer Pflanzenwelt und ihren Spalten zieht eine Vielzahl von *Tieren* an, darunter *Insekten, Spinnen, Asseln, Steinkriecher* und viele andere die auf der Pinnwand Seite 113 zu sehen sind.

Mauern besitzen eine an Wassermangel angepasste Pflanzenwelt. Mauerspalten gehören zum Lebensraum vieler Tiere.

1 Untersuche eine bewachsene Mauer. Bestimme die Pflanzen auf der Mauerkrone, auf der Mauerfläche und auf dem Mauerfuß. Siehe auch Seiten 110 bis 112.

2 Gib für einige der auf Seite 113 dargestellten Tiere an, wozu sie die Mauer brauchen.

4 Mauer nach ihrer Begrünung mit Steingarten-Pflanzen

Pinnwand

PFLANZEN AN MAUERN

A Spitzwegerich

B Berghauswurz

C Fingersteinbrech

D Zimbelkraut

E Braunstieliger Streifenfarn

F Mauerraute

G Goldlack

H Gänsefuß

I Giersch

Pinnwand

1 Krabbenspinne
2 Steinhummel
3 Wegschnecke
4 Goldlaufkäfer
5 Steinläufer
6 Feuerwanze
7 Honigbiene
8 Zebraspinne
9 Zauneidechse
10 Blindschleiche
11 Ohrwurm
12 Grabwespe mit Beute
13 Tagpfauenauge
14 Gartenrotschwanz
15 Kohlweißling
16 Erdkröte

1 ***Teich. A*** *Ausschnitt;* ***B*** *Querschnitt*

5 Lebensraum Teich

Vor einigen Jahren legte eine Schülergruppe in einem Projekt einen Schulteich an. Heute wachsen dort verschiedene Sumpf- und Wasserpflanzen. Auch verschiedene Tiere können wir beobachten.
Eine *Blaugrüne Mosaikjungfer* inspiziert gerade den Schulteich. Diese Libelle unternimmt kilometerweite Flüge, um einen geeigneten Lebensraum zu finden. Unseren Teich, Biologen sprechen von einem *Feuchtbiotop,* hat sie sich zur Fortpflanzung ausgesucht. Im Uferbereich der **Sumpfzone** legt sie ihre Eier ab.
Hier wachsen *Rohrkolben, Gemeine Teichsimse* und *Wasserschwertlilien.* In diesem Bereich siedeln auch *Sumpfdotterblume* und *Pfeilkraut.* Solche Pflanzen sind an eine hohe Luftfeuchtigkeit ihrer Umgebung angepasst. Ihre Blätter sind großflächig, ziemlich dünn und weisen kaum einen Verdunstungsschutz auf. Viele Sumpfpflanzen besitzen ausladende oder tiefe Wurzelsysteme, um sich im schlammigen Untergrund zu verankern.
In größeren Tiefen der **Uferzone** siedeln *Wasserhahnenfuß* und *Gemeines Hornblatt.* Ihre untergetauchten Blätter sind zerschlitzt, sodass sie Wasserströmungen nur wenig Widerstand bieten. In diesem Bereich findet man viele Insekten und ihre Larven. Mit ein wenig Glück kannst du einen *Rückenschwimmer* bei der Jagd beobachten: Eine Fliege fällt auf die Wasseroberfläche. Der Rückenschwimmer ergreift seine Beute mit den Vorderbeinen, sticht sie mit den Mundwerkzeugen an und saugt sie aus. Dabei schwimmt er mit dem Rücken zum Teichgrund. Auch *Libellenlarven* sowie der seltenere *Gelbrandkäfer* jagen im Wasser.
Auf der Wasseroberfläche lauern *Wasserläufer* auf Beute. Ihre Beine tragen am Ende eine Vielzahl feinster Härchen, die es ihnen ermöglichen, auf der Wasseroberfläche zu laufen.
Die langgestielten Schwimmblätter der *Seerosen* werden von Schnecken und Insekten zur Eiablage genutzt. Auch ein *Teichfrosch* war schon zugewandert. Wir haben ihn gesehen, als er sich auf den Seerosenblättern sonnte. Wir sind gespannt, was wir im nächsten Jahr beobachten werden.

Ein Schulteich ist ein wertvoller Lebensraum, in dem Sumpf- und Wasserpflanzen gedeihen. Hier leben verschiedene Tiere wie Insekten, Spinnen und Lurche.

1 Wir haben in unseren Schulteich keine Fische eingesetzt. Nenne Gründe dafür.

2 Untersuche, welche Pflanzen und Tiere du an einem Teich findest. Wähle für die Untersuchung einen geeigneten Teich in der Umgebung deiner Schule.
Vergleiche die dort angetroffenen Pflanzen mit der Pinnwand auf S. 115. Trage die Namen in einer Tabelle in dein Heft ein.

Pinnwand

PFLANZEN UND TIERE AM UND IM WASSER

Rohrkolben

Sumpfdotterblume

Pfeilkraut

Wasserschwertlilie

Gelbrandkäfer

Rückenschwimmer

Libellenlarven

Wasserläufer

1 Schulhof – so oder so?

6 Bäume und Sträucher auf dem Schulgelände

2 Kornelkirsche

Endlich klingelt es zur Pause. Die Schüler stürmen die Treppe herunter. Vor einigen Jahren zog es niemanden auf den Hof. Betonierte Flächen, schmale Rasenstreifen und eine Hauptverkehrsstraße gleich neben der Schule machten den Aufenthalt nicht angenehm. Im Sommer war es heiß und stickig und im Winter sammelten sich Autoabgase und Ruß in den unteren Luftschichten. So konnte es nicht bleiben. Schüler, Schülerinnen und Lehrer sammelten Vorschläge zur Umgestaltung und Begrünung ihres Schulhofes. Mithilfe einer Behörde ging es dann an die Umsetzung.
Die Straße liegt nun hinter einer dichten Hecke mit *Schwarzem Holunder, Kornelkirsche, Weißdorn* und *Gemeiner Hasel*. Diese **Sträucher** wachsen schnell und können bis zu drei Meter hoch werden. Die Hecke filtert den Staub aus der Luft. Sie schwächt auch den Straßenlärm ab. Auf dem Schulgelände gedeihen heute verschiedene **Laubbäume** wie *Winterlinde, Hainbuche, Spitzahorn* und *Rosskastanie*. Ihre Blätter liefern Sauerstoff und geben ihn an die Umgebung ab. Hinter der Turnhalle steht eine Reihe neu angepflanzter *Ebereschen*. Sie tragen ab August leuchtend rote Früchte, die von Vögeln gern gefressen werden. Im Frühjahr blühen die Bäume und Sträucher. Dann kann man Bienen und Hummeln bei der Nahrungssuche beobachten.
Für die Zukunft dieses Schulgeländes gibt es bereits weitere Pläne. Es soll eine Wiese angelegt und eine Gruppe einheimischer **Nadelgehölze** wie *Fichte, Kiefer* und *Lärche* gepflanzt werden.

Ein Schulgelände wird durch Grünflächen, Laubbäume, Nadelbäume und Sträucher naturnäher. Sie liefern Sauerstoff, filtern die Luft, dämpfen Lärm und bieten Tieren wie Vögeln und Insekten einen Lebensraum.

Eine Rosskastanie lüftet ihr Geheimnis

Ich bin 20 Meter groß und besitze einen Kronendurchmesser von 10 Metern. Meine 250000 Laubblätter spenden im Sommer den Menschen unter meinem Kronendach wohltuenden Schatten. Alle meine Blätter zusammen ergeben eine Fläche von mehr als 2500 Quadratmetern; das ist so viel wie ein halbes Fußballfeld. In meinen Blättern besitze ich jedoch auch noch ein lockeres Gewebe, in das Luft von außen durch die Blattunterseiten gelangt. So stehen mir mehr als 30000 Quadratmeter Fläche zum Atmen, zum Verdunsten von Wasser und zur Bildung von Nährstoffen zur Verfügung. Das entspricht der Fläche von 6 Fußballfeldern! An einem sonnigen Sommertag gebe ich über meine Blätter 9500 Liter Sauerstoff an die Umgebung ab. So viel Sauerstoff brauchen 10 Menschen an einem Tag zum Atmen. Dafür brauche ich jedoch an einem hellen Sonnentag 9500 Liter Kohlenstoffdioxid. Dieses Gas nehme ich durch die Öffnungen in meinen Blattunterseiten auf. Diese Menge entspricht den Abgasen, die ein Auto auf einer Strecke von 100 Kilometern ausstößt. Auf diese Weise trage ich mit dazu bei, dass die Luft von Abgasen gereinigt wird. An einem Tag erzeuge ich etwa 12 Kilogramm Nährstoffe, die ich zum Beispiel zum Wachsen, zur Bildung von Holz und meinen Früchten, den Kastanien, benötige. Über meine Blätter verdunste ich auch sehr viel Wasser und trage dadurch dazu bei, die Atemluft zu befeuchten. Um alles dies leisten zu können, müssen an einem Tag etwa 28 Millionen Liter Luft durch die Öffnungen in meinen Blättern ins Blattinnere gelangen. – Das alles hast du sicher nicht geahnt.

3 ***Die Rosskastanie im Jahreslauf.*** ***A*** *Frühling;* ***B*** *Sommer;* ***C*** *Herbst;* ***D*** *Winter*

1 Beschreibe die Gestaltung des Schulhofes deiner Schule.

2 In einer Schule arbeiten und lernen 350 Menschen. Berechne, wie viel Liter Sauerstoff sie an einem Tag verbrauchen.

3 Beschreibe mithilfe der Abbildungen, welche Veränderungen eine Rosskastanie im Jahreslauf zeigt. Versuche diese Erscheinungsformen auch mithilfe der S. 127 zu erklären.

Übung

Bestimmungsschlüssel Sträucher und Bäume

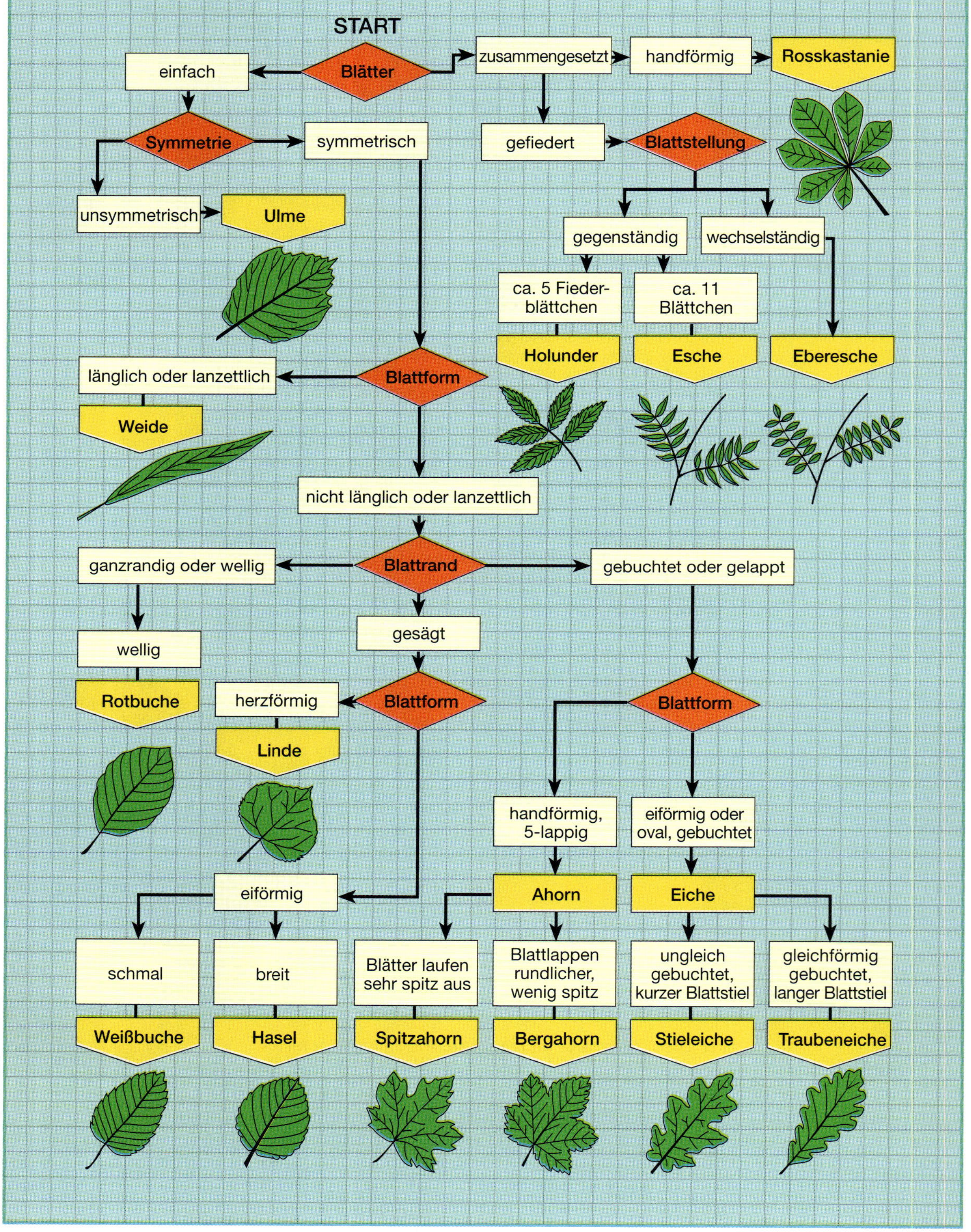

Bäume und Sträucher auf dem Schulgelände

Übung

V1 Wir bestimmen Bäume und Sträucher auf dem Schulgelände

Material: Verschiedene Blätter von Laubbäumen und Sträuchern vom Schulgelände; gegebenenfalls Bestimmungsbücher für Holzgewächse; Karte oder Planskizze vom Schulgelände

Durchführung: Vergleiche ein Blatt mit der unten abgebildeten Übersicht. Entscheide, ob es sich um ein einfaches oder zusammengesetztes Blatt handelt. Vergleiche Blattform und Blattrand. Ermittle dann mithilfe des Bestimmungsschlüssels auf Seite 118 den Artnamen.

Aufgabe: Bestimme einige Bäume und Sträucher. Trage die Standorte in die Karte oder Planskizze vom Schulgelände ein.

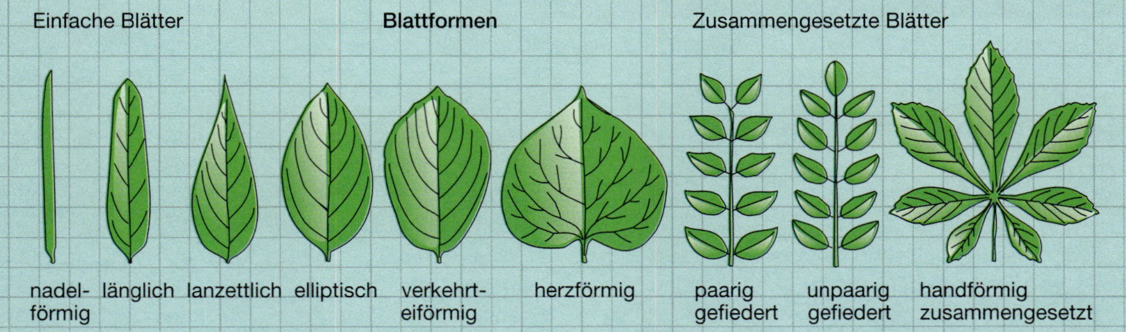

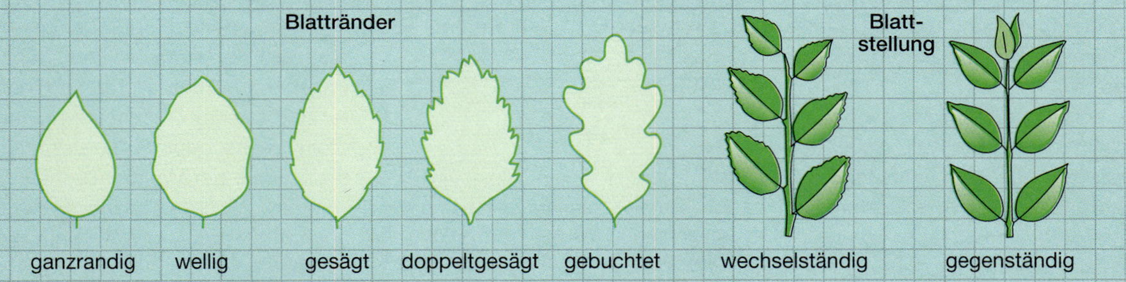

V2 Blattherbar

Material: Blätter von Laubbäumen und Sträuchern; gegebenenfalls Bestimmungsbücher für Holzgewächse; Zeitungen; Bücher zum Beschweren; Zeichenkarton; durchsichtiges Klebeband; Schere

Durchführung: Sammle verschiedene Blätter und bestimme die Pflanzen. Notiere auf einem Zettel Namen, Fundort und Datum. Lege ein Laubblatt ganz glatt mit dem Beschriftungszettel auf eine Lage Zeitungspapier. Decke das Blatt mit einigen weiteren Zeitungsseiten ab. Wiederhole den Vorgang mit den anderen Blättern. Beschwere den Zeitungsstapel mit Büchern. Die Blätter werden nun gepresst. Nimm sie nach etwa 10 Tagen wieder heraus. Klebe jeweils ein Blatt mit dünnen Streifen Klebeband auf einen Zeichenkarton und beschrifte wie im Beispiel gezeigt. Eine Sammlung getrockneter und gepresster Pflanzen wird als **Herbar** bezeichnet.

Aufgabe: Lege ein Blattherbar mit verschiedenen Blättern an

1 ***Löwenzahn. A*** *Horst (fruchtend);* ***B*** *„Pusteblume" – Fruchtstand des Löwenzahns;*

7 Verbreitung von Früchten und Samen

Vielleicht ist es dir auch schon einmal so wie dem Jungen auf dem Foto oben gegangen: Du hast einen Stängel einer „Pusteblume" gepflückt und auf die „Blume" gepustet. Viele kleine, fallschirmartige Gebilde wirbelten daraufhin durch die Luft. Einige davon schwebten langsam zu Boden, andere trug der Wind weit davon.

Bei der „Pusteblume" handelt es sich um den Fruchtstand des Löwenzahns. Aus jeder einzelnen Blüte des gelben Blütenstandes hat sich eine Frucht entwickelt. Etwa 150 solcher Einzelfrüchte bilden einen Fruchtstand. Es sind kleine, mit Widerhaken versehene Früchte, die an einem Fallschirm aus Haaren hängen. Diese *Schirmflieger* werden durch den Wind verbreitet und können auf diese Weise viele Kilometer weit fliegen. Solche Früchte heißen **Flugfrüchte.** Bei ihrer Landung verankern sie sich mit den Widerhaken auf einem für sie geeigneten Untergrund und keimen dort zu einer neuen Pflanze aus. So kann der Löwenzahn durchaus in einer Mauerritze oder sogar in einer Dachrinne wachsen.

Flugfrüchte besitzen verschiedene Einrichtungen, um weit von der Mutterpflanze weggetragen zu werden und neue Gebiete zu besiedeln. Mit einem einfachen Haarschopf ausgerüstet sind die Früchte der Weidenröschen. Zu solchen *Schopffliegern* gehören auch die Weiden und Pappeln. Ihre „Wattebäuschchen" hast du bestimmt schon öfter auf Straßen und Wegen angetroffen.

Stichwort

Frucht

Eine Frucht geht aus einem Fruchtknoten hervor. Seine Wand umgibt einen bis mehrere Samen. Teile der Frucht dienen oft der Samenverbreitung. Es gibt verschiedene Fruchttypen.

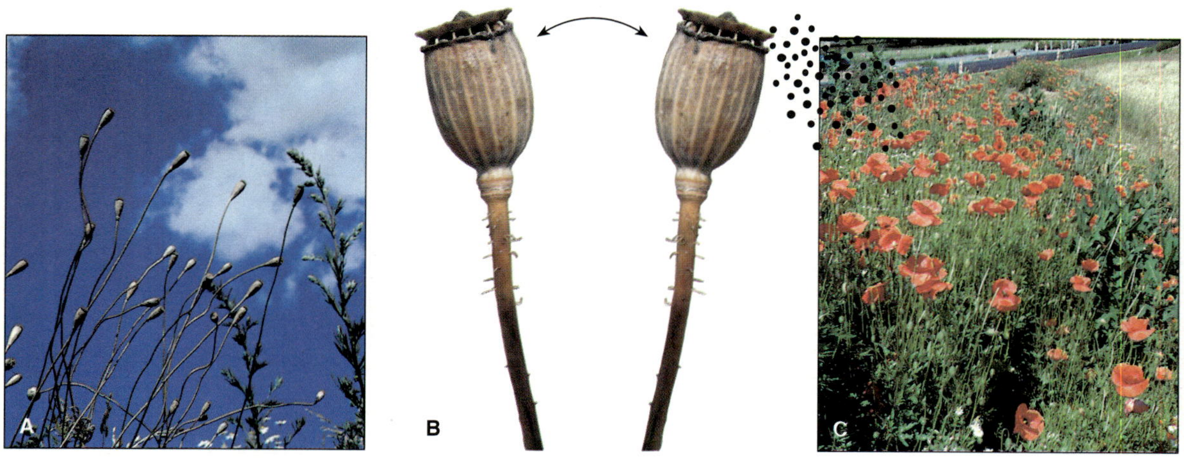

2 ***Klatschmohn. A*** *Reifende Früchte (Kapseln);* ***B*** *Streufrucht;* ***C*** *Neubesiedlung eines Wegrandes*

C junge Löwenzahnpflanze; ***D*** *blühender Löwenzahn*

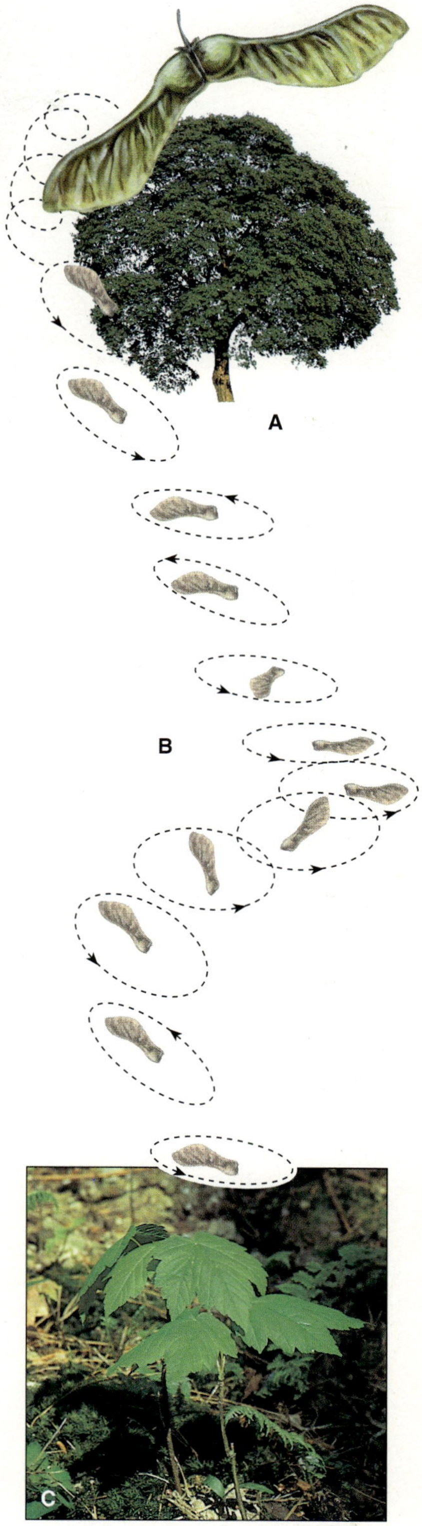

Die Früchte von Birke und Erle sind *Segelflieger*. Sie besitzen zwei häutige Flügel, mit denen sie durch die Luft segeln. „Fliegenden Untertassen" gleichen die Früchte der Ulme. Sie sind in der Mitte einer häutigen Scheibe eingebettet. Bei ihrem Flug rotieren sie um ihre eigene Achse und verringern so ihre Fallgeschwindigkeit.

Auch beim Spitzahorn finden wir Flugfrüchte. Bei der Frucht sitzt der Samen am Ende eines Flügels. Bis zur Fruchtreife hängen jeweils 2 Teilfrüchte zusammen. Wenn der Wind durch einen Spitzahorn mit reifen Früchten bläst, trägt er die nun voneinander getrennten propellerartigen Teilfrüchte davon. Dabei drehen sie sich schraubenförmig und verlängern dadurch ihren Flug. Versuche in einem windstillen Raum haben ergeben, dass eine Ahornfrucht etwa fünfmal solange braucht, um zu Boden zu fallen wie eine Frucht ohne Flügel. In der freien Natur verlängert sich die Fallzeit noch um ein Vielfaches, da der Wind den Flügel erfasst, die Frucht immer wieder hochwirbelt und auf diese Weise weit verbreitet. Auch die Früchte von Hainbuche und Esche gehören zu solchen *Schraubenfliegern*.

Ganz anders sorgen die Mohnpflanzen für die Verbreitung ihrer Samen. Am Ende eines langen Stiels schwanken die reifen Früchte, auch *Mohnkapseln* genannt, im Wind hin und her. Am oberen Kapselrand entstehen bei Fruchtreife kleine Löcher. Mit diesen Poren bildet die Kapsel eine Art Streudose für die in ihr enthaltenen Samen. Die leichten Samen werden beim Schwanken der Kapsel mehrere Meter weit herausgeschleudert und können von dort aus auch vom Wind fortgetragen werden. Solche Früchte heißen **Streufrüchte**. Bis zu 20 000 Samen kann eine Klatschmohnpflanze im Jahr verstreuen. Daher ist es nicht verwunderlich, wenn manche Weg- oder Straßenränder in ein Blütenmeer von Klatschmohn verwandelt sind.

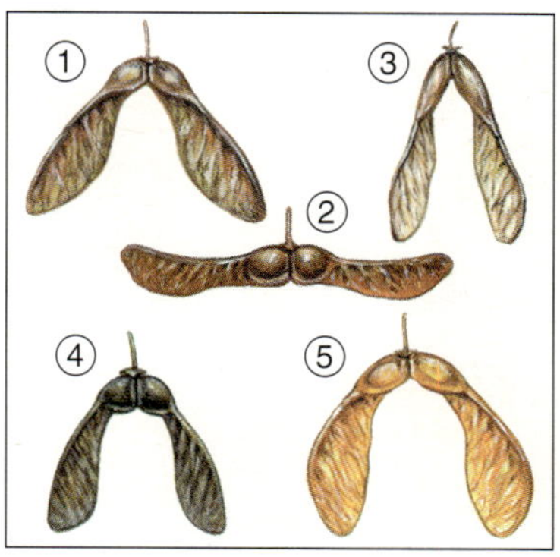

3 Ahornfrüchte. *1 Bergahorn; 2 Feldahorn; 3 Eschenahorn; 4 Zuckerahorn; 5 Silberahorn*

4 Ahorn. A *fruchtender Spitzahorn;* ***B*** *Schraubenflug einer Teilfrucht;* ***C*** *junger Ahorn*

5 ***Schleuderfrucht*** *(Ginster)*

6 ***Klettfrüchte*** *(Kleblabkraut)*

8 ***Lockfrüchte*** *(Eberesche)*

Manche Pflanzen haben zur Verbreitung ihrer Samen Schleudermechanismen entwickelt. Beim Ginster zum Beispiel springen die reifen Früchte, die *Hülsen,* derart heftig auf, dass sich die Fruchtwand schraubig aufrollt. Hierbei werden die Samen bis zu 5 m weit fortgeschleudert. Das Aufspringen der Hülsen kannst du an einem warmen Sommertag sogar hören. Dann knackt es am Ginsterstrauch. Ähnliche **Schleuderfrüchte** haben auch Lupinen.

Die Samen des Schneeglöckchens besitzen fetthaltige Anhänge, die gern von Ameisen gefressen werden. Sie schleppen die Samen fort, verlieren einige davon beim Transport und ermöglichen so ihre Verbreitung. Man bezeichnet sie daher als **Ameisenfrüchte.** Auch Veilchen, Schöllkraut und Taubnesseln haben sich mit den süßen Anhängen ihrer Samen die „Naschhaftigkeit" der Ameisen zunutze gemacht.

Als „blinde Passagiere" gehen alle Früchte mit Klettvorrichtungen auf die Reise. Sie besitzen Hakenhaare, mit denen sie im Fell und Gefieder von Tieren festgekettet, verschleppt und irgendwo wieder abgestreift werden. Auch der Mensch wird zum unfreiwilligen Helfer bei der Verbreitung dieser **Klettfrüchte** wie Kleblabkraut, Klette und Waldmeister.

7 Früchte werden unterschiedlich verbreitet.

Die auffällig gefärbten **Lockfrüchte** vieler Bäume und Sträucher wie Eberesche, Eibe, Himbeere, Holunder oder Schneeball werden gern von Vögeln gefressen. Ihre hartschaligen Samen sind meist unverdaulich. Sie werden mit dem Kot der Vögel ausgeschieden und keimen so weit entfernt von der Mutterpflanze zu neuen Pflanzen aus.

Uferpflanzen wie Seerose, Teichrose und Wasserhahnenfuß besitzen **Schwimmsamen,** die mit einem „Schwimmgürtel" umgeben sind. Mit der Wasserströmung können die Samen weit fortgetrieben werden.

Die Verbreitung von Früchten und Samen kann durch Wind, Tiere, Menschen, Wasser oder durch Schleudermechanismen erfolgen. Auf diese Weise können Pflanzen neue Standorte besiedeln.

1 Wie viele Samen können von der Löwenzahnpflanze in Abb. 1 (S. 120) verbreitet werden?

2 Schreibe eine „Geschichte" zu der Abb. 1A–D (S. 120/121).

3 Finde heraus, um welche Früchte es sich in Abb. 7 handelt. Nenne deren Verbreitungsart.

4 Nenne Lockfrüchte, die gern von Vögeln gefressen werden.

Flugfrüchte

Übung

V1 Schopfflieger

Material: Knetgummi; 6 Daunenfedern; Stoppuhr
Durchführung: Forme aus Knetgummi zwei gleiche, etwa bohnengroße „Samen“. Stecke in einen „Samen“ die Daunenfedern.
Aufgaben: a) Lass den „Samen“ ohne Federschopf aus einer bestimmten Höhe (Fenster, Treppenflur) fallen. Miss die Fallzeit mit der Stoppuhr.
b) Verfahre ebenso wie in Aufgabe a mit dem „Samen“ mit Schopf.
c) Vergleiche die Fallzeiten. Erläutere diese.
d) Nenne Pflanzen, die solche Früchte ausbilden, wie du sie im Modell nachempfunden hast.

V2 Schirmflieger

Material: Styropor (z. B. Füllmaterial in Paketen); 6 Daunenfedern; dünner Blumendraht (2×7 cm); Kneifzange; Schere; Klebstoff
Durchführung: Verwende ein etwa 2 cm großes Stück Styropor als „Samen“. Durchsteche den „Samen“ mit dem Draht und biege ihn am unteren Ende zu einem Haken. Bündele die Daunenfedern, klebe sie zusammen und befestige sie an dem oberen Ende des Drahtes.
Aufgaben: a) Siehe V1, Aufgaben a bis d.
b) Welche Bedeutung hat der Haken am unteren Ende des „Samens“?

V3 Schraubenflieger mit Tragblatt

Material: Zeichenpapier/Schreibmaschinenpapier (DIN A4); Styropor; Klebstoff; Schere; Stoppuhr
Durchführung: Schneide aus dem Papierbogen ein Tragblatt aus. Klebe unter das „Tragblatt“ drei etwa 2 cm große „Samen“ aus Styropor. Klebe gesondert drei etwa 2 cm große „Samen“ ohne „Tragblatt“ zusammen.
Aufgaben: Siehe V1, Aufgaben a bis c.

Fallen und Fliegen

Streifzug durch die Physik

Hast du schon einmal darüber nachgedacht, weshalb Astronauten außerhalb ihrer Weltraumkapsel im Weltraum schweben, ein Apfel jedoch vom Baum auf die Erde herabfällt?
Der Fall des Apfels kommt dadurch zustande, dass die **Anziehungskraft** der Erde auf ihn einwirkt. Dadurch erhält der Apfel seine Gewichtskraft. Er ist *schwer*. Die Anziehungskraft nennt man daher auch **Schwerkraft.** Sie zieht den Apfel senkrecht nach unten. Je weiter ein Körper jedoch von der Erde entfernt ist, desto geringer wird die Anziehungskraft. Die Astronauten im Weltall sind so weit von der Erde entfernt, dass die Schwerkraft nicht mehr wirkt.
Für dich ist es selbstverständlich, dass eine Eichel schneller zu Boden fällt als eine Frucht des Löwenzahns oder einer Linde aus gleicher Höhe. Die Fallzeiten sind abhängig vom **Gewicht** und von der **Gestalt** der Körper. Besäße die Eichel z. B. einen Fallschirm oder ein Segel, käme sie später am Boden an als ohne diese.

Beim Fall wirkt die Luft wie eine Bremse auf den Körper. Der **Luftwiderstand** beeinflusst also die Fallgeschwindigkeit. Er ist umso größer, je größer die Fläche des Körpers ist. Welchen Widerstand die Luft ausübt, kannst du erfahren, wenn du einmal deine Hand – in einem gefahrlosen Augenblick – kurz aus dem geöffneten Schiebedach eines fahrenden Autos hältst.
Die Menschen haben es der Natur „abgeguckt“, sich im Luftraum zu bewegen. *Fallschirmspringer* sinken z. B. an einem Schirm zu Boden. Luftwiderstand und Wind wirken auf die Sinkgeschwindigkeit und auf die Flugbahn. *Drachenflieger* hängen sich unter segelartige Flügel, stürzen sich von einer Felskante und gleiten in einem langen Flug in ein Tal hinab. Dabei nutzen sie neben dem Luftwiderstand vor allem die Aufwinde an Berghängen.

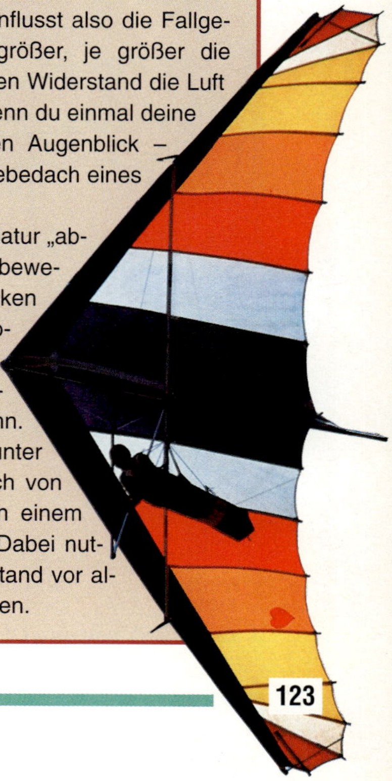

8 Überwinterung von Pflanzen

8.1 Viele Pflanzen blühen schon im zeitigen Frühjahr

Kaum ist Ende Januar/Anfang Februar der Frost aus dem Boden entwichen, machen sich die ersten Vorboten des Frühlings in Gärten und Anlagen bemerkbar. Aus dem Boden schieben sich grüne Pflanzenteile hervor. Von Tag zu Tag werden die Triebe länger, und es dauert dann nicht mehr lange, bis die ersten Pflanzen ihre Blüten entfalten. Wie aber gelingt es ihnen, so zeitig im Jahr zu wachsen und zu blühen?

Ende Januar können wir die ersten *Schneeglöckchen* blühen sehen. Sie haben den letzten Sommer und Winter im Boden als haselnussgroße **Zwiebeln** überdauert. Schneiden wir eine solche Zwiebel längs durch, werden die ineinander liegenden Zwiebelschalen sichtbar. Es sind *Zwiebelschuppenblätter,* also Blätter, die dem Schneeglöckchen als **Vorratsspeicher** dienen. In ihrer Mitte liegen außerdem geschützt Blatt- und Blütenanlagen. Die in der Zwiebel gespeicherten Nährstoffe ermöglichen es dem Schneeglöckchen, zeitig im Frühjahr auszutreiben.

Durch den oft noch harten Boden und schmelzenden Schnee treibt das Schneeglöckchen seine Blattspitzen. Die Zwiebelknospe wird sichtbar.

Die zarten Pflanzenteile werden durch ein weißliches Hüllblatt geschützt. Es umhüllt die beiden dicht aneinander geschmiegten Laubblätter, den Blütenstängel und die Blütenknospe. Später durchbrechen die Laubblätter die Hülle. Noch liegt zwischen ihnen gut „verpackt" die Blütenknospe. Sie wird erst frei, wenn sich die beiden Laubblätter nach außen umbiegen.

Die grünen Laubblätter bilden im Sonnenlicht Nährstoffe, die in die unterirdischen Teile transportiert werden. Dort hat sich bereits an Stelle der „verbrauchten" Mutterzwiebel eine *Ersatzzwiebel* für das nächste Frühjahr gebildet, die nun die Nährstoffe in ihren Zwiebelschuppenblättern speichert. Gleichzeitig entstehen *Brutzwiebeln,* aus denen neue Pflanzen heranwachsen können. So kannst du dir die Schneeglöckchen-Horste erklären, die aus vielen dicht beieinander stehenden Schneeglöckchen bestehen.

Zum Sommer hin welken und vergehen die oberirdischen Teile der Pflanzen, nicht ohne vorher ihre reifen Samen ausgestreut zu haben.

1 ***Frühblüher und ihre Überwinterungsorgane. A*** *Schneeglöckchen mit Zwiebeln (im Jahreslauf);*

Auch *Märzenbecher, Blausternchen, Perlhyazinthen, Milchsterne* und *Tulpen* überdauern mit Speicherblättern den Winter. Pflanzen mit solchen und ähnlichen Speichereinrichtungen können daher schon im Frühjahr blühen. Sie heißen **Frühblüher.**

Wenn die *Krokusse* ihre Blüten entfalten, liegt der Winter meist schon hinter uns. Bei ihnen ist der unterirdische Stängel zu einer zentimeterdicken, rundlichen **Sprossknolle** angeschwollen, die Nährstoffe gespeichert hat. Zunächst erscheinen die Blüten, denen nach und nach die Blätter folgen. Sie bilden Nährstoffe für die *Tochterknollen,* die sich auf der *Mutterknolle* entwickeln. Von der Mutterknolle bleibt nur noch ein torfiger Rest übrig.

Ebenfalls im Frühjahr bilden die Blätter des *Scharbockskrautes* einen dichten Teppich. Du findest diese Pflanzen an feuchten Standorten in Parkanlagen, unter Hecken und auf Wiesen. Ihre „Kraft" für das zeitige Wachsen und Blühen beziehen diese Frühblüher aus **Wurzelknollen.** Hierbei handelt es sich um keulenförmig verdickte Wurzeln. Noch ehe Bäume und Sträucher ergrünen, sorgt das Scharbockskraut bereits für das nächste Jahr vor. Es bildet neue Wurzelknollen und speichert dort die von den Blättern neu gebildeten Vorräte für das kommende Frühjahr.

Auch das *Buschwindröschen* lebt im Frühjahr zunächst von einem Nährstoffvorrat. Die Pflanze hat diesen im Vorjahr in einem unterirdischen Stängel mit unscheinbaren Blättchen, einem **Erdspross,** gespeichert. Er ist etwa bleistiftdick und zieht sich 10 bis 15 cm tief unter der Erdoberfläche hin. In der Frühlingssonne durchbricht ein hakenförmiger Trieb mit seinem Buckel den Erdboden und zieht die zarte Knospe nach. Auch *Christrose, Märzveilchen, Winterling* und *Primel* besitzen solche Erdsprosse.

Zwiebel, Sprossknolle, Wurzelknolle und Erdspross sind unterirdische Speichereinrichtungen von Frühblühern.

1 Betrachte die Pinnwand auf S. 126. Nach welchen Gesichtspunkten sind die Frühblüher geordnet?

2 Zwiebel und Sprossknolle lassen sich leicht verwechseln. Wie kannst du diese unterscheiden?

3 Grabe ein blühendes Buschwindröschen aus. Spüle den Erdspross vorsichtig ab. Zeichne die Pflanze und beschrifte die Zeichnung. Du brauchst dazu folgende Bezeichnungen: Erdspross, Schuppenblatt, Stängel, Blüte, Blatt.

B *Krokusse mit Sprossknolle;* ***C*** *Scharbockskraut mit Wurzelknolle;* ***D*** *Buschwindröschen mit Erdspross*

Pinnwand

Frühblüher

A Märzenbecher

B Blausternchen

C Narzisse (Osterglocke)

D Traubenhyazinthe

E Tulpe

F Winterling

G Christrose

H Primel (Schlüsselblume)

I Märzveilchen

8.2 Bäume bereiten sich auf den Winter vor

Jedes Jahr bietet sich dir im Herbst das gleiche Bild: Die Blätter vieler sommergrüner Laubbäume verfärben sich und fallen schließlich ab. Weshalb geschieht das? Verfolgen wir die Vorgänge einmal an einer Rosskastanie. Den ganzen Sommer über bilden die grünen Blätter Nährstoffe, die in alle Teile der Pflanze transportiert werden, und verdunsten dabei täglich viele hundert Liter Wasser. Das Wasser beziehen sie über die Wurzeln. Wenn im Winter der Boden gefriert, nehmen die Wurzeln kaum noch Wasser auf. Der Baum müsste „verdursten", wenn er nicht vorher auf diese ungünstigen Lebensbedingungen vorbereitet wäre. Zunächst verfärben sich die Blätter. Die Kastanie baut den grünen Farbstoff ab. Zurück bleiben gelbe und rote Farbstoffe. Mit der **Laubfärbung** bereitet der Baum den **Blattfall** vor. Dort, wo sich die Blätter vom Zweig lösen werden, wächst eine *Trennschicht*, die später das Eindringen von Regenwasser verhindert. Wenn die Blätter vom Blattrand her zu vertrocknen beginnen, hängen sie nur noch lose an dieser „Sollbruchstelle". Jetzt genügt ein Windstoß oder eine Frostnacht und die Blätter fallen nach und nach ab. Sie hinterlassen eine Blattnarbe.
Nach dem Laubfall beginnt die **Winterruhe.** Kahl übersteht der Baum die dunklen und kalten Monate. Die Kastanie hat aber für das nächste Jahr „vorgesorgt". In den **Knospen** sind bereits Blätter und Blüten angelegt. Im Winter umhüllen harte, lederartige *Knospenschuppen* die zarten Sprossteile und schützen sie vor dem Austrocknen sowie vor Nässe und Krankheitserregern.

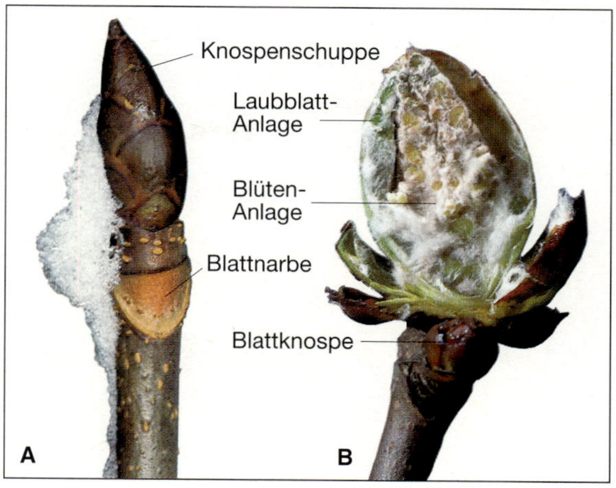

3 Kastanienknospen im Winter.
***A** Zweigende mit Knospen; **B** Blütenknospe (Längsschnitt)*

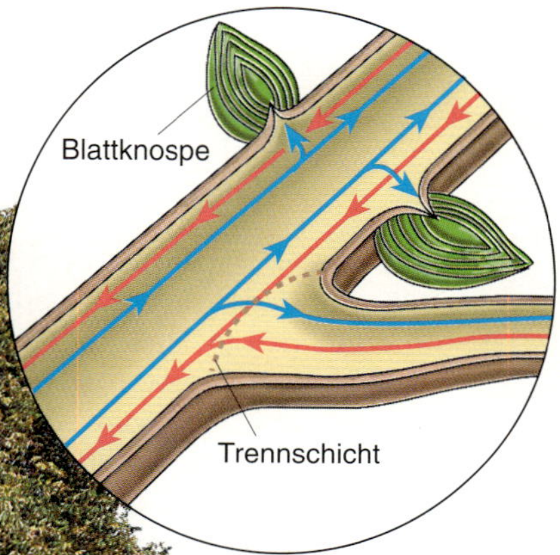

***2 Längsschnitt durch einen Kastanienzweig** (Schema)*

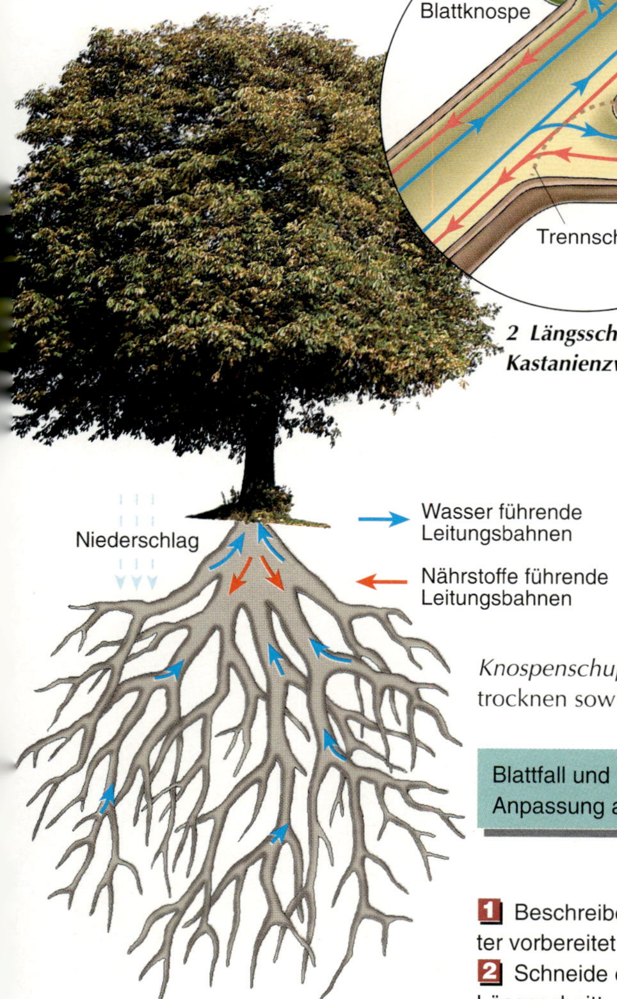

1 Rosskastanie im Herbst

> Blattfall und Knospenbildung bei sommergrünen Bäumen sind eine Anpassung an ungünstige Lebensbedingungen.

1 Beschreibe anhand der Abb. 1 bis 3, wie sich die Kastanie auf den Winter vorbereitet.
2 Schneide eine Blütenknospe der Rosskastanie längs durch. Zeichne den Längsschnitt und beschrifte die Zeichnung.
3 Vergleiche Größe und Oberfläche der Nadel eines Nadelbaumes mit der eines Blattes. Warum müssen Nadelbäume ihre Nadeln nicht abwerfen?

1 Freilandhaltung auch im Winter

2 Pferde im Winterfell

9 Überwinterung bei Tieren

9.1 Säugetiere im Winter

Wenn wir im Winter nach draußen gehen, ziehen wir uns warm an, um nicht zu frieren. Wie aber schützen sich die Tiere vor Kälte? Sehen wir uns frei laufende Pferde einmal aus der Nähe an. Sie besitzen ein Fell aus dicht beieinander stehenden Haaren. Es hält ihren Körper warm so wie uns Winterkleidung vor Kälte schützt. Zum Frühjahr hin verlieren die Pferde einen Teil ihres wärmenden „Unterkleides". Dann sehen sie zum Teil struppig aus.

Der **Haarwechsel** zum Winter und zum Frühjahr wird besonders beim *Hermelin* deutlich. Im Sommer trägt dieser Marder auf dem Rücken ein braunes *Sommerfell*. Zum Winter hin verliert er sein braunes Haarkleid. An dessen Stelle tritt ein dichtes weißes *Winterfell.* Nur die Schwanzspitze bleibt dunkel gefärbt. Der Haarwechsel vom Sommer zum Winter und umgekehrt ist eine Angepasstheit an die jahreszeitlich unterschiedlichen Temperaturen. Das Winterfell dient dem Tier als Kälteschutz. Zugleich ist es auch eine Tarnfärbung in der weißen Winterlandschaft. Es schützt das Hermelin vor möglichen Fressfeinden wie Greifvögeln und Eulen.

Auch *Rehe, Hirsche* und *Füchse* haben sich ein dichtes „Unterkleid" aus *Wollhaaren* zugelegt. In den kleinen Zwischenräumen der Haare wird die Luft festgehalten. Luft leitet Kälte und Wärme schlecht. Solch ein lufthaltiges Winterhaar wirkt wie eine Isolierschicht

3 Hermelin im Sommerfell

4 Hermelin im Winterfell

und verhindert einen zu starken Wärmeverlust. *Grannenhaare* weisen zusätzlich Feuchtigkeit ab. Die Tiere gehen den Winter über auf Nahrungssuche. Es sind **winteraktive Tiere.**

Eichhörnchen, denen du im Sommer gelegentlich begegnest, wirst du im Winter kaum antreffen. Sie „verschlafen" die kalte Jahreszeit in ihrem kugelförmigen Nest, dem *Kobel,* das sie sich in einem Baum angelegt haben. Es ist mit Pflanzenteilen ausgepolstert und schützt das Tier zusätzlich zu seinem Winterkleid vor Auskühlung. Für den Winter legt sich das Eichhörnchen Verstecke mit Nahrungsvorräten an: Eicheln, Nüsse, Bucheckern und Zapfen von Nadelbäumen. Diese vergräbt es oder versteckt sie in Baumhöhlen. Von Zeit zu Zeit erwacht das Eichhörnchen aus seinem *Ruheschlaf* und frisst von seinen Vorräten. Eichhörnchen sind **Winterruher.**

Ganz anders verhält sich der *Igel* in der kalten Jahreszeit. Bis zum Herbst hat er sich ein Fettpolster angefressen. Es dient ihm im Winter als Nahrungsreserve. Der Igel baut sich unter Laub- oder Reisighaufen aus Heu, Moos und Laub ein Nest, in das er sich verkriecht, wenn die Außentemperatur längerfristig sinkt. Er hält dort eingerollt einen tiefen **Winterschlaf.** Seine Körpertemperatur fällt von 35 °C auf etwa 6 °C, das Herz schlägt statt 180-mal nur noch 20-mal in der Minute. So kann der Igel viele Wochen lang regungslos in seinem Nest schlafen. – Bleibt die Außentemperatur längere Zeit unter 6 °C oder herrscht sogar Dauerfrost, kann der Igel erfrieren. Die Kälte wirkt auf den Igel als *Weckreiz.* Er wacht auf. Dabei steigt seine Körpertemperatur innerhalb kurzer Zeit wieder auf 35 °C. Danach fällt er erneut in Winterschlaf.

Winterschlaf halten auch *Fledermäuse.* Sie ziehen sich in frostsichere Baum- und Felshöhlen oder Felsspalten zurück. Dafür müssen sie oft Hunderte von Kilometern weit fliegen.

Haarwechsel, Winterruhe und Winterschlaf sind eine Angepasstheit der Säugetiere an die Lebensbedingungen im Winter.

1 Unterscheide die Tiere der Pinnwand auf S. 131 nach Winteraktiven, Winterruhern und Winterschläfern. Welches Tier gehört nicht dazu?

6 ***Eichhörnchen. A*** *Kobel im Baumwipfel;* ***B*** *auf Nahrungssuche im Winter*

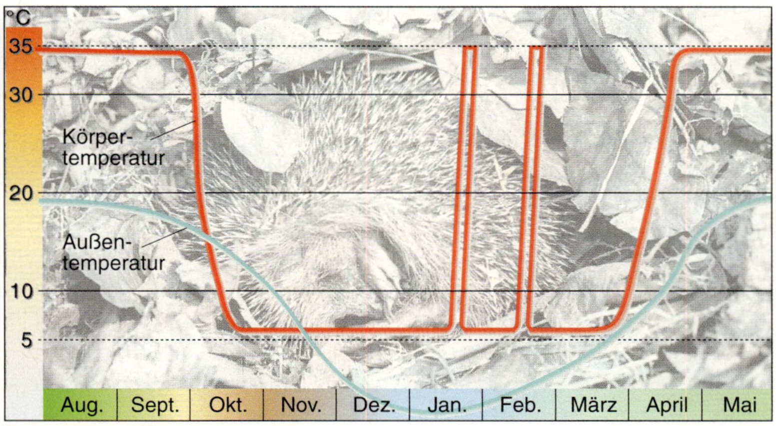

5 Der Igel – ein Winterschläfer

7 Fledermäuse im Winterschlaf

9.2 Wechselwarme Tiere erstarren im Winter

Beim Ausheben eines Pflanzloches für einen Baum machte ein Gärtner eine überraschende Entdeckung: Er förderte ein Knäuel unbeweglicher, steifer *Blindschleichen* zutage. Er reagierte sofort richtig und brachte sie unter einem großen Laubhaufen in Sicherheit. Was war hier geschehen?
Der Gärtner hatte die Blindschleichen in ihrem Winterquartier gestört, das diese im Herbst in einem etwa 30 cm tiefen Erdloch aufgesucht hatten. Blindschleichen sind Eidechsen ohne Gliedmaßen und können daher leicht mit Schlangen verwechselt werden. Sinkt im Herbst die Außentemperatur, fällt auch ihre Körpertemperatur. Sie sind **wechselwarme Tiere.**

1 Blindschleiche

Um den Winter zu überstehen, suchen die Blindschleichen unter Steinen, Moospolstern oder in Erdlöchern einen geschützten Unterschlupf und fallen bei einer Körpertemperatur unter 14 °C von Oktober/November bis März/April in eine Kälte- oder **Winterstarre.** Der Gärtner war also auf eine *Schlafgemeinschaft* vieler Blindschleichen gestoßen, die noch nicht aus ihrer Winterstarre erwacht war.

Auch andere wechselwarme Tiere wie Schlangen, Eidechsen, Kröten, Frösche und Molche überdauern den Winter in Winterstarre. Die Frühjahrswärme weckt sie wieder aus ihrer Starre.
Auch manche Insekten wie Käfer oder Schmetterlinge überwintern an geschützten Orten zum Beispiel unter Moos oder in Rindenspalten in Winterstarre.

Wechselwarme Tiere halten keinen Winterschlaf. Ihr Körper fällt zur kalten Jahreszeit in Winterstarre.

1 Was muss geschehen, damit wechselwarme Tiere nach der Winterstarre wieder aktiv werden können? Erläutere.

Streifzug durch die Erdkunde

Die Tages- und Jahreszeiten

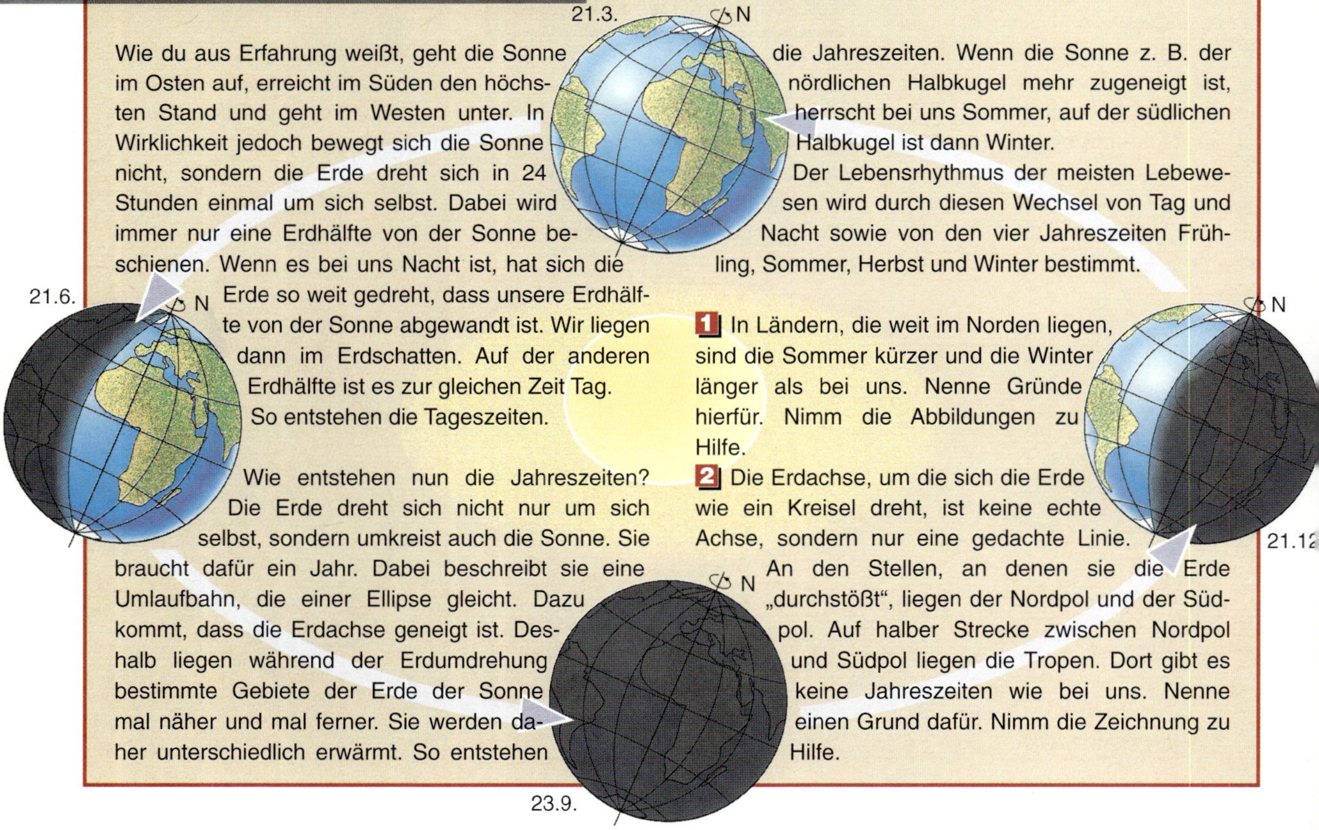

Wie du aus Erfahrung weißt, geht die Sonne im Osten auf, erreicht im Süden den höchsten Stand und geht im Westen unter. In Wirklichkeit jedoch bewegt sich die Sonne nicht, sondern die Erde dreht sich in 24 Stunden einmal um sich selbst. Dabei wird immer nur eine Erdhälfte von der Sonne beschienen. Wenn es bei uns Nacht ist, hat sich die Erde so weit gedreht, dass unsere Erdhälfte von der Sonne abgewandt ist. Wir liegen dann im Erdschatten. Auf der anderen Erdhälfte ist es zur gleichen Zeit Tag. So entstehen die Tageszeiten.

Wie entstehen nun die Jahreszeiten? Die Erde dreht sich nicht nur um sich selbst, sondern umkreist auch die Sonne. Sie braucht dafür ein Jahr. Dabei beschreibt sie eine Umlaufbahn, die einer Ellipse gleicht. Dazu kommt, dass die Erdachse geneigt ist. Deshalb liegen während der Erdumdrehung bestimmte Gebiete der Erde der Sonne mal näher und mal ferner. Sie werden daher unterschiedlich erwärmt. So entstehen die Jahreszeiten. Wenn die Sonne z. B. der nördlichen Halbkugel mehr zugeneigt ist, herrscht bei uns Sommer, auf der südlichen Halbkugel ist dann Winter.
Der Lebensrhythmus der meisten Lebewesen wird durch diesen Wechsel von Tag und Nacht sowie von den vier Jahreszeiten Frühling, Sommer, Herbst und Winter bestimmt.

1 In Ländern, die weit im Norden liegen, sind die Sommer kürzer und die Winter länger als bei uns. Nenne Gründe hierfür. Nimm die Abbildungen zu Hilfe.

2 Die Erdachse, um die sich die Erde wie ein Kreisel dreht, ist keine echte Achse, sondern nur eine gedachte Linie. An den Stellen, an denen sie die Erde „durchstößt", liegen der Nordpol und der Südpol. Auf halber Strecke zwischen Nordpol und Südpol liegen die Tropen. Dort gibt es keine Jahreszeiten wie bei uns. Nenne einen Grund dafür. Nimm die Zeichnung zu Hilfe.

Pinnwand

TIERE IM WINTER

Siebenschläfer: Nagetier in Laubwäldern, Parks, Obstgärten; zieht sich von September an in ein im Erdboden angelegtes Nest aus Moos, Laub und Pflanzenfasern zurück; rollt sich ein und hält bis April Winterschlaf; zehrt dann von seinem Körperfett

Feldhamster: Nagetier und Allesfresser; in Feldern; Winterschlaf in einem Nest seines Erdbaues bei seinen Vorräten, die viele Kilogramm betragen können; unterbricht bisweilen seinen Winterschlaf; dieser dauert von Oktober bis März

Fuchs: winteraktives Raubtier; in Wäldern, auf Feldern und Wiesen; nutzt nur zeitweilig seinen Erdbau; lässt sich auch zusammengerollt einschneien; sein dichtes Winterfell schützt ihn vor jedem Wetter

Dachs: Marder in Wäldern mit reichem Unterholz; Allesfresser; hält in der kalten Jahreszeit in seinem Erdbau Winterruhe; zehrt dann von seinem körpereigenen Fettpolster; schläft tagelang ununterbrochen, wacht dann für kurze Zeit auf, nimmt feste und flüssige Nahrung zu sich und setzt dann seinen Ruheschlaf fort

Weinbergschnecke: lebt in Gebieten mit kalkhaltigen Böden; Pflanzenfresser; zum Herbst verkriecht sie sich an einen geschützten Ort, verschließt ihre Gehäuseöffnung mit einem Kalkdeckel und fällt in Winter- oder Kältestarre

Alpenmurmeltier: Nagetier; lebt gesellig in Gebirgslandschaften; polstert im Spätherbst den Schlafkessel des unterirdischen Winterbaus mit Heu aus; verstopft die Eingänge von innen mit Erde und Pflanzenteilen; mehrere Tiere rollen sich dicht nebeneinander ein und fallen von Oktober bis April in Winterschlaf; zehren in dieser Zeit vom Fettpolster

1 Schwalben sammeln sich

9.3 Vögel gehen auf Reisen

Es ist Spätsommer. Da sammeln sich eines Tages viele Rauch- und Mehlschwalben auf Leitungsdrähten. Von Tag zu Tag werden es mehr. Doch eines Morgens sind sie verschwunden und erscheinen erst im nächsten Frühjahr wieder bei uns. Wohin fliegen die Tiere?

Dieser Frage sind Biologen von **Vogelwarten** nachgegangen; denn nicht nur Schwalben verlassen ihre Brutheimat. Auch andere Vögel ziehen zum Herbst hin fort. Es sind vor allem solche Arten, die im Winter in ihrer Brutheimat keine Nahrung finden und dort verhungern müssten. Solche jahreszeitlich wandernden Vögel nennt man **Zugvögel.**

Um die Wanderung der Vögel zu verfolgen, kennzeichnen Biologen der Vogelwarten und viele Mitarbeiter im ganzen Land die Vögel. Dazu legen sie jedes Jahr vielen hunderttausend Vögeln, meist Nestjungen, einen leichten Aluminiumring um den Lauf. Darauf sind eine Nummer und die jeweilige Vogelwarte eingestanzt.
Andere Vögel werden mithilfe von Reusen wie auf Helgoland oder mit großen Netzen gefangen, anschließend beringt, in Listen erfasst und sofort wieder freigelassen. Durch diese **Beringung** wurden in den letzten hundert Jahren viele Millionen Vögel gekennzeichnet. Durch Wiederfunde der Ringe konnten die Biologen viele Fragen des **Vogelzuges** klären. Bei den Rauchschwalben z. B. fanden sie heraus, dass diese auf verschiedenen Wegen in ihr Überwinterungsgebiet nach Südafrika gelangen.

Besonders gut erforscht ist das *Zugverhalten* des Weißstorches. Neben der Beringung hat vor allem eine neue Methode, die **Radarbeobachtung,** wichtige Ergebnisse gebracht. Bei dieser Methode fängt man z. B. einen ausgewachsenen Storch, bindet ihm einen etwa 70 g leichten Sender um und lässt den Vogel wieder frei. Der Sender sendet Funksignale aus. Diese werden von einem Satelliten empfangen und an eine Vogelwarte rückgemeldet. Dadurch ist es möglich, über Monate hinweg den jeweiligen Aufenthaltsort des Storches festzustellen und in eine *Zugkarte* einzutragen.

Man weiß, dass die Störche auf zwei unterschiedlichen Wegen nach Afrika gelangen. Die westlich der

2 Vogelfang mit einer Trichterreuse

3 Beringung eines Singvogels

Elbe brütenden Störche machen sich im Spätsommer in Richtung Spanien auf die Reise, die östlich davon brütenden Störche wählen die Ostroute über Griechenland und die Türkei. Die *Weststörche* und die *Oststörche* meiden lange Wege über das Meer. Sie brauchen die warmen Aufwinde über dem Festland, die sie zum Segeln nutzen.
So müssen sie nicht mit den Flügeln schlagen und sparen deshalb Kraft. Daher wählen sie im Westen die Meerenge bei Gibraltar, im Osten die Meerenge am Bosporus. So kann man im September zur Zugzeit an einem Tag mehrere tausend Störche die Meerengen überqueren sehen.

Die Weststörche ziehen nach Überquerung der Straße von Gibraltar in breiter Front südwärts und „überwintern" in Westafrika. Die Oststörche dagegen fliegen über Israel und die Sinai-Halbinsel zum Nil und folgen diesem nach Süden. Ende des Jahres erreichen sie den Süden Afrikas.

Zugvögel verlassen zum Herbst ihre Brutheimat.

1 Beschreibe das Zugverhalten eines mit einem Sender versehenen Storches anhand der Abb. 4 (blauer Weg).

2 Suche dir aus der Pinnwand auf S. 134 einen Pinnzettel heraus. Was entnimmst du diesem zum Zugverhalten des Vogels/der Vögel? Schreibe es auf.

3 Welchen Gefahren sind Zugvögel ausgesetzt?

A Storch mit Sender

B ziehende Störche

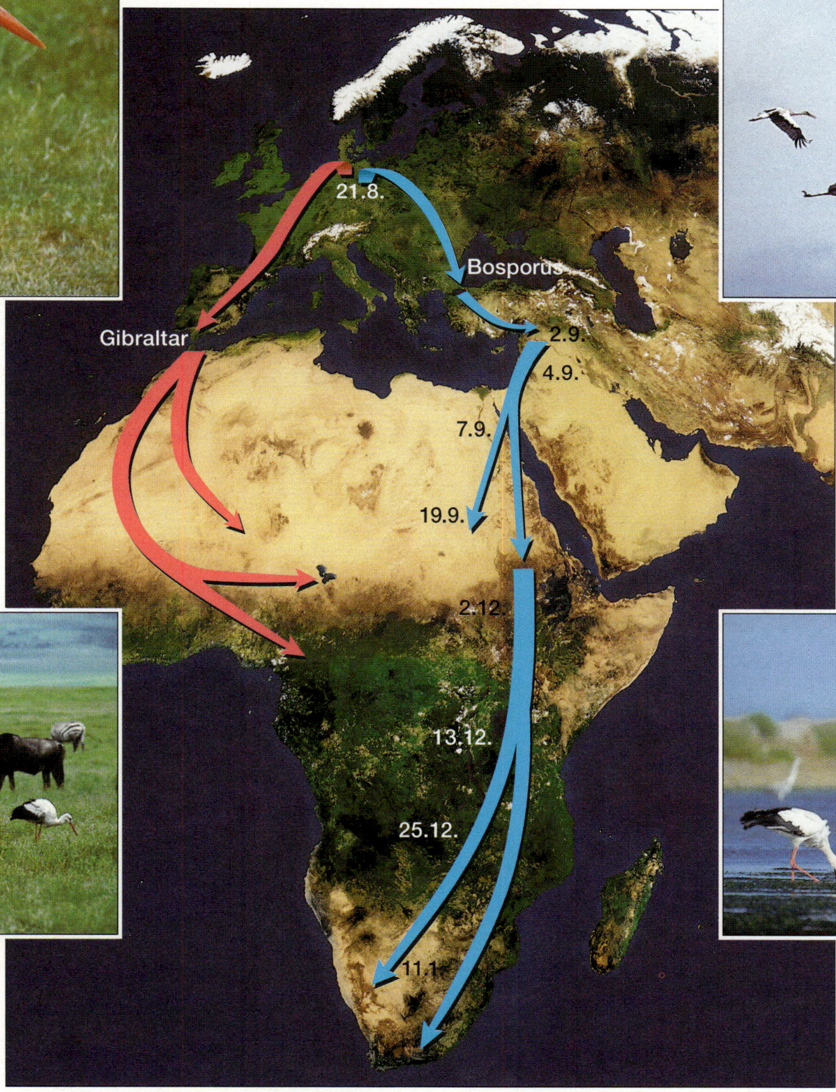

D im Überwinterungsgebiet

C Rast unterwegs

4 Zug der Weißstörche in ihre Überwinterungsgebiete

Pinnwand

VÖGEL AUF REISEN

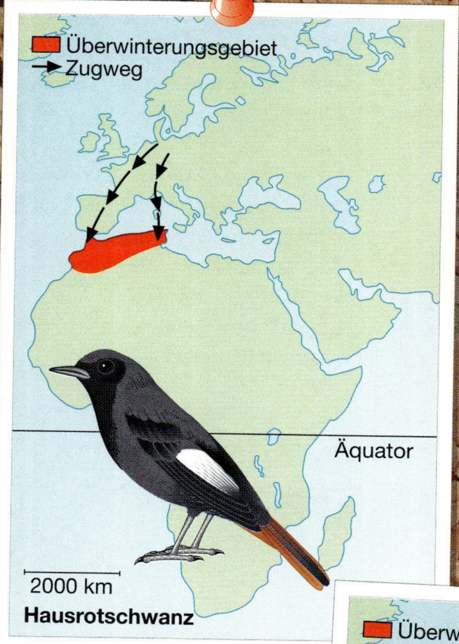

KURZNACHRICHTEN

24.6.97 (ap)

Weniger Störche

Rund die Hälfte der deutschen Störche schaffen in diesem Jahr voraussichtlich den Heimweg nicht. Wegen schlechter Thermik über der Türkei verendeten viele der Zugvögel aus Erschöpfung.

Wie weit fliegen Zugvögel?
(einfache Flugstrecke)

Star	1.400 km
Singdrossel	2.600 km
Zaungrasmücke	6.000 km
Kuckuck	9.000 km
Weißstorch	10.000 km
Rauchschwalbe	10.000 km
Küstenseeschwalbe	20.000 km

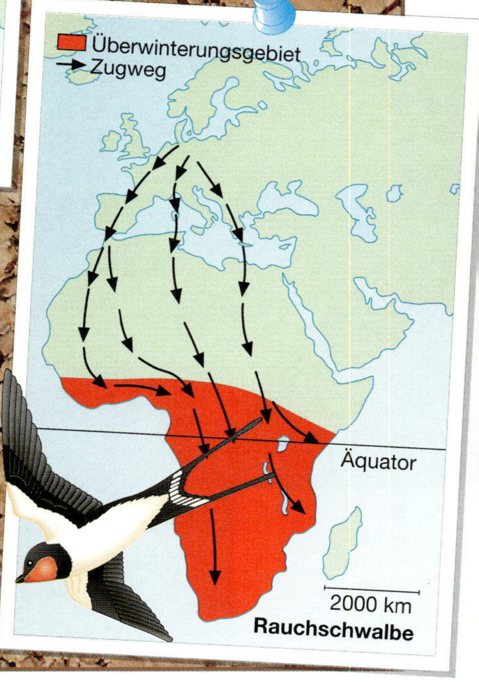

9.4 Vögel im Winter

Es ist Spätherbst. Aus den Erlen hören wir ein reges Gezwitscher. Wir schauen hinauf und entdecken einen Schwarm von *Zeisigen,* die sich aus den Erlenzapfen die nahrhaften Samen holen. Gewöhnlich hören wir im Herbst kaum noch Vogelstimmen; denn viele Vogelarten sind bei uns nur *Sommergäste* und haben sich bereits auf die Reise in ihre Winterquartiere begeben. Daher fällt uns die große Schar der Zeisige auf. Es sind *Wintergäste,* die der Kälte und dem Schnee im Norden Europas ausgewichen sind.

Wir treffen im Winter bei uns zumeist nur solche Vögel an, die das ganze Jahr über in ihrem Brutgebiet bleiben. Man nennt sie daher **Standvögel** oder *Jahresvögel.* So begegnen wir z. B. Drosseln, Finken, Sperlingen, Meisen, Rotkehlchen, Spechten, Dompfaffen und Kernbeißern bei der Futtersuche. Für Finken, Ammern und Hänflinge sind vor allem die stehengebliebenen Stauden mit ihren Samen eine wichtige Nahrungsquelle. Kernbeißer knacken die harten Schalen von Kirschkernen und gelangen so an die Samen.

1 Erlenzeisige als Wintergäste

Wenn für viele Vögel bei Frost und Schnee die Nahrung knapp wird, ist für die *Fichtenkreuzschnäbel* „der Tisch reich gedeckt“. Sie haben sich auf die noch nicht geöffneten Zapfen der Fichten spezialisiert. Die Vögel besitzen einen Schnabel, dessen Hälften vorn gebogen sind und sich dabei überkreuzen. Mit diesem Spezialschnabel können sie die Schuppen auseinanderspreizen und so mit der Zunge an die Samen gelangen. Sie brüten sogar im Winter und ziehen in dieser Zeit ihre Jungen groß.

2 Rotkehlchen

3 Kernbeißer

4 Wacholderdrossel

5 ***Fichtenkreuzschnabel*** *am Nest*

Standorttreue Vogelarten bleiben im Winter in ihrem Brutgebiet. Sie finden dort auch in der kalten Jahreszeit meist ausreichend Nahrung. Zu ihnen gesellen sich Wintergäste aus entfernten Brutgebieten.

1 Betrachte das Rotkehlchen in Abb. 2. Was ist der Grund für sein „dickes“ Aussehen?

9.5 Projekt „Wir helfen den Vögeln"

An Tims Schule ist Tag der offenen Tür. An diesem Tag werden Projekte vorgestellt. Die Projektgruppe **„Nisthilfen für Höhlenbrüter"** hat einen Stand mit selbstgebauten Nisthöhlen. Tim berichtet: „Manchen Vögeln wie Kohlmeise, Blaumeise, Sumpfmeise und Kleiber, die gewöhnlich in Baumhöhlen ihren Nistplatz haben, fehlt es an geeigneten Brutplätzen. Wir hatten daher beschlossen, Nisthöhlen zu bauen. Wir entschieden uns für den Bau von Dreieckshöhlen.

Die Materialien besorgten wir uns vom Baumarkt. Die Werkzeuge gab es im Werkraum. Zunächst zeichneten wir die einzelnen Bauteile auf die Bretter und sägten diese dann aus. Die Seitenwände schrägten wir oben ab. In den Boden bohrten wir Ablauflöcher für die sich ansammelnde Feuchtigkeit. Die Vorderwand erhielt eine Kerbe für die Halbflügelschraube zum Öffnen der Höhle.

Nun konnten wir die Dreieckshöhle zusammenbauen. Die beiden Seitenwände nagelten wir so an die Rückwand, dass die abgeschrägten Kanten aufeinander lagen. Anschließend nagelten wir die Seitenwände am First zusammen und rundeten sie oben mit einer Feile ab. Danach konnte der Boden an den Seitenwänden und an der Rückwand befestigt werden. Mit zwei Schrauben verbanden wir die Rückwand mit der Aufhängeleiste. Jetzt setzen wir die Fluglochwand ein. Etwa 5 cm unter dem First vor und hinter dieser Wand brachten wir je einen Nagel zum Festhalten der Vorderwand an. Danach drehten wir die Halbflügelschraube in die Vorderkante des Bodens. Nun ließ sich die Fluglochwand öffnen und schließen; denn im Herbst müssen die Höhlen gesäubert werden. Zuletzt brachten wir am First Dachpappe gegen eindringende Feuchtigkeit an.

Als wir im Frühjahr die Höhlen an verschiedenen Bäumen angebracht hatten, wurden wir bald ‚belohnt'. Schon nach wenigen Tagen untersuchten Kohlmeisen und Blaumeisen die neuen Höhlen. Mitte April waren alle Höhlen besetzt."

1 Dreieckshöhle an einem Baumstamm

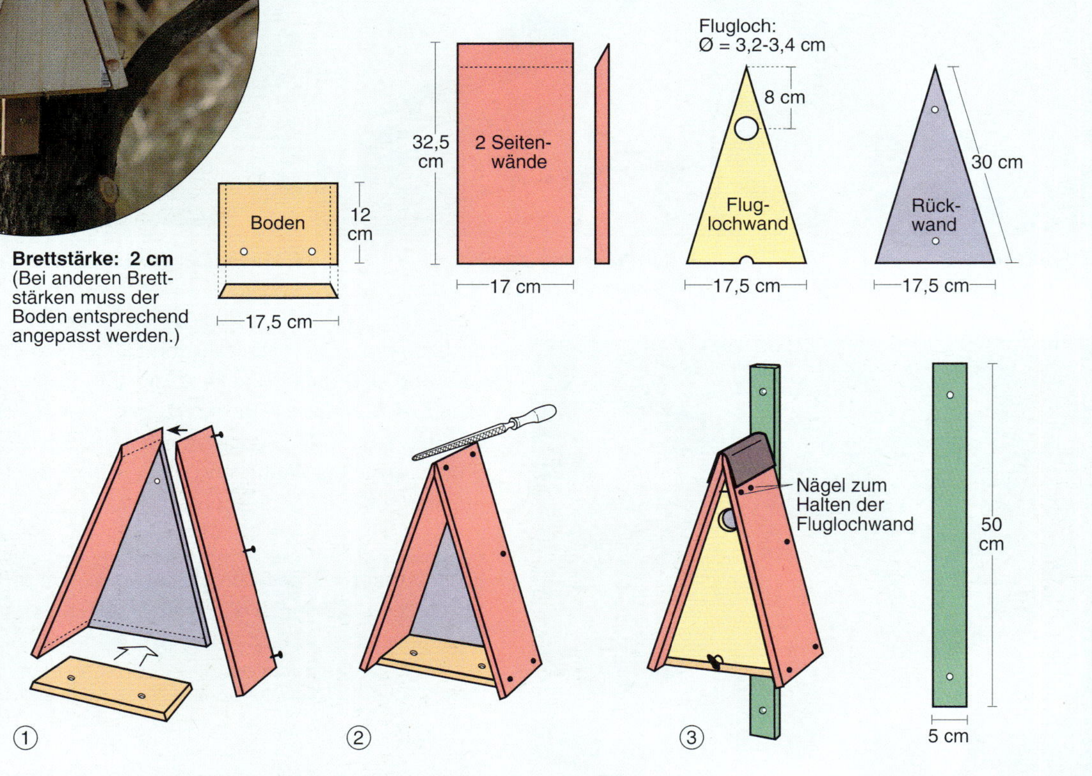

2 Dreieckshöhle für Meisen und Trauerschnäpper

Aus der Projektgruppe **„Winterfütterung"** berichtet Andrea: „Bei starkem Frost und geschlossener Schneedecke haben es Standvögel schwer, Nahrung zu finden. Daher beschlossen wir, Vogelfutter selbst zuzubereiten und den Vögeln an verschiedenen Stellen in unserer Umgebung anzubieten.

Für verschiedene Futtergeräte stellten wir ein **Fettfuttergemisch** aus geschmolzenem Rindertalg und der gleichen Menge kleiner Samen, Sonnenblumenkernen, Schrot von Haselnüssen, Weizenkleie und Haferflocken her. Die noch nicht erkaltete Futtermasse kneteten wir zu kleinen, in Kunststoffnetze passende Ballen. Die fertigen **Futternetze** hängten wir katzensicher auf.

Einen Teil des Fettfutters verwendeten wir für **Futterglocken** aus kleinen Blumentöpfen und Kokosnusshälften. Zum Aufhängen der Glocken und als Halt für die Vögel versahen wir die Glocken vor dem Einfüllen der Futtermasse mit einem Holzstab. Meisen und Kleiber fressen auch gerne das helle „Fleisch" aus einer frisch aufgesägten Kokosnuss. Wir sahen daher einige Hälften für die Winterfütterung vor, die wir mit der offenen Seite nach unten aufhängen werden. Für Spechte und Kleiber bereiteten wir **Nussschnüre** vor. Dazu fädelten wir ungeöffnete Erdnüsse auf rostfreien Draht auf, um sie später draußen aufhängen zu können. Vor zwei Jahren hatte eine andere Projektgruppe ein **Futterhaus** gebaut. In diesem Winter werden wir es mit Körnerfutter für Meisen, Finken und Kleiber versehen.

Beim Füttern werden wir beachten: *Nur füttern, wenn Not herrscht! Gesunde und kräftige Vögel können ohne unsere Hilfe den Winter überstehen. Nie gewürztes oder gesalzenes Futter anbieten!"*

Die Lebensbedingungen von Vögeln können wir verbessern, wenn wir den Tieren Nisthilfen anbieten und sie im Winter verantwortungsvoll füttern

4 Kleiber an einem Futternetz

Futterglocke

Futterhaus

Kokosnusshälfte

Nussschnur

3 Futterhilfen für Vögel im Winter

10 Insekten

10.1 Aus dem Leben eines Kleinen Fuchses

In den Weihnachtsferien hilft Tobias seinem Vater auf dem kalten Dachboden beim Aufräumen. Dabei entdeckt er zufällig an einem Balken einen **Schmetterling** mit hochgeklappten Flügeln. Durch die braungescheckte Unterseite war der *Falter* kaum zu erkennen. „Das Tier scheint tot zu sein“, denkt Tobias und nimmt den Schmetterling mit in sein warmes Zimmer, um ihn dort später näher zu betrachten.
Als Tobias nach ein paar Stunden den Falter in Ruhe ansehen will, macht er eine besondere Entdeckung. Das vorher leblose Tier bewegt seine beiden Flügelpaare auf und ab. Die warme Temperatur des Zimmers hat das Tier offensichtlich „wiederbelebt“. Jetzt erkennt er den Falter: Es ist der **Kleine Fuchs.**
Was Tobias bisher nicht wusste: Der Kleine Fuchs überwintert an geschützten Stellen wie Dachböden, Kellern, Scheunen oder in Baumhöhlen. Sobald es im Frühjahr wärmer wird, erwacht der Falter aus seiner *Winterstarre* und verlässt sein Winterquartier. So können wir ihn oft schon im März an den Blüten von Salweiden, Krokussen oder Primeln sehen. Dort hält er sich mit seinen *6 Beinen* fest, rollt seinen langen *Saugrüssel* aus und saugt damit Nektar auf.

1 Kleiner Fuchs beim Nektar saugen

***A** Eiablage*

***B** Eipaket*

***C** geschlüpfte Raupen*

***D** eingesponnene*

2 Entwicklung des Kleinen Fuchses (A–H)

Sobald im Mai die Brennnesseln als Wirtspflanzen für die Nachkommen groß genug sind, legt das Weibchen nach der Paarung seine **Eier** ab. Diese heftet es in kleinen Haufen auf die Unterseite der Brennnesselblätter. Nach der Eiablage stirbt der Falter. In den Eiern dagegen entwickelt sich neues Leben.

Etwa 20 Tage nach der Eiablage schlüpfen aus den Eiern dunkel gefärbte **Larven,** die man bei Faltern *Raupen* nennt. Sie leben in der ersten Zeit auf den Brennnesselblättern gesellig beisammen. Dabei spinnen sie mehrere Blätter ihrer Wirtspflanze mit feinen Seidenfäden zusammen. Geschützt in diesem Seidennetz entziehen sie sich ihren Fressfeinden. Nach und nach fressen sie die Brennnesselpflanze bis auf den Stängel und die Blattstiele kahl.

> Stichwort
> **Insekten**
> Insekten haben einen dreigeteilten Körper: einen Kopf mit 2 Fühlern, eine Brust mit 3 Beinpaaren und meist 2 Flügelpaaren sowie einen gegliederten Hinterleib.

Beim Heranwachsen der Raupen kann deren Haut jedoch nicht unbegrenzt mitwachsen. Sie ist eine Art äußerer Panzer, der dem Körper Halt verschafft. Daher muss die Raupe ihre Haut mehrmals in ihrem Leben abstreifen. Diesen Vorgang nennt man auch *Häutung.* Vor jeder Häutung beginnt unter der alten Haut eine neue zu wachsen. Diese ist zunächst noch gefaltet und kann sich so später ausdehnen. Beim Häuten platzt die alte Haut auf und die Raupe kriecht heraus. Nun streckt sie sich, damit sich die neue und noch weiche Haut entfalten

***E** ausgewachsene Raupe*

***F** Puppe*

kann. Etwa fünfmal in ihrem Leben häutet sich die Raupe.
Nach ihrer zweiten Häutung trägt sie 2 gelbe Längsstreifen auf dem Rücken und je einen auf der Seite. Jetzt erkennen wir, dass die Raupe behaart ist.
Nach etwa einem Monat ist die Raupe ausgewachsen. Nun erklettert sie einen Pflanzenstängel und hängt sich mithilfe von Spinnfäden so daran auf, dass sie später frei nach unten hängt. Damit beginnt die Verpuppung. Dazu häutet sie sich ein letztes Mal. Danach hat sie sich zu einer **Puppe** entwickelt. Die Puppenhaut wird fest und hart. Jetzt sieht die Puppe unscheinbar aus und ist leicht mit einem welken Blatt zu verwechseln.

Während der *Puppenruhe,* die etwa 20 Tage dauert, geschieht die Umwandlung von der Puppe zum Falter. Die bisherigen Organe der Raupe werden in dieser Zeit zu Schmetterlingsorganen umgewandelt. Am Ende der Puppenruhe ist in der Hülle aus der Raupe ein **Falter** entstanden. Er muss nur noch die Puppenhülle verlassen. Dazu drückt er aus dem übrigen Körper Flüssigkeit in Kopf und Brust, um sich auszudehnen. Dabei platzt die Hülle auf. Jetzt kann er aus ihr

***G** schlüpfender Falter*

***H** geschlüpfter Falter*

herauskriechen. Er *schlüpft.* Zuerst hängen die Flügel noch schlaff am Körper. Der Falter pumpt nun Blut in die Adern der Flügel, sodass sie sich ausbreiten. Nach einer Stunde kann er bereits zur ersten Blüte fliegen. Eine solche Entwicklung wie beim Kleinen Fuchs bezeichnet man als **vollständige Verwandlung.**

> Die Entwicklung eines Schmetterlings erfolgt vom Ei über die Larve und Puppe zum Falter. Man bezeichnet sie als vollständige Verwandlung.

1 Beschreibe die Abbildungsreihe 2 A bis H.

2 Markiere in einem Kalender den ungefähren Zeitpunkt der Eiablage und die Dauer der einzelnen Entwicklungsstadien eines Kleinen Fuchses. Wann etwa schlüpft der Falter?

3 Betrachte die Pinnwand auf S. 140. Was bietet die Wiese den abgebildeten Insekten?

Pinnwand

INSEKTEN IN EINER WIESE

Der **Kleine Heufalter** legt seine Eier an Gräser, auf denen später auch die Raupen leben.

Schwebfliegen suchen Pollen und Nektar.

Grashüpfer (Feldheuschrecken) sind „musizierende" Insekten, die sich von Gräsern ernähren.

Der **Gefleckte Schmalbock,** ein Käfer mit langen Fühlern, ernährt sich von Pollen.

Eine Blumenwiese ist ein Lebensraum für verschiedenartige Insekten.

Die **Streifenwanze** sticht Pflanzen an und saugt den Saft.

Die **Larve der Schaumzikade** saugt Pflanzensaft und schützt sich mit einem Schaummantel.

Der **Marienkäfer** frisst Blattläuse, die Pflanzenstängel anstechen und sich von Pflanzensaft ernähren.

Die **Erdhummel** sucht in Blüten nach Nektar und Pollen. Ihr Nest hat sie in einem Mäusegang.

10.3 Projekt „Insektenschutz“

Die Klasse 6c berichtet: „Wir verbrachten eine Woche in einem Naturschutzzentrum. Dort erfuhren wir, dass die natürlichen Lebensräume von Wildbienen durch den Menschen so verändert worden sind, dass es diesen wichtigen Bestäubern von Blütenpflanzen an geeigneten Nistmöglichkeiten fehlt. Einige Arten brauchen lange Wohnröhren, um dort für Nachkommenschaft zu sorgen.

Etwas mehr Arbeit bereitete die Anfertigung von *Insekten-Nisthölzern* aus etwa 15 cm dicken Stammscheiben und aus etwa ziegelsteingroßen Holzklötzen. In diese bohrten wir mit verschieden dicken Bohrern Löcher von 2 bis 10 mm Durchmesser und 30 bis 100 mm Länge. Je größer wir den Durchmesser der Bohrlöcher wählten, desto tiefer bohrten wir die Höhlengänge. Je größer nämlich ein Insekt ist, desto mehr Platz

gen kann. Wir verwendeten auch keine Nadelhölzer, da sonst bei Feuchtigkeit die Bohrlöcher zuquellen würden.
Die fertigen Nisthölzer haben wir im Schulgelände an verschiedenen sonnigen Stellen, vor Wind und Regen geschützt, aufgehängt. Einige nahmen wir auch mit nach Hause. Beim Anbringen achteten wir darauf, dass diese nicht wackelten, sonst werden sie von

***1 Rote Mauerbiene. A** Am Halmeingang; **B** Ei; **C** Larve; **D** Puppe in aufgeschnittenen Halmabschnitten (B–D)*

Die Leiterin des Zentrums zeigte uns einige aus hohlen Stängeln und aus Holzklötzen leicht herzustellende **Nisthilfen.** An einigen längs aufgeschnittenen Halmabschnitten konnten wir sogar einzelne Brutkammern sehen, die mit Pollen und Larven gefüllt waren. Wir beschlossen, zu Hause ebensolche Nisthilfen zu bauen.

Einfach herzustellen waren Nisthilfen für Insekten aus verschiedenen dicken, hohlen Stängeln wie Holunder, Stroh, Schilf und Bambus. Wir schnitten diese in etwa 10 cm lange Abschnitte, bündelten sie und hängten sie an sonnigen, geschützten Orten auf. Einige von uns kamen auf die Idee, die Halme in leere Konservendosen zu stecken und diese dann aufzuhängen. Ebenso einfach ließen sich auch Lochziegelsteine verwenden, deren Löcher wir mit Halmen füllten. Einige Löcher haben wir für große Insekten freigelassen.

braucht es für die hintereinander liegenden Brutkammern. Die Bohrlöcher setzten wir außerdem etwas schräg nach oben an, damit möglichst wenig Feuchtigkeit eindrin-

den Insekten nicht angenommen.
Unsere Arbeit hat sich gelohnt. Schon nach wenigen Tagen konnten wir die ersten Insekten an unseren Nisthilfen beobachten.“

Durch Bau und Anbringen von Insekten-Nisthilfen fördern wir die Ansiedlung von Wildbienen.

2 Insekten-Nisthilfen.
***A** Bau; **B** Nisthilfen;*
***C** ein „volles Haus“*

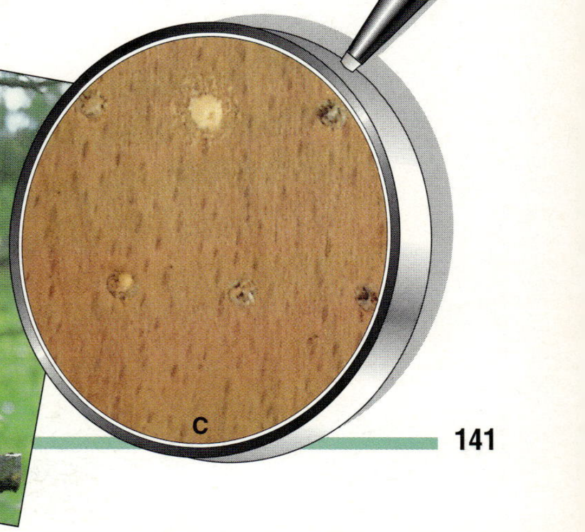

Prüfe dein Wissen

Pflanzen und Tiere in der Umgebung der Schule

A1 Nur bestimmte Pflanzen vertragen es, „getreten“ zu werden. Welche Pflanze gehört zu einer solchen Trittpflanzengesellschaft?
a) die Weiße Taubnessel
b) der Löwenzahn
c) der Breitwegerich
d) das Scharbockskraut

A2 Wie kommt es, dass im Herbst die Blätter vieler Bäume ihre grüne Färbung verlieren und gelb, braun und/oder rot werden?

A3 Bäume bezeichnet man z.B. auch als die „grüne Lunge“ einer Stadt. Was ist damit wohl gemeint? Nenne drei Beispiele.

A4 Wie erklärst du dir, dass bei heftigem Wind im Sommer die Blätter nicht vom Baum fallen, im Herbst jedoch schon ein schwacher Wind ein Abfallen der Blätter bewirkt?

A5 Wie heißen die Teile der im Längsschnitt dargestellten Blütenknospe einer Rosskastanie?

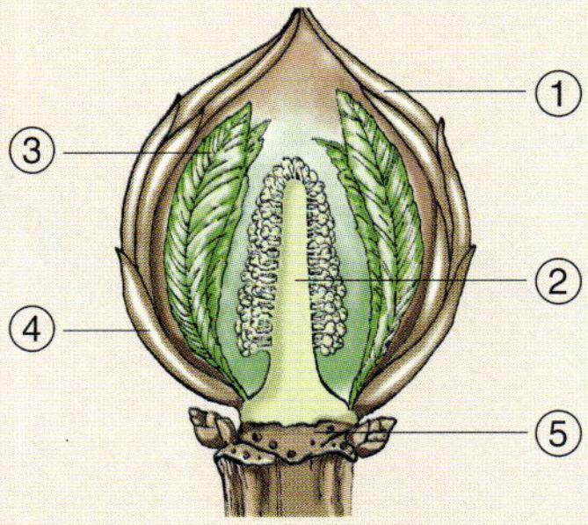

A6 Wie ist es möglich, dass Schneeglöckchen so früh im Jahr blühen?

A7 Zwiebel und Sprossknolle haben für Frühblüher die gleiche Bedeutung. Welcher grundsätzlicher Unterschied besteht jedoch zwischen den Bauformen dieser unterirdischen Pflanzenteile?

A8 Welche Blätter gehören zu welchen Früchten? Wie heißen die entsprechenden Bäume?

A9 Ordne die Früchte von Himbeere, Klatschmohn, Lupine, Taubnessel, Waldmeister und Weidenröschen der Art und Weise ihrer Verbreitung zu.
a) Ameisenfrucht
b) Klettfrucht
c) Lockfrucht
d) Schleuderfrucht
e) Streufrucht
f) Windfrucht

A10 Unter den Pflanzen gibt es Arten mit für den Menschen giftigen Früchten. Unterscheide die folgend genannten Arten nach
a) giftigen Arten
b) ungiftigen Arten
Berberitze, Hartriegel, Liguster, Maiglöckchen, Pfaffenhütchen, Schneeball, Weißdorn, Schwarzdorn.

A11 Nicht alle Pflanzen, die auf Mauern wachsen, bilden auch Blüten aus. Welche bleiben blütenlos?
a) Zimbelkraut
b) Moos
c) Mauerraute
d) Mauerpfeffer
e) Streifenfarn

A12 Entfernt siehst du die Silhouette des folgend abgebildeten Vogels. Welchem ordnest du diese zu?
a) Zaunkönig
b) Buchfink
c) Rotkehlchen
d) Kohlmeise

A13 Eine Hecke gehört zum Lebensraum vieler Vogelarten. Welche Bedeutung hat diese für die Vögel? Nenne drei Beispiele.

A 14 Der Zitronenfalter erscheint bereits zeitig im Vorfrühling. Du siehst ihn jedoch nur kurze Zeit. Erst im Juni zu Beginn des Sommers ist er wieder zu sehen.

a) Warum fliegt er so früh im Jahr?
b) Wo war der Falter in der Zeit zwischen Vorfrühling und Sommerbeginn?

A 15 Nur zu bestimmten Zeiten im Jahr kannst du den Kleinen Fuchs an Blüten nach Nektar suchen sehen.
a) Welche Jahreszeiten (Monate) sind das?
b) Welches sind die Gründe?

A 16 Zu welchem Stichwort (Begriff) passt der folgende Text? „... bei einem Lebewesen die ererbte Fähigkeit, in bestimmten Situationen ein nicht bewusstes, aber richtiges Verhalten zu zeigen."

A 17 Unter den Singvögeln gibt es einige Höhlenbrüter. Welche Arten gehören dazu?
a) die Kohlmeise
b) die Amsel
c) der Buntspecht
d) der Trauerfliegenschnäpper

A 18 Nicht alle Vögel bleiben im Winter bei uns. Welche der folgenden Arten sind
a) Standvögel
b) Zugvögel?

Buchfink, Fichtenkreuzschnabel, Hausrotschwanz, Rauchschwalbe, Rotkehlchen, Singdrossel, Zaungrasmücke, Zaunkönig.

A 19 Nenne bis zu 5 Verhaltensweisen bei Amseln, die auch bei anderen Vogelarten zu beobachten sind (......verhalten).

A 20 Tiere überwintern auf unterschiedliche Weise. Ordne die genannten Tiere den folgenden Gruppen zu.
a) aktive Überwinterer
b) Winterruher
c) in Kältestarre
Blindschleiche, Eichhörnchen, Igel, Feldhase, Dachs, Kleiner Fuchs, Fuchs, Murmeltier, Wildschwein, Fledermaus, Weinbergschnecke

A 21 Du hörst in einem Wildpark, wie jemand ausruft: „Sieh mal, der Damhirsch ist im Fellwechsel!" – Da stimmt etwas nicht. Wie muss es richtig heißen und weshalb?

A 22 Winterschläfer zeichnen sich durch bestimmte Eigenschaften aus, die es ihnen ermöglichen, die kalte Jahreszeit zu überstehen. Nenne zwei Beispiele.

A 23 Welche Aussagen für ein Insekt treffen zu? Insekten haben
a) 4 Beine
b) 6 Beine
c) 8 Beine
d) verschieden viele Beine
e) einen dreigeteilten Körper
f) einen zweigeteilten Körper

A 24 Unter einem Stein entdeckst du die folgend dargestellten Tiere.
a) Wie heißen diese?
b) Welche Tiere sind Insekten?

A 25 In einem Teich leben verschiedenartige Insekten. Welche davon kennst du? Unter die dargestellten Insekten hat sich ein Tier „geschlichen", das nicht dazu gehört. Nenne es.

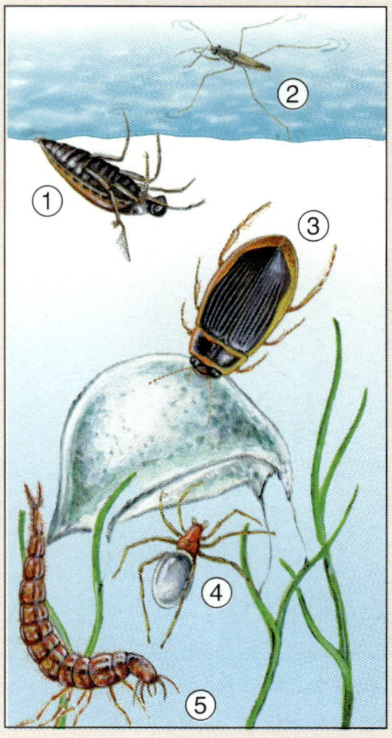

Bau und Leistungen der Blütenpflanzen

1 Blühendes Rapsfeld

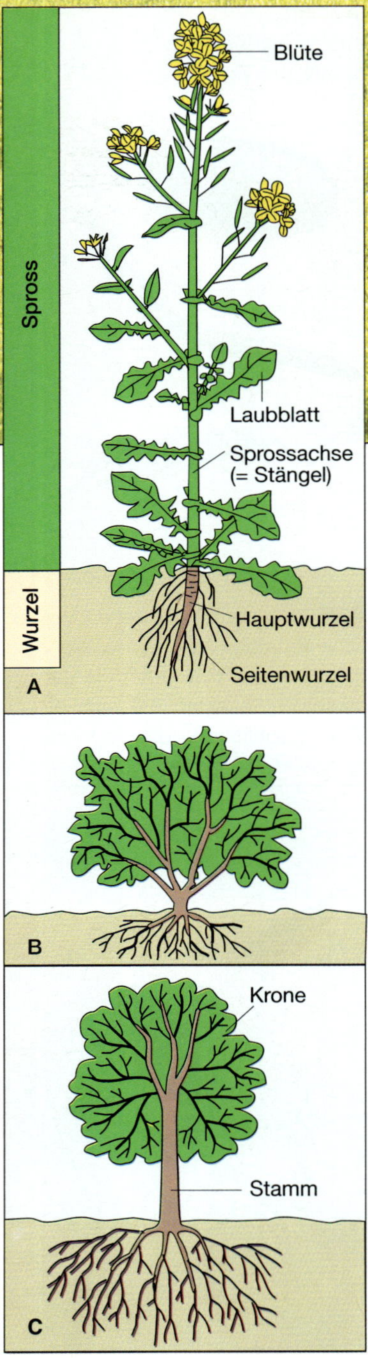

***2 Baupläne von Pflanzen. A** krautige Pflanze (Raps); **B** Strauch (Heckenrose); **C** Baum (Rosskastanie)*

1 Grüne Pflanzen bilden die Grundlage des Lebens

1.1 Vom Bauplan der Blütenpflanzen

Im Frühjahr blüht auf vielen Feldern der Raps. Du erkennst die Rapspflanzen leicht an den gelben Blüten. Zur Zeit der Rapsblüte blühen auch andere Pflanzen wie die Heckenrose und die Rosskastanie. Pflanzen, die Blüten ausbilden, nennt man *Blütenpflanzen.* Haben Blütenpflanzen außer Blüten noch weitere gemeinsame Merkmale?

Gehen wir an den Rand eines Rapsfeldes und betrachten eine Pflanze genauer. Dazu ziehen wir sie aus dem Boden. Nach dem Abklopfen der Erde sehen wir deutlich die **Wurzel.** Sie besteht aus einer pfahlförmigen *Hauptwurzel* und kurzen *Seitenwurzeln.* Wurzeln verankern die Pflanze im Boden. Auch die Heckenrose und die Rosskastanie besitzen Wurzeln.
Betrachten wir eine Wurzelspitze mit der Lupe. Wir erkennen einen flaumartigen Bereich kleiner Härchen. Es sind *Wurzelhaare,* mit denen die Pflanze Wasser und darin gelöste Mineralstoffe aufnimmt. Diese werden in dünnen Röhrchen, den *Leitungsbahnen,* in die oberirdischen Pflanzenteile geleitet.

Die oberirdischen Pflanzenteile bilden den **Spross.** Dazu gehören die *Sprossachse* mit den *Blättern* und *Blüten.* Die Sprossachse heißt bei *krautigen Pflanzen* wie dem Raps auch *Stängel.* Ist der Stängel verholzt, spricht man von einem *Stamm.* Dies ist bei den *Holzgewächsen* wie der Heckenrose und der Rosskastanie der Fall. Bei der Rosskastanie kann der Stamm sehr dick werden. Er ist lang und trägt die Krone, in der sich Blätter und

Blüten entwickeln. Eine solche Wuchsform bezeichnet man als *Baum.* Die Heckenrose hingegen ist ein *Strauch:* Von einem sehr kurzen Hauptstamm entspringen kurz über dem Boden viele Seitenstämmchen.

In der Sprossachse werden Wasser und darin gelöste Nährsalze in Leitungsbahnen zu den Blättern weitergeleitet. In den Blättern liegen sie in den *Blattadern.* Von den Leitungsbahnen gelangt das Wasser in das Blattinnere. Hier verwendet es die Pflanze zum Beispiel zur Bildung von Nährstoffen. Überschüssiges Wasser wird als Wasserdampf über Spaltöffnungen an der Blattunterseite abgegeben.

In den Blattachseln liegen Knospen. Sie können zu Seitensprossen auswachsen. Auch Seitensprosse und der Hauptspross tragen an ihren Enden Knospen. Diese Knospen können Blüten ausbilden.

Alle Blütenpflanzen zeigen einen gemeinsamen Bauplan aus Wurzel und Sprossachse mit Blättern und Blüten. Diese Teile sorgen zum Beispiel für die Aufnahme, Weiterleitung und Abgabe von Wasser.

3 ***Blütenpflanze*** *(Schema)*

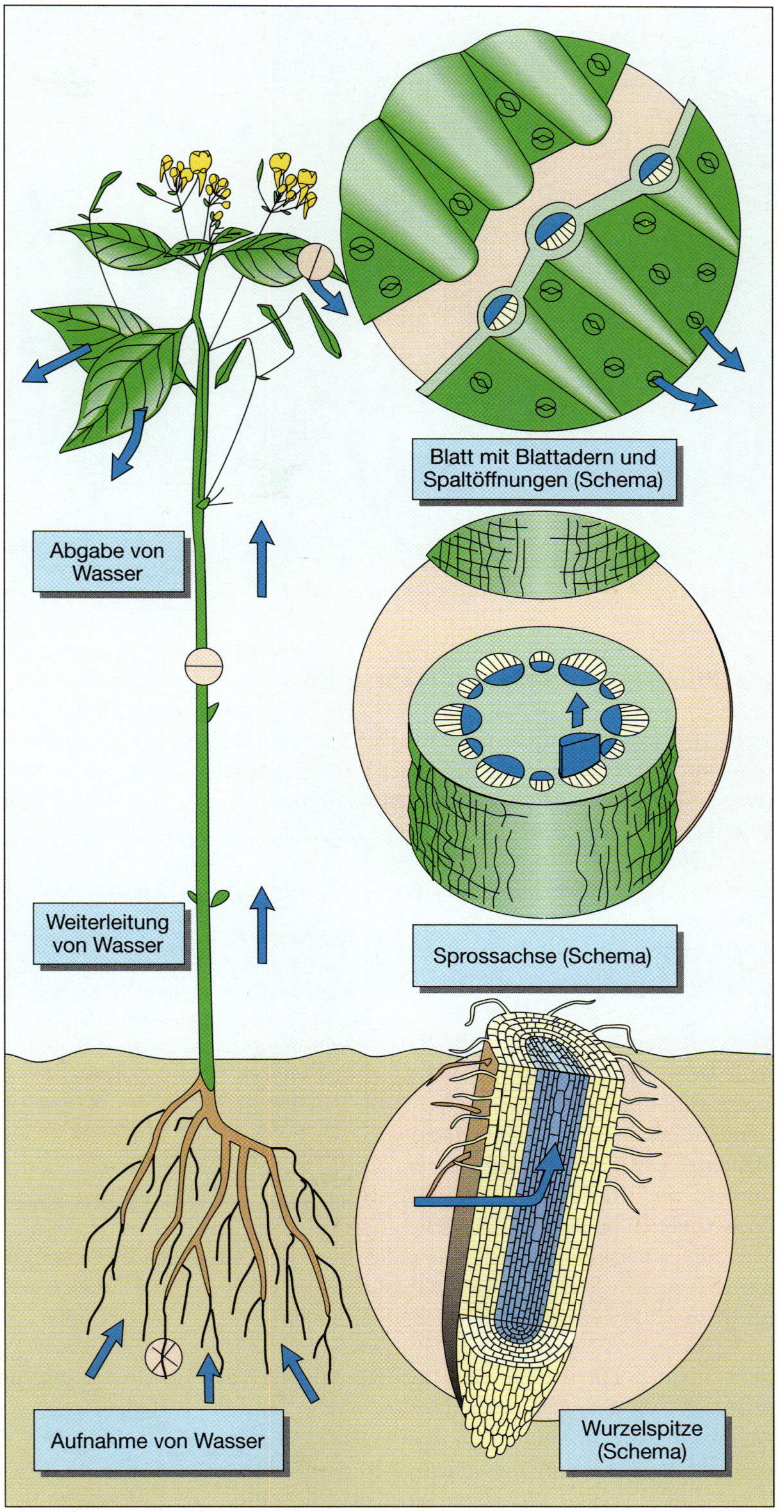

4 ***Springkraut.*** *Pflanzenteile des Wassertransportes*

1 Benenne die Teile in dem Schema einer Blütenpflanze.

2 Beschreibe den Weg des Wassers beim Springkraut. Nimm auch die Abbildung 4 zu Hilfe.

1 ***Aquarium. A*** *Wasserpest produziert Sauerstoff;* ***B*** *Wasserpest produziert in ihren Zellen Stärke*

1.2 Pflanzen produzieren Nährstoffe

Ingo besitzt ein Aquarium. Munter schwimmen Schwertträger, Guppies und Salmler zwischen grünen Wasserpflanzen, obgleich das Becken von einer Glasscheibe vollständig bedeckt ist. Nur zum Füttern hebt Ingo die Scheibe kurz an. Einen Durchlüftungsstein gibt es nicht. Woher bekommen die Fische unter solchen Bedingungen genügend Sauerstoff zum Atmen?

Ingo hat sein Aquarium mit verschiedenen Wasserpflanzen besetzt. Dazu gehört auch die Wasserpest. Deutlich sind an den belichteten Blättchen winzige Gasblasen zu erkennen, die sich ablösen und zur Wasseroberfläche steigen. Sie bestehen aus Sauerstoff. Dunkelt man die Blättchen ab, werden weniger Sauerstoffbläschen gebildet. Bei völliger Dunkelheit stellen die Blätter ihre Produktion ein.

Licht allein reicht jedoch nicht aus zur Bildung von Sauerstoff. Woher weiß man das? In einem Versuch setzte man Wasserpestpflanzen in ein Gefäß mit abgekochtem Wasser. Nun belichtete man die Pflanzen. Abgekochtes Wasser enthält keine Gase. Sie produzierten keinen Sauerstoff. Nach Zugabe von kohlenstoffdioxidhaltigem Mineralwasser setzte jedoch eine starke Sauerstoffbildung ein. Blätter benötigen also in Wasser gelöstes **Kohlenstoffdioxid** und Licht zur Bildung von Sauerstoff. Die nichtgrünen Wurzeln hingegen bilden keinen Sauerstoff. Für die Sauerstoffbildung ist der grüne Farbstoff, das *Chlorophyll,* wichtig. Er liegt in den grünen Farbstoffkörnchen der Pflanzenzellen, den *Chloroplasten.*

Stichwort

Nährstoffe

Nährstoffe benötigt ein Lebewesen zur Bereitstellung von Energie und zum Aufbau eigener Körpersubstanz benötigt. Dazu gehören Kohlenhydrate (zum Beispiel Zucker und Stärke), Fette und Eiweißstoffe. Diese Stoffe nehmen Tiere und Menschen mit der Nahrung auf. Grüne Pflanzen stellen sie sich selbst her.

In den Chloroplasten der belichteten Blätter kann man den Nährstoff **Stärke** nachweisen. In unbelichteten Blättern fehlt die Stärke. Die grüne Pflanze baut also bei Belichtung aus Kohlenstoffdioxid und Wasser den Nährstoff Stärke auf. Dabei entsteht Sauerstoff, der den Blättern entweicht und so den Lebewesen zum Atmen zur Verfügung steht. In der Stärke ist Energie des Sonnenlichtes gespeichert. Diesen Aufbau von Stoffen mithilfe des Lichtes nennt man **Fotosynthese.** Aus der Stärke kann die Pflanze weitere Nährstoffe wie Fette und Eiweißstoffe bilden.

Wie die Wasserpest leben auch alle anderen Pflanzen und Tiere von den Fotosynthese-Produkten. So ernähren sich die Schnecken und pflanzenfressenden Fische in Ingos Aquarium von den energiereichen Nährstoffen der grünen Pflanzen. Um Lebensvorgänge wie Bewegung und Wachstum zu ermöglichen, muss die Energie aus den Nährstoffen freigesetzt werden. Dazu atmen sie Sauerstoff ein. Mithilfe des Sauerstoffs werden die Nährstoffe zerlegt. Dabei entstehen Koh-

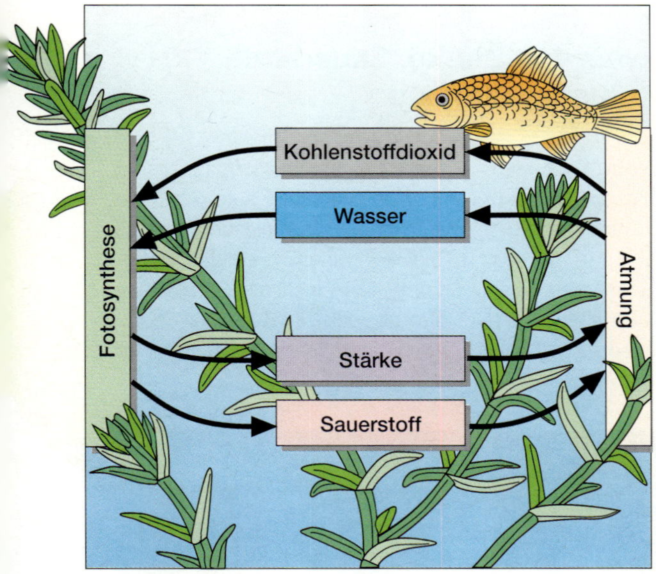

2 Stoffkreislauf zwischen Atmung und Fotosynthese

lenstoffdioxid und Wasser, die wieder abgegeben werden. Diese Stoffe benötigt wiederum die grüne Pflanze zur Fotosynthese. Auf diese Weise bilden die Atmung von Tieren und die Fotosynthese der grünen Pflanzen einen Kreislauf von Stoffen. Dieser Stoffkreislauf erklärt das Zusammenleben von Fischen und Pflanzen in einem abgeschlossenen Aquarium.

Pflanzen atmen selbst auch. Allerdings geben sie durch die Fotosynthese etwa fünfmal so viel Sauerstoff ab, wie sie selbst zur Atmung benötigen. Menschen und Tieren steht auf diese Weise genügend Sauerstoff zur Verfügung.

Grüne Pflanzen bauen mithilfe von Licht aus Kohlenstoffdioxid und Wasser Nährstoffe auf und geben Sauerstoff ab. Diesen Vorgang nennt man Fotosynthese. Die grünen Pflanzen bilden damit die Grundlage des Lebens für alle Lebewesen.

1 Stelle für die Schnecke in Abbildung 1 den Kreislauf von Stoffen in einem Pfeildiagramm dar. Verwende für die Atmung gestrichelte Pfeile.

2 In einer klaren Glasflasche, die luftdicht verschlossen wurde, wächst eine Farnpflanze. Die Erde ist feucht und enthält Mineralstoffe. Die Pflanze kann in diesem „Flaschengarten“ jahrelang leben, ohne dass zusätzlich gelüftet oder Wasser nachgegossen wird. Allerdings muss die Flasche im Hellen stehen. Erläutere, warum die Pflanze unter diesen Bedingungen wachsen kann.

Streifzug durch die Geschichte

Priestley entdeckt „Luftverbesserer“

Im Jahre 1772 untersuchte der englische Chemiker und Naturforscher Joseph Priestley die Rolle der „Luft“ bei Verbrennungen. In einem hellen Raum stellte er in einem Wassertrog zwei Glasglocken so auf, dass sie mit dem Wasser luftdicht abschlossen. In jede Glasglocke führte er eine brennende Kerze, bis die Flammen erloschen. Nun stellte Priestley in eine der beiden Glasglocken eine Pfefferminzpflanze. Zu seinem Erstaunen wuchs sie heran. Nach etwa einem Monat führte er erneut jeweils eine brennende Kerze in jede Glasglocke. In der unverändert gebliebenen Glocke erlosch die Kerzenflamme sofort, in der Glasglocke mit der Minze hingegen brannte sie eine Zeit lang weiter. Die Pflanze hatte also die durch die Verbrennung „verbrauchte“ Luft „verbessert“.

3 In einem anderen Versuch setzte Priestley lebende Mäuse statt Kerzen in die Glasglocke. Kurze Zeit später wurden die Mäuse ohnmächtig. Nun ließ er in einer Glocke einen Monat lang eine Pfefferminzpflanze wachsen. In dieser Glocke konnten eingebrachte Mäuse eine bestimmte Zeit lang atmen. Erkläre diese Beobachtung.

Streifzug durch die Chemie

Nachweis von Stärke, Sauerstoff und Kohlenstoffdioxid

Zur eindeutigen Erkennung eines Stoffes gibt es in der Chemie typische *Nachweismittel*.

Ein glimmender Holzspan zum Beispiel erlischt langsam an der Luft. Hält man ihn jedoch in Sauerstoff, entflammt er wieder. Mit dieser **Glimmspanprobe** kann also *Sauerstoff* nachgewiesen werden. In Kohlenstoffdioxid hingegen erlischt ein glimmender Span. Dieses Gas kann mit **Kalkwasser** nachgewiesen werden. Leitet man *Kohlenstoffdioxid* in Kalkwasser, trübt sich die Flüssigkeit.

Auch Lösungen von pflanzlicher Stärke sehen trüb aus. Gibt man zu einer Stärkelösung einige Tropfen einer braunen **Iodlösung,** färbt sich die *Stärke* blau bis blauschwarz. Iod ist demnach ein Nachweismittel für pflanzliche Stärke.

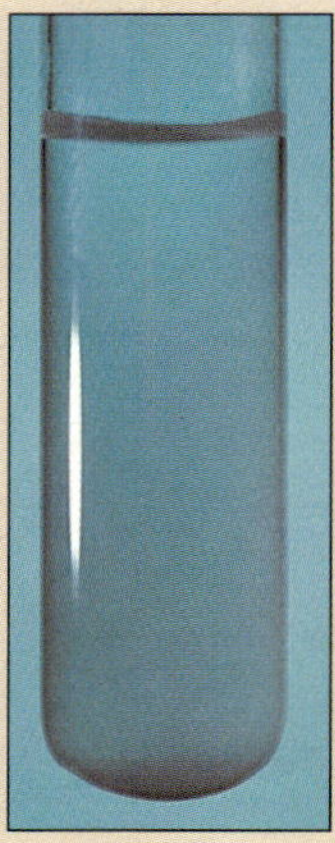
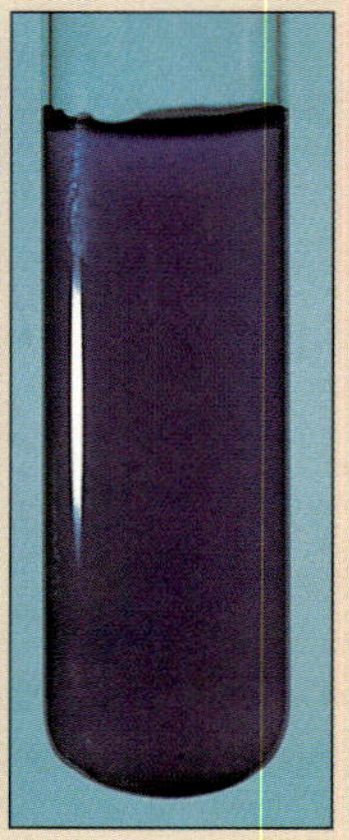

Übung

Fotosynthese und Atmung bei Pflanzen

V1 Pflanzen bilden Sauerstoff (Schulversuch!)

Material: Becherglas (300 ml); Glastrichter; Reagenzglas; Bleidraht; Tischlampe (100 Watt); Bunsenbrenner; Holzspan; Wasserpestpflanzen

Durchführung: Fülle das Becherglas etwa $^3/_4$ voll mit Wasser. Binde mit einem Stück Bleidraht drei bis vier Sprosse der Wasserpest zu einem Bündel zusammen. Lege die Pflanzen in das Becherglas. Stülpe anschließend einen Glastrichter über die Wasserpest. Achte darauf, dass der Trichter vollständig von Wasser bedeckt ist. Fülle ein Reagenzglas randvoll mit Wasser und verschließe es mit dem Daumen. Tauche es so in das Wasser des Becherglases. Lass den Daumen unter Wasser los und stülpe das Reagenzglas vorsichtig über den Trichterhals. Belichte die Versuchsanordnung mit einer Lampe, bis sich das Reagenzglas etwa zur Hälfte mit Gas gefüllt hat. Zünde einen Holzspan an und puste die Flamme vorsichtig aus, sodass der Span noch glimmt. Ziehe dann das Reagenzglas vorsichtig vom Trichterhals und verschließe die Öffnung mit dem Daumen. Drehe das Reagenzglas um und tauche den Glimmspan in das Reagenzglas.

Fotosynthese und Atmung bei Pflanzen

Übung

Aufgabe: Welches Gas weist du mit der Glimmspanprobe nach? Erläutere die Gasbildung im vorliegenden Versuch.

V2 Pflanzen produzieren Stärke (Schulversuch!)

Material: 2 Bechergläser (100 ml); 1 Becherglas (500 ml); 1 Petrischale; 1 elektrische Heizplatte; Tiegelzange; Iodlösung; Brennspiritus: panaschierte (= weiß-grün gescheckte) Blätter des Efeus

Durchführung: Ein großes Becherglas wird etwa zu $^1/_3$ mit Wasser gefüllt. In die Mitte wird ein kleines Becherglas gestellt, das etwa zu $^1/_3$ mit Spiritus gefüllt ist (VORSICHT!). Nun wird das Wasser zum Sieden erhitzt. In das kochende Wasser wird ein Efeublatt getaucht und anschließend in den heißen Spiritus gelegt. Hat es sich einheitlich hell gefärbt, wird es in einem Becherglas mit Wasser abgespült und dann in eine Petrischale mit Iodlösung gegeben.

Aufgaben: a) Erläutere deine Beobachtung!

b) Weshalb muss das Blatt durch Spiritus entfärbt werden?

V3 Der Einfluss von Kohlenstoffdioxid auf die Fotosynthese (Schulversuch!)

Material: 3 Reagenzgläser; Reagenzglasständer; Tischlampe (100 Watt); Bleidraht; Schere; Leitungswasser; abgekochtes Wasser; Mineralwasser (kohlenstoffdioxidhaltig); Wasserpestpflanzen

Durchführung: Fülle ein Reagenzglas mit Leitungswasser, ein weiteres mit abgekochtem Wasser und das dritte mit kohlenstoffdioxidhaltigem Mineralwasser. Schneide jeweils ein 6 cm langes Sprossstück von den Spitzen der Wasserpestpflanzen ab und befestige an jeder Spitze ein Stück Bleidraht. Gib in jedes Reagenzglas ein so vorbereitetes Sprossstück mit der Spitze nach unten. Belichte die Pflanzen aus etwa 30 cm Entfernung mit einer Lampe.

Aufgaben: a) Zähle die aufsteigenden Gasbläschen in jedem Reagenzglas pro fünf Minuten.

b) Welche Folgerung ziehst du aus dem Vergleich der Werte?

V4 Pflanzen atmen (Schulversuch!)

Material: 3 Waschflaschen; passende Gummistücke; Gummiball; Kalilauge (Vorsicht! Ätzend! Kalilauge bindet Kohlenstoffdioxid.); Kalkwasser; Bohnensamen

Durchführung: Mit dem Blasebalg wird für einige Zeit Luft durch die Waschflaschen geblasen.

Aufgaben: a) Erläutere das Versuchsergebnis.

b) Weshalb muss die Luft zunächst durch Kalilauge strömen?

1 Kartoffelernte

1.3 Der Mensch nutzt Kartoffeln

Bei Müllers gibt es zum Mittagessen Pellkartoffeln. Eigentlich hätte Lisa lieber Pommes frites oder Kartoffelpüree gegessen, da hätte sie nicht zu pellen brauchen. Ihre Eltern hatten „neue" Kartoffeln vom Wochenmarkt mitgebracht. Diese *Frühkartoffeln* werden bereits im Frühsommer geerntet. *Spätkartoffeln* hingegen werden erst im Oktober gerodet. Früher erfolgte die Rodung mit der Hand, heute mit Maschinen.

Beim Pellen der Kartoffeln entdeckt Lisa Stellen, die wie Augen mit einem Lid aussehen. Sie liegen in Vertiefungen der Kartoffelschale. An den im Keller gelagerten Kartoffeln des Vorjahres haben sich aus den „Augen" weißliche, lang gestreckte Triebe entwickelt. Sie wachsen aus Knospen, die unter dem „Augenlid", der Narbe eines Blattes, liegen. Auch an den Trieben kann man kleine Blättchen und Knospen finden. Die Kartoffel ist also ein verdickter Abschnitt der Sprossachse: Sie ist eine **Knolle.**

***2 Kartoffeln. A** Marktstand; **B** Pellkartoffeln und Pommes frites; **C** Lagerung im Keller; **D** treibende Knolle*

Wird eine Knolle im Frühjahr in die Erde gelegt, entwickelt sich aus der „Saatkartoffel“ nach einigen Wochen eine Kartoffelpflanze. Graben wir eine solche Pflanze zur näheren Untersuchung aus!
Wir entdecken, dass sich in der Erde viele neue Kartoffelknollen gebildet haben. Die „Saatkartoffel“ dagegen ist schlaff und runzelig wie die im Keller gelagerten Kartoffeln nach der Entwicklung der weißlichen Triebe. Den Knollen wurden die gespeicherten Nährstoffe zum Wachstum der Triebe entzogen.
Im Erdboden haben einige Triebe die Erdoberfläche durchbrochen und sind ergrünt. Sie haben sich zu Stängeln und Blättern entwickelt. Die Triebe, die in der Erde wachsen, bleiben weiß. Sie bilden *Ausläufer.* Die Enden dieser Erdsprosse verdicken sich zu Knollen. Häufelt man die Erde an, bilden sich noch mehr Ausläufer mit Knollen.
Die Kartoffelknolle hat einen sehr hohen Gehalt an *Stärke.* Daher nutzt der Mensch diese Pflanze für seine Ernährung. Die Kartoffel ist eine sehr wichtige **Nutzpflanze.** Der Mensch hat viele Kartoffelsorten mit unterschiedlichen Eigenschaften gezüchtet. Neben Speisekartoffeln gibt es Futterkartoffeln für Haustiere. Andere Kartoffelsorten verwendet man zur Herstellung von Stärke und Alkohol. Allerdings sind von der Kartoffelpflanze nur die Knollen verwendbar. Alle anderen Teile der Pflanze sind giftig. Aus den Blüten entwickeln sich grüne, tomatenähnliche Beeren, die jedoch nicht genießbar sind.

Die Kartoffel ist ein verdickter Sprossabschnitt, eine Knolle. Sie enthält vor allem Stärke. Der Mensch nutzt sie in erster Linie für seine Ernährung.

1 Zähle verschiedene Verwendungsmöglichkeiten der Kartoffelknolle auf. Nimm hierzu auch die Abbildung 2 zu Hilfe.

2 Die Kartoffelknolle ist ein Sprossabschnitt. Belege dies an einer Kartoffel. Nimm auch die Abbildungen 2D und 3A zu Hilfe.

***3 Kartoffelpflanze. A** „Auge“ an einer Knolle;*
***B** Beerenfrucht*

Streifzug durch die Geschichte

Als die Kartoffel nach Europa kam

Die Heimat der Kartoffel sind die Hochebenen der Anden in Südamerika sowie die Küstenebenen von Peru und Bolivien.

1 Die Anden – Heimat der Kartoffelpflanze

Schon vor über 2000 Jahren nutzten die dortigen Ureinwohner, die Inkas, die Kartoffel als Nahrungsmittel und als Arznei. Der Kartoffelgeist Axomama wurde als Naturgottheit verehrt. Grabfunde von Tongefäßen in Kartoffelform zeugen von der Verehrung der Inkas gegenüber diesem Nahrungsmittel. Die Andenbewohner erkannten nicht nur den guten Geschmack der Kartoffel, sondern sie entdeckten auch die Haltbarmachung der Kartoffel: Dabei nutzten sie die klimatischen Bedingungen des Anden-Hochlandes wie Sonne, Frost und trockene Luft aus, indem sie die Kartoffeln trockneten und dann „einfroren“. Solche „gefriergetrockneten“ Kartoffeln hielten sich über viele Jahre.

Als die Spanier das Inkareich eroberten, brachten sie die Kartoffelpflanze Anfang des 16. Jahrhunderts nach Europa. So gelangte sie auf dem Seewege über Spanien, England, Irland schließlich auch nach Deutschland. Hier wurde sie jedoch zunächst wegen ihrer schönen Blüten in Ziergärten angebaut.
Erst in der zweiten Hälfte des 18. Jahrhunderts erkannte man den Wert der Kartoffel als Nahrungsmittel. Dies ist vor allem das Verdienst von Preußenkönig Friedrich II. (1712–1786). Es war nicht leicht,

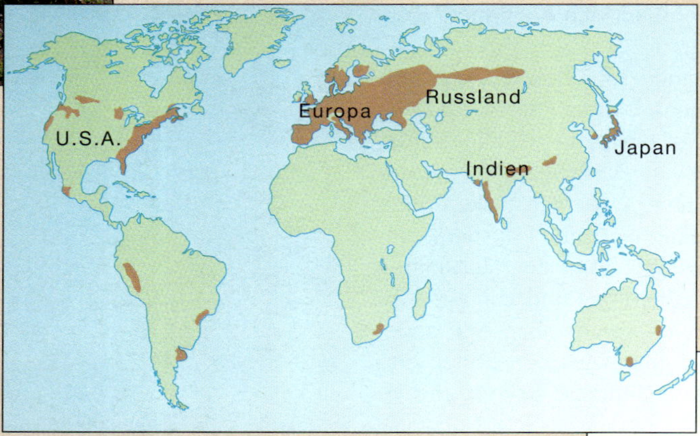

2 Verbreitung der Kartoffel heute

die Bauern vom Anbau der Kartoffelpflanze zu überzeugen sowie die Kartoffel der Stadtbevölkerung als Nahrungsmittel schmackhaft zu machen. Grund für diese Ablehnung waren vor allem Vorurteile. Anfangs hatten die Menschen die giftigen Beerenfrüchte gegessen und waren daran erkrankt. Das Gerücht, dass die gesamte Kartoffelpflanze giftig sei, hielt sich in Deutschland recht lange.
Friedrich der Große erließ eine Verordnung zum Kartoffelanbau. Die Bauern widersetzten sich jedoch dem Anbau der Pflanze. Sie wurden daher mit Geldbußen bestraft. Dadurch kam die Kartoffel vollends in Verruf. Nun griff der „Alte Fritz“ zu einer List. Er ließ zum Beispiel in der Umgebung von Berlin Kartoffelfelder anlegen und diese von Soldaten streng bewachen – jedoch nur zum Schein. Die Bauern schlichen sich heimlich nachts auf die Felder, um nachzusehen, was dort so streng bewacht wurde. Gleich körbeweise wurden die „wertvollen“ Knollen gestohlen und auf den eigenen Feldern angepflanzt. Und genau dorthin wollte sie der Preußenkönig haben. Die Städter überzeugte der König vom Wert der Kartoffel, indem er sich häufig in kleineren Städten der Mark Brandenburg oder Schlesiens in aller Öffentlichkeit den Tisch decken

3 Friedrich II. kontrolliert den Kartoffelanbau

und sich Kartoffeln servieren ließ. – Die Mühe war nicht umsonst.
Nach dem Siebenjährigen Krieg (1756–1763) war die Kartoffel eine Hilfe für die hungernde Bevölkerung.

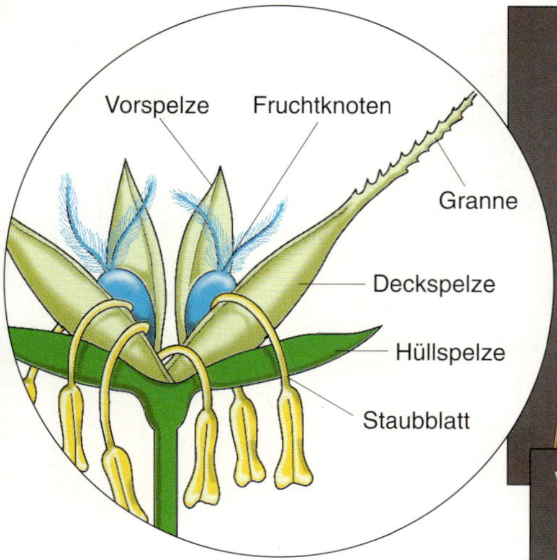

1 ***Getreide*** *(Roggenährchen)*

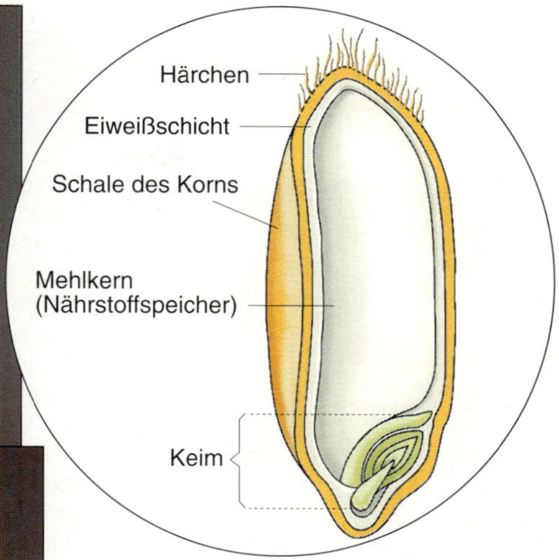

3 ***Roggenkorn*** *(Schema, Längsschnitt)*

1.4 Gräser dienen unserer Ernährung

Kai und Jan beobachten Rinder beim Fressen. „Eigentlich ernähren auch wir uns von Gräsern", meint Jan auf einmal. „Wieso?", fragt Kai. „Wir essen doch kein Gras, oder?" Wer hat Recht?

Das Rind verarbeitet die aufgenommenen Gräser zum Beispiel zu Milch und Fleisch. Wenn wir Milch trinken oder Rindfleisch essen, ernähren wir uns sozusagen auch von Gräsern. So gesehen haben beide Jungen Recht. Allerdings ernähren wir uns auch direkt von Gräsern.

Unsere Getreidearten wie *Weizen, Roggen, Gerste* und *Hafer* gehören zu den Gräsern. Von ihnen nutzt der Mensch vor allem die Körner. Gräser mit besonders großen Körnern hat der Mensch bereits vor über 6000 Jahren angebaut. Aus solchen Wildgräsern sind die Getreidearten gezüchtet worden. Zuchtziele waren vor allem große Körner in einer *Ähre.* Ähren sind die Blütenstände vieler Gräser.

An der Ährenachse oder „Spindel" sitzen beim Roggen zum Beispiel einzelne *Ährchen.* Jedes Ährchen besteht aus zwei Einzelblüten. Die

2 ***Getreidearten***

Blüten werden von Blättern umgeben, die man *Spelzen* nennt. Dünne Fortsätze an den Spelzen sind die *Grannen.* Besonders lange Grannen tragen die Ährchen der Gerste. Kurze Grannen findest du beim Hafer. Seine Ährchen sind lang gestielt.

Aus den Blüten der Getreidepflanzen entwickeln sich die Grasfrüchte, die *Körner.* In ihrem Nährgewebe, dem Mehlkern, wird vor allem **Stärke** gespeichert. Der vermahlene Mehlkern, das *Mehl,* von Weizen und Roggen wird hauptsächlich zur Herstellung von Backwaren wie Brot, Brötchen und Kuchen verwendet, während man den Hafer überwiegend verfüttert. Die Körner der Gerste benötigt man auch zur Herstellung von Alkohol und Bier.

Gezüchtete Gräser wie die Getreidepflanzen dienen vor allem der Ernährung des Menschen.

1 Bei Rispengräsern sitzt jede Einzelblüte an einem „Stiel". Welche Getreideart gehört dazu?

2 Welche Nutzpflanzen auf der Pinnwand der Seite 154 werden bei uns nicht angebaut?

Pinnwand

NUTZPFLANZEN

Zuckerrübe

Eine Zuckerrübe von etwa 1200 Gramm enthält etwa 240 Gramm Zucker. Rübensamen werden im März ausgesät. Im Oktober beginnt die Zuckerrübenernte. In Zuckerfabriken werden der Zucker und andere Stoffe aus den Rüben herausgelöst. Von diesem Rohsaft werden alle Fremdstoffe getrennt, während die ausgelaugten Reste als Viehfutter verwendet werden. Den Zuckersaft verbindet man zum braunen, klebrigen Rohzucker. Daraus gewinnt man in Raffinerien den weißen Raffinadezucker.

Mais

Der etwa zwei Meter hohe Mais gehört wie Reis, Hirse und Zuckerrohr zu den Kulturgräsern. Seine Heimat ist Südamerika.
Die männlichen Blüten stehen an der Spitze der Pflanze. Die weiblichen Blüten sitzen in den Kolben, die den Blattachseln entspringen. Hier entwickeln sich die gelblichen Körner.
Die Maispflanze ist von größter Bedeutung als Viehfutter.

Hirse

Hirsearten sind wärmeliebende Pflanzen. In manchen Gegenden Afrikas ist Hirse das Hauptnahrungsmittel der Bevölkerung.
Wie beim Hafer stehen auch bei der Hirse die Ährchen an langen Stielen. Solche Blütenstände bezeichnet man als Rispe.
Auch der **Reis** ist ein Rispengras warmer Länder. Reis ist nach dem Weizen die wichtigste Getreideart. Er dient etwa der Hälfte aller Menschen als Hauptnahrungsmittel.

Reisanbau in Südostasien

1 ***Bohneneintopf***

2 Eine Samenpflanze entwickelt sich

2.1 Der Aufbau des Samens

Gemüsebohnen sind nahrhaft. Vor der Zubereitung müssen sie gewässert werden. Weshalb?

Bohnen sind die *Samen* von Bohnenpflanzen. Die Samen liegen in schalenförmigen *Hülsen,* den Früchten der Bohnenpflanzen. Entfernen wir einen Samen aus einer trockenen, reifen Hülsenfrucht! Dazu müssen wir ihn von der Bauchnaht der Hülse abreißen. Diese Abrissstelle, der *Nabel,* ist als heller Fleck in der nierenförmigen Einbuchtung der Bohne zu sehen. Der Samen ist hart und trocken. Legen wir ihn jedoch in Wasser, beobachten wir eigenartige Veränderungen: Zunächst wird die Oberfläche runzlig und der Samen wird größer und schwerer. Einen solchen Vorgang der Wasseraufnahme bezeichnet man als **Quellung.** Die Faltenbildung zeigt uns, dass der Samen von einer lederartigen Haut, der **Samenschale,** umgeben ist. Sie lässt sich nun leicht abschälen. Wir erblicken zwei große Hälften, die *Keimblätter.* Hier werden Nährstoffe gespeichert. Klappen wir sie auseinander, können wir weitere Teile eines kleinen Pflänzchens entdecken: *Keimwurzel, Keimstängel* und winzige, weiße Blättchen. Diese ersten *Laubblätter* umschließen eine kleine Knospe, die *Keimknospe.* Das Innere des Samens besteht also aus einem vollständigen, kleinen Pflänzchen, dem **Embryo.** Getrocknet können Samen längere Zeit aufbewahrt werden.

Ein Samen enthält einen Pflanzenembryo, der von einer derben Samenschale schützend umhüllt wird.

2 ***Gemüsebohnen. A*** *trocken,* ***B*** *in Wasser,* ***C*** *gequollen*

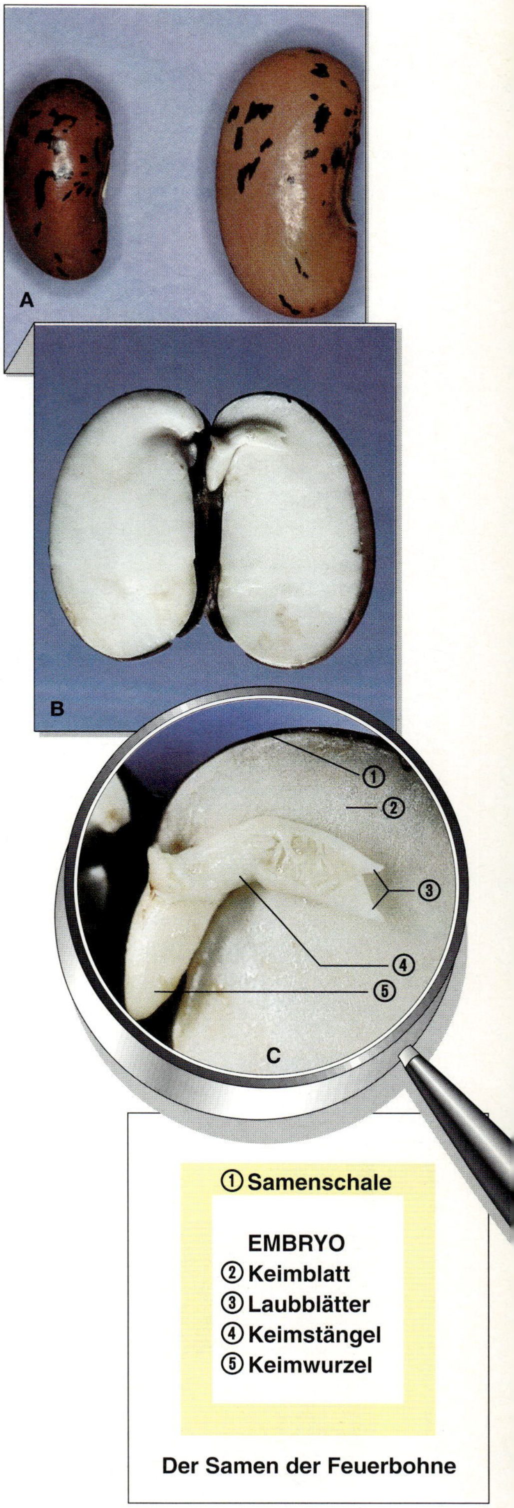

3 ***Feuerbohne. A*** *Samen (trocken und gequollen);* ***B*** *Samen aufgeklappt;* ***C*** *Ausschnitt aus B*

2.2 Die Pflanze entwickelt sich

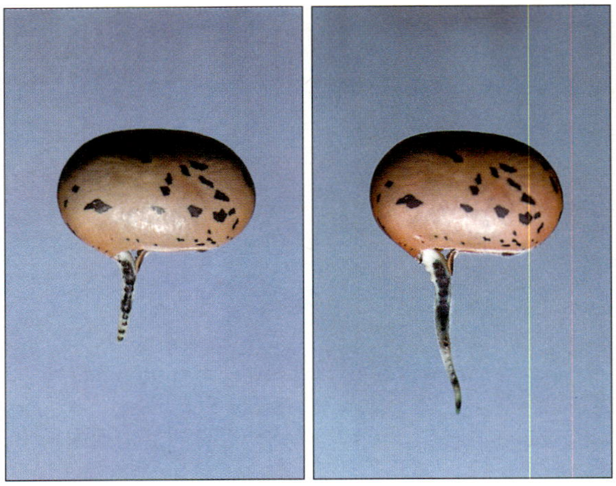

2 Wachstumszone der Keimwurzel

Während der Samenruhe verändert sich das Aussehen des Samens nicht. In dieser Form überdauert zum Beispiel die Feuerbohne ungünstige Bedingungen wie Trockenheit oder Frost. Was passiert aber, wenn der trockene Samen in feuchte Erde gelangt?

Zunächst nimmt die Bohne Wasser auf und quillt. Dabei vergrößern sich ihr Gewicht und ihr Umfang. Einige Tage nach dieser Quellung platzt die inzwischen weiche Samenschale: Die Keimwurzel bricht durch. Sie dringt senkrecht in die Erde ein. Dabei streckt sie sich in die Länge. Der Ort dieses *Streckungswachstums* lässt sich durch Markierung der Keimwurzel gut beobachten. Man nennt diesen Bereich an der Wurzelspitze auch *Streckungszone.* Die so in die Länge wachsende Keimwurzel entwickelt sich zur *Hauptwurzel,* die im oberen Bereich zahlreiche *Seitenwurzeln* ausbildet. Die Wurzeln verankern die Keimpflanze im Erdboden. Dann streckt sich auch der Keimstängel. Dabei biegt er sich hakig um und wächst durch den gelockerten Boden nach oben. Allmählich wird so die Keimknospe mit den zwei gelblichen, inzwischen vergrößerten Laubblättern aus der Samenschale gezogen. Bei der Feuerbohne verbleibt im Gegensatz zur Gemüsebohne der Stängelabschnitt mit den Keimblättern im Erdboden. Dann durchbricht der weißliche Stängel mit den Laubblättern den Erdboden und richtet sich auf. Im Licht werden Stängel und Laubblätter grün. Auch an der nun senkrecht nach oben wachsenden Sprossachse lässt sich die Streckungszone durch Markierung gut erkennen. Im Verlaufe der Entwicklung verändern sich auch die Keimblätter: Sie werden kleiner und fallen ab. Dies ist auf den Verbrauch der gespeicherten Nährstoffe zurückzuführen, die der Embryo zur Entwicklung benötigt.

Stichwort

Keimung

Unter Keimung versteht man den Entwicklungsabschnitt bei Pflanzen von der Quellung der Samen bis zur Entfaltung der ersten Laubblätter. In dieser Zeit spricht man von Keimpflanzen.

Pflanzen entwickeln sich aus Samen durch Wachstumsvorgänge von Keimwurzel und Keimstängel.

1 Keimung der Feuerbohne (A–H)

3 Wachstumszone des Keimstängels

1 Beschreibe die Keimung der Feuerbohne. Nimm auch die Abbildungen 1 (A–E) zu Hilfe.

2 Beschreibe die Versuche zur Feststellung der Wachstumszonen von Keimwurzel und Keimstängel in den Abbildungen 2 und 3. Was passiert in diesen Bereichen?

3 Worin unterscheidet sich die Keimung der Feuerbohne von der Keimung der Gemüsebohne? Vergleiche hierzu auch die Darstellungen in der Abbildung 1 mit der in der Abbildung C in A3 auf S. 159.

4 Wie kannst du Stärke in den Keimblättern der Feuerbohne nachweisen? Führe den Nachweis durch.

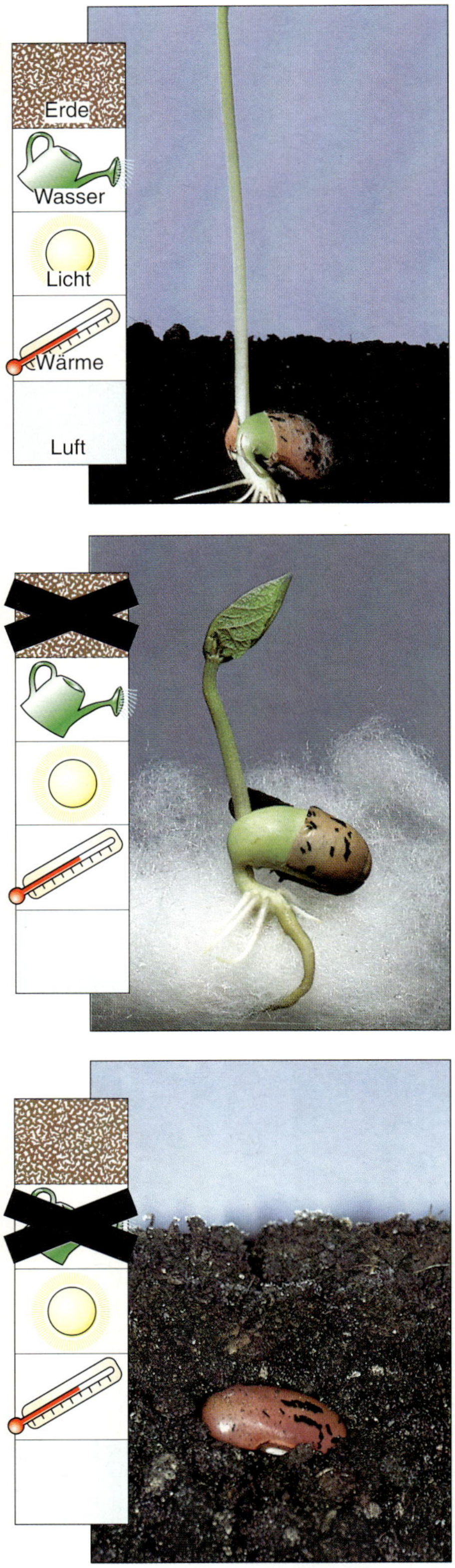

1 Keimungsversuche mit der Feuerbohne

2.3 Ein Samen braucht bestimmte Bedingungen zur Keimung

Du machst folgende **Beobachtung:** Ein trockener Samen der Feuerbohne wird in feuchte Erde gelegt. Nach einigen Tagen beginnt er zu keimen. Unter welchen Bedingungen keimt eigentlich ein Samen? Außer Erde und Wasser benötigt der Samen vielleicht Licht, Wärme und Luft. So könnte deine Antwort auf die **Frage** lauten. Sie beinhaltet jedoch nur **Vermutungen.** Um diese Vermutungen zu überprüfen, überlegst du dir **Versuche.** Zu jedem Versuch fertigst du ein *Versuchsprotokoll* mit *Versuchsaufbau, Versuchsdurchführung* sowie *Beobachtungen* an.

Der erste Versuch enthält alle zu überprüfenden Bedingungen: Erde, Wasser, Licht, Wärme und Luft. Er dient als *Kontrollversuch.* Bei den weiteren Versuchen lässt du jeweils eine der Bedingungen weg. Keimt der Samen auch dann noch, ist die Bedingung für die Keimung unbedeutend. Keimt er jedoch nicht, ist sie unbedingt notwendig. Betrachtest du die abgebildeten Versuche, stellst du fest, dass der Samen auch ohne Erde und ohne Licht keimt.
Fehlt den Samen dagegen Wasser, keimen sie nicht, auch wenn die anderen Bedingungen wie Erde, Licht, Wärme und Luft erfüllt sind. Sie keimen ebenfalls nicht, wenn ihnen Luft und Wärme fehlen, obwohl die jeweiligen übrigen Bedingungen vorhanden sind. Die Versuchsreihe liefert dir folgendes **Versuchsergebnis:** Samen brauchen zur Keimung nur Wasser, Wärme und Luft.

> Keimungsbedingungen werden durch Versuche ermittelt. So benötigt ein Samen zur Keimung Wasser, Wärme und Luft.

2 Keimungsversuche mit der Feuerbohne

Keimung

Übung

V1 Samen als „Sprengmaterial"

Material: Samen der Gemüsebohne; Plastikbecher; Gummiring; Haushaltsfolie; Schüssel
Durchführung: Fülle den Plastikbecher mit Bohnen. Gib dann randvoll Wasser hinzu. Spanne über die Öffnung ein Stück Haushaltsfolie und halte sie mit einem Gummiband fest. Stelle den Becher in die Schüssel und lasse ihn einen Tag stehen.
Aufgabe: Beschreibe deine Beobachtungen nach einem Tag. Erläutere.

V2 Wir erstellen ein Wachstumsprotokoll

Material: Samen der Feuerbohne (z.B. aus der Samenhandlung); Glasgefäß (z.B. Einmachglas); Lineal; Blumenerde; Wasser
Durchführung: Lege eine Bohne einen Tag lang in Wasser. Fülle das Gefäß mit Blumenerde. Drücke den gequollenen Samen am Rand des Glases etwa 4 cm tief in die Erde, sodass du ihn von außen sehen kannst. Stelle das Gefäß hell und warm auf. Miss 14 Tage lang täglich die Längen von Keimwurzel und Keimstängel. Notiere die Werte.
Aufgabe: Fertige mit den Werten jeweils eine Wachstumskurve der Keimwurzel und des Keimstängels nach folgenden Muster an:

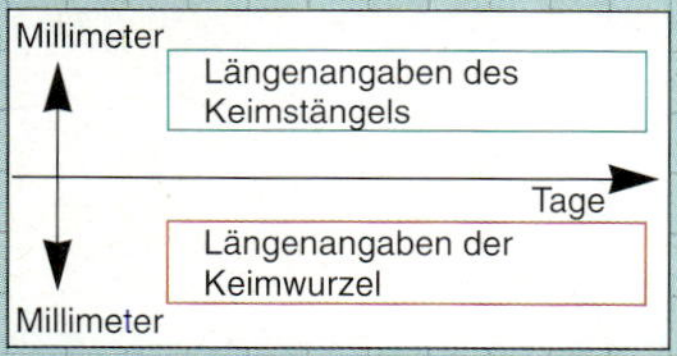

A3 Bedeutung der Keimblätter

Erstelle von den abgebildeten Versuchen A–C ein Versuchsprotokoll (Versuchsaufbau, Versuchsdurchführung, Beobachtung, Ergebnis).
Hinweis zur Durchführung: Kurz nach dem Durchbruch des Keimsprosses aus der Erde wurden den Gemüsebohnen beide Keimblätter (A), jeweils ein Keimblatt (B) und kein Keimblatt (C) entfernt.

V4 Keimungsbedingungen bei der Gemüsebohne

Material: Samen der Gemüsebohne (z.B. Buschbohnen aus der Samenhandlung); 6 Marmeladengläser (gleich groß, 1 Glas mit Deckel); Watte; Blumenerde; Schuhkarton; Kühlschrank; Arbeitsleuchte
Durchführung: Fülle ein Glas (du nennst es **Glas A**) etwa $\frac{1}{3}$ hoch mit Blumenerde. Feuchte die Erde an. Lege sieben Bohnen gleichmäßig verteilt auf die Erde und drücke die Bohnen leicht an. Stelle das Glas an einen hellen und warmen Ort (z.B. Fensterbank). Halte die Erde feucht (nicht nass).
Glas B: Fülle Glas B etwa ein Drittel hoch mit Watte. Verfahre dann weiter wie bei Glas A.
Glas C: Fülle Glas C mit trockener Blumenerde: Gib sieben Bohnen darauf. Verfahre dann weiter wie bei Glas A. Lass die Erde jedoch trocken.
Glas D: Verfahre mit Glas D wie bei Glas A. Stülpe über das Glas D einen Karton.
Glas E: Verfahre mit Glas E wie bei Glas A. Stelle das Glas dann in einen Kühlschrank. Sorge für eine Beleuchtung (z.B. Arbeitsleuchte).
Glas F: Verfahre mit Glas F wie bei Glas A. Verschliesse das Glas luftdicht mit dem Deckel.
Beobachte die Versuchsreihe zwei Wochen lang täglich. Halte deine Beobachtungen in Form einer Tabelle fest.
Aufgabe: Welche Bedingungen brauchen Samen der Gemüsebohne, um keimen zu können?

3 Pflanzen haben bestimmte Lebensbedürfnisse

1 ***Wasserverdunstung bei der Gemüsebohne.*** *Die Pflanze stand etwa einen Tag lang unter der Glasglocke.*

Zur Keimung benötigt die Bohnenpflanze Wasser, Wärme und Luft. Reichen diese Bedingungen zum weiteren Leben der Pflanze aus?
Ohne *Wasser* kann keine Pflanze leben. Wird sie nicht regelmäßig gegossen, bleibt sie im Wachstum zurück, welkt und geht schließlich ein. Der Versuch in Abbildung 1 zeigt, dass Wasser von der Bohnenpflanze verdunstet. Dies geschieht durch viele kleine Spaltöffnungen auf der Unterseite der Laubblätter. Auf diese Weise geben die Blätter große Mengen Wasser an die Luft ab. Bei einer großen Birke hat man an einem Tag 70 Liter gemessen. Wozu „strömt" so viel Wasser durch die Pflanze? Die unten abgebildete Versuchsreihe gibt dir einen Hinweis. Wird eine Pflanze in destilliertem Wasser, bleibt sie im Wachstum zurück und geht auf Dauer ein. Dagegen gedeiht eine Pflanze prächtig, wenn das Wasser Mineralstoffe enthält. Mineralstoffe sind Salze, die in fester Form im Erdboden vorkommen. Da sie für die Ernährung der Pflanzen lebensnotwendig sind, heißen sie auch **Nährsalze.** Wenn Pflanzen gegossen werden, lösen sich die Nährsalze. In dieser Form werden sie aus der Erde von *Wurzelhaaren* an den Wurzelspitzen aufgesaugt. Um genügend Nährsalze zu bekommen, müssen die Pflanzen viel Wasser aufnehmen. Den Weg des Wassers mit den Nährsalzen kann man verfolgen, wenn man die Pflanze in eine Farbstofflösung stellt. Die Leitung zu den Zellen erfolgt in haarfeinen Röhrchen, den *Gefäßen.* Die Haltung von Pflanzen in solchen Nährlösungen nennt man Wasserkultur oder **Hydrokultur.**

2 ***Wasserleitung bei der Gemüsebohne***

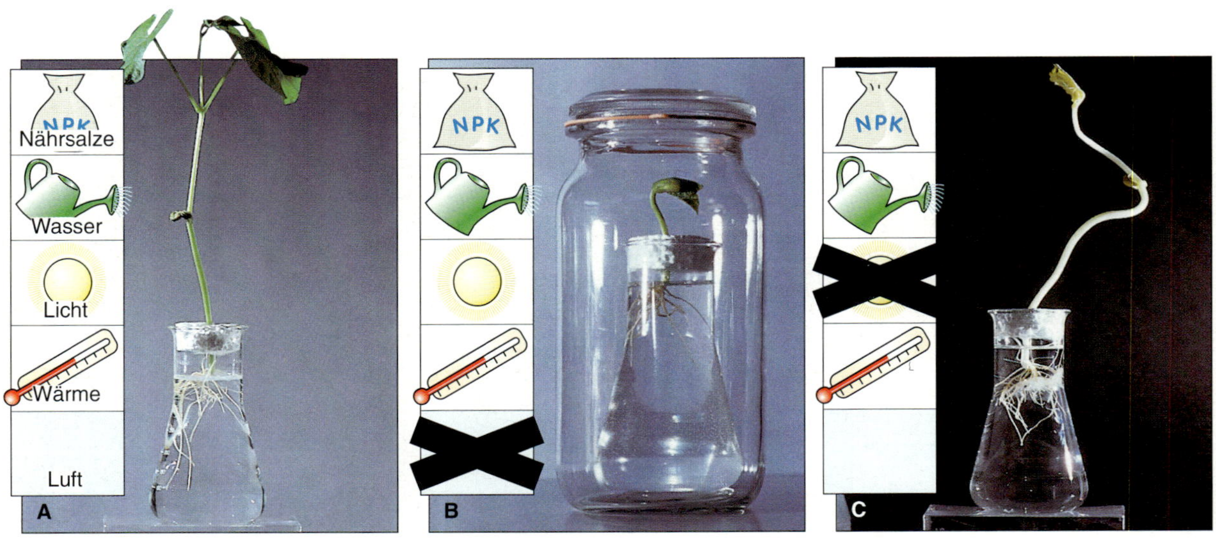

3 ***Untersuchung der Lebensbedürfnisse der Gemüsebohne. A*** *Hydrokultur;*

Jede Pflanze entzieht dem Boden ganz bestimmte Nährsalze. Über abgestorbene Pflanzen und über tierische Ausscheidungen werden sie dem Boden wieder zugeführt. Dies ist bei Topfpflanzen nicht möglich. Zimmerpflanzen müssen deshalb Nährsalze durch *Düngung* zugeführt werden.

Nicht jeder Boden enthält alle Nährsalze in gleicher Menge. Nährsalzreich sind *Humusböden* und *Lehmböden,* nährsalzarm sind dagegen *Sandböden.* Daher kann nicht jede Pflanze auf jedem Boden wachsen. Die Weiße Taubnessel zum Beispiel bevorzugt lehmhaltige Böden, während der Mauerpfeffer auf kalkhaltigen Böden wächst. Vergleichst du beide Pflanzen miteinander, fallen dir die unterschiedlich gebauten Blätter auf. Der Mauerpfeffer besitzt kleine, dickfleischige Blättchen im Gegensatz zu den flachen, herzförmigen Blättern der Taubnessel. Der Mauerpfeffer speichert Wasser in seinen Blättern. Er ist somit an trockene, sonnige und warme Standorte wie Mauerritzen angepasst. Die Taubnessel finden wir in Wäldern, Gebüschen und an Wegrändern. Ihr Lebensraum ist also eher feucht, schattig und kühl. Pflanzen sind auch an die Bedingungen *Licht* und *Temperatur* angepasst.

Pflanzen haben bestimmte Lebensansprüche an Licht, Luft, Wasser, Wärme und Nährsalzen. Sie sind an verschiedene Lebensräume angepasst.

1 Beschreibe die Versuchsreihe in Abbildung 3. Formuliere ein Versuchsergebnis.

2 Stelle Lebensbedürfnisse deiner Zimmerpflanzen zusammen. Nimm die Pinnwand auf Seite 162 zu Hilfe.

4 Weiße Taubnessel. A *Standort;* ***B*** *Blatt*

5 Mauerpfeffer. A *Lebensraum Mauer;* ***B*** *Blatt*

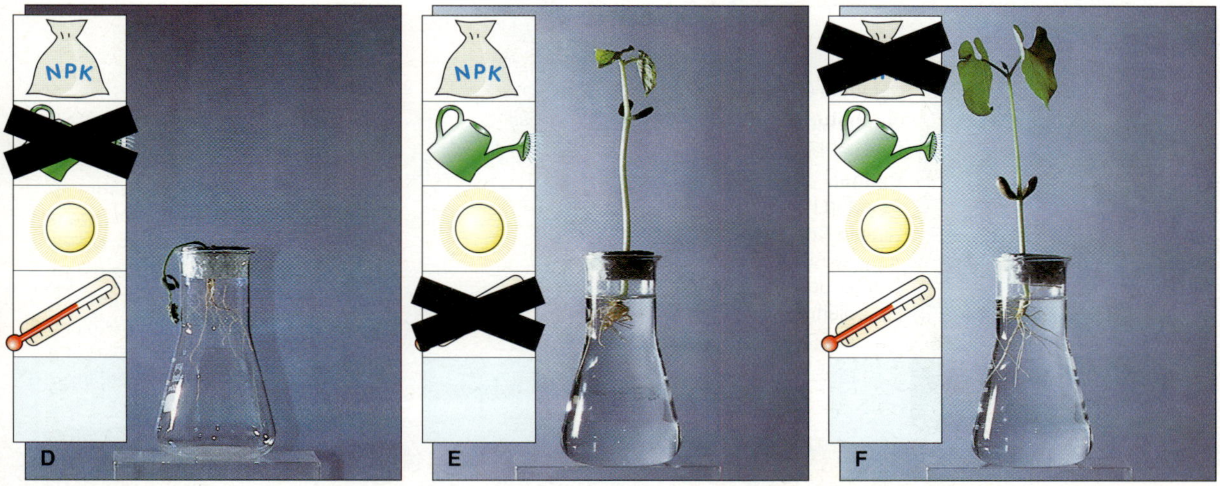

B–F *Versuchsbedingungen (die Pflanzen waren zu Versuchbeginn alle gleich groß)*

Pinnwand

ZIMMERPFLANZEN AUS VERSCHIEDENEN LEBENSRÄUMEN

Flamingoblume oder Anthurie

Heimat:
Tropische Regenwälder, Südamerika

Wachstumszeit:
März bis September

Pflege:
Standort hell, jedoch keine direkte Sonne; Blumenerde mit Styroporflocken auflockern; Topfballen gleichmäßig feucht halten; mit Regenwasser gießen und von Zeit zu Zeit die Blätter besprühen

Alpenveilchen

Heimat:
Alpen, östliche Mittelmeerländer

Wachstumszeit:
September bis April

Pflege:
Standort halbschattig, kühl; kalkfreies Wasser verwenden, nur in den Untersatz gießen; verblühte Stiele aus der Knolle herausdrehen

Usambaraveilchen

Heimat:
Ostafrika (Tansania)

Wachstumszeit:
Februar bis Oktober

Pflege:
Standort hell, jedoch keine direkte Sonne; mäßig gießen; keine Staunässe; Blätter und Blüten nicht übergießen; Temperatur um 20°C

Pflegemaßnahmen für Zimmerpflanzen

1. Stelle die Pflanzen möglichst so auf, wie es dem jeweiligen Licht- und Wärmebedürfnis nach ihrer Herkunft entspricht.
2. Verändere nicht so häufig den Standort.
3. Achte auf Ruhezeiten zur Blütenbildung.
4. Gieße nur mit Regenwasser oder abgestandenem Wasser von Zimmertemperatur.
5. Gieße nicht mitten in die Pflanze, sondern vom Rand her.
6. Lasse kein Gießwasser im Topfuntersatz stehen.
7. Lockere die Oberfläche der Erde im Topf nach mehrmaligem Gießen mit einem Holzstab auf.
8. Dünge nur nach Vorschrift.
9. Topfe vor der Weihnachtszeit um, wenn der Topf zu klein geworden ist.
10. Informiere dich im Falle dir unbekannter Zimmerpflanzen in Fachbüchern, in einer Gärtnerei oder in einem Blumengeschäft über Name, Heimat, Wachstumszeit und Pflegehinweise.

Kakteen

Heimat:
Südamerika

Wachstumszeit:
April bis August

Pflege:
Von März bis August sonnig, warm und feucht halten; Kakteenerde verwenden; Wurzelhals vor Nässe schützen; bis Juli einmal in der Woche düngen; ab September hell, aber nicht zu warm stellen (etwa 10°C); wenig gießen; im Frühjahr umtopfen

4 Blüten dienen der Fortpflanzung

4.1 Blüten bestehen aus umgebildeten Blättern

An einem blühenden Kirschzweig findest du neben den weiß leuchtenden Blüten auch Blütenknospen. Schaust du eine Knospe näher an, fällt dir auf, dass grünlich gefärbte Blätter das Blüteninnere schützend umhüllen. Sie sitzen am Rande eines kelchförmigen Blütenbodens und heißen **Kelchblätter.** Die Ähnlichkeit mit einem Laubblatt gibt einen Hinweis auf ihre Herkunft. Kelchblätter sind umgewandelte Blätter. Trifft dies auch auf die anderen Blütenteile zu? Auffallend an der geöffneten Kirschblüte sind die fünf weißen **Kronblätter.** Bei näherem Hinsehen kannst du sogar Blattadern erkennen. Die Kronblätter locken Insekten wie zum Beispiel Bienen an.

Auf die Kronblätter folgt nach innen ein „Büschel" von 30 **Staubblättern.** Die Umbildung aus Laubblättern ist hier nur schwer nachzuvollziehen. Allerdings geben Zuchtformen von Zierkirschen einen Hinweis: Bei ihren gefüllten Blüten sind Staubblätter zu Kronblättern umgewandelt worden. Jedes Staubblatt setzt sich aus dem *Staubfaden* und dem *Staubbeutel* zusammen. Der Staubbeutel enthält gelben Blütenstaub, den *Pollen.* Er wird in den vier *Pollensäcken* des Staubbeutels gebildet. Der Pollen besteht aus mikroskopisch kleinen *Pollenkörnern.* Aus ihnen entwickeln sich die männlichen Geschlechtszellen. Staubblätter sind daher die *männlichen Blütenorgane.*

Aus der Mitte der Staubblätter ragt der *Stempel* heraus. Er ist aus einem **Fruchtblatt** entstanden. Deutlich lassen sich die klebrige *Narbe,* der *Griffel* und der verdickte *Fruchtknoten* unterscheiden. Der Fruchtknoten enthält die *Samenanlage* mit der *Eizelle.* Das Fruchtblatt ist also das *weibliche Blütenorgan.* Blüten, die sowohl männliche als auch weibliche Blütenorgane enthalten, heißen *Zwitterblüten.*

Die Blüte setzt sich aus verschiedenen umgebildeten Blättern zusammen: Kelch*blätter*, Kron*blätter*, Staub*blätter* und Frucht*blätter.*

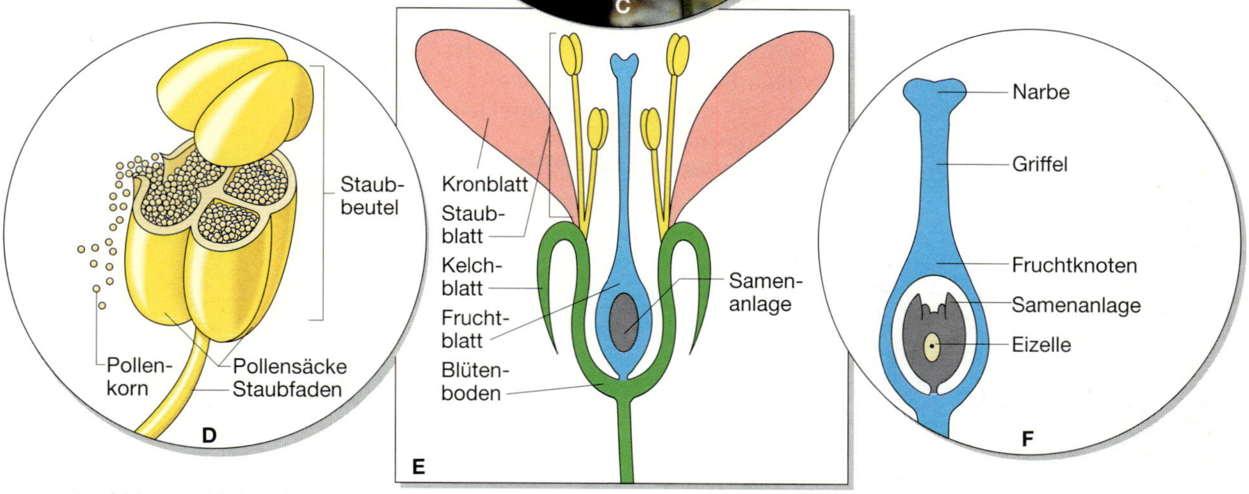

1 Kirschblüte. ***A*** *blühende Kirschzweige;* ***B*** *Blütenknospe;* ***C*** *Blüte;* ***D*** *Staubblatt;* ***E*** *Blütenlängsschnitt;* ***F*** *Fruchblatt*

1 Bestäubung von Kirschblüten durch Bienen

4.2 Blüten werden bestäubt

An dem blühenden Kirschbaum herrscht Hochbetrieb: Bienen fliegen summend von Blüte zu Blüte. Sie werden angelockt von dem Duft, der den weißen Blüten entströmt. Er stammt von einem zuckerhaltigen Saft aus Nektardrüsen am Blütenboden. Dieser *Nektar* dient den Bienen als Nahrung. Sie saugen ihn mit ihrem Rüssel auf und bilden daraus Honig. Verfolgen wir die Blütenbesuche einer Biene!

Bei einer Kirschblüte sind die Staubblätter und der Stempel selten gleichzeitig reif. Landet die Biene in einer älteren Blüte mit reifen Staubbeuteln, so drückt sie die Staubblätter beiseite, um an den Nektar zu gelangen. Dabei bleiben viele klebrige Pollenkörner in ihrem Haarpelz hängen. Damit fliegt sie zur nächsten Blüte.
Ist es eine junge Blüte, sind die Staubblätter noch geschlossen, die Narbe dagegen ist reif. Bei der Suche nach dem Nektar streift die Biene einige Pollenkörner an der Narbe ab. Man sagt, die Blüte ist **bestäubt.** Da die Bestäubung durch Bienen, also durch Insekten erfolgte, spricht man von **Insektenbestäubung.**
Dabei werden die Narben von jungen Kirschblüten immer mit den Pollenkörnern von *fremden,* älteren Blüten bestäubt. Man spricht daher von **Fremdbestäubung.**

Fremdbestäubung erfolgt auch bei der *Steinnelke.* Ihre Blüten sind lang gestreckt und im unteren Bereich von einer Kelchröhre umschlossen. Durch diese Röhre kann nur der lange und dünne Saugrüssel eines Schmetterlings den Nektar vom Blütenboden aufsaugen. Dabei werden Pollenkörner auf die Narbe übertragen. Bei der Steinnelke reifen die Staubblätter vor der Narbe. Solche Pflanzen, die von Tagfaltern bestäubt werden, heißen auch **Tagfalterblumen.**

Ganz anders erfolgt die Fremdbestäubung bei der *Salweide.* Bestimmt sind dir im zeitigen Frühjahr schon einmal die leuchtend gelben „Kätzchen" aufgefallen. Ein Kätzchen besteht aus vielen Ein-

2 Steinnelke

3 Bestäubung bei der Steinnelke

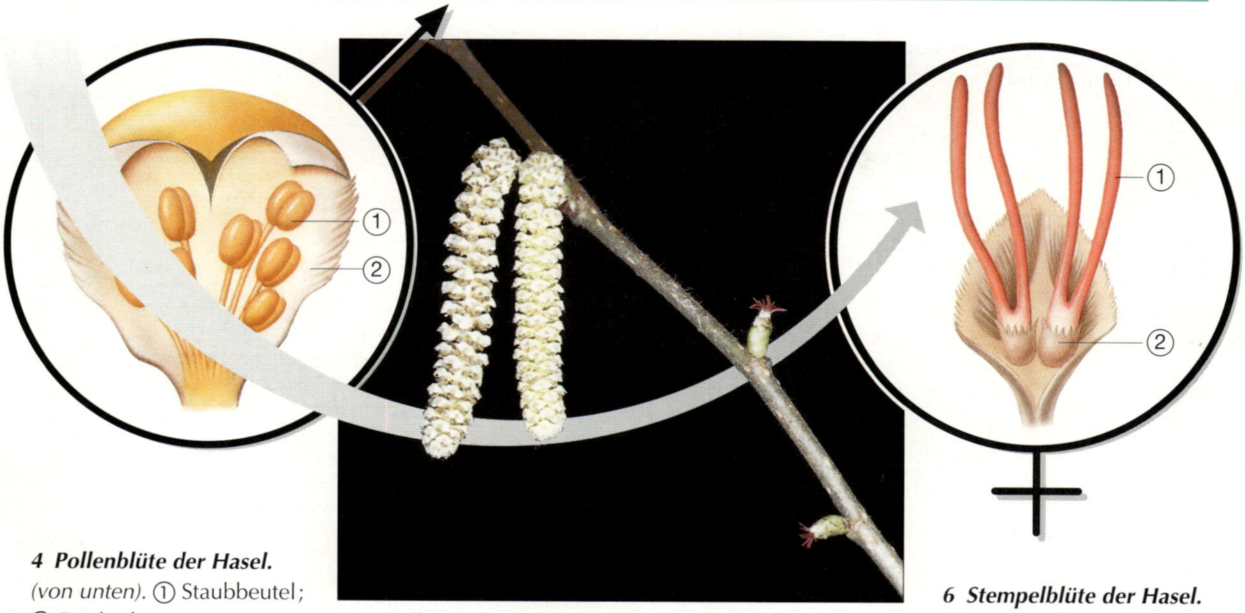

4 Pollenblüte der Hasel. *(von unten).* ① Staubbeutel; ② Deckschuppe

5 Windbestäubung bei der Hasel

6 Stempelblüte der Hasel. ① Narbe; ② Fruchtknoten

zelblüten. Es bildet einen *Blütenstand.* Allerdings enthalten die Blüten nur Staubblätter. Immer zwei Staubblätter bilden zusammen mit einem kleinen Tragblatt und einer Nektardrüse die männliche Blüte. Man nennt sie *Pollenblüte.* An einer Weide mit Pollenblüten findest du keine weiblichen Blüten. Sie sitzen an Weiden mit grau-grünen Kätzchen. Ein weiblicher Blütenstand setzt sich aus vielen *Stempelblüten* zusammen. Von dem Duft ihres Nektars werden Bienen angelockt. Bei der Nektarsuche bestäuben sie die klebrigen Narben mit Pollenkörnern.
Bei der Salweide sind die weiblichen und männlichen Blüten auf zwei Pflanzen verteilt. Sie „wohnen" sozusagen in „zwei Häusern". Solche Pflanzen heißen *zweihäusig.* Im Gegensatz zu den Zwitterblüten der Kirsche enthalten die Weidenblüten nur männliche oder nur weibliche Blüten. Sie sind *getrenntgeschlechtlich.*

Auch die *Hasel* hat getrenntgeschlechtliche Blüten. Männliche und weibliche Blüten findest du jedoch an einer Pflanze. Sie ist *einhäusig.* Die männlichen Blütenstände kannst du leicht als gelbe Kätzchen erkennen. Die weiblichen Blütenstände sind dagegen nur durch die roten pinselartigen Narben zu erkennen. Sie sind unscheinbar und werden von Insekten nicht besucht. Die Bestäubung erfolgt durch den Wind: Aus den reifen Staubbeuteln einer männlichen Blüte fallen bei warmem Wetter die trockenen, leichten Pollenkörner auf die Deckschuppe der darunter liegenden Blüte. Durch den Wind werden sie fortgeweht. So gelangen einige Pollenkörner zu den weiblichen Blütenständen. Eine solche **Windbestäubung** findest du auch bei den Gräsern und vielen Bäumen.

Die Übertragung von Pollenkörnern einer Blüte auf die Narbe einer anderen Blüte nennt man Bestäubung. Man unterscheidet Insektenbestäubung und Windbestäubung.

1 Beschreibe die Bestäubung bei der Schlüsselblume auf der Pinnwand Seite 166. Wie wird die Fremdbestäubung gesichert?

7 Salweide *(männlicher Strauch)*

8 Salweide *(weiblicher Strauch)*

Pinnwand

BLÜTEN UND IHRE BESTÄUBUNG

Hummeln und Falter sorgen für Fremdbestäubung bei der Schlüsselblume

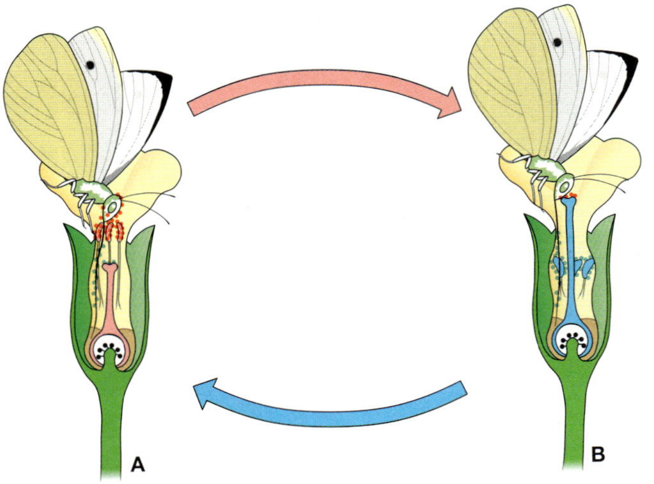

Die Schlüsselblume hat zwei verschiedene Blütenformen. Bei den kurzgriffeligen Blüten (A) sitzen die Staubblätter oben in der Kronröhre, bei den langgriffeligen (B) in der Mitte der Kronröhre. Der am Grunde der Blüte ausgeschiedene Nektar ist nur langrüsseligen Hummeln und dem Zitronenfalter zugänglich. Beim Besuch einer kurzgriffeligen Blüte berührt der Falter mit dem Kopf die Staubbeutel und mit dem Rüssel die Narbe. Bei einer langgriffeligen Blüte ist es umgekehrt. Auf diese Weise wird vorwiegend Pollen zwischen zwei Blüten verschiedener Pflanzen übertragen.

Der Hauhhechel pumpt Pollen

In den Blüten des Hauhhechels oder der Lupine sind die beiden Kronblätter des Schiffchens so verwachsen, dass nur an der Spitze eine kleine Öffnung bleibt. Sind die Staubbeutel reif, entleeren sie ihre klebrigen Pollen in die Schiffchenspitze. Drückt ein Insekt das Schiffchen bei der Nektarsuche nach unten, wird der Pollen durch die kolbenförmig verdickten Staubfäden an den Körper des Tieres gepresst.

Der Trick des Wiesensalbeis

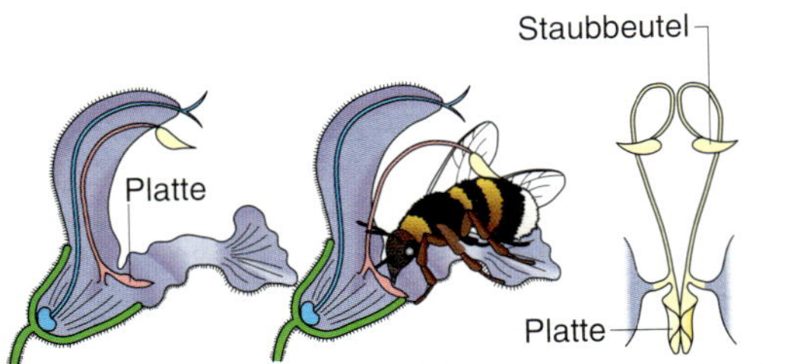

Die beiden Staubblätter des Wiesensalbeis sind lang und gebogen. Jedes Staubblatt trägt am langen Ende ein Staubbeutelfach, am kurzen Ende eine löffelförmige Platte. Zusammen mit der Platte des zweiten Staubblattes wird so der Eingang der Blütenröhre versperrt. Stößt nun eine Hummel oder Biene bei der Nektarsuche gegen die Platten, senken sich die Bänder. Wie ein Schlagbaum werden die geöffneten Staubbeutel auf den Rücken des Insekts gedrückt, das so mit Pollenkörnern bepudert wird.

4.3 Von der Bestäubung zur Befruchtung

Eine Biene kriecht in eine junge Blüte eines Kirschbaumes. Ihr Körper ist bepudert mit Pollenkörnern einer älteren Blüte. Bei der Suche nach Nektar bleiben Pollenkörner an der klebrigen Narbe hängen. Auf einer Narbe hat man über 50 Pollenkörner gefunden. Was geschieht nun? Um dies beobachten zu können, benötigen wir ein Mikroskop. Damit schauen wir uns bestäubte Stempel im Längsschnitt zu verschiedenen Zeitpunkten an. Zunächst beginnen die Pollenkörner in der zuckerhaltigen Narbenflüssigkeit zu **keimen:** Aus jedem Pollenkorn wächst ein kleines, schlauchartiges Gebilde. Man nennt es *Pollenschlauch.* Die Pollenschläuche wachsen in die Narbe und dann in den Griffel. Ein „Wettwachsen" beginnt! Das Ziel ist die Eizelle in der Samenanlage. Der Pollenschlauch, der am schnellsten wächst, dringt in die Samenanlage ein.

Während dieses Wachstums hat sich im Pollenschlauch die *männliche Geschlechtszelle* gebildet. Sie liegt im unteren Bereich des Pollenschlauchs. Hat dieser die Eizelle erreicht, erfolgt die **Befruchtung:** Der Pollenschlauch öffnet sich und die männliche Geschlechtszelle verschmilzt mit der Eizelle. Beide Zellkerne vereinigen sich zu einem Zellkern.
Nun ist die Befruchtung abgeschlossen. Die Samenanlage verschließt sich, sodass keine weiteren Pollenschläuche eindringen können.

Nach der Bestäubung keimen die Pollenkörner zu Pollenschläuchen. In ihnen entwickelt sich die männliche Geschlechtszelle. Bei der Befruchtung verschmilzt sie mit der Eizelle.

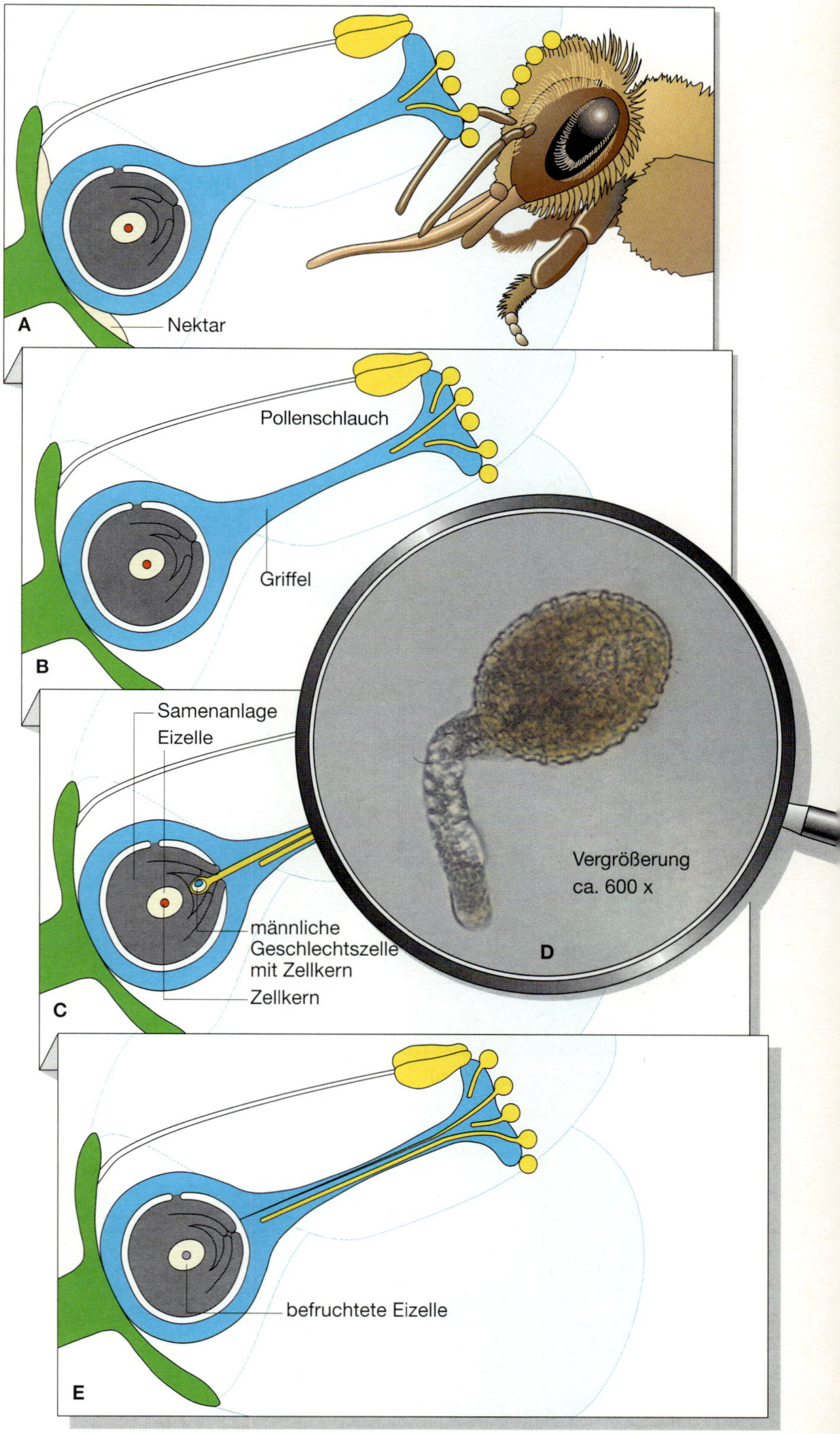

1 ***Bestäubung und Befruchtung bei der Kirsche. A*** *Bestäubung;* ***B*** *Pollenkornkeimung (Schema);* ***C*** *Pollenschlauch kurz vor der Befruchtung;* ***D*** *Pollenkornkeimung (Foto);* ***E*** *nach der Befruchtung*

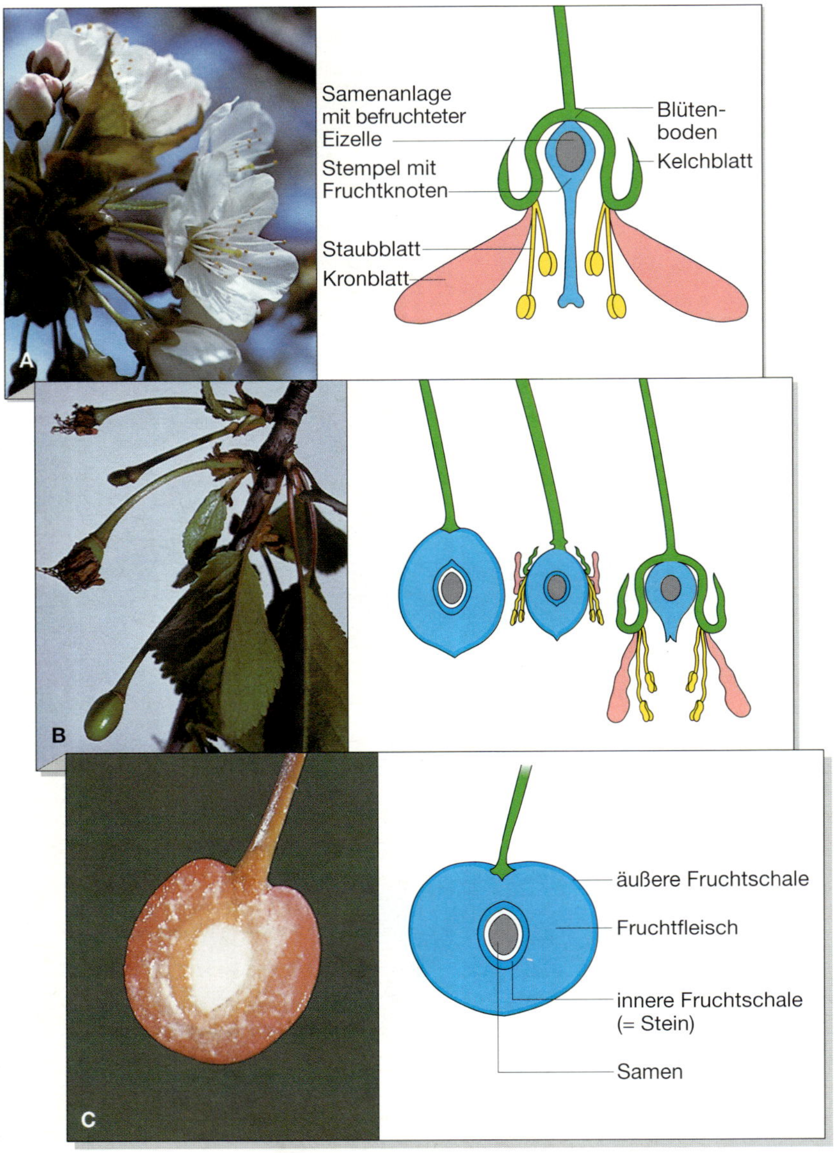

1 Entwicklung der Kirschfrucht

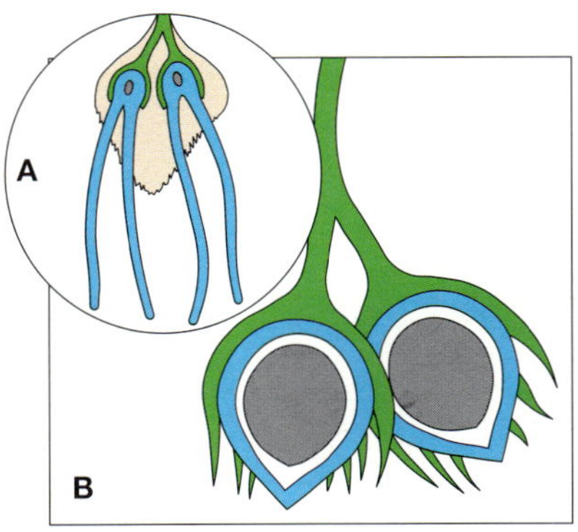

*2 **Hasel.** **A** Blüte; **B** Frucht (Nuss)*

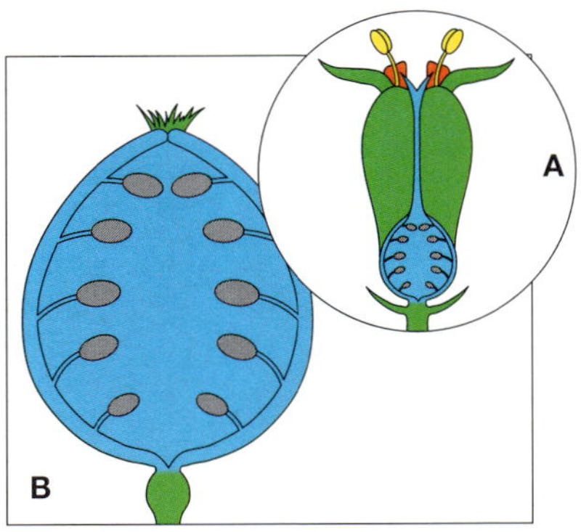

*3 **Stachelbeere.** **A** Blüte; **B** Frucht (Beere)*

4.4 Nach der Befruchtung entwickeln sich Früchte

Kirschen sind die **Früchte** des Kirschbaumes. Die Fruchtentwicklung setzt nach der Befruchtung ein und ist äusserlich an der Veränderung der Blüten zu verfolgen: Die Kronblätter werden braun, welken und fallen ab. Auch der Griffel und die Narbe vertrocknen. Der Fruchtknoten dagegen schwillt an. Bald wird der kelchförmige Blütenboden zu eng. Er wird zerrissen. An der entstehenden grünen Frucht bleiben die Reste von Kelchblättern, Staubblättern und dem Blütenboden wie ein Gürtel haften. Schließlich fallen sie ab.

Auch im Inneren des Fruchtknotens zeigen sich Veränderungen: Die Wand des Fruchtknotens entwickelt sich zur *Fruchtwand* der reifen Kirschfrucht. Sie besteht aus drei Schichten: aus der glatten *Außenhaut,* dem roten, saftigen *Fruchtfleisch* und der steinharten *Innenschale.* Eine solche Fruchtform bezeichnet man als *Steinfrucht.* Im Inneren des Kirschsteins hat sich aus der Samenanlage mit der befruchteten Eizelle der **Samen** gebildet.
Früchte können unterschiedliche Formen zeigen wie zum Beispiel *Nüsse* oder *Beeren.* Sie enthalten in ihrem Inneren einen oder mehrere Samen.

Eine Frucht entsteht aus dem Fruchtknoten. In der Frucht liegen ein oder mehrere Samen.

1 Worin unterscheiden sich die Fruchtformen in den Abbildungen 2 und 3 von der Kirschfrucht?
2 Beschreibe die Möglichkeiten der Vermehrung beim Scharbockskraut auf der Pinnwand auf der Seite 169.

VERMEHRUNG DER BLÜTENPFLANZEN

Pinnwand

Geschlechtliche und ungeschlechtliche Vermehrung

Blütenpflanzen können sich auf zweierlei Art vermehren: Meist vermehren sie sich durch *Samen*. Samen entwickeln sich nach der Befruchtung der Eizelle durch eine männliche Geschlechtszelle. Eine solche Vermehrung bezeichnet man als *geschlechtliche Vermehrung*.

Manche Blütenpflanzen sind jedoch in der Lage, sich zusätzlich ohne Ausbildung von Samen zu vermehren. Diese *ungeschlechtliche Vermehrung* erfolgt durch Ausläufer, Ableger, Brutknollen, Wurzelknollen oder Stecklinge.

Die Erdbeerpflanze bildet im Sommer Seitensprosse. Aus der Blattrosette der Mutterpflanze wachsen diese *Ausläufer* auf dem Erdboden entlang. In bestimmten Abständen werden aus den Knospen Wurzeln und Blätter gebildet. Wenn diese Tochterpflanzen selbstständig Nährstoffe bilden können, vertrocknen die Ausläufer.

Das Brutblatt bildet an den Blatträndern winzige Tochterpflanzen mit Wurzeln und Blättchen. Fallen diese *Ableger* auf die Erde, wachsen sie unter der Mutterpflanze fest. Die Tochterpflanzen können dann in andere Töpfe umgesetzt werden.

Wir züchten Usambaraveilchen aus Blattstecklingen

Zunächst steckt man ein abgeschnittenes Blatt (mit Stiel) vom Usambaraveilchen in ein Gefäß mit Wasser. Haben sich um den Blattstiel zahlreiche Wurzeln gebildet, wird der Steckling in einen kleinen Topf mit Blumenerde gesetzt. Die Pflege erfolgt dann wie im Hinweis auf der Pinnwand der Seite 162.

Scharbockskraut

Übung

Blüten

A 1 Wir zeichnen eine Blüte

Fertige von dem abgebildeten Längsschnitt der Kirschblüte eine Zeichnung an. Beschrifte.

V 2 Wir zergliedern eine Kirschblüte

Material: Kirschblüte; Lupe; Pinzette; ein Stück durchsichtige Klebefolie (8 cm × 8 cm); schwarzer Zeichenkarton

Durchführung: Betrachte den Bau der Kirschblüte mit einer Lupe und suche die einzelnen Blütenteile. Lege dann die Klebefolie mit der Klebeseite nach oben auf den Tisch. Zupfe von der Blüte vorsichtig mit der Pinzette zuerst die Kronblätter, dann die Kelchblätter, die Staubblätter und schließlich den Stempel ab. Ordne die Blütenteile auf dem Zeichenkarton so, wie auf der Abbildung dargestellt. Übertrage dann die Blütenteile in dieser Anordnung auf die Klebefolie und drücke jeweils leicht an. Drehe die Klebefolie mit den anhaftenden Blütenteilen um und klebe sie auf den Zeichenkarton. Du hast nun ein Legebild einer Kirschblüte. Stellt man die Anordnung der Blütenteile zeichnerisch vereinfacht dar, erhält man einen **Blütengrundriss** oder Blütendiagramm. Im Blütendiagramm sind die einzelnen Blütenteile durch bestimmte Farben gekennzeichnet.

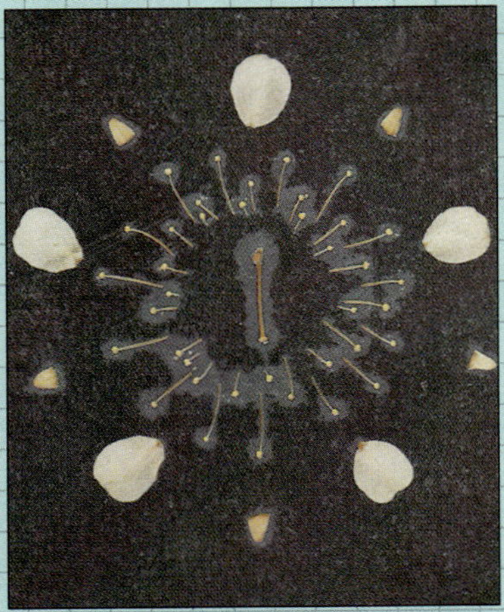

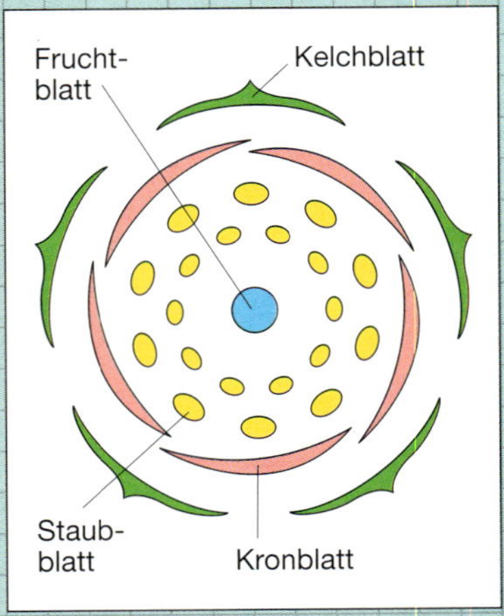

Aufgaben: a) Weshalb werden die Blütenteile im Legebild und im Blütengrundriss kreisförmig angeordnet?

b) Zähle die einzelnen Blütenteile und nenne ihre jeweilige Aufgabe.

V 3 Wir zergliedern eine Wickenblüte

Material: Blüte einer Gartenwicke; Lupe; Pinzette; ein Stück durchsichtige Klebefolie (10 cm × 10 cm); schwarzer Zeichenkarton

Durchführung: Betrachte den Bau der Wickenblüte mit der Lupe und suche die einzelnen Blütenteile. Stelle dann ein Legebild her. Bedenke, dass Staubblätter und Stempel nebeneinander angeordnet werden müssen.

Aufgaben: a) Die Wickenblüte hat fünf Kronblätter. Vergleiche diese Angabe mit deinem Legebild. Finde eine Erklärung.

b) Vergleiche den Bau der Wickenblüte mit dem der Kirschblüte. Suche im Buch nach Pflanzen, die ähnlich gebaute Blüten wie die Wicke ausbilden.

V4 Wir untersuchen eine Tulpenblüte

Material: Tulpenblüte; Messer; Lupe; Zeichenmaterial
Durchführung: Betrachte den Bau einer Tulpenblüte und suche die einzelnen Blütenteile.
Schneide mit dem Messer die Tulpenblüte etwa in der Mitte quer durch. Schaue von oben auf diesen Querschnitt. Zeichne den Querschnitt. Du erhältst auf diese Weise einen Blütengrundriss.
Betrachte das Schnittbild des Stempels und zeichne.
Schneide ein Staubblatt in Höhe des Staubbeutels quer durch. Betrachte den Querschnitt mit der Lupe und zeichne. Beschrifte deine Zeichnungen.
Aufgaben: Vergleiche den Bau der Tulpenblüte mit dem der Kirschblüte. Fertige hierzu eine Tabelle an, in die du die Anzahl der einzelnen Blütenteile einträgst.

A5 Die Blüte der Berberitze ist reizbar

Berührt man die Staubblätter der Berberitze zum Beispiel mit einer Bleistiftspitze, klappen sie innerhalb von Bruchteilen einer Sekunde nach innen.
a) Welche Bedeutung hat diese Reizbarkeit für die Bestäubung?
b) Durch welche Einrichtungen haben Blüten ihre Bestäubung gesichert? Nimm auch die Abbildungen auf der Pinnwand der Seite 166 zu Hilfe.
c) Weshalb wird die Blüte der Steinnelke nicht von Bienen bestäubt?
d) Bei Zwitterblüten besteht die Möglichkeit der *Selbstbestäubung*, das heißt, Pollenkörner werden innerhalb einer Blüte von den Staubblättern auf die Narbe übertragen.
Auf welche Weise haben Pflanzen eine Selbstbestäubung verhindert?

A6 Bestäubungsversuche

Ein Gärtner führte an Kirschblüten seines Kirschbaumes im Frühjahr die abgebildeten Versuche durch. Nur an den Kirschblüten im Versuch 1B bildeten sich nach einigen Wochen Kirschfrüchte.

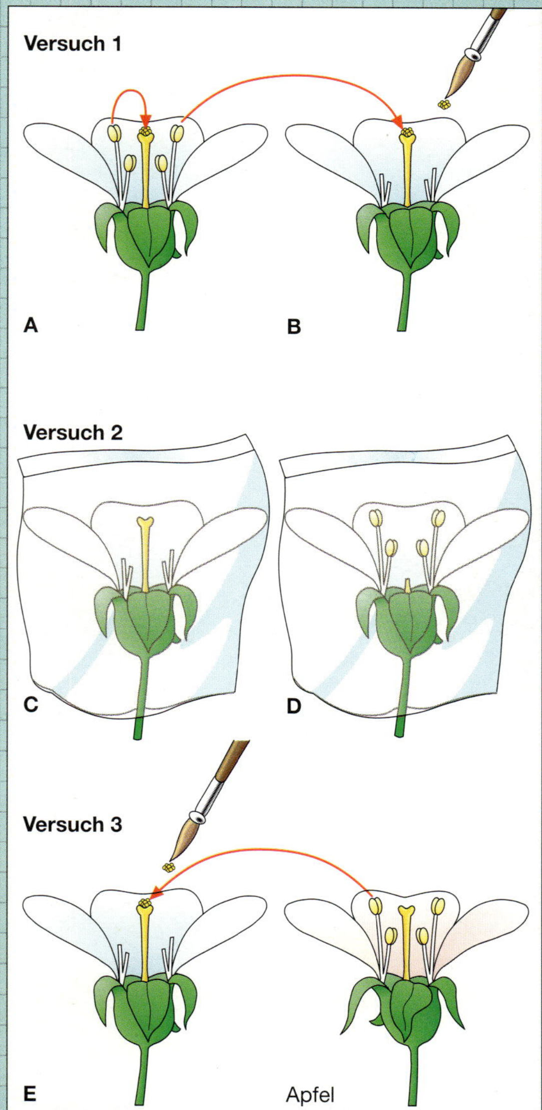

Beschreibe die Durchführung der Versuche. Um welche Bestäubungsarten handelt es sich bei Versuch 1A und 1B? Siehe hierzu auch A5, Teilaufgabe d). Erkläre das jeweilige Versuchsergebnis.

5 Pflanzen lassen sich ordnen

Betrachte die Fotos auf dieser Doppelseite. Du siehst Blüten von Pflanzen, die untereinander eng verwandt sind. Wenn Pflanzen miteinander verwandt sind, zeigen sie gemeinsame Merkmale. Untersuchen wir sie näher! Ein wichtiges Merkmal ist der Bau der *Blüte*. Beim Raps sind die Blütenteile kreuzweise angeordnet. Wir erkennen deutlich 4 *Kronblätter*. Nach dem Zergliedern einer Blüte zählen wir außerdem 4 *Kelchblätter* und 6 *Staubblätter*. Es sind 4 kürzere und 2 längere Staubblätter.

Der Blütenlängsschnitt zeigt uns einen Stempel, der aus zwei *Fruchtblättern* besteht. Aus ihnen entwickelt sich später die Frucht. Sie besteht aus zwei trockenen Fruchtwänden und einer Mittelwand, an der die Samen sitzen. Bei den langen, schlanken Früchten des Rapses spricht man von *Schoten*.

Vergleichen wir nun die anderen Blüten mit der Rapsblüte! Goldlack, Blaukissen, Wiesenschaumkraut und Hirtentäschelkraut besitzen ebenfalls 4 Kronblätter, die kreuzweise angeordnet sind. Auch die Anzahl und Anordnung der anderen Blütenteile stimmen überein.

Andere Merkmale lassen sich ebenfalls zur Klärung der Verwandtschaft heranziehen. So haben alle hier abgebildeten Pflanzen wechselständig angeordnete *Blätter*. Oft bilden die unteren Blätter eine Blattrosette. Eine solche Verwandtschaftsgruppe wird als **Familie** bezeichnet. Die Anordnung der Blütenteile gab dieser Familie ihren Namen: **Kreuzblütengewächse**. Die Angehörigen der Kreuzblütengewächse unterscheiden sich aber auch in einigen Merkmalen voneinander. Dazu gehören zum Beispiel die Blatt- und Fruchtform.

Hirtentäschelkraut besitzt kleine gedrungene Früchte. Sie erinnern mit ihrer Dreiecksform an die Taschen von Hirten und gaben der Pflanze daher ihren Namen. Ihr innerer Aufbau gleicht den Früchten vom Raps. Da sie kürzer sind als Schoten, bezeichnet man sie als *Schötchen*.

Auch die Farbe der Blüten ist nicht bei allen Kreuzblütengewächsen einheitlich. Raps blüht gelb, Goldlack orange bis braun

1 Goldlack

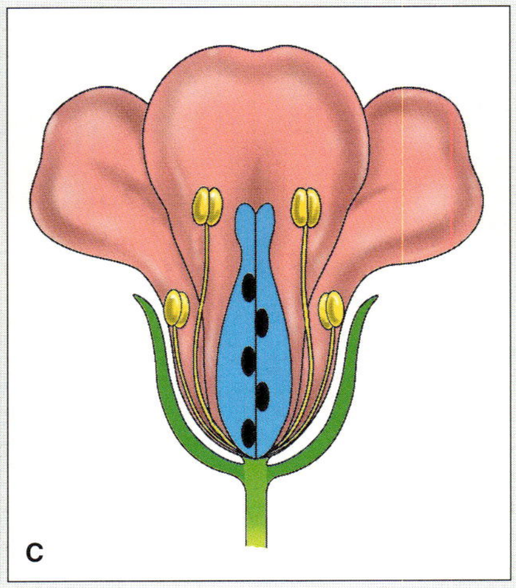

2 Raps. A *Pflanze;* **B** *Blüte;* **C** *Längsschnitt Blüte;*

3 Blaukissen

und das Wiesenschaumkraut rosa bis violett. Pflanzen einer Familie ordnet der Biologe deshalb noch einmal in **Gattungen.** So gehört das Wiesenschaumkraut zur Gattung Schaumkraut und der Raps zur Gattung Kohl.

Die violett blühende Wiesenschaumkraut finden wir häufig auf feuchten Wiesen. Seltener ist ein Schaumkraut mit rein weißen Kronblättern und Staubblättern, die violette Staubbeutel tragen. Es wächst in Auen- und Buchenwäldern an feuchten Stellen. Nach dem Geschmacksstoff in seinen Blättern

4 Wiesenschaumkraut

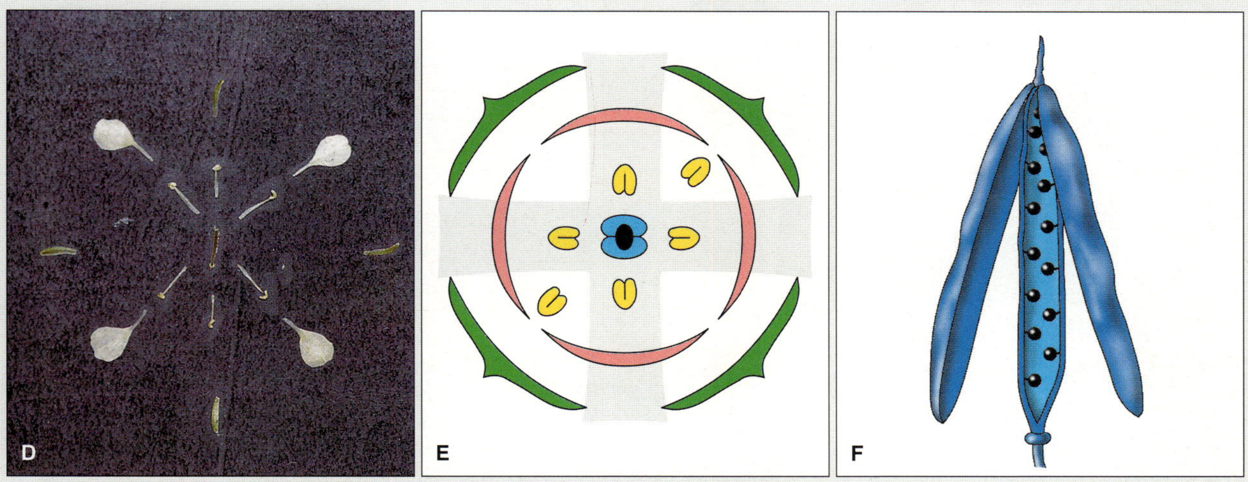

***D** Legebild; **E** Blütendiagramm; **F** Frucht: Schote*

wird es Bitteres Schaumkraut genannt. Wenn sich Pflanzen einer Gattung nur ganz geringfügig voneinander unterscheiden, nennt man sie **Arten.** Wiesenschaumkraut und Bitteres Schaumkraut sind also zwei Arten der Gattung Schaumkraut.

Eine Gattung der Kreuzblütengewächse wird vom Menschen besonders vielseitig genutzt – die Gattung Kohl. Zu ihr gehören etwa 40 verschiedene Arten. Eine wichtige Nutzpflanze ist der Raps. Er dient als Futterpflanze und seine Samen liefern das Rapsöl. Viele Arten dieser Gattung nutzt der Mensch für seine Ernährung. Dazu gehören Radieschen, Rosenkohl, Blumenkohl, Kohlrabi, Brokkoli und Weißkohl. Beim Kohlrabi essen wir zum Beispiel die verdickte Sprossachse und beim Weißkohl die Blätter.

Trotzdem wissen viele Leute nicht, dass diese Pflanzen zu den Kreuzblütengewächsen gehören. Wir ernten die Pflanzen nämlich häufig bereits vor dem Blühen. Möchtest du also einmal ein Radieschen blühen sehen, musst du die Pflanze bis zum Sommer stehen lassen. Dann erst erscheinen die rosa Blüten.

5 Hirtentäschelkraut

Pflanzen lassen sich anhand gemeinsamer Merkmale ordnen. So unterscheidet man die Verwandtschaftsgruppen Familie, Gattung und Art. Eine Familie sind zum Beispiel die Kreuzblütengewächse.

1 Fertige ein Legebild einer Kreuzblüte an. Orientiere dich an der Abbildung 2D.

2 Betrachte den Blütenbau der Pflanzenfamilien auf den Pinnwänden S. 174–177. Nenne Gemeinsamkeiten und Unterschiede.

Pinnwand

ROSENGEWÄCHSE

Merkmale der Familie

Blüten meist mit 5 freien Kelch- und Kronblättern und vielen Staubblättern; weltweit 3000 Arten, formenreiche Gruppe; viele Obstsorten wie Apfel, Kirsche, Birne, Pfirsich, Quitte, Pflaume, Himbeere und Erdbeere

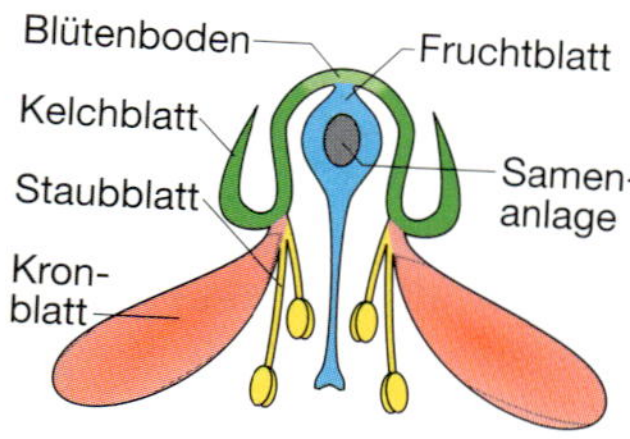

Blütenschema (Längsschnitt)

Feuerdorn

Aussehen: bis 3 m hoher immergrüner Strauch
Blüten: weiß
Blütezeit: Mai - Juni
Vorkommen: Zierstrauch

Schlehe (Schwarzdorn)

Aussehen: 1 bis 3 m hoher bedornter Strauch
Blüten: klein, weiß
Blütezeit: April - Mai
Vorkommen: Hecken, Weg- und Feldränder

Himbeere

Aussehen: 0,6 bis 1 m hoher Strauch
Blüten: weiß
Blütezeit: Mai - Juni
Vorkommen: Gebüsche, Gräben, Wegränder

Wald-Erdbeere

Aussehen: krautige Pflanze, 8 bis 20 cm hoch
Blüten: weiß
Blütezeit: Mai - September
Vorkommen: Wälder, Gebüsche

Gänse-Fingerkraut

Aussehen: kriechende, krautige Pflanze; 15 bis 50 cm lang
Blüten: gelb
Blütezeit: Mai - August
Vorkommen: Weiden, feuchte Wege

Pinnwand

LIPPENBLÜTENGEWÄCHSE

Merkmale der Familie

Blüten häufig zweilappig, 5 Kronblätter; davon 2 zur Oberlippe und 3 zur Unterlippe verwachsen; meist 4 Staubblätter; Früchte zerfallen in Teilfrüchte mit 4 Samen; Sprossachse meist vierkantig; weltweit etwa 3200 Arten

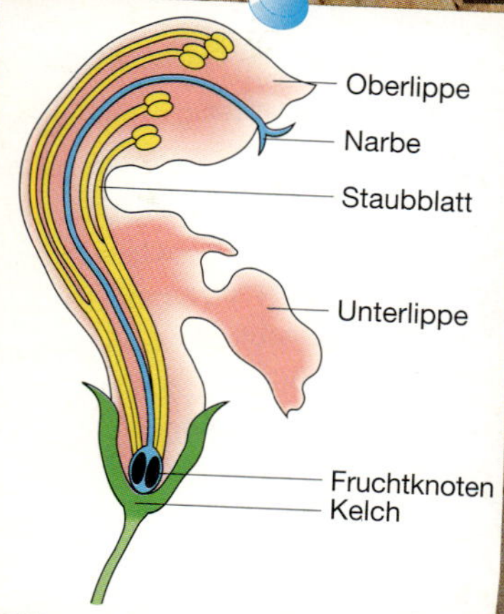

Blütenschema (Längsschnitt)

Gefleckte Taubnessel

Aussehen: 15 bis 60 cm hohe krautige Pflanze
Blüten: purpurrot, Unterlippe gefleckt
Blütezeit: April - September
Vorkommen: Gebüsche, Waldränder

Gundermann

Aussehen: 20 bis 40 cm hohe krautige Pflanze, bildet Ausläufer
Blüten: blau-violett
Blütezeit: April - Juni
Vorkommen: Wälder, Wiesen, Gebüsche

Wiesensalbei

Aussehen: 30 bis 60 cm hohe krautige Pflanze; Stängel und Blätter borstig behaart
Blüten: dunkelblau
Blütezeit: Mai - August
Vorkommen: Wiesen, Gebüsche

Weiße Taubnessel

Aussehen: 20 bis 50 cm hohe krautige Pflanze
Blüten: weiß
Blütezeit: April - Oktober
Vorkommen: an Zäunen, Wegrändern

Goldnessel

Aussehen: 15 bis 45 cm hohe krautige Pflanze
Blüten: gelb, Unterlippe mit roten Flecken
Blütezeit: April - Juni
Vorkommen: Gebüsche, Laubwälder

Pinnwand

SCHMETTERLINGSBLÜTENGEWÄCHSE

Merkmale der Familie:

zweiseitig symmetrische Blüte; Früchte sind Hülsen: sie bestehen aus einem Fruchtblatt und mehreren Samen; Blätter wechselständig, meist zusammengesetzt, gefiedert oder dreizählig, häufig Ranken bildend; Kräuter, Bäume, Sträucher; weltweit etwa 9000 Arten

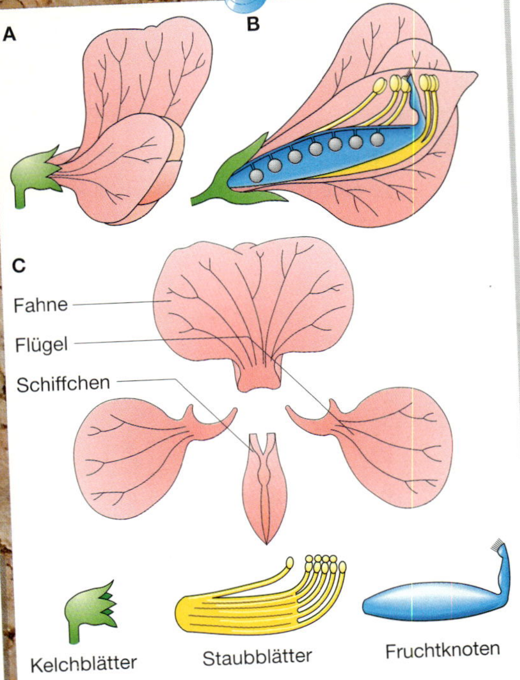

Erbsenblüte.
A schematisch; **B** Längsschnitt; **C** zergliedert

Rotklee

Aussehen: 15 bis 40 cm hohe krautige Pflanze
Blüten: rot, in Köpfchen
Blütezeit: Juni - August
Vorkommen: Wiesen, Weiden, Wegränder; wichtige Futterpflanze

Gartenerbse

Aussehen: bis 2 m hohe rankende, krautige Pflanze
Blüten: weiß-rosa
Blütezeit: Juni - August
Vorkommen: Gärten

Zaunwicke

Aussehen: 30 bis 60 cm hohe krautige Pflanze
Blüten: lila, 3 bis 5 in einer Traube
Blütezeit: Mai - August
Vorkommen: Wiesen, Gebüsche, Zäune

Besenginster

Aussehen: 0,5 bis 2 m hoher Strauch
Blüten: gelb, einzeln oder zu zweit
Blütezeit: Mai - Juni
Vorkommen: trockene Wälder, Gebüsche, Wegränder, Bahndämme

Lupine

Aussehen: 1 bis 1,5 m hohe krautige Pflanze
Blüten: meist blau-violett oder gelb
Blütezeit: Juni - August
Vorkommen: Waldränder, Lichtungen; auch als Futter – und Zierpflanze

KORBBLÜTENGEWÄCHSE

Pinnwand

Merkmale der Familie:

5 Kronblätter zu einer Röhre oder Zunge verwachsen; Blüten korbförmig angeordnet;
Röhrenblüten, Zungenblüten oder beide vorhanden;
Früchte besitzen häufig einen Haarkelch zur Verbreitung;
weltweit etwa 22000 Arten

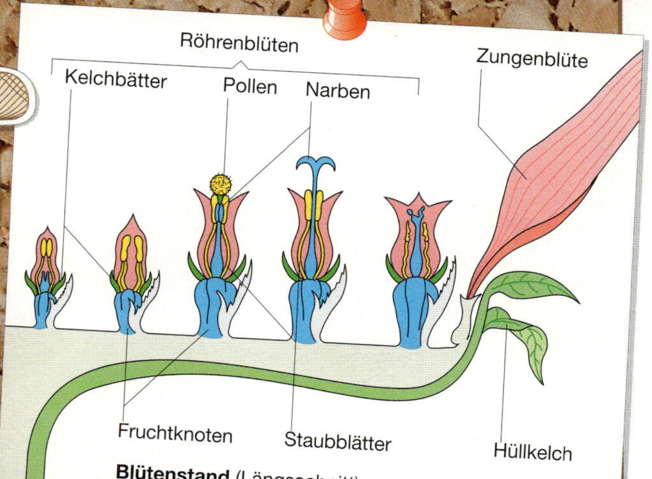

Blütenstand (Längsschnitt)

Gänseblümchen

Aussehen: 5 bis 15 cm hohe krautige Pflanze, Blätter in Rosetten
Blüten: Zungenblüten weiß bis rosa
Blütezeit: Januar - November
Vorkommen: Wiesen, Weiden, auch Zierpflanze (Tausendschön)

Wiesen-Margerite

Aussehen: 0,2 bis 1 m hohe krautige Pflanze,
Blüten: Zungenblüten weiß, große Körbe
Blütezeit: Juni - Oktober
Vorkommen: Wiesen

Kornblume

Aussehen: 30 bis 60 cm hohe krautige Pflanze
Blüten: nur Röhrenblürn, blau, äußere meist größer als innere
Blütezeit: Juni - Oktober
Vorkommen: Getreidefelder, Feldränder

Löwenzahn (Gemeine Kuhblume)

Aussehen: 10 bis 15 cm hohe krautige Pflanze
Blüten: nur gelbe Zungenblüten
Blütezeit: April - Juli
Vorkommen: Wiesen, Äcker, Wegränder

Gemeine Schafgarbe

Aussehen: 0,3 bis 1,20 m hohe krautige Pflanze
Blüten: Zungenblüten weiß oder rosa, Körbe klein
Blütezeit: Juni - Oktober
Vorkommen: Wiesen, Wegränder

Übung

Bestimmungsschlüssel für Kreuzblütengewächse

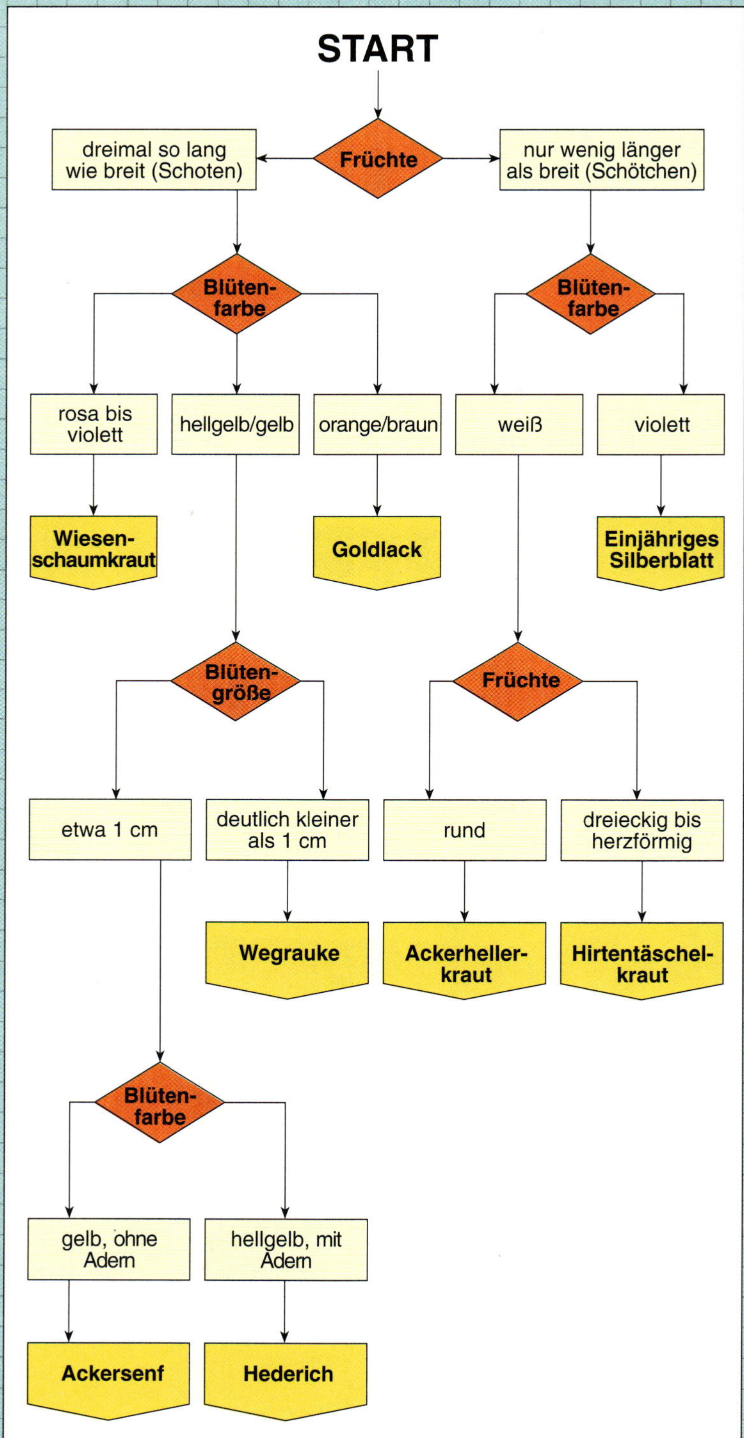

a) Nenne Merkmale der Kreuzblütengewächse bei den abgebildeten Pflanzen.
b) Bestimme mithilfe des Bestimmungsschlüssels den Namen dieser 4 Pflanzen.

Bau und Leistungen der Blütenpflanzen

Prüfe dein Wissen

A 1 Welche der folgenden Aussagen zur Fotosynthese sind falsch?
Die Fotosynthese
a) ist die Atmung der grünen Pflanze;
b) ist die Ernährung der grünen Pflanze;
c) ist abhängig vom Licht und vom Kohlenstoffdioxid;
d) produziert Kohlenstoffdioxid und Wasser;
e) liefert Sauerstoff für die Pflanzenatmung.

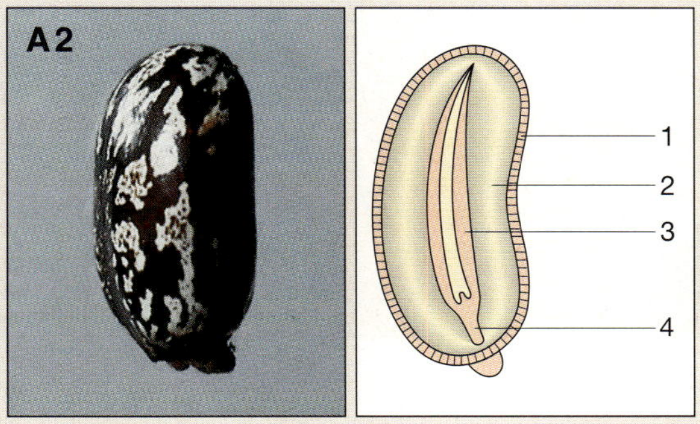

Die Abbildung zeigt den Bau des Ricinussamens.
a) Ordne den Ziffern die richtigen Begriffe zu.
b) Worin unterscheidet er sich vom Aufbau des Bohnensamens?

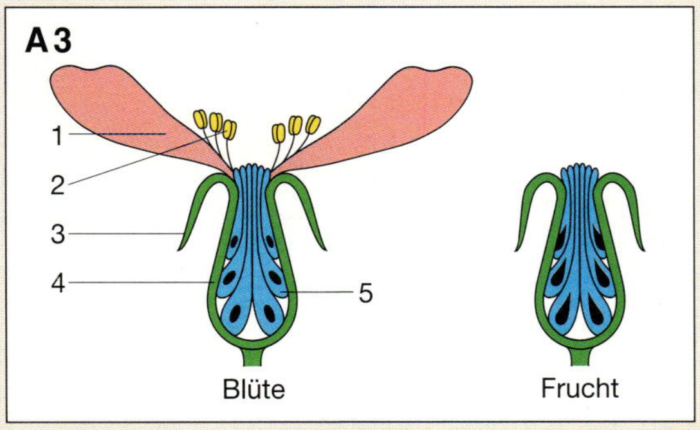

Die Zeichnung gibt den Längsschnitt durch eine Blüte und eine Frucht der Heckenrose wieder.
a) Ordne den Ziffern die entsprechenden Begriffe zu.
b) Nenne die Aufgaben der Blütenteile.
c) Worin unterscheiden sich die Fruchtformen von Heckenrose und Kirsche?

A 4 *„Ausschließlich durch Bestäubung ihrer Blüten vermehrt sich die Erdbeerpflanze."*
Was ist an dieser Aussage falsch?

A 5 Wie vermehrt sich die Erdbeerpflanze?
a) durch Ausläufer
b) durch Samen
c) durch Brutknollen
d) ungeschlechtlich
e) geschlechtlich

A 6 Im Jahre 1859 gelangte eine weibliche Pflanze der Wasserpest aus Amerika nach Europa. Obwohl es nie männliche Pflanzen in europäischen Gewässern gab, hat sie sich hier massenhaft vermehrt.
Wie konnte sich die Wasserpest ausbreiten?

A 7 Welche Begriffe treffen auf die Wasserpest-Pflanze der Aufgabe 6 zu: zwittrig, einhäusig, zweihäusig, getrenntgeschlechtlich?

Die abgebildeten Blüten stammen von Apfel, Tulpe, Raps und Wiesenschaumkraut.
Ordne die Blüten den Pflanzen zu.

A 9 Ordne die Blüten der Aufgabe 8 folgenden Familien zu:
a) Rosengewächse
b) Kreuzblütler
c) Schmetterlingsblütler
d) Liliengewächse

A 10 Zu welcher der in Aufgabe 8 abgebildeten Blüten gehört der folgende Blütengrundriss?

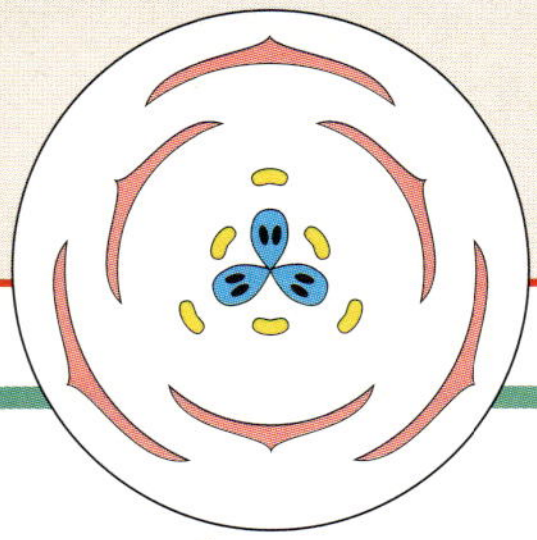

Wirbeltiere in ihren Lebensbereichen

1 ***Wirbeltiere auf dem Land, im Wasser und in der Luft.***
A *Fischotter;* ***B*** *Bachforelle;* ***C*** *Wasserfrosch;* ***D*** *Ringelnatter;* ***E*** *Fischadler*

1 Tiere im Lebensbereich Wasser

1.1 Viele Tiere leben im und am Wasser

Eine Landschaft wie in der Abbildung ist geprägt durch Berge, Wälder, Wiesen und Flüsse. In ihr findet man die Lebensbereiche Land, Wasser und Luft. Betrachten wir einige Tiere, die dort im und am Wasser leben.

Ein **Fischotter** gleitet durch das klare Wasser eines Flusses. Mithilfe seiner Schwimmhäute kann er schwimmen und tauchen. Im Wasser findet er Krebse, Frösche und Fische. Die jungen Fischotter werden von der Mutter gesäugt. Der Fischotter ist also ein *Säugetier.*

> Stichwort
>
> **Wirbeltiere**
>
> Als Wirbeltiere bezeichnet man alle Tiere, die eine *Wirbelsäule* besitzen. Die Wirbelsäule ist aus Knochen aufgebaut. Sie bildet die Hauptachse des Körpers.

Auch die **Ringelnatter** lebt an Gewässern. An Land wärmt sich dieses *Kriechtier* auf, im Wasser jagt es Fische und Frösche.

Der **Wasserfrosch,** ein *Lurch,* teilt seinen Lebensraum mit der Ringelnatter. Er ernährt sich von Insekten. Das Wasser bietet ihm Schutz vor Feinden und schützt ihn vor Austrocknung. Im Bodenschlamm des Gewässers verbringt er den Winter.

Die **Bachforelle** ist ganz dem Lebensbereich Wasser angepasst. Dieser *Fisch* lebt in sauberen, schnell fließenden Bächen und Flüssen.

Auch viele *Vögel* können ohne den Lebensbereich Wasser nicht leben. Zu ihnen zählt der **Fischadler.** Er erbeutet Fische, indem er sie mit den starken Krallen aus dem Wasser herausfischt. Er nutzt alle drei Lebensbereiche.

> Tiere des Lebensbereichs Wasser sind an das Leben im und am Wasser angepasst.

1 Nenne Gewässer aus deiner Umgebung. Ordne sie den Gewässertypen auf der Pinnwand S. 181 zu.

2 Erkläre mithilfe der Pinnwand S. 181, den Unterschied zwischen den Gewässertypen „Teich" und „Weiher".

3 Nenne einige Wirbeltiere mit Namen. Gib auch Beispiele für Tiere ohne Wirbelsäule.

Pinnwand

GEWÄSSERTYPEN

Fluss

Ein Fluss ist ein größeres fließendes Gewässer. Er entsteht durch mehrere Bäche oder kleinere Flüsse. Größere Flüsse, die ins Meer münden, bezeichnet man als *Strom*.

Teich

Als Teich bezeichnet man ein stehendes Gewässer, das vom Menschen geschaffen wurde, z. B. ein Fischteich. Wenn der Mensch es zulässt, kann sich am Teichufer ein vielfältiger Pflanzenbewuchs bilden.

Bach

Der Bach entsteht aus Quellen. Man unterscheidet zwischen kalten, schnell fließenden Bergbächen und wärmeren, langsam fließenden Wiesenbächen.

See

Der See ist ein stehendes Gewässer von manchmal beträchtlicher Tiefe (Bodensee: 252 m). In tiefen Seen bilden sich Schichten aus wärmerem Wasser an der Oberfläche und kaltem Tiefenwasser.

Salzwasser und Süßwasser

Meerwasser enthält so viele gelöste Salze, dass es salzig und manchmal auch bitter schmeckt. Man nennt es deswegen auch *Salzwasser*.
Wasser unserer Flüsse, Seen und Teiche enthält dagegen nur wenig gelöste Salze. Man bezeichnet es als *Süßwasser*.

Weiher

Ein Weiher ist ein natürlich entstandenes stehendes Gewässer. Es führt das ganze Jahr über Wasser. Ein Weiher kann durch Verlandung (das Zuwachsen mit Pflanzen) aus einem See entstehen. Typisch ist ein reiches Pflanzen- und Tierleben im Uferbereich.

Meer

Wenn ein Meer weitgehend von Landmassen umschlossen ist, bezeichnet man es als Binnenmeer. Beispiele dafür sind die Ostsee und das Mittelmeer. Die Weltmeere dagegen, z. B. der atlantische und der pazifische Ozean bedecken riesige Flächen, in denen die Kontinente wie Inseln liegen.

Tümpel

Tümpel sind kleine stehende Gewässer, die meist ein- oder mehrmals im Jahr durch Verdunstung austrocknen.

1 ***Die Bachforelle. A*** *Körperform;* ***B*** *Schwimmbewegungen*

1.2 Fische sind dem Wasserleben angepasst

Eine **Bachforelle** lauert am Grunde eines Baches. Plötzlich schießt der lang gestreckte, stromlinienförmige Fisch nach vorn und packt mit seinen spitzen Zähnen einen Fisch. Die Bachforelle ist ein *Raubfisch.* Im Gegensatz dazu ist der **Karpfen** ein *Friedfisch.* Er ernährt sich hauptsächlich von Pflanzen. Sein Körper ist gedrungen.

Bachforelle und Karpfen besitzen jedoch beide typische Merkmale der Fische. Sie bewegen sich mithilfe ihrer *Flossen* fort. Die Schwanzflosse dient dem Antrieb, Brust- und Bauchflossen der Steuerung, Rücken- und Afterflosse halten die Fische im Wasser aufrecht.

Der Körper der Fische ist dachziegelartig mit *Schuppen* bedeckt. Sie schützen vor Verletzungen. Eine *Schleimschicht* auf den Schuppen verringert den Widerstand im Wasser. An den Körperseiten finden wir in einer Linie angeordnete Poren. Sie führen zu Sinneszellen, die auf Druck reagieren. Mit diesem *Seitenlinienorgan* nimmt der Fisch kleinste Druckänderungen im Wasser wahr. Es verläuft an jeder Körperseite vom Kopf bis zur Schwanzflosse.

Zum Aufenthalt in unterschiedlichen Wassertiefen besitzt der Fisch eine *Schwimmblase.* Dieses gasgefüllte Organ dient dem Schweben im Wasser.

2 ***Karpfen. A*** *Bau des Seitenlinienorgans: 1 Pore, 2 Sinneszellen, 3 Nerv zum Gehirn;* ***B*** *Seitenlinie und äußerer Bau*

3 **Karpfen.** ***A*** *Körperform;* ***B*** *Kiemen;* ***C*** *Kiemen (Schema)*

Das Atmungsorgan der Fische sind die *Kiemen.* Sie liegen an den Kopfseiten und sind nach außen durch die *Kiemendeckel* geschützt. Die Kiemen bestehen aus vier knöchernen *Kiemenbögen.* An jedem Kiemenbogen sitzen feste *Kiemenreusen.* Sie halten Schweb- und Schmutzteilchen zurück.

Gegenüber den Kiemenreusen sitzen die rot gefärbten *Kiemenblättchen.* Sie sind fächerartig aufgeteilt. In ihnen zirkuliert das Blut.

Zum Atmen öffnet der Fisch das Maul. Gleichzeitig werden die Kiemendeckel angelegt. Nun strömt Wasser in das Maul. Das Maul wird wieder geschlossen, die Kiemendeckel öffnen sich. Jetzt strömt das Wasser an den Kiemenblättchen vorbei. Dabei wird Sauerstoff aufgenommen und Kohlenstoffdioxid abgegeben. Die Kiemenblättchen können nur unter Wasser den Sauerstoff aufnehmen. An Land verkleben sie – der Fisch erstickt.

Fische sind durch Körperform, Flossen, Seitenlinienorgan, Schwimmblase und Kiemen an das Wasserleben angepasst.

1 Erkläre, welche Aufgaben die einzelnen Flossen haben.

2 Weshalb kann ein Fisch an Land nicht atmen? Erkläre.

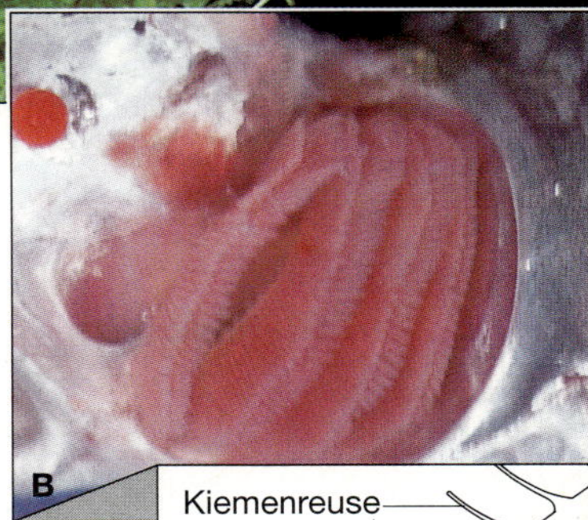

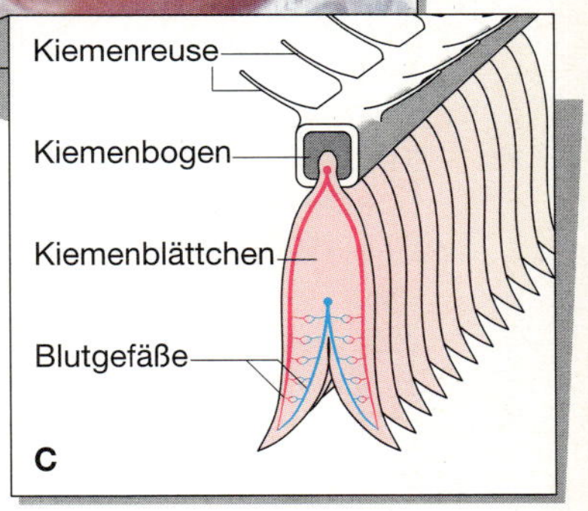

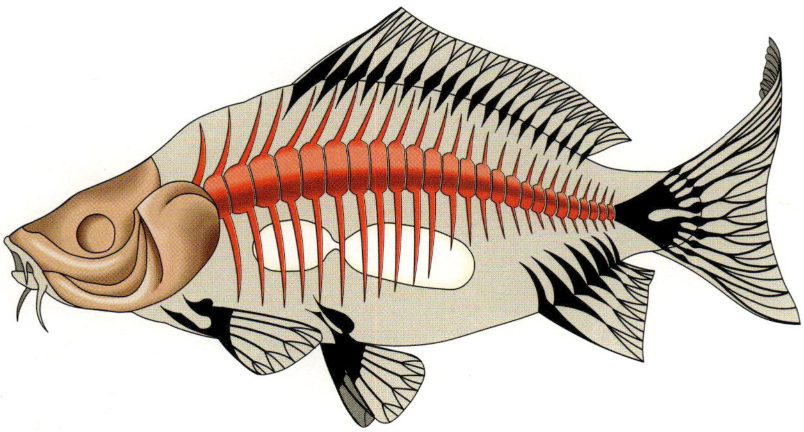

4 ***Skelett und Schwimmblase des Karpfens***

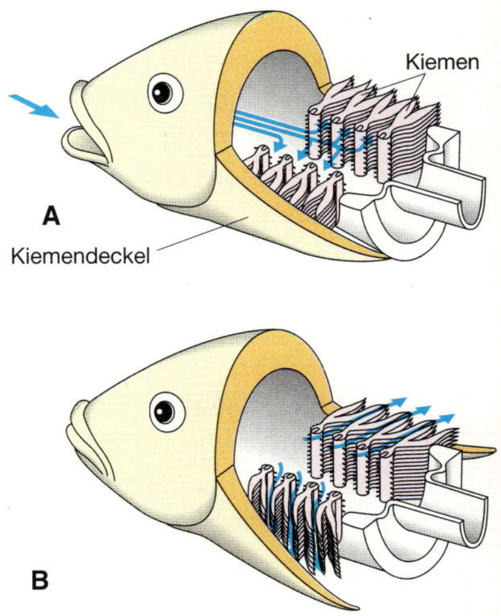

5 ***Atmung.***
A *Einatmung;* ***B*** *Ausatmung*

1 Bachforellen-Paar

1.3 Wie Fische sich fortpflanzen

Für die Bachforelle beginnt im Januar die Fortpflanzungszeit. Jetzt suchen sich Männchen und Weibchen einen Geschlechtspartner. Mit kräftigen Schlägen der Schwanzflosse baut das Weibchen eine Mulde im Bachbett. In dieses „Nest" setzt das Weibchen etwa 2000 gelbliche Eier ab. Sie werden als *Laich* bezeichnet.
Unmittelbar danach gibt das Männchen über der Eimulde die milchig weiße *Samenflüssigkeit* mit den *Spermien* ab. Nun können die beweglichen Spermien zu den *Eizellen* schwimmen. Es findet eine **Befruchtung** statt.
Die befruchteten Eizellen teilen sich und es entwickelt sich ein *Embryo.* Nach etwa zwei Monaten schlüpfen die jungen Forellen. Sie werden nun als *Larven* bezeichnet.
Als Nahrungsvorrat für die ersten Lebenstage tragen die kleinen Fischlarven einen großen *Dottersack* am Bauch. Der Dottersack wird nach und nach aufgebraucht. Gleichzeitig wächst die Forellenlarve. Dabei bildet sich mehr und mehr die typische Fischgestalt heraus. Aus der Fischlarve ist nun eine *Jungforelle* geworden.
Die junge Bachforelle besitzt bereits alle äußeren Merkmale der Alttiere. Von nun an ernährt sie sich von Würmern, Insektenlarven und anderen Kleintieren.

Jungfische wie die kleine Bachforelle haben besonders viele Feinde. Deshalb halten sie sich versteckt im flachen Uferbereich des Baches auf.

Im Alter von vier Jahren und einer Körpergröße von ca. 20 cm sind die Bachforellen geschlechtsreif. Sie können sich nun fortpflanzen. In den *Eierstöcken* der Weibchen reifen die Eizellen heran. Bei den männlichen Forellen werden in den *Hoden* Spermien gebildet.

Nach der Eiablage kümmern sich die Elterntiere nicht weiter um den Nachwuchs. Außerhalb der Fortpflanzungszeit leben die Bachforellen als Einzelgänger in einem festen Revier.

Forellen vermehren sich mit Eiern. Aus den befruchteten Eiern schlüpfen Larven, die zu Forellen heranwachsen.

1 Betrachte die Abbildungen 2A–C. Finde für jedes Bild eine passende Unterschrift.

2 Erkläre, wie das Forellenweibchen die Ablage des Laichs vorbereitet.

3 Wozu dient der Dottersack, den die Forellenlarve nach dem Schlüpfen am Bauch trägt?

4 Wie lassen sich Forellenlarve und Jungforelle voneinander unterscheiden? Erkläre.

5 Beschreibe mithilfe der Pinnwand S. 188 die Unterschiede im Fortpflanzungsverhalten von Lachs und Aal.

2 Entwicklung der Bachforelle

Übung

Wir richten ein Aquarium ein

V 1 Einrichten eines Warmwasseraquariums

Material: Aquarium-Becken (z. B. 100 l); Innenfilter mit Watte; Reglerheizer; Leuchtstofflampe mit Abdeckung und Futterklappe; Thermometer; Magnetreiniger; Saugheber; Kescher; Flusskies unterschiedlicher Korngröße (aus der Zoohandlung); Eimer; Wasserpflanzen (z. B. Hornkraut, Schwertpflanze, Vallisneria); Fische (z. B. Guppys, Schwertträger, Keilfleckbarben, Panzerwelse); Futterflocken und Lebendfutter (z. B. Mückenlarven, Tubifex).

Durchführung: Spüle zunächst das Aquarium mit warmem Wasser aus. Wasche den Kies so oft in einem Eimer aus, bis das überstehende Wasser nicht mehr trüb ist.

Stelle das Aquarium auf eine feste Unterlage (Tisch).

Gib den gewaschenen Kies in das Becken. Verteile ihn so, dass der Boden ungefähr 4 cm hoch bedeckt ist. Der Bodengrund soll von hinten nach vorn etwas abfallen.

Bohre mit dem Finger einige ausreichend große Löcher in den Kies und setze die Wasserpflanzen ein. Bilde kleine Gruppen von gleichen Pflanzen. Achte darauf, dass sich die Pflanzen an der Rückwand des Aquariums befinden.

Fülle das Wasser ein, indem du es über eine umgedrehte Untertasse auf den Bodengrund laufen lässt.

Jetzt kannst du den Filter, den Reglerheizer und das Thermometer einsetzen und die Beleuchtung anschließen.

Lasse nun das Aquarium eine Woche ruhig stehen. Setze dann Fische ein. Als Faustregel gilt: auf 5 Liter Wasser einen Fisch.

Aufgaben: a) Gib den Fischen alle 2 Tage nur so viel Futter, dass nichts am Boden übrig bleibt.

b) Kontrolliere täglich die Wassertemperatur.

c) Entferne mit dem Saugheber einmal wöchentlich Mulm und Futterreste. Schabe grüne Beläge an den Scheiben mit dem Magnetreiniger ab.

d) Säubere den Filter im Abstand von 3 Wochen und ersetze dabei die verbrauchte Filterwatte.

e) Entferne regelmäßig abgestorbene Pflanzenteile und lichte die Pflanzen bei zu starkem Wachstum mit einem kleinen Messer aus.

f) Fülle einmal wöchentlich das verdunstete Wasser nach. Achte darauf, dass das Frischwasser die richtige Temperatur (25 °C) hat.

1 ***Aquarium A*** *Geräte, 1 Thermometer, 2 Innenfilter, 3 Reglerheizer, 4 Abdeckung, 5 Kescher, 6 Magnetreiniger;* ***B*** *Einrichten des Aquariums;* ***C*** *Einfüllen des Wassers;* ***D*** *fertiges Aquarium;* ***E*** *Guppy*

Übung

Fische

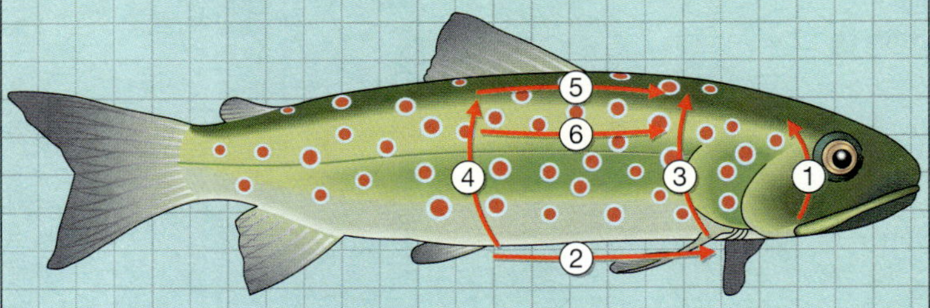

A

B

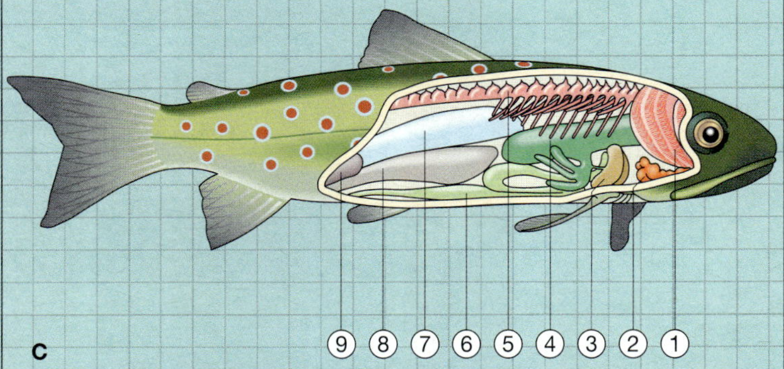

C

__1 Präparation einer Forelle. A__ Schnittlinien; __C__ innere Organe.
1 Kiemen, 2 Herz, 3 Leber, 4 Magen, 5 Wirbelsäule, 6 Darm, 7 Schwimmblase, 8 Hoden, 9 Niere

V1 Äußerer Bau der Forelle

Material: Forelle mit Eingeweiden (Fischgeschäft); Präparierschale; Lupe; Zeichenmaterial

Durchführung: Betrachte den äußeren Bau der Forelle von allen Seiten.

Aufgaben: a) Fertige Umrisszeichnungen der Forelle von oben und von der Seite an. Beschrifte beide Zeichnungen.

b) Betrachte einige Schuppen mit der Lupe und zeichne sie.

V2 Innerer Bau der Forelle

Material: Forelle; Präparierschale; Skalpell; Pinzette; spitze Schere

Durchführung: Orientiere dich beim Schneiden an der Abbildung 1A. Entferne den Kiemendeckel mit der Schere ①.

Öffne mit der Schere den Bauch der Forelle; Schnittlinie: Afterflosse – Brustflossen ②.

Schneide entlang des ehemaligen Kiemendeckels nach oben bis zum Rücken ③.

Schneide von der Afterflosse bis zur Rückenflosse ④.

Schneide das Fleischstück ab; die Organe liegen frei ⑤.

Entferne mit Schnitt ⑥ Muskelfleisch. Nun erkennst du die Wirbelsäule.

Aufgaben: a) Suche beim präparierten Fisch einzelne Organe wie Kiemen, Herz, Leber, Magen, Darm, Schwimmblase, Hoden (Eierstöcke), Niere und Wirbelsäule.

b) Präpariere einen Kiemenbogen heraus und zeichne ihn.

c) Vergleiche den Bau des Verdauungssystems von Fisch und Mensch. Nimm das Buch zuhilfe.

d) Fertige eine Zeichnung an, auf der die geöffnete Forelle mit den inneren Organen zu sehen ist. Male die verschiedenen Organe farbig an. Beschrifte deine Zeichnung.

Der ***starke*** Block lehrernrw

V 3 Wie verschiedene Körperformen durchs Wasser gleiten

Material: schmaler Messzylinder, 50 cm hoch; Wasser; Lineal; Knetmasse; Küchenmesser; Schneidunterlage; Waage; Stoppuhr

Durchführung: Stelle den Standzylinder auf eine feste Unterlage (Tisch). Fülle ihn mit Wasser bis zur oberen Markierung. Forme die Knetmasse zu einer Stange. Schneide fünf Stücke von je 5 cm Länge ab. Kontrolliere mit der Waage, ob alle fünf Knetstangen in etwa das gleiche Gewicht haben. Forme aus jedem Stück eine andere Figur wie in der Abbildung.

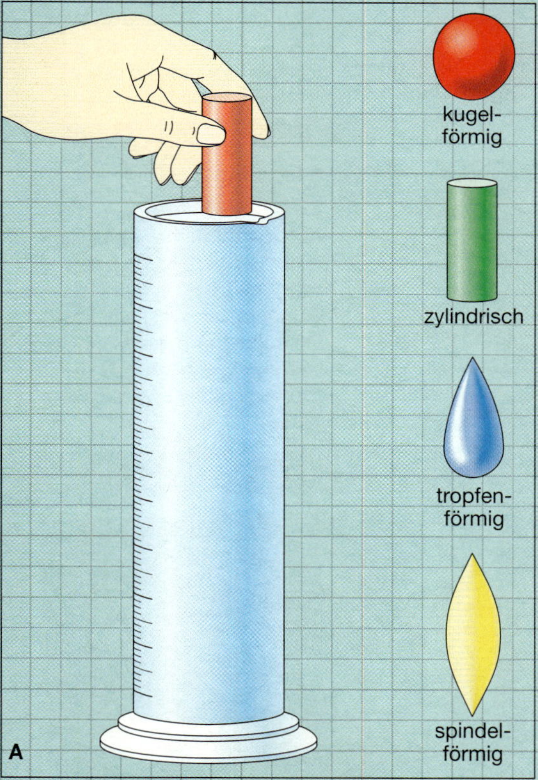

A

Aufgaben: a) Stelle fest, wie schnell jede Form im Wasser absinkt. Miss dazu die Zeit zwischen Loslassen und Auftreffen am Gefäßboden mit der Stoppuhr. Notiere die gemessenen Zeiten.
b) Vergleiche die Ergebnisse und erkläre deine Beobachtungen.
c) Erläutere, warum viele Fischarten eine Stromlinienform haben.

Streifzug durch die Physik

Auftrieb im Wasser

Wirft man einen vollständig mit Wasser gefüllten Luftballon ins Wasser, so geht er unter. Seine *Gewichtskraft* zieht ihn nach unten. Wird er jedoch aufgeblasen unter Wasser gedrückt, schnellt er beim Loslassen nach oben. Da das Gas (Luft) leichter ist als Wasser, erhält der Luftballon eine *Auftriebskraft.* Bläst man jedoch einen mit Wasser gefüllten Luftballon nur so weit auf, dass seine Gewichtskraft gleich der Auftriebskraft ist, so *schwebt* der Ballon im Wasser.

Auch die *Schwimmblase* des Fisches ist mit *Gas* gefüllt. Er erhält dadurch so viel Auftrieb, dass er im Wasser schwebt. Wenn der Fisch in tieferes Wasser schwimmt, wirkt der zunehmende Schweredruck des Wassers auf ihn ein. Die Schwimmblase wird etwas zusammengedrückt und der Fisch verliert an Auftriebskraft. Um nun nicht weiter abzusinken, gibt er solange Gas in die Schwimmblase ab, bis er wieder schwebt. Das Gas stammt aus feinen Blutgefäßen in der Wand der Schwimmblase.

Schwimmt der Fisch wieder nach oben, nimmt der Schweredruck des Wassers ab und die Schwimmblase erweitert sich. Dadurch nimmt seine Auftriebskraft wieder zu. Jetzt nimmt der Fisch solange Gas aus der Schwimmblase in die Blutgefäße auf, bis er in der gewünschten Höhe schwebt. So sorgt die Schwimmblase dafür, dass der Fisch in jeder Wassertiefe schwimmen kann.

Pinnwand

SÜSSWASSERFISCHE

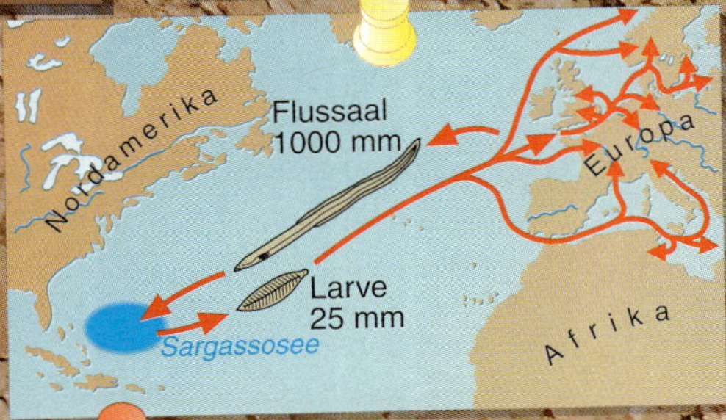

Aal

Länge: 100 - 150 cm
Lebensraum: Flüsse und Seen, zur Fortpflanzung im Meer
Lebensweise: Bodenbewohner; ernährt sich als Breitkopfaal räuberisch, als Spitzkopfaal überwiegend pflanzlich
Fortpflanzung: wandert zur Paarung aus den Flüssen in die Sargassosee vor der Küste Amerikas; Larven werden mit der Strömung zurück nach Europa getrieben

Lachs

Länge: 50 - 100 cm
Lebensraum: junge Lachse in Flüssen, erwachsene Tiere im Meer; durch Flussbegradigungen und Verunreinigungen in Mitteleuropa selten geworden
Lebensweise: ernährt sich überwiegend von kleinen Fischen
Fortpflanzung: wandert zur Paarung aus dem Meer in die Quellgebiete von Flüssen; stirbt nach der Ablage und Besamung der Eier

Stichling

Länge: 5 - 8 cm
Lebensraum: meist pflanzenreiche, stehende Gewässer
Lebensweise: ernährt sich von Würmern und Wasserinsekten
Fortpflanzung: das Männchen baut Nester und bewacht die darin abgelegten Eier und die Jungfische

1 Fische kümmern sich meist nicht darum, was aus ihren Eiern wird. Nenne eine Ausnahme.

Regenbogenforelle

Länge: 60 cm
Lebensraum: Bäche und klare Seen
Lebensweise: stammt aus den USA, in Europa eingeführt; wird häufig in Fischteichen als Speisefisch gezüchtet; ernährt sich räuberisch
Fortpflanzung: laicht im Winter in Bodenmulden

Hecht

Länge: 100 cm
Lebensraum: größere Fließgewässer und pflanzenreiche Seen
Lebensweise: Lauerjäger, der auch größere Fische überwältigen kann
Fortpflanzung: Laichzeit im Frühjahr, laicht an verkrauteten Stellen, oft auf überschwemmten Wiesen

MEERESFISCHE

Pinnwand

Kabeljau (Dorsch)

Länge: 70 - 100 cm
Lebensraum: Atlantik
Lebensweise: lebt in großen Schwärmen und ernährt sich von Heringen und anderen Fischen
Fortpflanzung: laicht im Frühjahr

Gefleckter Katzenhai

Länge: 100 cm
Lebensraum: Nordsee, Mittelmeer, Atlantik; bevorzugt mit Tang bewachsene Fels- oder Sandküsten
Lebensweise: nachtaktiv; ernährt sich von Fischen und Krebsen
Fortpflanzung: große Eier werden einzeln an Tang abgelegt

Industrielle Fischerei bringt mehr Schaden als Nutzen

Hamburg (dp) Immer höhere Fangmengen haben in den letzten Jahren dazu geführt, dass viele einst häufige Fischarten heute selten geworden sind. Enge Maschen der Netze lassen auch Jungfischen keine Chance.

Seesterne und Seeigel, junge Schollen und Dorsche gelten als „unerwünschter Beifang" in der industriellen Hochseefischerei. Nach dem Einziehen des Schleppnetzes werden sie einfach durchs „Speigatt", einem runden Loch in der Schiffswand, ins Meer zurückgespült.

So gehen viele tausend Tonnen Jungfische und anderer Seetiere jährlich verloren...

1 Internationale Vereinbarungen regeln z. B. die jährlichen Fangmengen des Herings. Erläutere den Sinn dieser Vereinbarungen.

Hering

Länge: 35 cm
Lebensraum: Atlantik, Nordsee, Ostsee
Lebensweise: Hochseefisch, der in riesigen Schwärmen lebt; kommt abends zur Nahrungssuche an die Wasseroberfläche
Fortpflanzung: laicht im zeitigen Frühjahr in flachen Küstengewässern

Scholle

Länge: 50 - 90 cm
Lebensraum: Nordsee, Ostsee, Mittelmeer und Atlantik
Lebensweise: vergräbt sich gerne im Sand; ernährt sich von Würmern, Krebsen und Muscheln
Fortpflanzung: laicht im Winter in großer Tiefe

Makrele

Länge: 40 cm
Lebensraum: Nordsee, Mittelmeer, Atlantik
Lebensweise: Schwarmfisch; lebt räuberisch
Fortpflanzung: laicht im Sommer in Küstennähe

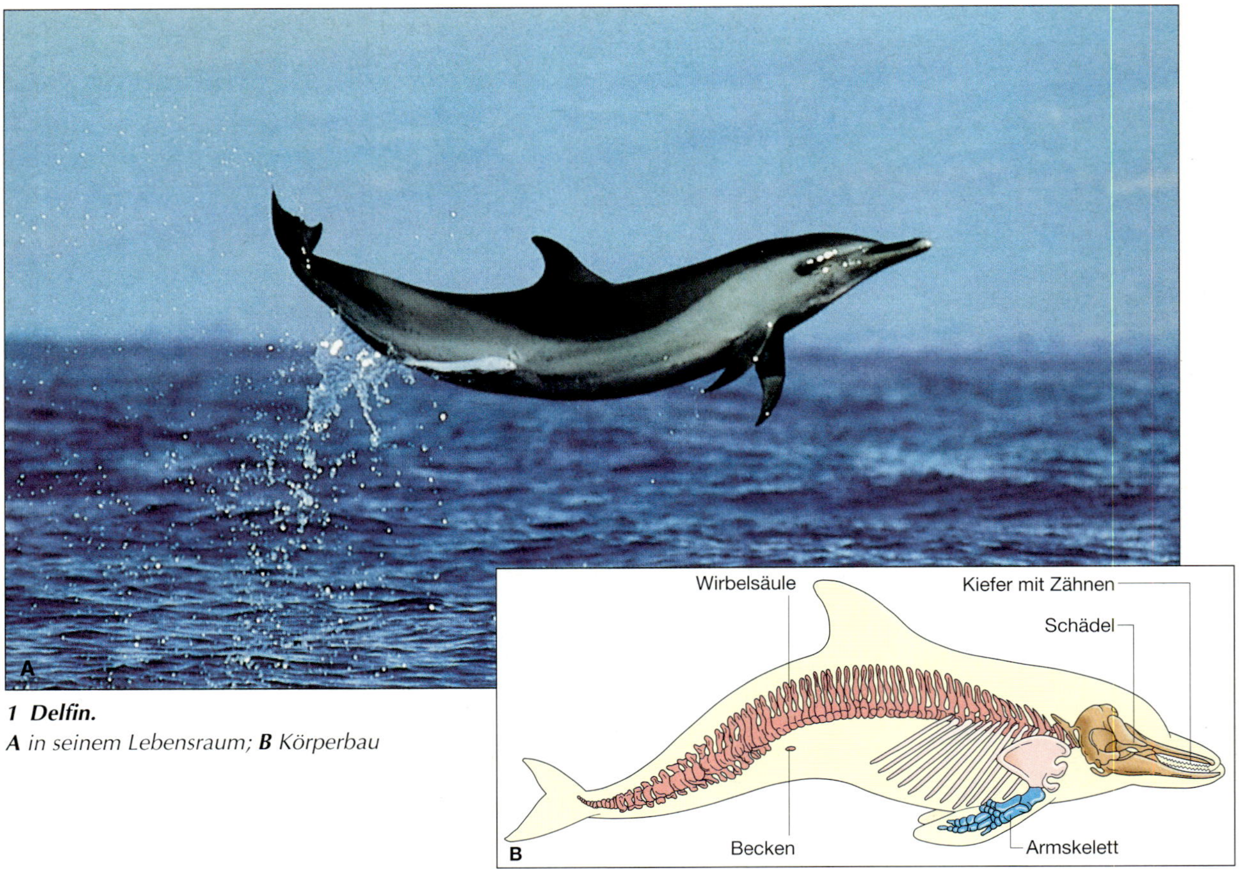

1 Delfin.
***A** in seinem Lebensraum; **B** Körperbau*

1.4 Delfine – Säuger in Fischgestalt

Mit schnellen Schlägen der waagerecht stehenden *Schwanzflosse* gleitet eine Gruppe von Delfinen durchs Wasser. Mit den paarigen *Brustflossen* steuern sie. Die senkrechte *Rückenflosse* dient der Stabilisierung des Körpers im Wasser. Die Brustflossen stützt ein Arm- und Handskelett. Dies deutet darauf hin, dass die Vorfahren der Delfine vor vielen Jahrmillionen einmal landbewohnende Tiere waren. Daran erinnert auch der Rest von Beckenknochen.

Der *stromlinienförmige Körper* ist hervorragend an das Leben im Wasser angepasst. Durch die glatte Haut wird der Wasserwiderstand so stark herabgesetzt, dass Delfine bis zu 55 Stundenkilometer schnell schwimmen können.

Wie aus der Abbildung zu sehen ist, springen Delfine auch aus dem Wasser. Dabei atmen sie durch das *Blasloch* an der Kopfoberseite. So gelangt Sauerstoff zu den Lungen. Die Lungen sind ein weiterer Hinweis auf landbewohnende Vorfahren. Delfine bringen sogar unter Wasser lebende Junge zur Welt. Es sind **Meeressäugetiere.**

Delfine gehören zu den **Walen,** von denen es viele verschiedene Arten gibt. Ihre Kiefer sind mit langen Zahnreihen besetzt. Delfine gehören daher zusammen mit Pottwalen und Schwertwalen zu den **Zahnwalen.** Sie ernähren sich hauptsächlich von Fischen und Tintenfischen.

Delfine sind gesellige und sehr intelligente Tiere. Sie verständigen sich unter Wasser mithilfe verschiedener Laute. Zur Orientierung besitzen sie ähnlich wie Fledermäuse ein *Echolotsystem.* Sie stoßen Ultraschall-Töne aus, die von Hindernissen und Beutetieren zurückkommen. So gewinnen die Tiere ein Bild von ihrer Umgebung.

Delfine sind lungenatmende Säugetiere des Meeres. Ihr Körperbau ist ein Angepasstsein an das Wasserleben.

1 Erkläre mithilfe der Pinnwand S. 191 den Unterschied zwischen Zahnwalen und Bartenwalen.

2 Vergleiche den Körperbau von Fischen und Delfinen mithilfe des Buches. Nenne Gemeinsamkeiten und Unterschiede.

Pinnwand

WALE

Schwertwal

Pottwal

Buckelwal

Blauwal

Wale leben in allen Meeren – vom Äquator bis zu den kalten Polargebieten. Die 78 Walarten werden in zwei Gruppen eingeteilt: **Zahnwale** (z. B. Delfin, Schwertwal, Pottwal) und **Bartenwale** (z. B. Buckelwal, Blauwal). Die Bartenwale tragen im Oberkiefer lange Borsten, die **Barten.** Mithilfe der Barten filtern sie riesige Mengen kleiner Krebse, den „Krill", aus dem Wasser.

Schwertwal

Länge: 10 m

Gewicht: 4 t

Lebensweise: ernährt sich von großen Fischen, Robben und anderen Walen; greift im Rudel große Bartenwale an; gesellige Walart, lebt in „Schulen" von 8 - 10 Tieren

Pottwal

Länge: 20 m

Gewicht: 50 t

Lebensweise: ernährt sich von Riesen-Tintenfischen, dazu taucht er bis zu 1000 m tief; überwiegend in wärmeren Meeren, lebt in Gruppen aus Weibchen, Jungen und einem Bullen

Buckelwal

Länge: 15 m

Gewicht: 30 t

Lebensweise: im Gegensatz zu den anderen Bartenwalen ein Küstenbewohner; schneller und wendiger Wal; ernährt sich von Krill und kleinen Fischen

Blauwal

Länge: 33 m

Gewicht: 130 t

Lebensweise: ernährt sich fast ausschließlich von Krill; wandert im Winter aus den Polargebieten in wärmere Gewässer und gebiert dort seine Jungen

Maul eines Bartenwals

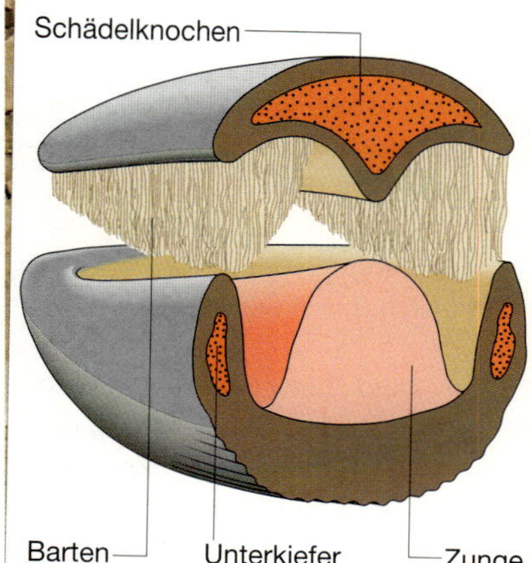

So schwer wird ein Blauwal:

2 Tiere zwischen Wasser und Land

2.1 Lebensweise von Fröschen

A

Hast du bei einem Spaziergang durch ein *Feuchtgebiet* schon einmal das laute Quaken von Fröschen gehört? An warmen Abenden im Frühsommer locken Männchen des Wasserfrosches damit die Weibchen an. Vielleicht hast du auch versucht, die Frösche zu beobachten und dabei festgestellt, dass das gar nicht so einfach ist. Kaum nähert man sich ihnen, springen sie ins Wasser und sind nicht mehr zu sehen.

B

C

1 **Frösche leben in Feuchtgebieten.** ***A*** *springender Frosch;* ***B*** *quakender Wasserfrosch mit Schallblasen;* ***C*** *schwimmender Frosch*

Frösche gehören wie Kröten, Unken, Salamander und Molche zu den **Lurchen** oder *Amphibien.* In der griechischen Sprache bedeutet dieses Wort „in beidem lebend", das heißt, Lurche können sowohl im Wasser als auch auf dem Land leben.

Wasserfrösche sind hervorragend an ihre Umgebung angepasst. Wenn sie unbeweglich am Ufer eines dicht bewachsenen Tümpels sitzen und auf Beute lauern, erkennt man sie kaum. Ihre Körperoberseite mit der grün-schwarzen Zeichnung verschwimmt fast mit dem Untergrund. Wegen dieser *Tarnfärbung* werden Frösche häufig von ihren Feinden übersehen. Die Frösche selbst bemerken allerdings jede Annäherung eines Feindes sofort. Sie können sehr gut hören und spüren sogar Erschütterungen des Bodens. Mit ihren großen Augen, die erhöht auf dem Kopf sitzen, haben sie einen guten Rundumblick und erkennen auch Feinde, die sich ihnen von hinten nähern.

An Land bewegen sich Frösche hüpfend oder springend vorwärts. Wenn du das Skelett betrachtest, siehst du ganz deutlich, dass die Vorderbeine eines Frosches wesentlich kürzer sind als die Hinterbeine. Dies kommt vor allem dem Sprungvermögen zugute.

2 *Beutefang beim Frosch*

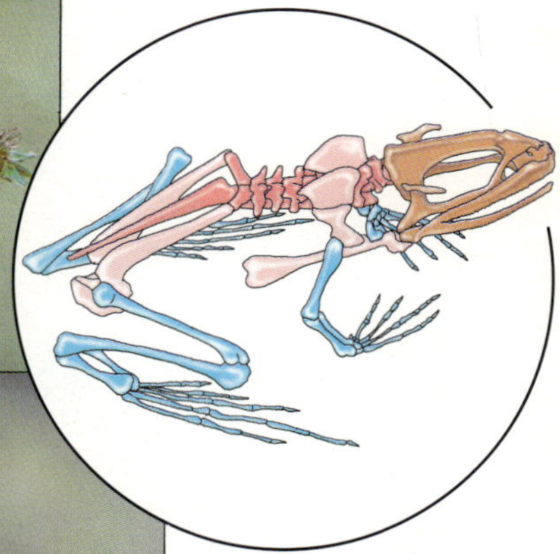

3 Skelett eines Frosches

Bei Sprüngen drücken die Frösche die langen Hinterbeine kräftig gegen den Boden und strecken sie gleichzeitig. So können sie bis zu einem Meter weit springen. Bei der Landung fangen sie sich mit den Vorderbeinen wieder ab.

Der Sprung dient sowohl zur Flucht als auch zum Beutefang. Frösche sind „Ansitzjäger". Sie schnappen nach allem, was sich bewegt und eine bestimmte Größe hat. Meist fangen sie Insekten und Würmer. Wenn die Beute nah genug ist, klappt die vorne im Maul angewachsene, klebrige Zunge blitzschnell heraus. Das Beutetier wird „geschossen" und bleibt an der *Klappzunge* kleben. Danach wird die Zunge wieder zurückgezogen und die Beute unzerkaut verschluckt. Frösche haben keine Zähne.

Im Wasser können sich Frösche gewandt fortbewegen. Beim Schwimmen ziehen sie beide Hinterbeine gleichzeitig an und stoßen sie dann kräftig nach hinten. Zwischen den 5 Zehen spannen sich dabei die *Schwimmhäute.* Die kurzen Vorderbeine sind eng an den Körper angelegt. Der Froschkörper bekommt so eine *stromlinienförmige Gestalt,* die eine schnelle Fortbewegung im Wasser ermöglicht.

Frösche können minutenlang unter Wasser bleiben ohne aufzutauchen. Im Wasser gelangt der Sauerstoff direkt durch die dünne Haut in die Blutgefäße. Eine solche Atmung bezeichnet man als **Hautatmung.** An Land atmen Frösche zusätzlich mit ihrer Lunge. Durch ständiges Heben und Senken der Kehlhaut saugen sie Luft über die Nasenlöcher in den Mundraum. Von dort pumpen sie die Luft mit einer Art Schluckbewegung in die Lungen. Frösche sind also auch **Lungenatmer.** Die Hautatmung ist für sie jedoch wichtiger. Während der Überwinterung im Bodenschlamm eines Teiches ist sie die einzige Art der Atmung. Allerdings muss dazu die Haut immer feucht sein. Schleimdrüsen verhindern deshalb das Austrocknen an Land. Außerhalb des Wassers halten sich Frösche meist dort auf, wo es feucht ist. Sie sind wie alle anderen Lurche **Feuchtlufttiere.** Ihre Körpertemperatur passt sich der Umgebungstemperatur an. Man nennt sie deshalb *wechselwarme Tiere.*

Frösche gehören zu den Lurchen. Sie atmen mit Haut und Lungen. Frösche brauchen feuchte Lebensräume. Sie werden deshalb Feuchtlufttiere genannt.

1 Beschreibe anhand der Abb. 1 A und C die Fortbewegung des Frosches an Land und im Wasser.

2 Beschreibe das Beutefangverhalten anhand der Abb. 2.

3 Eine Fliege sitzt still auf einem Seerosenblatt in Reichweite eines Frosches. Sie wird trotzdem nicht gefressen. Erläutere.

4 Auf der Pinnwand auf S. 195 siehst du, warum Lurche zu den bedrohten Tierarten gehören. Erkläre.

2.2 Aus Kaulquappen werden Frösche

Zur Paarungszeit im März wandern Grasfrösche zu ihren Laichgewässern. Was dort passiert, siehst du auf den Abbildungen.

A Das Männchen springt auf den Rücken des Weibchens und umklammert es mit seinen Vorderbeinen. Dann laicht das Weibchen: Während es bis zu 4000 Eier im Wasser ablegt, stößt das Männchen eine milchige Samenflüssigkeit aus. Damit werden die Eier befruchtet.

B Jedes Ei ist von einer Gallerthülle umgeben, in der sich der Embryo entwickelt. Bereits nach 7 Tagen sind dort einzelne Körperteile zu erkennen.

C Nach 10 Tagen schlüpft eine etwa 6 mm lange *Larve*, die **Kaulquappe.** Zunächst bleibt sie an der Eihülle hängen, von der sie sich jetzt ernährt. Mit zunehmender Größe wächst auch ihr Ruderschwanz, mit dem sie sich dann fortbewegt. Sie atmet mithilfe büschelartiger Außenkiemen an beiden Seiten des Kopfes.

D Nach etwa 20 Tagen verschwinden die Außenkiemen. Sie werden von einer Hautfalte überwachsen. Es entstehen Innenkiemen wie bei Fischen. Mit ihren feinen Hornzähnchen auf den Lippen raspelt die Kaulquappe den grünen Belag von Pflanzen und Steinen ab. Nach 40 Tagen ist sie ca. 4 cm lang. Die Hinterbeine beginnen zu wachsen.

E Nach 6 bis 7 Wochen entwickeln sich die Vorderbeine. Sie erscheinen hinter den Innenkiemen. Die Kiemen bilden sich zurück und die Lunge beginnt zu arbeiten.

F Nach etwa 15 Wochen hat sich aus der Kaulquappe ein etwa 2 cm großer Frosch entwickelt. Diesen Gestaltwandel bezeichnet man als **Metamorphose.** Der Frosch ernährt sich jetzt von Insekten, Würmern und Schnecken. Nach etwa 3 Jahren können sich Grasfrösche fortpflanzen. Ihre Lebensdauer kann 10 Jahre und mehr betragen.

1 Paarung und Entwicklung bei Grasfröschen

Aus Froscheiern schlüpfen Kaulquappen, die sich in einer Metamorphose zu Fröschen entwickeln.

1 Warum müssen die Kaulquappen ab Stadium E öfter zur Wasseroberfläche schwimmen? Erläutere.

LURCHE BRAUCHEN UNSERE HILFE

Feuchtgebiete sind Lebensräume für Lurche und viele andere Tiere und Pflanzen. Durch Eingriffe des Menschen sind diese Lebensräume in Gefahr.

GEFAHR

Straßenbau durch Laichgebiete

Auf ihrer Wanderung zu den Laichgewässern werden jedes Jahr Tausende von Erdkröten überfahren.

GEFAHR

Trockenlegen von Feuchtgebieten

Industriegebiete, Wohnsiedlungen und intensiv betriebene Landwirtschaft verbrauchen große Flächen.

GEFAHR

Tourismus und Freizeitsport

Ursprüngliche Uferlandschaften werden zerstört. Tiere werden durch Baden oder Boot fahren gestört oder vertrieben. Abfälle belasten das Ufergebiet.

SCHUTZMASSNAHMEN

Vorübergehend verhindern Krötenzäune und Straßensperren, dass die Tiere überfahren werden. An den Zäunen müssen die Tiere eingesammelt und hinübergetragen werden. Langfristig helfen Tunnelröhren, die unter der Straße hindurchführen.

SCHUTZMASSNAHMEN

Anlegen von Ersatzlebensräumen. Dazu gehören auch Schul-oder Gartenteiche. Informationen darüber gibt es bei den Naturschutzbehörden, den Stadt- oder Gemeindeverwaltungen oder bei Umweltschutzgruppen.

SCHUTZMASSNAHMEN

Schutz von Uferzonen durch Wassersport- und Badeverbot. Abfälle dürfen nicht in die Landschaft geworfen werden. Bei der Beobachtung von Tieren sollen diese nicht gestört werden. Lurche dürfen nicht gefangen werden.

Übung

Wir bestimmen Lurche

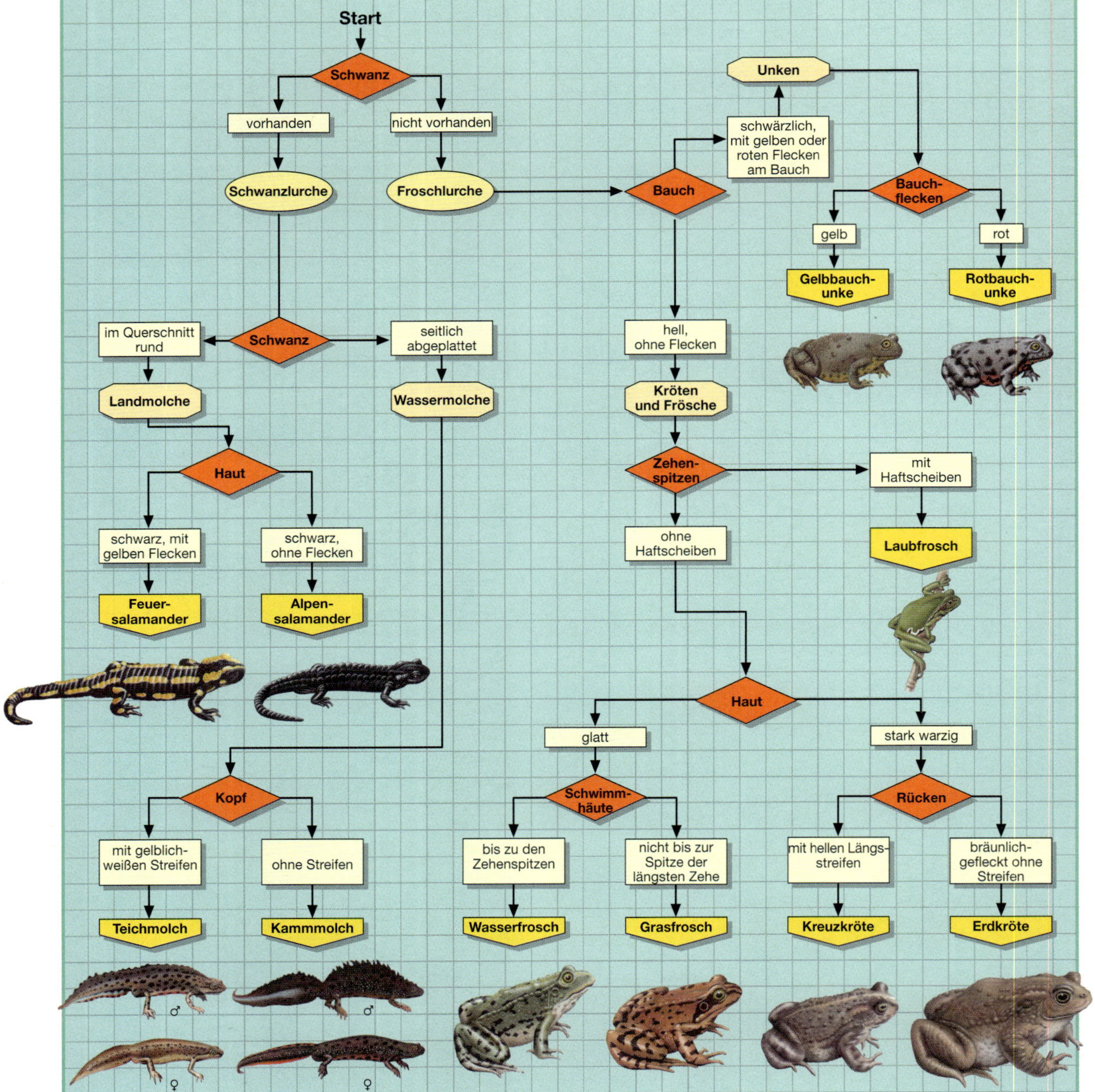

Du siehst hier einen Bestimmungsschlüssel für Lurche.

a) Auf der Pinnwand S. 197 sind Lurche ohne Artnamen abgebildet. Versuche, mithilfe dieses Bestimmungsschlüssels die richtigen Artnamen herauszufinden.

b) Unter die Lurche auf der Pinnwand hat sich ein „etwas anderer" Lurch eingeschlichen. Wodurch unterscheidet sich dieser Lurch von den anderen?

EINHEIMISCHE LURCHE

Ⓐ
Aussehen: glatte Haut, heller Bauch; Schwimmhäute nicht ganz bis zu den Zehenspitzen; Länge ca. 10 cm.
Lebensraum: Feuchtwiesen, Wälder, Parkanlagen
Lebensweise: Überwinterung im Wasser oder an Land; noch relativ häufig

Ⓓ **Aussehen:** Schwanz seitlich abgeplattet; am Kopf gelblich-weiße Seitenstreifen; Länge ca. 11 cm
Lebensraum: während der Laichzeit im Wasser, sonst in gewässernahen Gärten oder Wäldern
Lebensweise: Überwinterung an Land und im Wasser; nachtaktiv

Ⓑ
Aussehen: glatte Haut, heller Bauch; Schwimmhäute bis zu den Zehenspitzen; Länge bis 15 cm
Lebensraum: lebt gesellig an Gewässern
Lebensweise: Überwinterung an Land und im Wasser; guter Schwimmer; im Sommer laute „Froschkonzerte"

Ⓔ
Aussehen: dem Anlass entsprechend verschieden: trägt meist Schuhe; Länge nicht messbar
Lebensraum: In Schuhgeschäften Deutschlands
Lebensweise: liebt Abenteuer und kann alles

Ⓒ
Aussehen: trockene, warzige Haut; Rücken bräunlich gefleckt, Bauch schmutzig-weiß; Länge bis 13 cm
Lebensraum: Wälder, Gärten, Wiesen
Lebensweise: Überwinterung an Land; im Frühjahr oft lange Laichwanderungen; nachtaktiv

Ⓕ
Aussehen: Unterseite schwärzlich mit gelben Flecken; Länge bis 5 cm
Lebensraum: Teiche, Gräben, Pfützen im Bergland
Lebensweise: Überwinterung an Land; selten geworden

1 ***Blässhuhn. A*** *Auf einem Stadtteich;* ***B*** *Kopf mit weißem Stirnschild (Blässe)*

2.3 Das Blässhuhn – ein Schwimmvogel

Bestimmt hast du diesen schwarzen Vogel mit weißem Stirnschild und weißem Schnabel schon einmal auf einem Teich gesehen. Besonders gut kann man Blässhühner während der kalten Jahreszeit in Parkanlagen beobachten, wo sie sich gern von Spaziergängern auf Teichen oder unter Flussbrücken füttern lassen. Mit ihrem kurzen, spitzen Schnabel können sie unterschiedlichste Nahrung aufpicken. Blässhühner ernähren sich von Insekten, Würmern, Schnecken und Muscheln, Wasserpflanzen und Algen. Sie sind Allesfresser. Blässhühner können gut schwimmen. Ihre Zehen sind mit eingekerbten Schwimmlappen besetzt. Damit können sie kraftvoll rudern und über Seerosenblätter oder weichen Boden laufen ohne einzusinken. Auch beim Flugstart aus dem Wasser, bei dem sie mit den Füßen das Wasser treten, sind die Schwimmlappen nützlich. Wenn sie nach Nahrung tauchen, verschwinden sie mit einem kleinen Sprung unter der Wasseroberfläche.

Die Brutgebiete der Blässhühner befinden sich in den Uferzonen von Seen und Teichen. Aus trockenen Halmen und Blättern bauen sie dort ein Nest und verankern es an Schilfhalmen. Sie ziehen etwa 5 bis 10 Junge auf, die schon nach wenigen Tagen das Nest verlassen und etwa nach 8 Wochen fliegen können.

Blässhühner gehören zu den Schwimmvögeln. Sie sind durch Körperbau und Lebensweise hervorragend an das Leben im Wasser und an Land angepasst.

1 Erkläre, warum das Blässhuhn noch häufig vorkommt.

2 Nicht alle Tiere, die in Feuchtgebieten leben, sind so anpassungsfähig wie das Blässhuhn. Weshalb sind die Tiere auf der Pinnwand auf S. 199 gefährdet? Nimm auch die Pinnwand auf S. 195 zu Hilfe.

2 ***Blässhuhn am Nest. A*** *Nest mit Jungen;* ***B*** *Fuß mit Schwimmlappen*

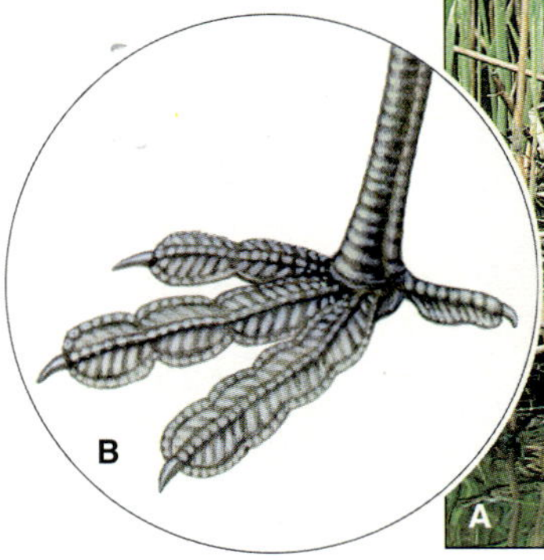

Pinnwand

GEFÄHRDETE TIERE AM WASSER

Europäische Sumpfschildkröte

Diese Kriechtierart ist in Deutschland vom Aussterben bedroht. Die Sumpfschildkröte braucht zum Überleben langsam fließende Flüsse oder Seen mit dichtem Uferbewuchs. Sie ernährt sich von Pflanzen, Fischen und Fischbrut, Kaulquappen und Insekten.

Biber

Biber leben in Sumpf- und Uferwäldern an Bächen und Seen. Sie ernähren sich von Blättern, Zweigen und Rinde. Wegen ihres sehr dichten und weichen Fells wurden Biber fast ausgerottet. Inzwischen nimmt ihre Zahl wieder zu.

Fischotter

Dieses Säugetier ist in Deutschland nur noch sehr selten zu finden. Das nachtaktive Tier lebt an fischreichen Gewässern mit dichtem Uferbewuchs. Es ernährt sich neben Fischen auch von Krebsen, Lurchen, Kriechtieren, Vögeln und Kleinsäugern.

Eisvogel

Der Vogel lebt an unverbauten klaren, langsam fließenden oder stehenden Gewässern. Er brütet in steilen Uferböschungen. Eisvögel ernähren sich von kleinen Süßwasserfischen, Insekten, Fröschen und Kaulquappen.

Weißstorch

Der Weißstorch lebt in Feuchtgebieten mit ausgedehnten Wiesen. Dort ernährt er sich von Lurchen, Mäusen, Insekten und Regenwürmern. In Deutschland kommen nur noch einige tausend Paare dieses großen Schreitvogels vor.

1 ***Raubtier Fuchs. A*** *Jagdverhalten;* ***B*** *Raubtiergebiss*

3 Tiere im Lebensraum Land

3.1 Der Fuchs – ein Pirschjäger

Stefan und Claudia machen mit ihrem Vater einen Waldspaziergang. Im lehmigen Boden des Waldweges entdeckt Claudia Pfotenabdrücke. „Hier ist ein Hund entlanggelaufen," vermutet sie. Ihr Vater sieht sich die Spuren an. „Nein", entgegnet er, „das sind die Trittsiegel eines Fuchses. Er setzt die Hinterpfoten genau in die Abdrücke der Vorderpfoten. Die Abdrücke sehen aus wie Perlen an einer Schnur, deshalb sagt man: der Fuchs schnürt."

In der Abenddämmerung geht der Fuchs auf Beutejagd. Er kann sich auch in der Dunkelheit auf seine ausgezeichneten **Sinnesorgane** verlassen: die empfindliche *Nase*, die scharfen *Augen* und die guten *Ohren*. Auf seinem Pirschgang durchstreift er sein **Revier**, das er mit Urin und Kot gegenüber Rivalen abgegrenzt hat. Er jagt Kleinsäuger wie Mäuse, Kaninchen und Eichhörnchen, frisst aber auch Regenwürmer, Käfer und Schnecken und sogar Früchte und Pilze. Hat der Fuchs eine Beute entdeckt, schleicht er sich vorsichtig näher, um dann mit einem weiten Satz zuzuspringen. Mit einem einzigen Biss der spitzen *Fangzähne* seines **Raubtiergebisses** tötet er die Beute.

In ihrem Erdbau bringt die Füchsin, auch Fähe genannt, im Frühjahr ihre Jungen zur Welt. Die Welpen sind zunächst nackt, blind und hilflos. Man bezeichnet sie als **Nesthocker**. Nach etwa 4 Wochen können sie zum ersten Mal den Bau verlassen.

Füchse können *Tollwut* übertragen, eine auch für Menschen und Haustiere gefährliche Krankheit. Man bekämpft die Tollwut, indem man Nahrungsstücke, die mit Impfstoff versehen sind, im Wald auslegt.

> Der Fuchs lebt als Einzelgänger in seinem Revier. Er ist ein Pirschjäger mit gut ausgebildeten Sinnesorganen. Als Raubtier ernährt er sich vor allem von den Kleintieren des Waldes, der Wiesen und Felder.

1 Der Fuchs besitzt Eigenschaften von Hund und Katze. Stelle sie in einer Tabelle gegenüber.

2 ***Pirschender Fuchs***

Streifzug durch die Literatur

Der Fuchs im Buch

Der Fuchs und die Trauben

Ein Fuchs, der auf Beute ging, fand einen Rebstock, der voller köstlicher Trauben hing. Als er sie sah, lief ihm das Wasser im Maul zusammen. Er umschlich die Stämme der Reben, er versuchte, einen zu ersteigen, er versuchte, die verlockenden Früchte springend zu erreichen – umsonst. Schon begannen die Vögel höhnisch zu pfeifen. Da wandte er sich um und sprach verdrießlichen Gesichts: „Sie sind mir zu sauer, ich mag sie nicht."

Nach Äsop (6. Jh. v. Chr.)

Der Alte vom Berge

… Es ist schon recht dunkel, da schnürt er den Holzfahrweg entlang, findet am Frühstücksplatz eine Wursthaut, an einem Stück Papier etwas Schmalz, greift am Bach eine Maus, regt sich zwischen Holz und Feld an den frischen Hasenspuren auf, prüft alle Rehfährten daraufhin, ob sich nicht Schweißwitterung an einer davon findet, scharrt auf dem Felde aus dem Mist einen faulen Hühnerkopf, würgt ein stinkendes Darmende hinein, das er aus einem anderen Misthaufen kratzt, stattet dem Fischteich einen erfolglosen Besuch ab und schleicht in der späten Dämmerung um das Gut herum, bis laute Männerstimmen ihn verjagen. So trabt er im großen Bogen zum Dorfe, findet am letzten Haus auf dem Dungplatz einen Ballen fettiger Schweinehaare vom Schlachtfest, die er mit Widerstreben herunterwürgt, gedenkt traurig der Nacht, als er hier die halbwüchsige Katze erwischte, stellt am Bache fest, dass die Enten und Gänse wohl da waren, aber nicht mehr dort sind. Eine einzige Maus scharrt er mit viel Mühe noch aus, dann ist die Nacht hin. …

Hermann Löns (1866–1914)

Der Fuchs

„Genannt wird Meister Isegrim mit
Meister Reineke, dem Fuchs. Auch so
ein Held des Fabelbuchs.
Der macht's, und besser, mit der Schläue, Scheinheiligkeit und falscher Reue.
Trotzdem, das ist der Lauf der Welt, wird häufig selbst ein Fuchs geprellt.
Sei's, dass durch eine Gans verführt, er gradwegs ins Verderben schnürt;
sei's, dass den gift'gen Käs' er frisst, den er dem Raben stahl mit List.
Man kennt die Sache mit den Trauben. Misst er den Weg, darf man's nicht glauben,
denn was er redet, ist Geflunker. Doch lebt er brav in seinem Bunker.
Und ist, was sonst der Schelm auch trieb, als Ehemann und Vater lieb.
Und auch als Hausherr ist er schlau, er wildert nie bei seinem Bau.
Wenn der Bezirksinspektor fragt, kein Nachbar über Diebstahl klagt."

Eugen Roth (1895–1976)

1 Im Text „Der Fuchs" werden dem Fuchs menschliche Eigenschaften nachgesagt. Welche sind das und weshalb wohl werden sie ihm zugesprochen?

1 Flüchtender Feldhase

2 Feldhase in der Sasse

3.2 Feldhase und Wildkaninchen – zwei Fluchttiere

„Du bist ja ein richtiger Angsthase!" Das hat man vielleicht schon mal zu dir gesagt, als du vor einer vermeintlichen Gefahr weggelaufen bist. Es stimmt, dass auch der Hase bei drohender Gefahr die Flucht ergreift. Aber das ist ein ganz natürliches Verhalten, denn er hat keine andere Möglichkeit, sich gegenüber seinen Feinden wie Fuchs, Marder und Greifvögeln zu verteidigen. Der Lebensraum des **Feldhasen** sind Felder, lichte Wälder, Wiesen und Weiden. Hier findet der **Pflanzenfresser** genügend abwechslungsreiche Kost wie Gräser, Klee und Kräuter, manchmal auch Bucheckern, Eicheln und Beeren. Im Schutz von Hecken und Gebüsch scharrt er sich mit seinen Vorderläufen eine flache Bodenmulde, die *Sasse*. Tagsüber liegt er hier. Durch die graubraune *Tarnfärbung* seines Felles ist er von seiner Umgebung kaum zu unterscheiden. Die *ausgezeichneten Sinnesorgane* warnen den Hasen frühzeitig vor möglichen Gefahren. Die langen „Löffel" nehmen Geräusche aus allen Richtungen auf. Die seitlich am Kopf liegenden großen Augen überblicken ein großes Sehfeld und mit der empfindlichen Nase prüft er ständig die Witterung. Nimmt er eine mögliche Gefahr wahr, duckt er sich tief und völlig bewegungslos in seine Sasse, er „drückt sich". Fühlt sich der Feldhase bedroht, springt er plötzlich auf und jagt mit langen Sprüngen davon. Dabei setzt er die langen, kräftigen Hinterläufe weit vor die Vorderläufe. Kommt der Verfolger näher, ändert er plötzlich die Laufrichtung, er „schlägt Haken". Da er eine große Lunge hat und sehr ausdauernd ist, kann er seinem Verfolger oft entkommen. Im März bringt die Häsin zum ersten Mal im Jahr in ihrer Sasse 2–4 Junge zur Welt. Die Neugeborenen sind behaart und können sehen. Sie sind **Nestflüchter.** Mit 3 Wochen sind die Junghasen selbstständig.

> Stichwort
>
> **Fluchttiere**
>
> Fluchttiere sind wehrlose Lebewesen. Bei Gefahr fliehen sie und bringen sich so in Sicherheit. Sie besitzen besonders leistungsfähige Sinnesorgane.

3 Hasenspuren

„Sieh doch mal, die vielen Hasen! Die sind aber niedlich!“, ruft Anna, als sie mit ihrer Oma zum Spielplatz im Park geht. „Das sind keine Hasen, das sind Kaninchen!“, erklärt die Großmutter. „Sie haben ein weißgraues Fell, kürzere Ohren und kürzere Hinterbeine als Hasen. Und pass mal auf, was passiert, wenn wir näher kommen!“ Sie gehen weiter und plötzlich verschwinden alle Kaninchen – eins nach dem anderen – in Erdlöchern.

Wildkaninchen graben ihre weit verzweigten unterirdischen Baue mit Gängen und Wohnkesseln in lockeren Böden. Im Gegensatz zum Hasen leben sie gesellig. Oft sind mehrere Baue durch Gänge verbunden. So entstehen große *Kolonien.* Die Jungen werden in eigens angelegten Satzröhren geboren. Als **Nesthocker** sind sie zunächst blind und nackt. In den ersten Wochen werden sie von der Mutter gesäugt. Nach etwa 3 Wochen sind sie selbstständig.

Der Lebensraum des Kaninchens sind Wiesen und offene Parklandschaften. Sie sind **Pflanzenfresser.** Neben Gras und Kräutern fressen sie auch Baumrinde, Blütenknospen und Gemüsepflanzen. Dadurch können sie besonders in Gärten große Schäden anrichten. Sie äsen in der Dämmerung oder nachts.

Kaninchen haben viele Feinde wie Fuchs, Wiesel, Marder und Greifvögel. Sie halten sich immer in der Nähe ihrer Baue auf und verschwinden bei Gefahr blitzschnell in den Fallröhren. Wird einem Kaninchen der Fluchtweg zum Bau abgeschnitten, versucht es wie der Hase, durch Hakenschlagen zu entkommen. Es kann aber wegen seiner kürzeren Hinterbeine nicht so weite Sprünge machen und ermüdet schnell. Deshalb fällt es seinem Verfolger leichter zum Opfer.

A

Feldhase und Wildkaninchen sind Pflanzenfresser. Beide sind Fluchttiere mit gut ausgebildetem Seh-, Geruchs- und Hörsinn.

B

4 Kaninchen in ihrem Lebensraum. A *Schema eines Kaninchenbaus;* **B** *Kaninchen vor seinem Bau*

1 Nenne Gründe, warum das Beseitigen von Hecken und das Umpflügen von pflanzenreichen Wegrändern dem Hasen schadet.

2 Man bezeichnet den Hasen als „Langstreckenläufer“, das Kaninchen dagegen als „Kurzstreckenläufer“. Finde Gründe für diese Bezeichnungen.

3 Stelle die Unterschiede von Hase und Kaninchen in einer Tabelle gegenüber. Denke dabei an Körperbau, Gruppenverhalten, Fluchtverhalten und Aufzucht der Jungen.

1 Ein „Sprung" Rehe auf einer Wiese

2 Ricke mit Kitzen

3.3 Das Reh – ein Kulturfolger

Im Dämmerlicht kann man auf Wiesen und Feldern in Waldnähe Rehe beim Äsen beobachten. Sie bilden kleine Gruppen, die der Jäger „Sprung" nennt. Ihre Äsung besteht aus Gräsern, Kräutern und Blättern. Im Frühjahr fressen sie Knospen und Jungtriebe von Bäumen und Sträuchern. Durch diesen „Verbiss" können sie große Schäden anrichten, weil die Bäume in ihrem Wachstum gestört werden. Rehe sind Kulturfolger. Sie kommen manchmal bis in die Gärten der Menschen. Dort fressen sie frische Triebe, Knospen und sogar Blumenzwiebeln. Da Rehe **Wiederkäuer** sind, nehmen sie ihre Nahrung rasch auf. Zum Wiederkäuen ziehen sie sich an einen geschützten Platz im Wald zurück. Während sie sich auf offenem Feld aufhalten, prüfen sie mit ihren empfindlichen Sinnesorganen ständig die Umgebung. Ihre „Lauscher" sind gespitzt und ständig in Bewegung. Mit ihrer feinen Nase prüfen sie die Witterung. Sie können bis auf 300 m Duftstoffe wahrnehmen, die ihnen der Wind zuträgt. Bei Gefahr verschwindet die ganze Gruppe mit weiten Sprüngen im Wald. Rehe sind **Fluchttiere.** Dabei kommen ihnen ihre langen, schlanken und sehnigen „Läufe" zugute. An den Trittsiegeln, die sie im weichen Boden hinterlassen, kann man erkennen, ob die Rehe gemächlich gelaufen oder schnell geflohen sind.

> Stichwort
>
> **Kulturfolger**
>
> Kulturfolger sind Lebewesen, die ihren ursprünglichen Lebensraum verlassen haben und jetzt auch in der Nähe von Menschen heimisch sind.

Das weibliche Reh, die Ricke, bekommt im Frühsommer 1 – 2 Kitze. Sie sind **Nestflüchter**, also vollständig ausgebildet und können bereits kurz nach der Geburt stehen und laufen. Allerdings sind sie in den ersten Lebenstagen noch ziemlich unbeholfen. Deshalb bleiben sie im Gebüsch

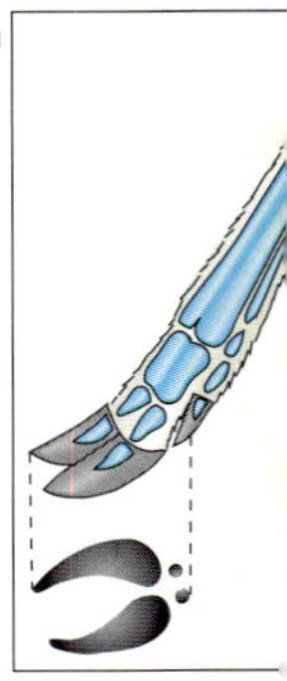

3 Flüchtender Rehbock

oder hohen Gras versteckt. Durch ihr weiß geflecktes Rückenfell sind sie gut getarnt. Bei Gefahr bleiben sie bewegungslos liegen. So kann es vorkommen, dass ein Fuchs auf der Pirsch das Kitz nicht entdeckt. Erst nach etwa 2 Wochen entwickelt ein Rehkitz das typische Fluchtverhalten.

Nur der Rehbock trägt ein *Geweih*. Er verliert es jedes Jahr im Spätherbst. Im Frühjahr und Sommer des nächsten Jahres wird es neu gebildet. Jäger bezeichnen das Geweih als „Gehörn". Sie können an ihm Alter und Stärke eines Bockes abschätzen. Das Geweih ist eine Waffe, die bei Kämpfen mit Artgenossen eingesetzt wird. Dabei geht es meistens um die Vorherrschaft im Revier. Nur in Ausnahmefällen kommt es zu ernsthaften Verletzungen. Normalerweise weicht der schwächere Bock aus. Außerdem dient das Geweih auch der Reviermarkierung. Durch Reiben und „Fegen" mit dem Geweih wird ein Duftstoff aus der Stirndrüse auf Sträucher und junge Bäume gebracht.

Rehe sind Pflanzenfresser und Wiederkäuer. Als Kulturfolger kommen sie bis in die Nähe menschlicher Siedlungen. Es sind Fluchttiere mit gutem Hör- und Geruchssinn. Rehböcke tragen im Sommer ein Geweih.

1 Ein Jäger erzählt: „Ich saß schon lange auf meinem Hochsitz an der Waldlichtung. Da endlich trat aus dem Unterholz ein Sechserbock heraus. Seine rote Decke leuchtete im Sonnenlicht. Er sicherte nach allen Seiten und prüfte mit seinem Windfang lange die Witterung, ehe er zu äsen begann. Langsam und vorsichtig sichernd kamen noch drei Rehe auf die Lichtung, zwei Ricken und ein Kitz. Auch sie begannen zu äsen. Plötzlich hoben alle Rehe den Kopf und blickten in Richtung Waldrand, ihre Lauscher spielten. Offensichtlich hatten sie ein Geräusch wahrgenommen. Und tatsächlich, ein zweiter Rehbock, ein Spießer, betrat die Lichtung. Wütend fegte der Sechser mit seinem Gehörn die Äste eines Strauches. Er wollte damit den vermeintlichen Rivalen vertreiben. Aber so leicht ließ sich der Spießer nicht einschüchtern. Beide gingen mit gesenkten Köpfen aufeinander los. Die Stangen prallten laut aufeinander. Jetzt merkte der Spießer, dass er doch der Unterlegene war. Er wich einem weiteren Zusammenprall aus und verschwand mit weiten Sätzen im Wald. Ein paarmal konnte ich noch zwischen den Baumstämmen seinen weißen Spiegel aufleuchten sehen."
Der Jäger verwendet in seiner Erzählung 13 Ausdrücke aus der Jägersprache. Schreibe sie heraus und „übersetze" sie.

2 Beschreibe anhand der Bildfolge in Abbildung 5 die Geweihbildung beim Rehbock.

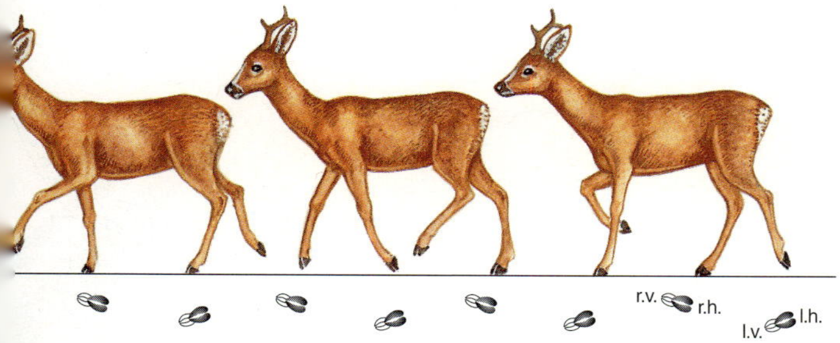

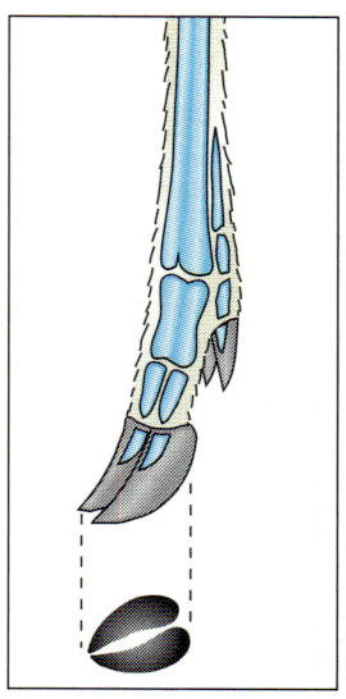

4 Ziehender Rehbock

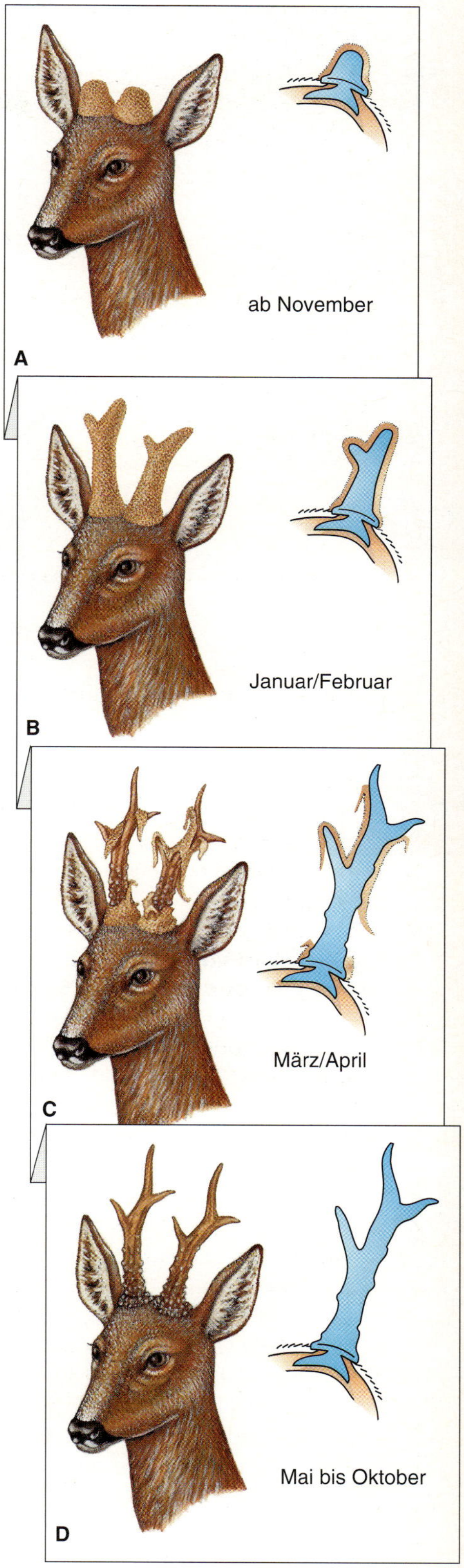

5 Geweihbildung

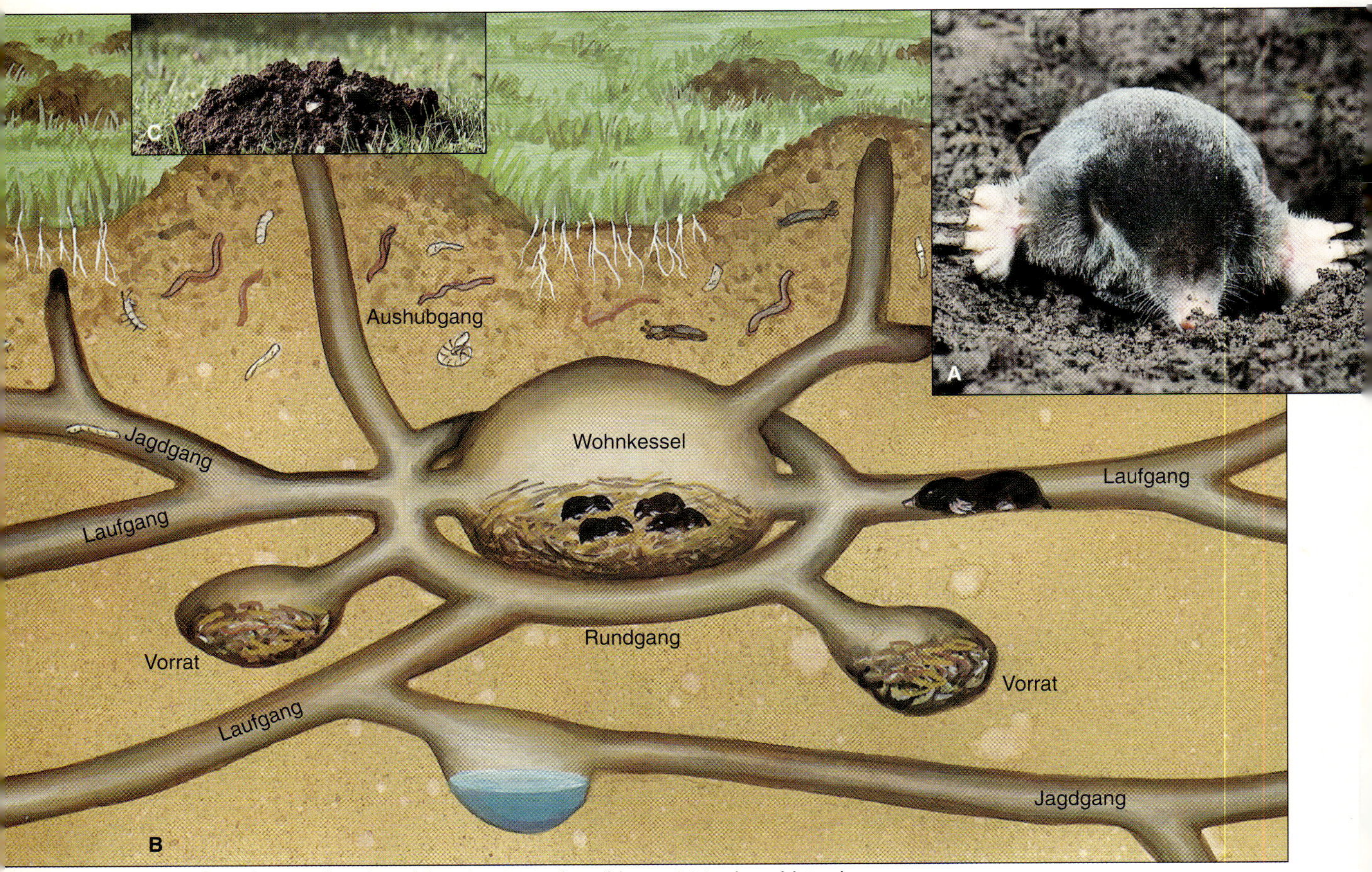

1 ***Maulwurf.*** ***A*** Kopf und Grabhände; ***B*** Maulwurfsbau; ***C*** *Maulwurfshügel*

3.4 Der Maulwurf – ein unterirdischer Spezialist

„Das gibt's doch nicht!", hören Pia und Carsten ihren Nachbarn schimpfen. Herr Schwarz steht auf seinem Rasen, der mit aufgeworfenen Erdhügeln übersät ist. „Schon wieder ein Maulwurf in meinem Garten!", wettert er.

Du hast sicherlich auch schon solche Erdhügel, die *Maulwurfshaufen,* in Gärten, Parks oder auf Wiesen gesehen. Sie sind der Beweis für die Anwesenheit eines Maulwurfs. Sehen kann man ihn allerdings nur sehr selten, weil er hauptsächlich unter der Erde lebt. In diesem unterirdischen Lebensraum liegt auch sein *Wohnkessel.* Er ist mit Gras, Moos und anderen Pflanzenteilen ausgepolstert und wird zum Schlafen benutzt. Auch die Jungen werden hier geboren und aufgezogen. Um den Wohnkessel verläuft ein *Rundgang,* von dem verschiedene *Laufgänge* abzweigen. Die Wände der Gänge sind fest und glatt, sodass sich der Maulwurf schnell in ihnen bewegen kann. Die

2 Nahrung des Maulwurfs

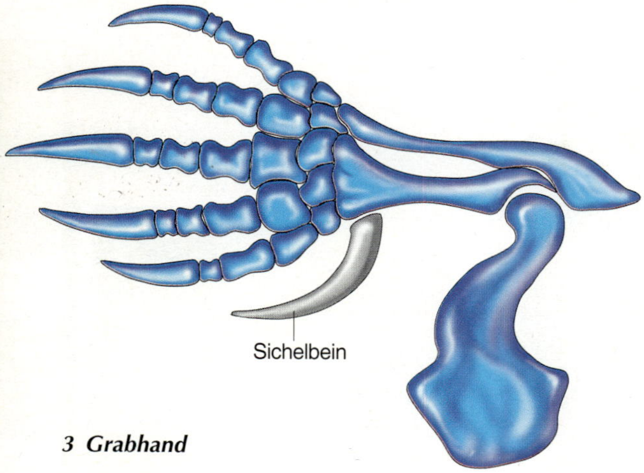

3 Grabhand

Laufgänge führen in das **Jagdrevier** des Maulwurfs. Hier gräbt er lockere, dicht unter der Erdoberfläche verlaufende Jagdgänge. Die losgescharrte Erde wird über besondere Aushubgänge an die Erdoberfläche geschoben. So entstehen die typischen Maulwurfshügel.

Mehrmals am Tag läuft der Maulwurf sein Gangsystem ab und sucht nach eingedrungenen Beutetieren. Seine Nahrung besteht aus Insektenlarven, Käfern, Regenwürmern, Schnecken und manchmal Jungmäusen. Die harten Panzer der Insekten und Larven kann er mit den nadelspitzen Zähnen seines **Insektenfressergebisses** leicht knacken. Da er an einem Tag etwa so viel fressen muss wie er selbst wiegt, geht er alle 3–4 Stunden auf Beutejagd. Maulwürfe sind das ganze Jahr über aktiv. Im Winter verlegen sie ihr Jagdrevier in tiefere Bo-

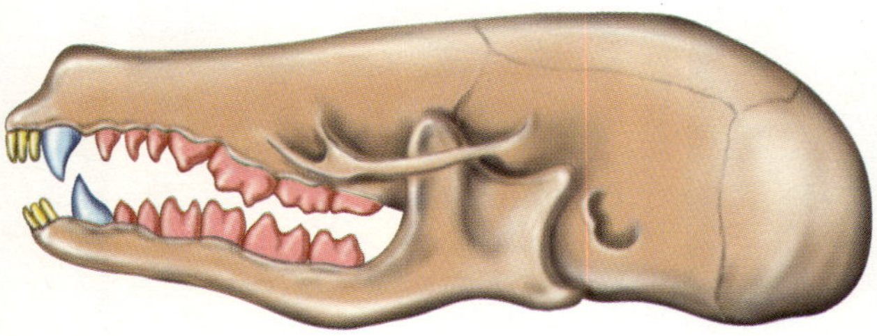

4 Insektenfressergebiss

denschichten. Dorthin ziehen sich auch ihre Beutetiere zurück.

Hin und wieder hat man in Maulwurfsrevieren Ansammlungen von „angebissenen" Regenwürmern gefunden. Lange Zeit nahm man an, dass es sich hierbei um Wintervorräte handelt. Tatsächlich aber sind es Vorratsspeicher, mit denen der Maulwurf das ganze Jahr über Zeiten überbrückt, in denen die Nahrung knapp ist.

Beim Aufspüren der Nahrung helfen dem Maulwurf sein guter Geruchssinn, sein feines Gehör und sein ausgezeichneter Tastsinn. Die Sehfähigkeit ist dagegen nicht besonders gut.

Der Maulwurf ist an sein Leben unter der Erde angepasst. Der kurze, walzenförmige Körper geht ohne erkennbaren Hals in den Kopf über. Dieser endet vorne in einer durch Knorpel verstärkten Rüsselspitze. Er ist bis auf die Pfoten und die Rüsselspitze von einem schwarzen, samtartigen und sehr dichten Pelz bedeckt, der ihn vor Nässe und Kälte schützt. Das Fell hat keine Strichrichtung. So kann sich der Maulwurf in seinen Gängen vorwärts und rückwärts gleichermaßen gut bewegen. Die Augen sind sehr klein und im Fell verborgen. Ohrmuscheln fehlen ganz und Mund- und Nasenöffnung sind nach unten gerichtet. Beim Graben werden Ohröffnungen, Mund und Nase durch besondere Hautfalten verschlossen, damit Sand und Erde nicht eindringen können.

Auffällig sind die seitlich am Körper befindlichen Vorderbeine, die zu **Grabhänden** umgebildet sind. Die Handflächen zeigen nach hinten. Die 5 kurzen Finger sind teilweise durch Häute miteinander verbunden. Neben dem Daumen hat der Maulwurf außerdem noch einen sichelförmigen Knochen, die *Scharrkralle,* auch *Sichelbein* genannt. Alle Finger haben lange, breite und an der Spitze sehr scharfe Krallen. Sie sind damit für die Wühlarbeit bestens geeignet. Die Hinterbeine dienen dagegen vorwiegend der Fortbewegung.

Maulwürfe leben als Einzelgänger in unterirdischen Bauten mit einem weit verzweigten Gangsystem. Mit ihrem Insektenfressergebiss zerkleinern sie Larven, Käfer, Regenwürmer und Schnecken. Ihr Körper ist an das Leben unter der Erde angepasst. Maulwürfe sind geschützt und dürfen nicht getötet werden.

1 Maulwürfe wiegen etwa 90 Gramm. Berechne: Wie viel frisst ein Maulwurf etwa in einer Woche, in einem Monat, in einem Jahr?

2 Maulwürfe werden oft als Schädlinge bezeichnet. Wie stehst du zu dieser Behauptung?

3 Nenne anhand der Abb. 2 auf S. 206 einige Beutetiere des Maulwurfs.

4 Maulwürfe haben ein typisches Insektenfressergebiss. Finde mit Hilfe der Abb. 4 auf S. 207 Merkmale dieses Gebisses. Vergleiche es mit den Abbildungen 4 (S. 29) und 3 (S. 41).

Pinnwand

HEIMISCHE WILDTIERE

Eichhörnchen

Körperlänge: 20 - 25 cm
Lebensraum: Wälder, Parkanlagen und baumbestandene Gärten
Lebensweise: frisst überwiegend pflanzliche Nahrung, gelegentlich auch Eier und Jungvögel; Baumbewohner, legt Nester (Kobel) in Bäumen an
Fortpflanzung: Nagetier; zweimal jährlich 3 - 7 Junge, Nesthocker

Wildschwein

Körperlänge: 100 - 150 cm
Lebensraum: Wälder mit Teichen und Morästen
Lebensweise: überwiegend nächtlich; Allesfresser; lebt in Familienverbänden (Rotten); alte Männchen meist einzeln
Fortpflanzung: ein- bis zweimal im Jahr 4 - 8 Junge

Waldspitzmaus

Körperlänge: 9 -13 cm
Lebensraum: Wälder, Gärten, Wiesen
Lebensweise: Tag und Nacht aktiv; Insektenfresser; Nester in Baumstümpfen oder unterirdisch
Fortpflanzung: mehrere Würfe pro Jahr

Igel

Körperlänge: 22 - 28 cm
Lebensraum: lichte Wälder, Hecken, Gebüsche, Parks und Gärten
Lebensweise: Dämmerungs- und Nachttier; frisst Insekten, Schnecken, Mäuse, auch pflanzliche Nahrung; rollt sich bei Gefahr zusammen
Fortpflanzung: zweimal 4 - 6 Junge pro Jahr

Rothirsch

Körperlänge: 160 - 250 cm
Lebensraum: große, zusammenhängende Waldgebiete
Lebensweise: Pflanzenfresser; bildet nach Geschlechter getrennte Rudel
Fortpflanzung: im Herbst schart ein starker Hirsch viele Weibchen um sich; 1 - 2 Junge pro Jahr

Baummarder

Körperlänge: 40 - 50 cm
Lebensraum: dichte Wälder
Lebensweise: Dämmerungs- und Nachttier; Raubtier, frisst oft Eichhörnchen; Nester in Baumhöhlen oder Eichhörnchenkobeln
Fortpflanzung: 3 - 4 Junge pro Jahr; Nesthocker

Wildtiere erkennen

Übung

A1 Am Gebiss erkennst du die Ernährungsweise

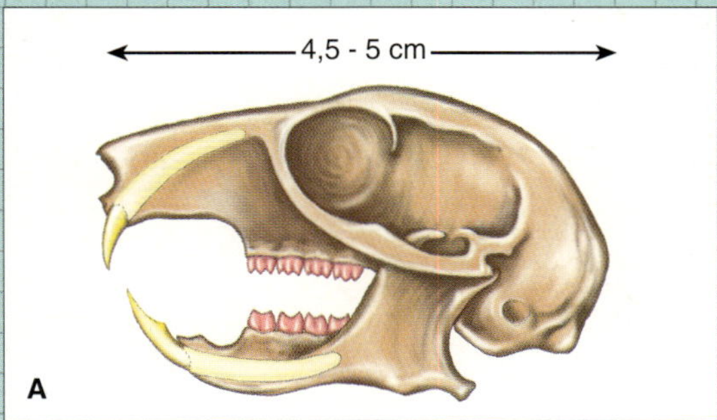

A

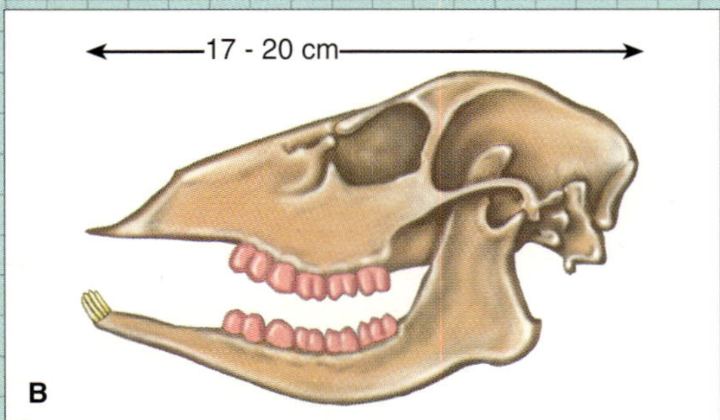

B

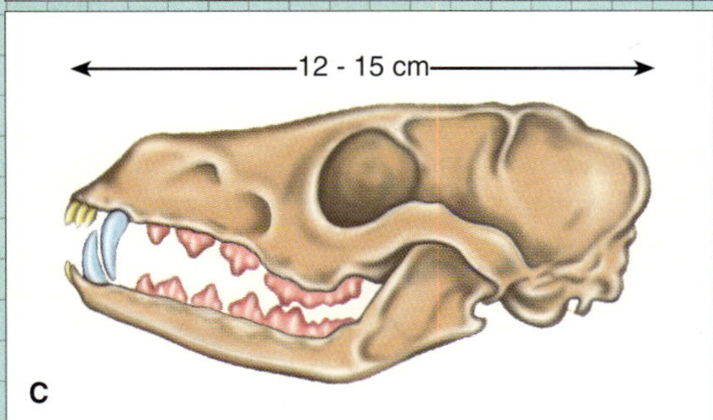

C

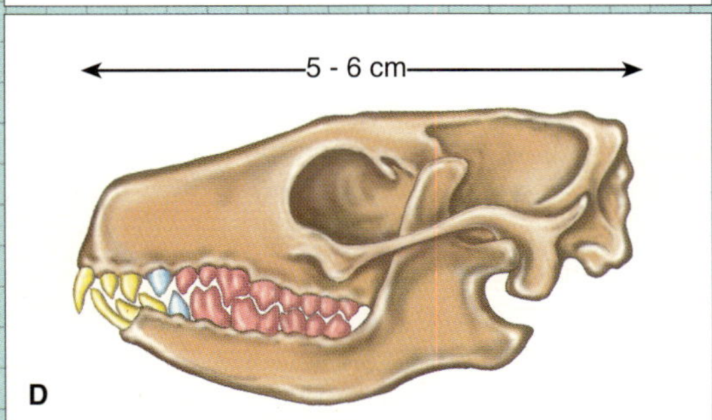

D

Die Abbildungen A–D zeigen die Gebisse von Reh, Fuchs, Eichhörnchen und Igel. Ordne den Tieren die Gebisse zu und begründe. Denke dabei an Pflanzenfresser, Insektenfresser, Nagetiere und Raubtiere.

A2 Trittsiegel und Fährten

A

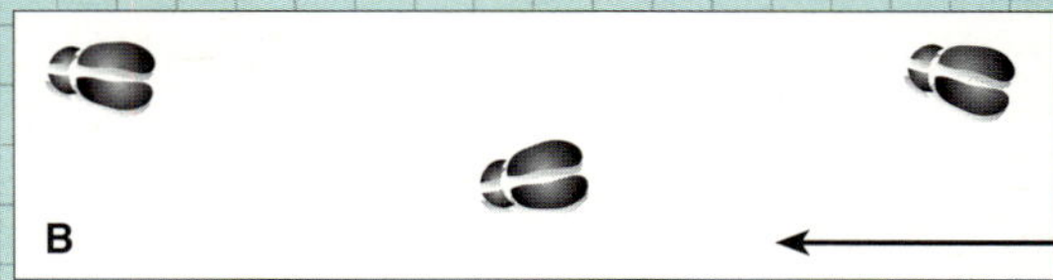

B

C

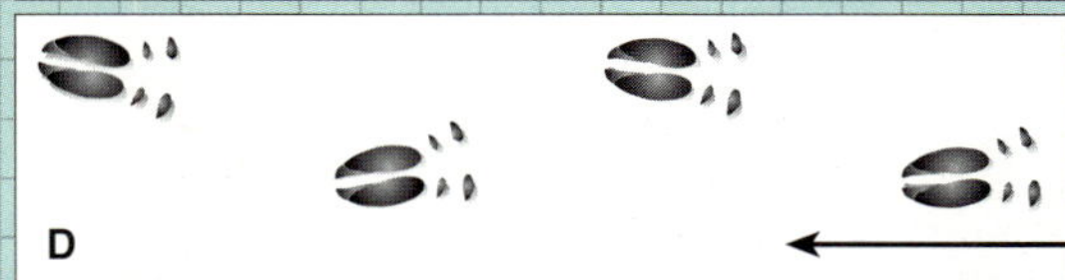

D

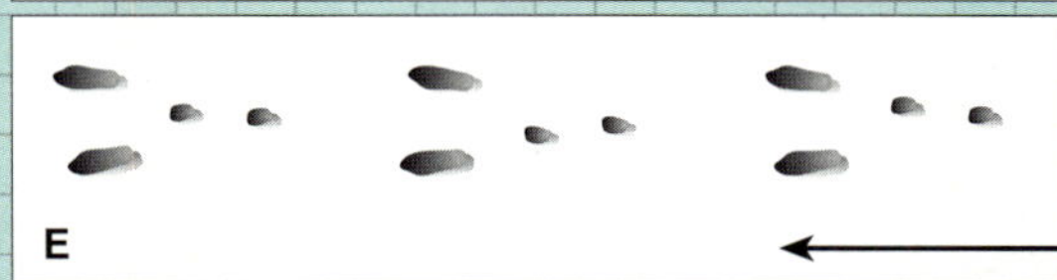

E

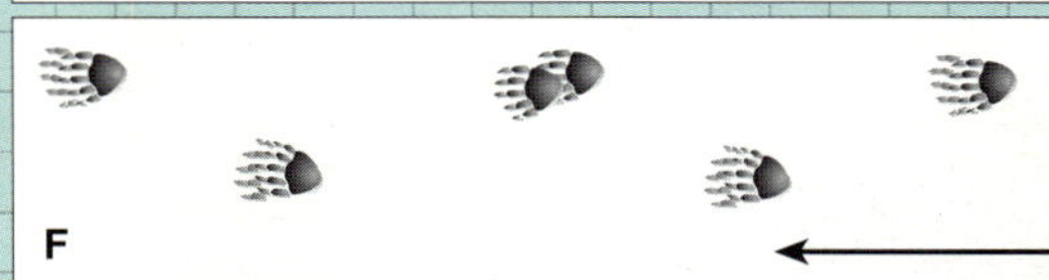

F

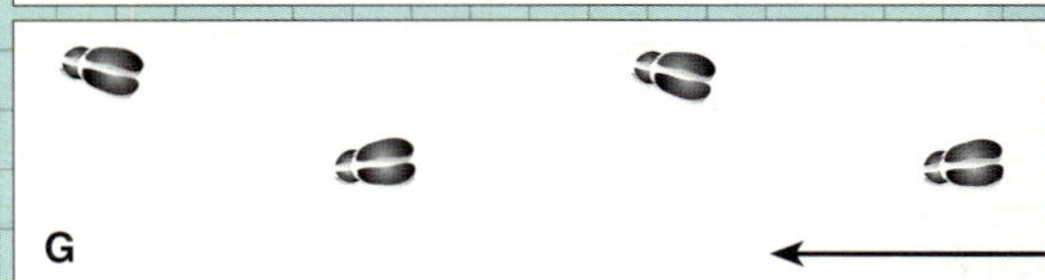

G

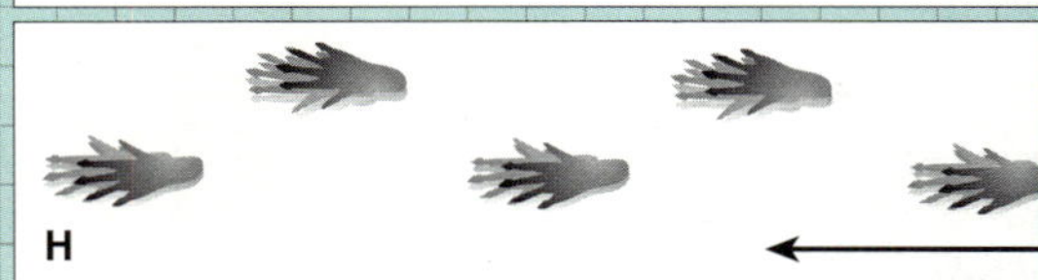

H

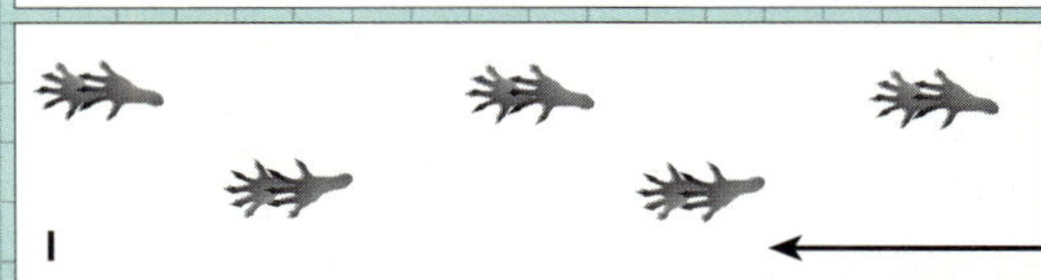

I

Finde mithilfe der Pinnwand S. 208 und der Seiten 202–205 heraus, welche Tiere hier Fußspuren hinterlassen haben.

1 ***Zauneidechse. A*** *beim Sonnenbaden;* ***B*** *sich häutend*

2 Schlüpfende Zauneidechsen

3.5 Kriechtiere lieben Wärme

Lars und Jan fahren mit ihren Fahrrädern einen sonnigen Feldweg entlang. „Da!“, ruft Lars plötzlich. „Da ist etwas über den Weg geflitzt! Dort zwischen den Steinen ist es verschwunden.“ Die Freunde steigen ab und warten. Nach einer Weile kommt eine **Zauneidechse** zum Vorschein. Vorsichtig nach allen Seiten sichernd kriecht sie auf einen Stein und sonnt sich. Ihre kurzen Beine stehen seitlich vom Körper ab. Dadurch berührt der Bauch fast den Boden. Beim Kriechen bewegt die Eidechse schlängelnd ihren Körper. Die kriechende Fortbewegung kennzeichnet die Eidechse als **Kriechtier.**

Beim Sonnenbaden machen sich die Eidechsen breit und flach und strecken die Beine vom Körper ab. So „tanken“ die Tiere Wärme. Sie können sich jetzt besonders flink bewegen und nach Spinnen und Insekten jagen. Wird es kühler, sinkt auch die Körpertemperatur der Eidechsen. Ihre Bewegungen werden schwerfällig. Tiere, bei denen die Körpertemperatur von der Temperatur der Umgebung abhängt, nennt man **wechselwarme Tiere.**

Die Haut der Eidechsen ist mit Hornschuppen besetzt, die sie vor Verletzungen und Austrocknung schützen. Diese *Schuppenhaut* kann nicht mehr wachsen. Wird die Eidechse größer, muss sie sich häuten. Das alte, zu klein gewordene Schuppenkleid wird abgestreift. Darunter hat sich schon eine neue Haut gebildet.

Im Frühjahr legen die Eidechsenweibchen 5–15 weichschalige Eier in die Erde. Nach 8 Wochen schlüpfen 4–5 cm große Eidechsen. Sie sind sofort selbstständig.

Auch **Schlangen** wie die *Ringelnatter* oder die *Kreuzotter* gehören zu den Kriechtieren. Sie sind selten geworden und stehen unter Naturschutz. Wird eine Schlange beim Sonnenbaden überrascht, schlängelt sie sich lautlos davon. Wie kann sie sich ohne Beine so gewandt fortbewegen?

Schlangen haben eine Wirbelsäule mit vielen beweglichen Wirbeln und Rippenpaaren. Seitlich am Körper verlaufende starke Muskeln bringen die Rippen nacheinander nach vorn. Dabei werden die Bauchschuppen aufgerichtet, im unebenen Boden verankert und anschließend wieder angelegt. Man sagt: Schlangen „laufen" auf den Rippen.

Eine Kreuzotter erkennst du an dem dunklen Zickzackband auf dem Rücken. Sie ist eine *Giftschlange*. Mäusen, Eidechsen und Fröschen lauert sie auf und tötet sie mit einem Biss ihrer Giftzähne. Diese liegen eingeklappt am Gaumen. Bei geöffnetem Maul richten sie sich auf. Die Kreuzotter verschlingt auch Beutetiere, die größer sind als ihr Kopf. Dazu kann sie Ober- und Unterkiefer „aushängen". Die beiden Hälften des Unterkiefers sind vorn durch ein dehnbares Band verbunden. So können sie unabhängig voneinander bewegt werden. Durch schiebende Bewegungen der Kiefer wird das Beutetier nach und nach verschlungen.

Eidechsen und Schlangen sind Kriechtiere. Sie sind wechselwarm und besitzen eine Haut aus Hornschuppen.

B

A

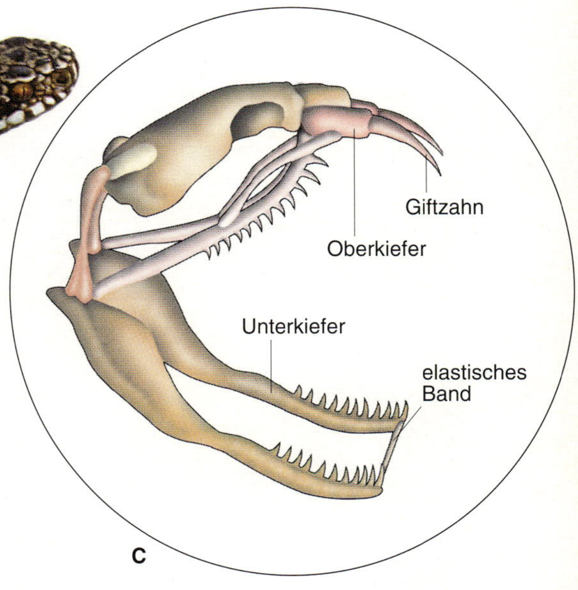

C

3 Kreuzotter.
A *kriechend;*
B *Kopf mit Giftzähnen;*
C *Kopfskelett*

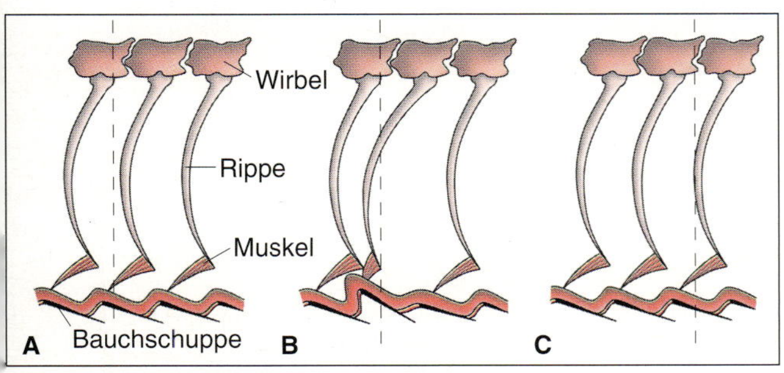

4 Fortbewegung der Schlangen.

1 Beschreibe die Fortbewegung der Eidechse. Nimm Text und Abbildungen der Seite 210 zu Hilfe.

2 Auf der Pinnwand Seite 212 sind auch Regenwurm und Schnecke abgebildet. Begründe, warum sie nicht zu den Kriechtieren gehören.

3 Saurier erreichten ungeheure Größe und Gewicht. Berechne, wie viel Exemplare des Nilkrokodils, eines der größten heutigen Kriechtiere, man braucht, um die Größe des Apatosauriers zu erreichen. Nimm die Pinnwände auf den Seiten 212 und 213 zu Hilfe.

Pinnwand

KRIECHTIERE

Nilkrokodil

Länge: bis zu 6 m
Lebensraum: Gewässer des mittleren und südlichen Afrikas
Lebensweise: ernährt sich von Fischen und anderen Wassertieren, auch von Säugetieren in Ufernähe; liegt bewegungslos im Wasser und lauert auf Beute
Fortpflanzung: Eiablage an Land; Bewachung des Geleges und Betreuung der geschlüpften Jungen

Gemeines Chamäleon

Länge: etwa 30 cm
Lebensraum: südliches Mittelmeergebiet und südliches Asien; andere Arten in Regenwäldern Ostafrikas, Madagaskar; Baumbewohner
Lebensweise: fängt Insekten mit seiner klebrigen Schleuderzunge; zangenartige Klammerfüße, Wickelschwanz; Farbwechsel zur Tarnung; Augen können unabhängig voneinander bewegt werden
Fortpflanzung: Eiablage in kleinen Gruben auf dem Boden; Junge schlüpfen nach etwa 3 Monaten

Griechische Landschildkröte

Länge: bis 30 cm
Lebensraum: Südeuropa und Mittelmeerinseln; in Wald- und Buschbeständen
Lebensweise: Einzelgänger, frisst hauptsächlich pflanzliche, aber auch tierische Nahrung wie Insekten
Fortpflanzung: 5 - 6 längliche Eier in selbstgegrabenen Erdgruben

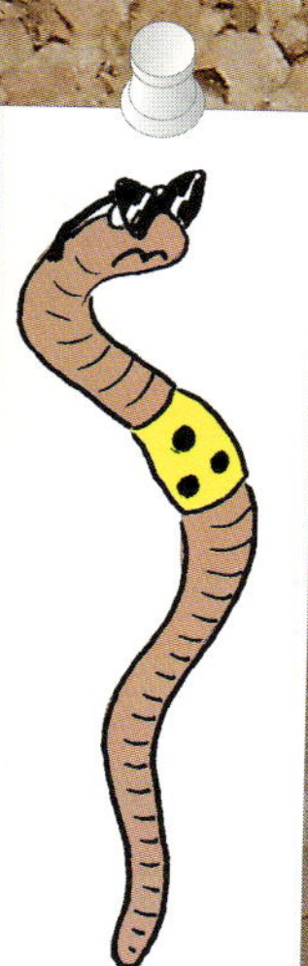

Ringelnatter

Länge: 70 - 80 cm
Lebensraum: Deutschland und Mitteleuropa; lebt in Gewässernähe
Lebensweise: keine Giftschlange; ernährt sich von Fischen, Fröschen und Molchen; guter Schwimmer; Winterstarre in Erdhöhlen
Fortpflanzung: 5 - 25 Eier; Ablage in lockere Erde

SAURIER

Pinnwand

Saurier

Vor 200 - 70 Millionen Jahren bevölkerten Saurier die Erde. Aus versteinerten Knochen, Zähnen und Fußabdrücken können sich Wissenschaftler ein Bild von Aussehen und Lebensweise dieser ausgestorbenen Kriechtiere machen. Sie beherrschten als *Flugsaurier* die Luft, als *Fischsaurier* das Wasser und als *Dinosaurier* das Land. Für Museen und Ausstellungen werden Saurier in ihrer natürlichen Gestalt nachgebaut. Sie vermitteln dem Betrachter eine Vorstellung von der enormen Größe dieser urzeitlichen Tiere. Die hier gezeigten Fotos stammen aus einem Dino-Park.

Tylosaurus (links) und Elasmosaurus
Die im Wasser lebenden Saurier waren meist Raubtiere mit flossenartigen Gliedmaßen; Tylosaurus bis 10 m lang; Elasmosaurus bis 15 m lang

Ceratosaurus
Raubtier; 6 m lang

Apatosaurus (Brontosaurus)
Pflanzenfresser; 21 m lang;
Gewicht bis 30 t

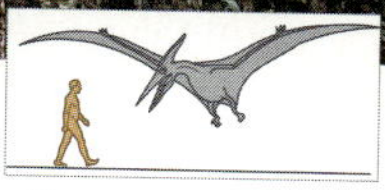

Pteranodon (Flugsaurier)
fledermausartige Flughaut;
Spannweite bis 7,5 m; Körperlänge 3 m

Styracosaurus
Pflanzenfresser; etwa 5 m lang

4 Tiere im Lebensbereich Luft

4.1 Vögel – Wirbeltiere in Leichtbauweise

1 Möwe

Immer wieder schaut Felix bewundernd den Flugkünsten der Möwen zu. „Warum können wir nicht segeln und fliegen wie die Vögel?“, fragt er seine Mutter. „Nun“ antwortet diese, „der Vogelkörper ist für das Fliegen gebaut, ein Mensch aber nicht.“

Schauen wir uns den Vogelkörper einmal genauer an. Er ist stromlinienförmig gebaut. Den gesamten Körper bedeckt ein **Federkleid,** nur Schnabel und Füße sind ohne Gefieder. Durch die dachziegelartige Anordnung der Federn werden Unebenheiten ausgeglichen. So kann die Luft ohne großen Widerstand vorbeiströmen. Unter den **Deckfedern** bilden die weichen **Daunenfedern** eine wärmende Schutzschicht. Sie schließen viel Luft ein und bewahren den Vogel vor Wärmeverlusten. Flügel und Schwanz besitzen große, zum Fliegen notwendige **Schwungfedern.** An ihnen kannst du besonders gut den Aufbau einer Feder erkennen. Von einem hohlen Schaft zweigen nach beiden Seiten viele Federäste ab. Sie bilden die *Fahnen.* Von jedem Federast zweigen wiederum *Strahlen* ab. Sie sind – wie bei einem Klettverschluss – durch kleine Häkchen miteinander verzahnt.

Vögel haben ein Knochenskelett wie alle anderen Wirbeltiere. Trotzdem ist ein Vogel wesentlich leichter als ein Säugetier gleicher Größe. In den großen Röhrenknochen befindet sich Luft. Dadurch sind sie erheblich leichter als die mit Mark gefüllten Säugetierknochen. Ein Netzwerk aus knöchernen Verstrebungen verleiht ihnen Stabilität. Das geringe Körpergewicht stellt eine weitere Angepasstheit an das Leben in der Luft dar.

Die Wirbelsäule ist starr, da alle Wirbel von der Brust bis zum Schwanz miteinander verwachsen sind. Dadurch können Vögel während des Fluges die richtige Körperhaltung bewahren. Auch die Rippen und das Brustbein sind fest miteinander verbunden. An dem kielförmig gebauten Brustbein sitzen die starken Brustmuskeln, mit denen die Flügel bewegt werden.

Eine besondere Einrichtung bei Vögeln sind die **Luftsäcke.** Sie zweigen von der Lunge ab und liegen zwischen den Muskeln und Organen des Rumpfes. Einige reichen bis in die Knochen. In den Luftsäcken kann der Vogel zusätzlich Luft aufnehmen. Für Flüge in großen Höhen, wo die Luft sauerstoffärmer ist als in tieferen Luftschichten, ist dieser Vorrat an Sauerstoff in den Luftsäcken vorteilhaft.

Auch die Ernährungsweise ist dem Fliegen angepasst. Vögel fressen häufig. Dabei nehmen sie aber immer nur kleine Mengen an Nahrung zu sich. Die Nahrung wird rasch verdaut. Unverdauliche Reste werden schnell ausgeschieden. So wird der Körper nicht durch zusätzliches Gewicht belastet.

Sogar die Art der Fortpflanzung dient der Gewichtsverminderung. Vögel pflanzen sich mithilfe von Eiern fort. Diese reifen nicht gleichzeitig, sondern nacheinander. Sie werden mit zeitlichem Abstand gelegt. So spart der Vogel Gewicht. Außerdem entwickeln sich die Jungen außerhalb des Vogelkörpers. Auch das bringt im Vergleich zu den Säugetieren eine Gewichtsersparnis.

Vögel sind durch Stromlinienform, Federkleid, Bau des Skeletts, Ernährung und Fortpflanzung dem Leben im Lebensbereich Luft angepasst.

1 Betrachte den Bau des Vogelflügels und vergleiche mit dem eines Menschenarmes (S. 61).

2 Flugzeugflügel haben im Inneren Verstrebungen aus Metall. Erläutere diese Bauweise.

3 Untersuche das Vogelskelett. Verwende dazu das Skelett eines Brathähnchens.

a) Finde Hand, Unterarm und Oberarm heraus.

b) Beschreibe den Aufbau des Brustbeins.

c) Durchtrenne verschiedene Knochen des Flügel- und Beinskeletts mit der Geflügelschere. Beschreibe den Bau der Knochen.

4 Sieh dir in Abb. 2c den Feinbau einer Schwungfeder an. Beschreibe ihren Aufbau. Erkläre, wie Teile der Fahne zu einer geschlossenen Fläche vereinigt sind.

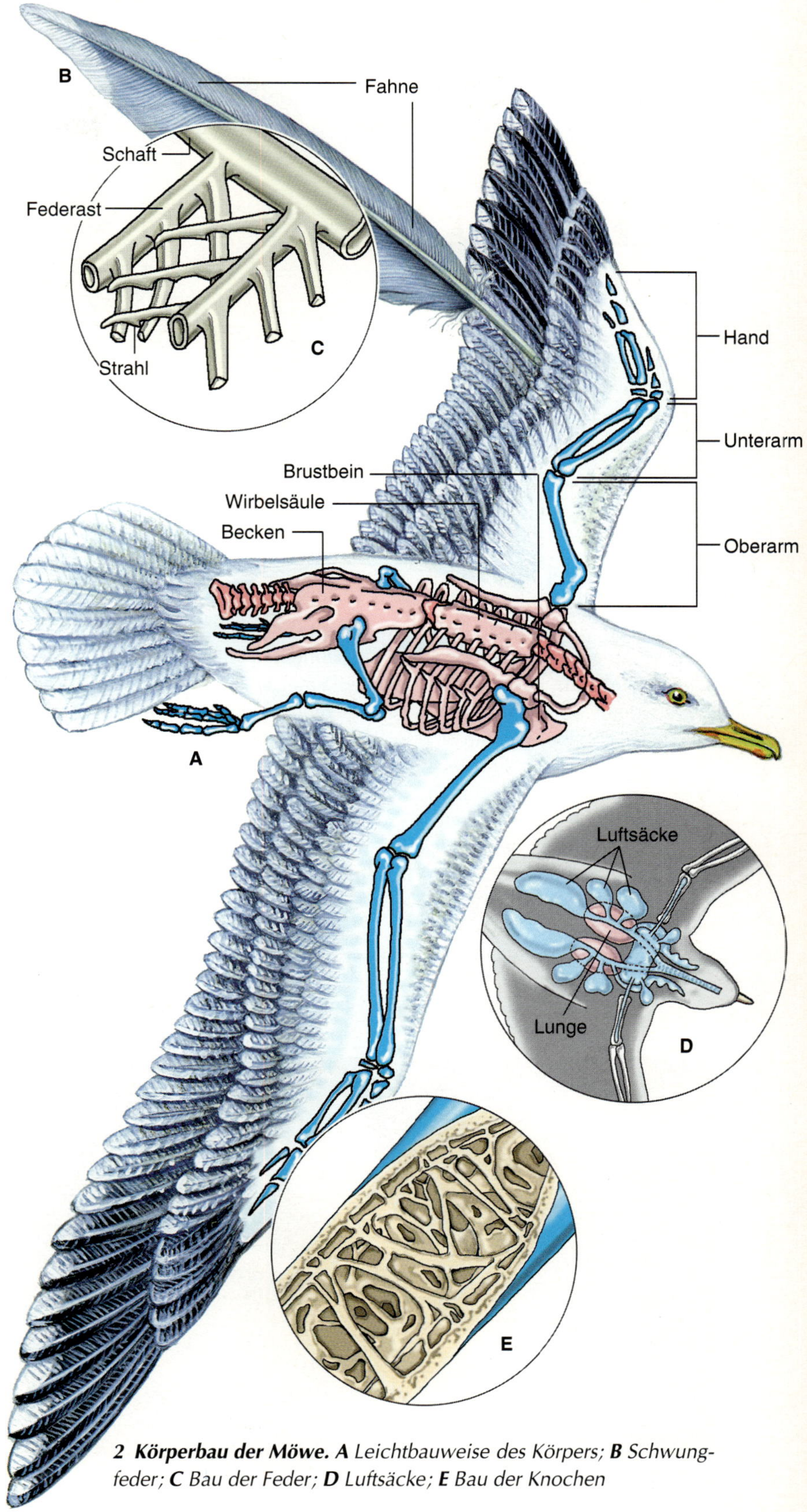

2 ***Körperbau der Möwe. A*** *Leichtbauweise des Körpers;* ***B*** *Schwungfeder;* ***C*** *Bau der Feder;* ***D*** *Luftsäcke;* ***E*** *Bau der Knochen*

1 Rauchschwalbe.
A *Gleitflug;*
B *Wasser aufnehmend;*
C *Ruderflug*

4.2 Wie Vögel fliegen

Es ist immer wieder faszinierend, Rauchschwalben bei ihren Flugmanövern zu beobachten. In schnellem Flug steuern sie zum Beispiel eine Wasserfläche an und gleiten dicht über die Oberfläche. Sie tauchen kurz mit dem Schnabel ein um Wasser aufzunehmen und steigen mit ein paar Flügelschlägen wieder auf. Das alles geht so schnell, dass man die einzelnen Flugphasen kaum unterscheiden kann.
Leichter ist der Flug beim Höckerschwan zu beobachten. Ehe der Schwan von einer Wasserfläche auffliegen kann, nimmt er Wasser tretend einen langen Anlauf. Dabei bewegt er die Flügel auf und ab, um die Schwerkraft zu überwinden und den nötigen Auftrieb zu erzeugen.

Beim Abwärtsschlag werden die Flügel schräg nach unten geführt. Die Federn bilden eine geschlossene, luftundurchlässige Fläche. So kann sich der Schwan in der Luft halten und gleichzeitig vorwärts bewegen. Beim Aufwärtsschlag werden die Federn so gedreht, dass die Fahnen senkrecht stehen und die Luft zwischen ihnen hindurchströmen kann. Die Flügel werden angewinkelt nach oben gezogen, sodass der Flug nicht abgebremst wird und der Schwan nicht an Höhe verliert. Dieser **Ruderflug** ist die häufigste Form des Vogelflugs. Die Landung erfolgt im **Gleitflug.** Dabei werden die Flügel nicht mehr bewegt, sondern ausgebreitet in der Luft gehalten. Die Anziehungskraft der Erde sorgt dafür,

2 Auffliegender Höckerschwan

3 Ruderflug des Höckerschwans

4 *Fliegender Höckerschwan*

6 *Schwirrflug des Kolibris*

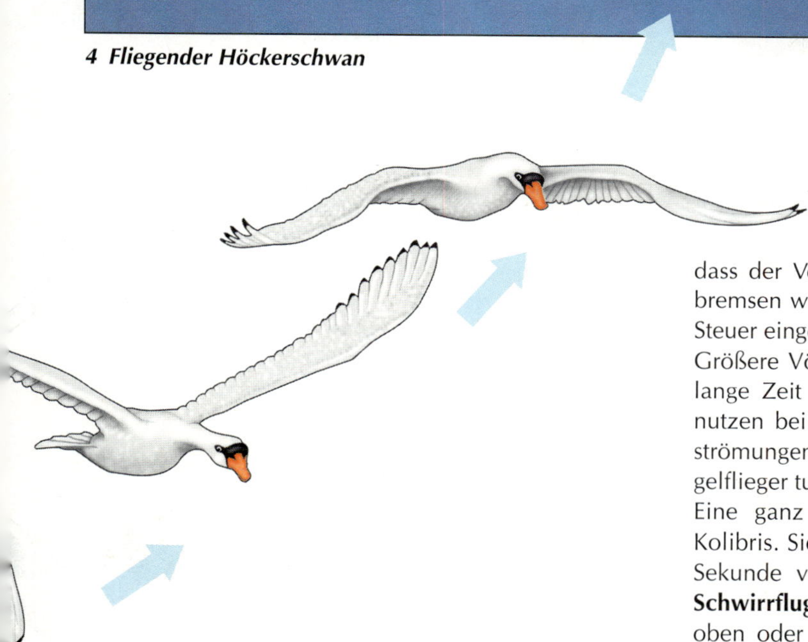

dass der Vogel langsam zu Boden gleitet. Die Flügel bremsen wie ein Fallschirm und der Schwanz wird als Steuer eingesetzt.

Größere Vögel können sich auch während des Fluges lange Zeit ohne Flügelschlag in der Luft halten. Sie nutzen bei ihrem **Segelflug** aufsteigende warme Luftströmungen oder Aufwinde aus, wie das auch die Segelflieger tun.

Eine ganz besondere Flugtechnik beherrschen die Kolibris. Sie bewegen ihre Flügel bis zu 70 mal in der Sekunde vor und zurück. Dadurch können sie im **Schwirrflug** auf der Stelle „stehen", senkrecht nach oben oder unten und sogar rückwärts fliegen. Auch der Turmfalke „steht" beim **Rüttelflug** auf der Stelle. Er benutzt diese Technik, um den Erdboden nach Beutetieren abzusuchen. Dabei bewegt er seine Flügel sehr schnell. Die Schwanzfedern sind breit gefächert gegen die Flugrichtung gestellt und wirken als Bremse.

Der Flug der Vögel beruht auf einem Zusammenspiel von Muskelkraft, Flügelform und Federstellung.

5 *Rüttelflug des Turmfalken*

1 Beschreibe die Flugtechnik bei der Rauchschwalbe, beim Höckerschwan und beim Kolibri.

2 Beschreibe den Rüttelflug anhand des Textes und Abbildung 5.

3 Welche der beschriebenen Flugtechniken benötigen besonders viel Muskelkraft? Begründe!

Übung Vogelflug

A1 Ruderflug

Beschreibe die Stellung der Flügel und der Federn beim Aufwärts- und Abwärtsschlag. Welche Auswirkungen hat die Federstellung auf den Flug des Vogels?

A2 Segelflug

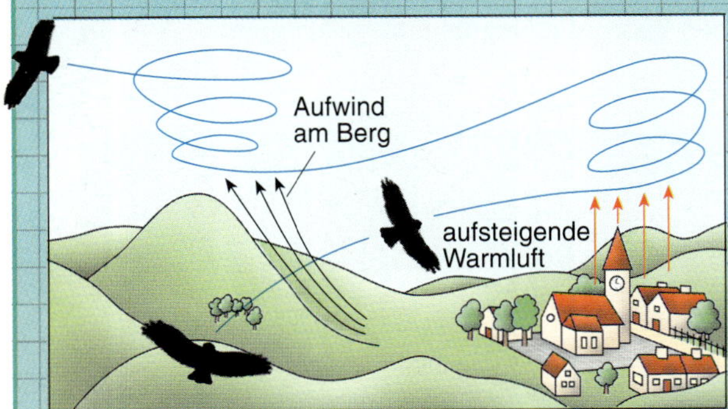

Erläutere, wie der Mäusebussard bei seinem Segelflug ohne Flügelschlag an Höhe gewinnen kann.

Streifzug durch die Physik

Auftrieb in der Luft

Die kleine Miriam muss ihre Luftballons gut festhalten, sonst fliegen sie davon. Miriams Luftballons sind mit einem Gas gefüllt, das leichter als Luft ist. Die Ballons bekommen dadurch **Auftrieb** und steigen in die Höhe.

Flugzeuge sind schwerer als Luft und fliegen trotzdem. Wie ist das möglich? Wenn ein Flugzeug startet, wird zunächst der Motor angeworfen. Das Flugzeug beginnt zu rollen. Wenn es schneller wird, entsteht eine Luftströmung an den Tragflächen. Im Querschnitt sieht man, dass die Tragfläche gewölbt ist. Die Luft, die sie umströmt, muss an der Oberseite einen längeren Weg zurücklegen als an der Unterseite. Dabei entsteht auf der Oberseite ein Sog, der die Tragfläche nach oben zieht. An der Unterseite entsteht ein Druck, der sie nach oben drückt. Beide Kräfte gemeinsam bewirken den Auftrieb.

Der Vogelflügel hat das gleiche Profil wie die Flugzeugtragfläche. Der Auftrieb entsteht also beim Vogel auf die gleiche Weise wie beim Flugzeug. Die notwendige Luftströmung erzeugt der Vogel durch das Schlagen der Flügel.

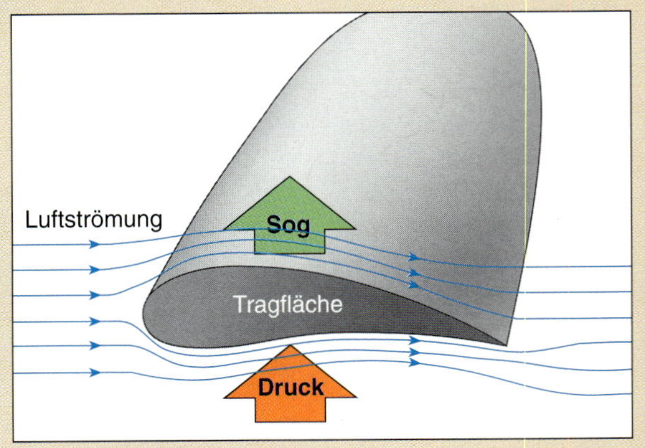

1 Flugzeugtragfläche

Der Traum vom Fliegen

Streifzug durch die Geschichte

Fliegen können wie ein Vogel – dies ist ein alter Traum der Menschheit. Damit verbunden sind Vorstellungen von Freiheit, Grenzenlosigkeit und Abenteuer. Immer wieder haben Menschen versucht, diesen Traum zu verwirklichen.

Eine alte Sage aus Griechenland erzählt von *Dädalus* und seinem Sohn *Ikarus* (um 1500 v. Chr.).

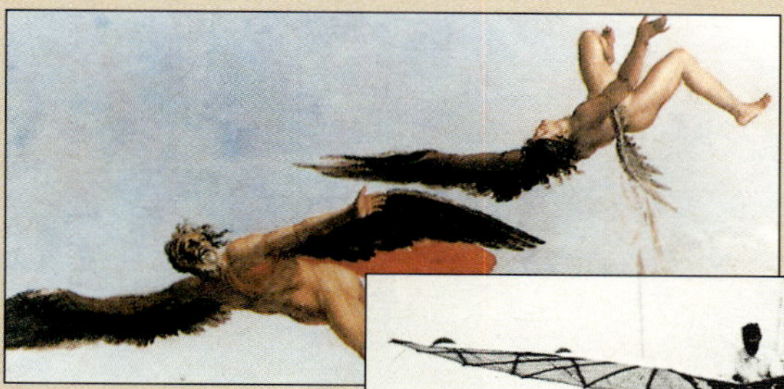

1 Dädalus und Ikarus

2 Otto Lilienthal

Die beiden flohen aus der Gefangenschaft, indem sie Vogelfedern mit Wachs zusammenklebten und diese „Flügel" an ihren Armen befestigten. Ikarus kam bei seinem Flug der Sonne zu nahe. Das Wachs schmolz, die Flügel zerfielen und Ikarus stürzte ins Meer und starb.

Im Mittelalter beschäftigte sich der Wissenschaftler und Künstler *Leonardo da Vinci* mit dem Entwurf und Bau von Flugapparaten. Aber es dauerte bis zum 19. Jahrhundert, ehe die ersten gebaut wurden. Diese Flugapparate mussten entweder mit Muskelkraft betrieben werden oder sie waren nur zum Gleiten geeignet. *Otto Lilienthal* machte 1891 seine ersten Gleitversuche mit selbst gebauten Flugapparaten. Er startete von einem Turm aus und brachte es nach vielen Versuchen auf eine Weite von 500 Metern. Bei einem Flugversuch im Jahr 1896 verunglückte er tödlich. Die von Otto Lilienthal gebauten Gleiter ähnelten den heute benutzten Drachen der Drachenflieger.
Die Versuche mit Flugapparaten, die mit Muskelkraft betrieben wurden, konnten nicht gelingen. Denn für Menschen ist es aufgrund ihres Körperbaus und ihrer Masse unmöglich, wie die Vögel zu fliegen.

Erst mit der Erfindung des Motors zu Beginn des 20. Jahrhunderts wurde auch der Bau von Flugmaschinen vorangetrieben. Die Motoren waren zunächst nicht besonders leistungsstark. Deshalb wurden die Flugzeuge aus leichten Materialien wie Holz und Leinwand gebaut. Durch Verbesserung der Motorstärke konnte man die Flugzeuge schließlich aus stabilem Metall bauen. Es entbrannte ein Wettstreit um immer leistungsstärkere Maschinen.

Eine der größten Pionierleistungen war die Atlantiküberquerung des Amerikaners *Charles Lindbergh.* Er legte 1927 allein und im Nonstopflug eine Strecke von 5810 km zurück – in einem kleinen, einmotorigen Flugzeug!
In der weiteren Entwicklung wurden die Flugzeuge größer und erhielten mehrere Motoren. Sie konnten lange Strecken ohne Zwischenstop zurücklegen und mehr Menschen und Frachtgut transportieren.

3 Charles Lindbergh

Ein weiterer Höhepunkt in der Entwicklung der Luftfahrt war die Erfindung des Düsentriebwerkes. Große Passagiermaschinen fliegen heute fast ausschließlich mit Düsentriebwerken. Wir finden es selbstverständlich, mit Flugzeugen schnell und bequem in alle Länder der Erde reisen zu können. Für seinen Atlantikflug brauchte Charles Lindbergh mehr als 33 Stunden. Heute fliegt die Concorde, ein modernes Überschall-Verkehrsflugzeug, in etwa 3 Stunden von New York nach London!

1 ***Mäusebussard. A*** *Auf dem Ansitz;* ***B*** *Hakenschnabel;* ***C*** *Beuteanflug*

4.3 Der Mäusebussard – ein geschickter Jäger

Auf einem Zaunpfahl am Wiesenrand sitzt bewegungslos ein Mäusebussard. Er hält Ausschau nach Beute. Seinen scharfen Augen entgeht nicht die geringste Bewegung. Plötzlich breitet er die Flügel aus und streicht ab. Mit ausgebreiteten Schwanzfedern bremst er den Flug kurz über dem Boden. Die Füße sind mit gespreizten Zehen weit vorgestreckt. Zielsicher greifen sie eine Maus, die durch die dolchartigen Krallen dieser *Greiffüße* sofort getötet wird. Mit der Beute fliegt der **Greifvogel** zu seinem Kröpfplatz, zum Beispiel einem Baumstumpf. Hier reißt er mit seinem *Hakenschnabel,* dessen Ränder wie Scheren arbeiten, große Stücke aus der Beute heraus und verschlingt sie mit Haut und Haaren. Die Nahrung wird im Magen von Verdauungssäften zersetzt. Unverdauliche Reste wie Federn, Haare und Knochen werden zusammengepresst als *Gewölle* wieder herausgewürgt.

Das Jagdrevier des Bussards sind Felder und Wiesen in Waldnähe. Neben Mäusen jagt er auch junge oder kranke Tiere, Käfer, Schnecken und Eidechsen.

In der Nähe ihres Jagdreviers bauen Bussardpaare in hohen Bäumen ihr Nest, den **Horst.** In diesem Horstrevier befindet sich auch der Schlafbaum des Bussards. Das Weibchen legt im Frühjahr 2–3 Eier. Die Jungen sind Nesthocker. Sie werden von den Eltern bis zum Herbst betreut.

2 ***Mäusebussard. A*** *Mit Beute;* ***B*** *Greiffuß*

3 ***Kröpfplatz***

Greifvögel haben einen starken, scherenartigen Hakenschnabel, Greiffüße mit dolchartigen Krallen und scharfe Augen.

1 Landwirte und Förster stellen Sitzwarten für Bussarde auf. Begründe.

2 Auf der Pinnwand Seite 221 sind die Flugsilhouetten von vier einheimischen Greifvögeln abgebildet. Welche sind es?

GREIFVÖGEL

Sperber

Spannweite: ♀ 72 cm, ♂ 82 cm
Lebensraum: Nadel- und Mischwald mit angrenzender offener Landschaft
Lebensweise: jagt hauptsächlich Kleinvögel; Überraschungsjäger
Fortpflanzung: flacher, gut versteckter Horst in Kiefern oder Fichten; Brutzeit April - Juni

Wanderfalke

Spannweite: ♀ 107 cm, ♂ 92 cm
Lebensraum: abwechslungsreiche Landschaft mit steilen Felsen; Mittel- und Hochgebirge, auch an Meeresküsten
Lebensweise: schlägt die Beute im Flug, vor allem Tauben, Drosseln, Rabenvögel und Möwen
Fortpflanzung: nistet in Felsnischen, auch in alten Greifvogelhorsten; Brutzeit April - Juni

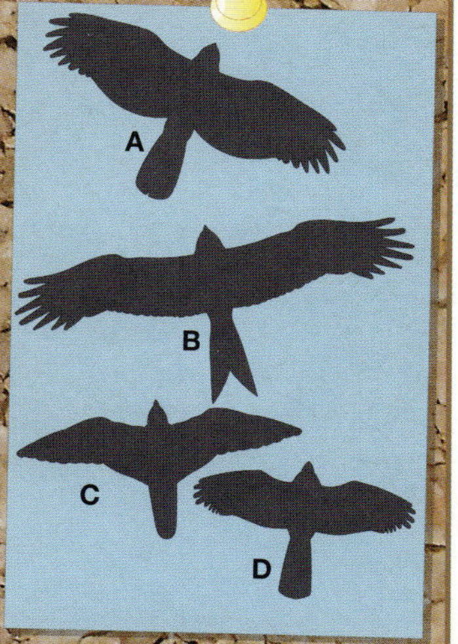

Habicht

Spannweite: ♀ 114 cm, ♂ 97 cm
Lebensraum: abwechslungsreiche Waldlandschaften, auch in der Nähe von Siedlungen
Lebensweise: ernährt sich von Tauben, Rebhühnern, Eichhörnchen und Kaninchen; Überraschungsjäger
Fortpflanzung: großer, gut versteckter Horst auf hohen Nadelbäumen; Brutzeit März - Juli

Roter Milan

Spannweite: ♀ und ♂ 155 cm
Lebensraum: überwiegend offene Landschaften
Lebensweise: ernährt sich von kleinen Säugetieren und Vögeln, auch von kranken Tieren, Abfall und Aas
Fortpflanzung: Horst auf hohen Bäumen; Brutzeit April - Juni

Turmfalke

Spannweite: ♀ 80 cm, ♂ 77 cm
Lebensraum: Kulturlandschaften; vielfach an Autobahnen und Landstraßen
Lebensweise: ernährt sich von Kleinsäugern, Insekten und Jungvögeln
Fortpflanzung: Horste in alten Krähennestern, Baumhöhlen oder Gebäudenischen; Brutzeit April - Juni

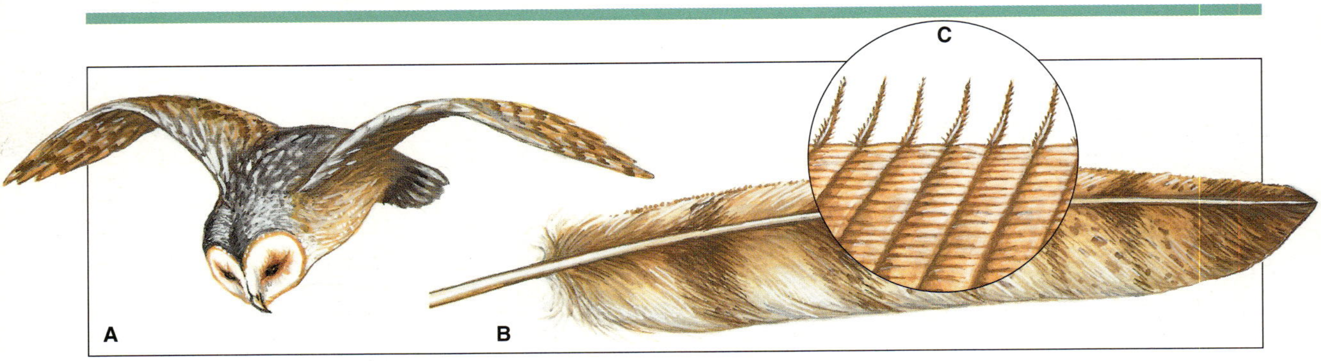

1 ***Schleiereule.*** ***A*** *im Suchflug;* ***B*** *Schwungfeder;* ***C*** *Fransenkamm*

2 Blickfeld der Schleiereule.

4.4 Eulen – lautlose Jäger

Ein großer Schatten gleitet über die mondbeschienene Wiese. Er landet auf dem Boden – ein helles Pfeifen ertönt und der Schatten verschwindet wieder.

Eine **Schleiereule** hat bei ihrem Suchflug nach Nahrung eine Maus erbeutet. Für ihre nächtliche Jagd sind Schleiereulen gut ausgerüstet. Ihre großen Augen sind nach vorn gerichtet und erspähen auch im schwachen Mondlicht ihre Beute. Das Gehör ist besonders empfindlich. Seidenweiches Gefieder, das auch die Füße bedeckt, und Fransen an den Rändern der Schwungfedern ermöglichen einen fast lautlosen Flug. Ihre Beute greift die Schleiereule mit den *Greiffüßen*. Sie kann eine Zehe als Wendezehe nach hinten drehen. Mit der Beute im kräftigen *Hakenschnabel* fliegt sie zu ihrem Kröpfplatz. Hier wird die Maus mit dem Kopf voran verschlungen und verdaut. Unverdauliche Reste wie Haare und Knochen werden als walzenförmige *Gewölle* ausgewürgt.

Den Tag verbringen Schleiereulen in ihrem Schlupfwinkel. Dies kann eine Scheune, ein Kirchturm oder ein altes Gemäuer mit Einfluglöchern sein. Im März legen die Weibchen die Eier auf den Boden ihres Schlupfwinkels. Nach dem Schlüpfen sind die Jungen zunächst noch blind und müssen gefüttert werden. Nach 8 bis 9 Wochen sind sie flügge.

Schleiereulen sind dämmerungs- und nachtaktive Beutegreifer.

3 Schleiereule mit Beute (A) und Greiffuß (B)

1 Vergleiche Bau und Lebensweise der Schleiereule und des Mäusebussards. Nenne Gemeinsamkeiten und Unterschiede.

2 Auf der Pinnwand S. 223 findest du einige Eulenarten abgebildet. Nenne Tierarten, deren Knochen du in den Gewöllen der verschiedenen Eulenarten finden könntest.

3 Betrachte Abbildung 2. Durch die Überschneidung der Sehfelder beider Augen kann die Eule räumlich sehen und Entfernungen gut abschätzen. Aber das Sehfeld ist zu den Seiten begrenzt. Wie gleicht sie diesen Nachteil aus?

EULEN

Pinnwand

Waldkauz

Spannweite: ca. 95 cm
Lebensraum: Laub- und Mischwald mit offenen Flächen und Gewässern; auch Parks und Friedhöfe
Lebensweise: ernährt sich von Mäusen, Ratten, Maulwürfen, Vögeln und Fröschen
Fortpflanzung: nistet in Baumhöhlen, manchmal in alten Greifvogelhorsten oder Gebäuden; eine Brut pro Jahr (März - Mai)

Waldohreule

Spannweite: ca. 95 cm
Lebensraum: lichte Wälder und Waldränder; Parks und Feldgehölze
Lebensweise: ernährt sich von Mäusen und Kleinvögeln; sitzt tagsüber in aufrechter Haltung auf einem Baum dicht am Stamm
Fortpflanzung: nistet in alten Krähen- oder Greifvogelhorsten; eine Brut pro Jahr (März - Juni)

Steinkauz

Spannweite: 55 - 60 cm
Lebensraum: offene Landschaft, auch Dorfränder oder Einzelhöfe
Lebensweise: ernährt sich von Mäusen, Fröschen, Eidechsen, Regenwürmern, Insekten und Vögeln; sitzt tagsüber häufig auf Zaunpfählen oder Leitungsmasten
Fortpflanzung: nistet in Baumhöhlen oder Mauernischen; eine Brut pro Jahr (April - Juni)

Uhu

Spannweite: ca. 1,65 m
Lebensraum: abwechslungsreiche Landschaften mit Wald und offenem Gelände
Lebensweise: ernährt sich von Vögeln, Mäusen und Ratten, Igeln und Kaninchen
Fortpflanzung: nistet in Nischen steiler Felswände; eine Brut pro Jahr (März - Juli)

Gewölleuntersuchung

An einem Kröpfplatz findet man viele Gewölle. Sie geben Auskunft darüber, welche Beutetiere die Eule gefressen hat. Mit Hilfe einer Pinzette kann man einzelne Wirbeltierknochen aus dem Gewölle herauslösen. Sie werden sortiert und den verschiedenen Beutetieren zugeordnet.

Knochen eines Mäuseskeletts

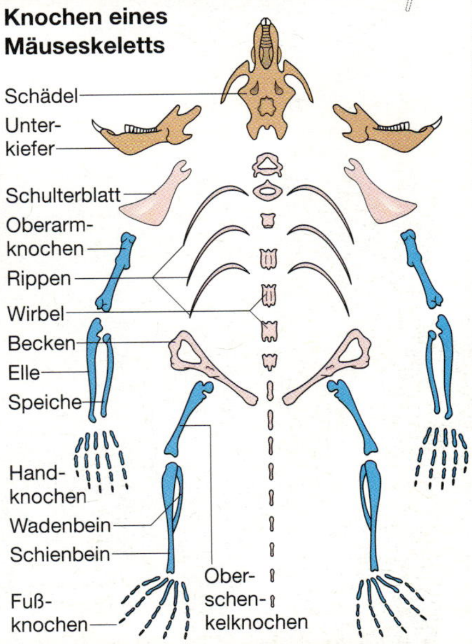

4.5 Spechte – Kletterer unter den Vögeln

Im Frühjahr kannst du in Laub- und Mischwäldern ein weithin schallendes Hämmern hören. Wenn du diesen „Trommelwirbeln“ nachgehst, findest du einen **Buntspecht,** der in schneller Folge mit seinem Schnabel auf einen Ast hämmert. Da er nicht singen kann, grenzt er auf diese Weise sein Revier gegen Rivalen ab und lockt gleichzeitig paarungsbereite Weibchen an.

Hat sich ein Spechtpaar gefunden, meißelt es eine **Nisthöhle** in einen Baumstamm. In der Nisthöhle werden 4–7 Eier gelegt und ausgebrütet. Die Jungen sind Nesthocker. Sie kommen nackt und blind zur Welt. Von den Eltern gefüttert und betreut sind sie nach 3–4 Wochen flügge.

Der Specht ist in besonderer Weise an das Leben auf Bäumen angepasst. Die **Kletterfüße** verankern den Körper fest in der rauen Borke eines Baumstammes. Die Zehen haben scharfe, gebogene Krallen. Zwei Zehen sind nach vorn gerichtet. Sie wirken wie Aufhängehaken. Die beiden anderen Zehen stehen nach hinten und stützen den Specht ab. Beim Sitzen wird zusätzlich der Schwanz gegen den Stamm gepresst. Die Federn dieses **Stützschwanzes** sind verstärkt. Sie geben dem Vogel sicheren Halt.

Bei der Nahrungssuche hüpft der Buntspecht in kleinen Sprüngen einen Baumstamm hinauf. Durch kräftige Schläge mit seinem **Meißelschnabel** legt er Insekten und Larven unter der Borke frei. Dabei benutzt er den etwas längeren, in einer senkrechten Schneide endenden Oberschnabel wie eine Axt. Mit seiner biegsamen Zunge, die er mehrere Zentimeter aus dem Schnabel herausstrecken kann, erreicht er auch tiefer im Holz liegende Beutetiere. Die Zungenspitze trägt harpunenartige Widerhaken. Mit ihr werden größere Beutetiere aufgespießt. Kleinere Tiere bleiben an der klebrigen **Schleuderzunge** hängen.

Spechte sind mit Meißelschnabel, Kletterfüßen, Stützschwanz und Schleuderzunge besonders gut für das Leben auf Bäumen ausgerüstet.

*1 **Buntspecht.** **A** vor der Höhle; **B** Meißelschnabel; **C** Kletterfuß; **D** Stützschwanz; **E** Einsatz der Schleuderzunge bei der Nahrungssuche*

1 Förster lassen häufig alte oder morsche Bäume als „Spechtbäume“ im Wald stehen. Begründe!

2 Betrachte den Zapfen der Spechtschmiede auf S. 225. Im Wald kannst du manchmal Zapfen finden, die rundherum abgenagt sind. Welches Tier könnte es gewesen sein? Nimm die Übung auf S. 208 zu Hilfe.

3 Vergleiche Gartenbaumläufer und Kleiber (Pinnwand S. 225) mit den Spechten. Nenne Gemeinsamkeiten und Unterschiede.

Pinnwand

KLETTERER AN BÄUMEN

Gartenbaumläufer

Länge: ca. 12 cm
Lebensraum: Laubwälder, Parks und Gärten
Lebensweise: läuft bei der Nahrungssuche in Spiralen am Baum empor; sucht in Rindenspalten nach Insekten und Larven
Fortpflanzung: Nester hinter abstehenden Rindenplatten oder in flachen Höhlungen; 5 - 6 Eier

Grünspecht

Länge: ca. 30 cm
Lebensraum: Parks und lichte Wälder, Feldgehölze und Waldränder
Lebensweise: ernährt sich hauptsächlich von Ameisen und deren Larven
Fortpflanzung: Anfang Mai 5 - 7 Eier in Baumhöhlen

Schwarzspecht

Länge: ca. 45 cm
Lebensraum: Nadel- und Mischwälder-West-und Nordeuropas
Lebensweise: frisst hauptsächlich größere Insekten und Insektenlarven, darunter auch Ameisen; sehr scheu
Fortpflanzung: 4 - 6 Eier in selbstgezimmerter Bruthöhle

Kleiber (Spechtmeise)

Länge: ca. 14 cm
Lebensraum: Laub- und Mischwälder, Parkanlagen
Lebensweise: läuft an Baumstämmen senkrecht nach unten; frisst Nüsse und Samen, auch Insekten
Fortpflanzung: brütet in verlassenen Spechthöhlen; 6 - 8 Eier; verklebt den Eingang bis auf ein Schlupfloch mit Lehm

Spechtschmiede
Im Winter ernähren sich Spechte von Pflanzensamen und Nüssen. Um die Samen der Nadelbäume aus deren Zapfen herausholen zu können, klemmen sie diese in eine natürliche oder selbstgezimmerte Baumspalte und bearbeiten sie dann mit ihren Meißelschnäbeln. Eine solche Spechtschmiede erkennt man an den vielen bearbeiteten Zapfen, die verstreut um sie herum liegen.

*1 **Mausohr – Fledermaus.***
***A** beim Beuteflug; **B** Kopf*

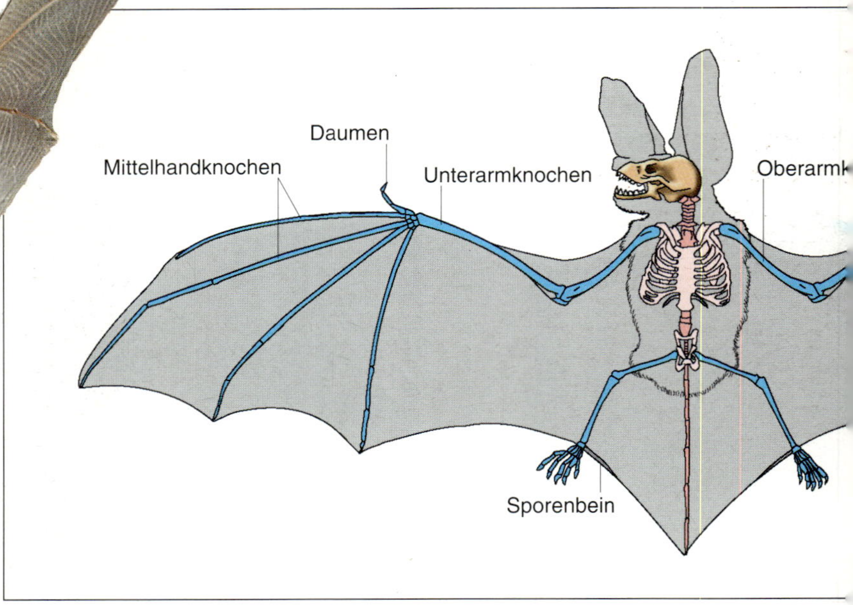

*2 **Skelett der Fledermaus***

4.6 Die Fledermaus – ein fliegendes Säugetier

An warmen Sommertagen kannst du bei Einbruch der Nacht Fledermäuse bei ihren Beuteflügen beobachten. Sie schlagen ständig mit den Flügeln und vollziehen im Flug schnelle Richtungswechsel. So kommt ein flatternder Zickzackflug zustande. Dabei bewegen sie sich völlig lautlos.

Als **Insektenfresser** ernähren sich die Fledermäuse von Mücken, Fliegen, Käfern und Nachtfaltern, die sie im Flug erbeuten. Sie jagen auch noch in völliger Finsternis. Wie können sie sich in der Dunkelheit zurechtfinden? Ihre kleinen Augen sind dafür nicht geeignet. Erst in jüngerer Zeit fand man heraus, dass die Fledermäuse ständig **Ultraschall-Töne** ausstoßen, die für das menschliche Ohr unhörbar sind. Treffen die Schallwellen auf ein Hindernis, werden sie zurückgeworfen. Die Echo-Schallwellen fängt die Fledermaus mit ihren großen Ohrmuscheln auf. Aus dem Zeitunterschied vom Aussenden des Signals bis zum Eintreffen des Echos kann sie die Entfernung zum Hindernis erfassen. So kann sie Hindernisse umfliegen und Beutetiere ergreifen.

Fledermäuse haben kein Gefieder wie die Vögel. Ihr Rumpf ist von einem kurzhaarigen Fell bedeckt. Die Vordergliedmaßen, besonders die Knochen der Hand, sind stark verlängert und zu Flugorganen umgebildet. Vom Rumpf ausgehend über Beine und Schwanz sind sie mit einer dünnen, elastischen **Flughaut** bespannt. Mit dieser Flughaut wird ein Flatterflug möglich.

Den Tag verbringen Fledermäuse – meist in Gruppen von mehreren Tieren – in einem dunklen Versteck. Man findet sie in hohlen Bäumen, im Gebälk von Türmen und Dachböden oder in Höhlen und alten Bergwerksstollen. An den Hinterbeinen hängend ruhen sie mit dem Kopf nach unten.

Da im Winter das Nahrungsangebot an fliegenden Insekten nicht mehr ausreicht, halten Fledermäuse einen **Winterschlaf.** In ihren frostsicheren Winterquartieren bilden sie häufig große Kolonien, um sich gegenseitig zu wärmen.

Fledermausweibchen bringen jedes Jahr 1 bis 2 lebende Junge zur Welt. Fledermäuse sind Säugetiere. Im Frühjahr finden sich trächtige Weibchen und Weibchen mit Jungen in größeren Gemeinschaften zusammen. Die zunächst nackten und blinden Jungen klammern sich mit den Hinterfüßen an der Mutter fest. Nach etwa 7 Wochen beginnen sie unbeholfen zu fliegen. Jetzt können sie ihr Versteck verlassen und auf Beutefang gehen.

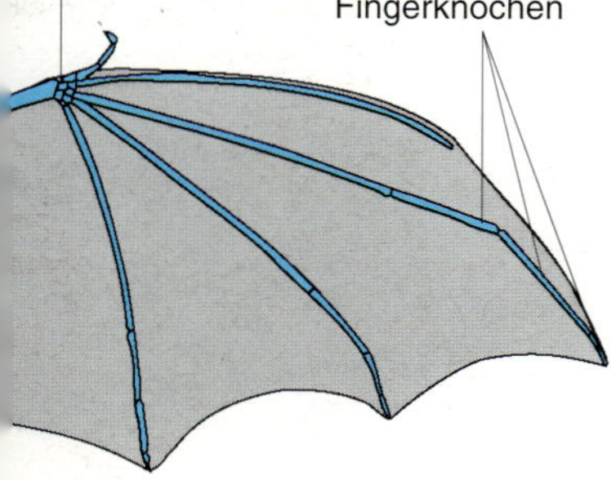

3 Fledermäuse mit Jungem

Fledermäuse sind Säugetiere, die mithilfe von Flughäuten fliegen können. Sie sind Insektenfresser und jagen nachts ihre Beute. Zur Orientierung in der Dunkelheit und zum Aufspüren der Beutetiere stoßen sie Ultraschall-Laute aus.

1 Wie ist deiner Meinung nach der Name „Fledermaus“ entstanden?

2 Vergleiche die Flugtechnik der Fledermäuse mit der der Vögel (S. 216/217). Welche wesentlichen Unterschiede gibt es?

3 Die Zahl der Fledermäuse nimmt immer mehr ab. Deshalb stehen sie unter Naturschutz. Finde Gründe für den Rückgang der Fledermäuse.

Streifzug durch die Technik

Das Echolot

Ruft man im Gebirge gegen eine Felswand, kommen die Worte nach kurzer Zeit als Echo zurück. Der Ruf versetzt die Luft in Schwingungen. Diese *Schallwellen* breiten sich nach allen Seiten aus. Treffen sie auf ein festes Hindernis wie zum Beispiel eine Felswand, werden sie zurückgeworfen.

Da sich Schallwellen mit einer bekannten Geschwindigkeit ausbreiten, kann man mit ihrer Hilfe Entfernungen bestimmen. Dieses Prinzip wird beim **Echolot** zur Bestimmung von Wassertiefen genutzt. Von einem Sender im Schiffsrumpf werden Schallwellen in Richtung Meeresboden ausgesandt. Sie werden von dort zurückgeworfen und von einem Empfängergerät aufgenommen. Aus der Laufzeit der Schallwellen kann die Meerestiefe an dieser Stelle berechnet werden. Beim Echolot wird häufig Ultraschall verwendet. Mithilfe des Echolots können auch große Fischschwärme im Wasser aufgespürt werden.

*1 **Echolot. A** Aussenden und Empfangen von Schallwellen; **B** Bildschirm eines Echolot-Empfängers; **C** aufgespürter Fischschwarm*

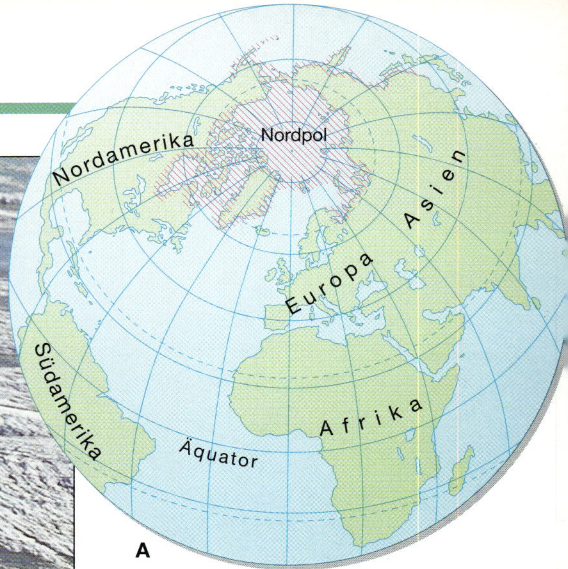

*1 **Eisbär. A** Vorkommen (rot gekennzeichnet in der Nordpolregion; **B** in seinem Lebensraum; **C** sein „Schneeschuh“*

5 Tiere in extremen Lebensräumen

5.1 Tiere an den Polen

Im März regt sich wieder Leben in der Arktis am Nordpol. Ein halbes Jahr lang herrschten Dunkelheit, strenger Frost und eisige Schneestürme. Das Polarmeer war dick vereist. Vom Rand des Packeises schmelzen nun in der Frühlingswärme riesige Eisblöcke ab und treiben ins Polarmeer hinaus.
In der lebensfeindlichen Jahreszeit ziehen sich viele **Eisbären** in selbst gegrabene Schneehöhlen zurück. Nur ein enger Luftschacht verbindet sie dann mit der Außenwelt. Hier in der Schneehöhle bringt die Eisbärin auch ihre Jungen zur Welt. Ein dichtes Fell und eine bis zu 4 cm dicke und bis zu 100 kg schwere Fettschicht unter der Haut schützen den Eisbären vor der Kälte. Davon zehrt er auch in den Wintermonaten, wenn die Nahrung knapp wird.

Abgemagert begeben sich die Eisbären im Frühjahr auf die Jagd nach Beutetieren. Als Jagdrevier bevorzugen sie Eisränder oder auch Treibeis, das mit offenen Wasserflächen wechselt. Dort werden junge Robben für die Bären eine leichte Beute. Auch an Eislöchern, an denen Robben zum Luftholen auftauchen, werden sie mit einem Tatzenschlag getötet. Ein kräftiger Bär ist sogar in der Lage, ein Walross mit einem Gewicht von 1 Tonne aufs Eis zu ziehen.

Für das Leben in der Arktis ist der Körper des Eisbären wie geschaffen. Das dichte Fell bedeckt den gesamten etwa 450 kg schweren Körper. Nur seine Nasenspitze und seine Fußballen sind unbehaart. Kleine, behaarte Ohrmuscheln schauen aus dem Fell heraus. Der kurze Schwanz ist ebenfalls von Fell bedeckt. Gewandt kann er sich auf Schnee und Eis bewegen. Die breiten und krallenbewehrten Tatzen sind selbst auf der Unterseite weitgehend behaart. Sie bilden zusammen mit den Schwimmhäuten zwischen den Zehen eine Art Schneeschuh.

Mühelos erklimmt der Eisbär fast senkrecht stehende Eisschollen oder Eisberge, um von dort mit seinem ausgezeichneten Geruchssinn und Hörsinn Beute selbst aus größter Entfernung wahrzunehmen. Er ist auch ein ausgezeichneter Schwimmer. Man hat Eisbären sogar schon bis zu 100 km vom nächsten Land oder von Eisfeldern entfernt getroffen.

Für die **Pinguine** in der Antarktis am Südpol beginnt der Winter im Mai. Auch wenn es im Sommer selten über –10 °C warm wird, sind nun Temperaturen von –50 °C und eisige Schneestürme keine Seltenheit.
In dieser Zeit suchen z. B. die *Kaiserpinguine* gemeinsam ihren Brutplatz auf dem Eis auf. Viele Tiere rücken dicht zusammen, bilden so eine Kolonie und wärmen sich gegenseitig. In regelmäßigen Abständen wechseln die Tiere aus dem Innenkreis ihren Platz mit den außenstehenden. Es sind alles Männchen, die das Brutgeschäft übernommen haben. Die Weibchen legen ein Ei und schieben es den vor ihnen stehenden Männchen zu. Diese „bugsieren" es mit dem Schnabel auf ihre Füße und stülpen sofort ihre wärmende Bauchfalte, die Brutfalte, darüber. In den folgenden 60 Tagen brüten die Männchen auf dem Eis stehend das Ei aus, ohne während dieser Zeit Nahrung zu sich zu nehmen. Die Weibchen dagegen suchen das offene Wasser auf, um nach Fischen und Krebsen zu jagen.

Der Körper der Pinguine ist hervorragend ihrem Lebensraum angepasst. Sie besitzen kurze, schuppenartige Federn. Diese liegen wie Dachziegel übereinander. Von Zeit zu Zeit putzen und ordnen sie mit dem Schnabel ihr Federkleid. Dadurch entsteht ein wasserundurchlässiger „Trockentauchanzug". Darunter schützt ein Daunenkleid wie „Thermounterwäsche" den Körper vor Unterkühlung. Eine dicke Fettschicht unter der Haut sorgt für zusätzlichen Kälteschutz. Wenn sie pfeilschnell im kalten Wasser jagen, erzeugen die Muskeln die notwendige Wärme.

Eisbären und Pinguine sind durch ihren Körperbau und ihr Verhalten an ein Leben in eisiger Kälte angepasst. Ein dichtes Fell oder ein isolierendes Federkleid sowie ein dickes Fettpolster schützen vor Auskühlung.

1 „Pinguine sind Beutetiere des Eisbären." Nimm zu dieser Aussage Stellung.

2 Erläutere an Beispielen, wie sich Tiere in der arktischen und in der antarktischen Kälte behaupten. Nimm hierzu auch die Pinnwand auf Seite 230 zu Hilfe.

3 Wie überstehen Menschen das Leben in der Arktis? Informiere dich hierzu auf Seite 231.

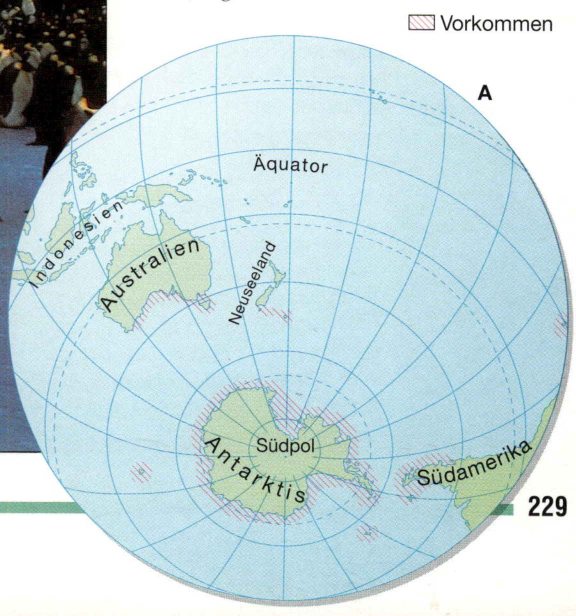

2 Pinguine. ***A*** *Vorkommen (rot gekennzeichnet) in der Südpolregion;* ***B*** *Pinguinkolonie;* ***C*** *Kaiserpinguine mit Jungen*

Pinnwand

LEBEN IN EISESKÄLTE

Polargebiete

Polargebiete finden wir um die beiden Pole der Erde. Das Nordpolargebiet wird *Arktis,* das Südpolargebiet *Antarktis* genannt. Diese Gebiete sind das ganze Jahr über fast vollständig mit Eis bedeckt. Im Winter herrschen sehr tiefe Temperaturen. Auch im nebligen kurzen Sommer bleibt es mit wenigen Graden über 0°C kalt.

Walross (eine Robbe)

Vorkommen: Nordpolarmeer
Merkmale: Körperlänge bis 4 m; Gewicht 450 - 1600 kg; mit nach unten gerichteten Stoßzähnen
Nahrung: Schnecken, Muscheln, Fische
Besonderheiten: lebt gesellig; eine dicke Haut und Speckschicht schützen vor Kälte

Polardorsch

In den eisigen Gewässern der Polarmeere besteht für die dort lebenden Fische die Gefahr, regelrecht „einzufrieren". Deshalb haben sie in ihrem Körper eine Art Frostschutzmittel. Dieses wirkt ebenso wie das Frostschutzmittel im Kühler eines Autos. So ist es ihnen möglich, sogar in -2,5°C kaltem Wasser zu leben. Salzhaltiges Meerwasser gefriert erst mehrere Grad Celsius unter Null.

Polarfuchs (Eisfuchs; Schneefuchs)

Vorkommen: Nordpolargebiet
Merkmale: weißes, dichtes Winterfell; braunes Sommerfell; kurze Ohren
Nahrung: Lemminge, Schneehasen und Schneehühner, Beutereste und Ausscheidungen von Eisbären, angespülte Kadaver von Fischen, Robben, Walen
Besonderheiten: lebt in selbst gebauten Schneehöhlen, zwischen Eisspalten oder aufgetürmten Eisschollen

Wie kalt kann es eigentlich werden?

Ab minus 51 Grad Celsius gibt es schulfrei im sibirischen Borogonzy. Das Hurra indes gefror den Kindern Mitte Dezember 1996 buchstäblich auf den Lippen, bei minus 57° C.
Noch mehr bibbern Forscher in der Antarktis, Rekord am 21. Juli 1983: minus 89,7° C.

Kältewüsten

Dies sind polare und subpolare Gebiete, die wegen Wärmemangel durch Pflanzenarmut und Pflanzenleere gekennzeichnet sind. Wo durch völlige Bedeckung mit Eis und Schnee jeglicher Pflanzenwuchs unmöglich ist, spricht man von einer *Eiswüste.*

Eskimokind in Fellkleidung

Bei den Eskimos im Nordpolargebiet

Streifzug durch die Erdkunde

Schon seit Tausenden von Jahren leben in der Arktis *Eskimos.* Sie haben sich in Gegenden niedergelassen, in denen lange Winter mit strengem Frost herrschen. Bereits im September frieren die Wasserflächen zu und Schnee bedeckt den spärlichen Pflanzenwuchs. Eisige Winde fegen über die baum- und strauchlose *Kältewüste.* Erst im Mai des folgenden Jahres beginnt das Eis zu tauen.

Die Eskimos selbst nennen sich *Inuits* oder *Inuk,* was übersetzt „Menschen" oder „Mensch" bedeutet. Die Bezeichnung Eskimo haben diese Ureinwohner von einem Indianerstamm erhalten. In deren Sprache bedeutet Eskimo so viel wie „Rohfleischesser".

Mit dieser Bezeichnung hatten die Indianer gar nicht so unrecht. Obwohl es in der Arktis heute auch Läden gibt, in denen man verschiedenartige Lebensmittel kaufen kann, besteht die Nahrung bei vielen Inuits traditionell bis auf den heutigen Tag vorwiegend aus Fleisch und Fett. In bestimmten Monaten wird sie ergänzt durch Fisch, Eier und Beeren. Das Fleisch stammt von Robben, Walen, Eisbären und Karibus. Es wird roh, gekocht, gebraten oder getrocknet verzehrt. Die Jagd auf diese Tiere ist den Männern vorbehalten. Die Harpunen und Speere von früher werden heute vielfach schon durch Gewehre ersetzt.

Eine Delikatesse für die Inuits sind die Krabbentaucher, die sich im Frühjahr zu Tausenden zum Brüten einfinden. Mit einem Netz an einem langen Stiel fangen sie diese Vögel ein. An der Jagd beteiligt sich die ganze Familie. Die Vögel werden gern roh gegessen. Man näht die Vögel aber auch in eine Robbenhaut ein und vergräbt diese Beutel etwa ein halbes Jahr unter einem Steinhaufen. Die auf diese Weise „eingelegten" Vögel entwickeln dabei einen Geschmack, der ein wenig an reifen Käse erinnert.

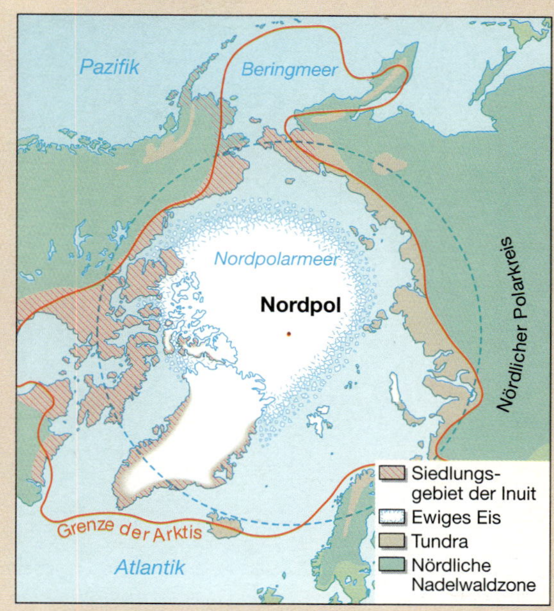

2 Lebensraum der Inuits

Früher lebten die Inuits im Winter in halbkugeligen Hütten aus Schnee- oder Eisblöcken, in so genannten *Iglus.* Innen legten sie diese mit Fellen und Moos aus. Eine Tranlampe spendete etwas Licht. Im Sommer wohnten sie in Zelten aus Fellen. Heute leben die Eskimos das ganze Jahr in Holzhäusern, die zumeist auch mit Elektrizität versorgt sind.

Gegen die Kälte schützen sie sich jedoch nach wie vor durch eine Fellkleidung. Diese sorgt für eine isolierende warme Luftschicht um den Körper. Das Unterkleid wird mit dem Fell nach innen getragen, die Oberbekleidung mit dem Fell nach außen.

1 Ein Inuit zielt auf eine Robbe

3 Ein erlegter Wal wird geborgen

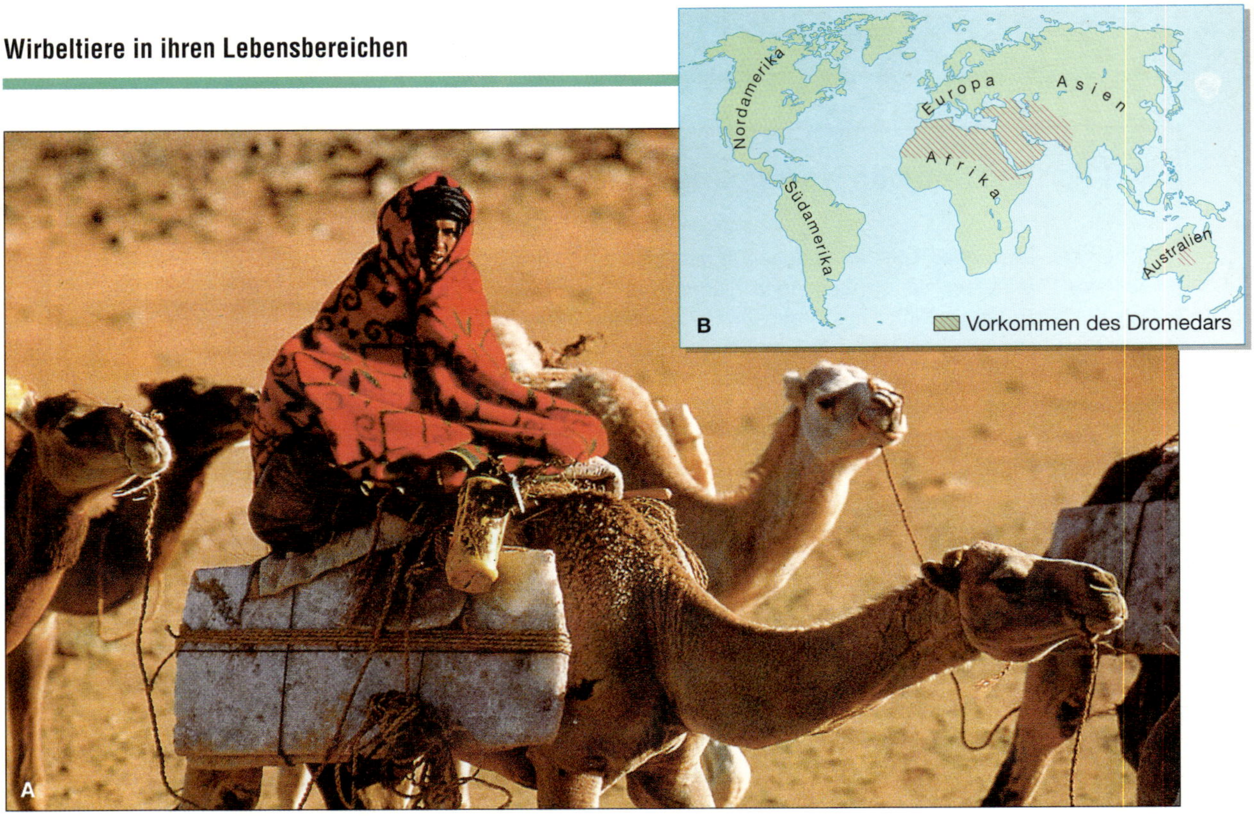

1 ***Dromedare. A*** *Frierend reitet ein Dromedarführer in den neuen Tag hinein;* ***B*** *Verbreitung der Dromedare*

5.2 Dromedare – ein Leben in der Hitzewüste

Am frühen Morgen macht sich Sidi Mohammed mit seinen Dromedaren, die er mit Salzblöcken und Futterballen beladen hat, auf die Weiterreise durch die Wüste. Es wird Wochen dauern, bis er das mehrere hundert Kilometer entfernte Ziel erreichen wird, um dort seine Waren zu verkaufen.
Die Nacht war mit fast 0 °C bitterkalt. Der Tag wird die Temperatur wieder bis auf 50 °C steigen lassen. Er ist in eine Decke gehüllt. So schützt er sich gegen die Kälte der Nacht und die sengende Hitze des Tages. Trinkwasser hat er für mehrere Tage bei sich; denn erst dann wird er mit seiner Karawane die nächste Wasserstelle erreichen.

> Stichwort
>
> **Hitzewüste**
>
> Hitzewüsten sind gekennzeichnet durch lange, dürre Sommer mit extrem trockener Luft. Zwischen Tag und Nacht liegen starke Temperaturschwankungen. Regenfälle gibt es selten und sehr unregelmäßig. Pflanzenbewuchs fehlt.

Wie aber überstehen die Dromedare den langen Weg durch die Hitzewüste? Ein Dromedar ist in mehrfacher Weise diesem extremen Lebensraum angepasst. Ein dichtes Fell schützt das Tier nachts vor Kälte und tagsüber vor Hitze. In der pflanzenarmen Landschaft nimmt es notfalls längere Zeit mit Dornengestrüpp und harten Salzpflanzen vorlieb. Seine Oberlippe ist gespalten und kann auseinander und zurückgezogen werden. Dadurch schützt es sich vor Verletzungen am Dornengestrüpp. Mit seinen kräftigen, schaufelförmigen Schneidezähnen im Unterkiefer kann es harte und dornige Pflanzenteile abbeißen.
Ohren, Nase und Augen sind vor Flugsand bei Sandstürmen geschützt. Die Ohrmuscheln sind klein und dicht behaart. Die Nasenlöcher kann das Dromedar willkürlich öffnen und schließen. Lang bewimperte Augenlider schützen die Augen.

Beim Laufen im Sand verhindern breitflächige Füße ein tiefes Einsinken. Außerdem spreizen sich beim Auftreten die beiden Zehen. Unter den Zehen besitzt das Dromedar ein dickes, elastisches Polster. Durch dieses Polster wird das Gewicht des Tieres beim Laufen abgefedert. Auch schützen harte Hornschwielen an den Füßen, an den Beingelenken sowie an der Brust vor der Hitze des Bodens. Beim Ausruhen sitzt das Dromedar auf den klappmesserartig eingezogenen Beinen und stützt sich dabei auf die Brustschwiele.

2 Dromedar – angepasst an extreme Hitze und Dürre. ***A*** *Fell;* ***B*** *Fettreserve im Höcker;* ***C*** *lange Wimpern;* ***D*** *Nüstern geöffnet;* ***E*** *Nüstern geschlossen;* ***F*** *gespaltene Oberlippe;* ***G*** *Hornschwielen an Gelenken;* ***H*** *breitflächiger Fuß;* ***I*** *gespaltene Fußsohle*

Ein Dromedar kann im Gegensatz zum Menschen bis zu einer Woche ohne Wasser auskommen. Gelangt das Tier dann an eine Wasserstelle, nimmt es in wenigen Minuten bis zu 100 Liter Wasser zu sich, das vom Körpergewebe „aufgesogen" wird. Von diesem Wasser zehrt dann das Dromedar auf dem Weitermarsch. Auch die Energiereserve im Höcker ist eine Wasserquelle. Beim Abbau des dort gespeicherten Fettes entsteht Wasser, das vom Dromedar genutzt wird.

Auch die Körpertemperatur des Dromedars kann sich verändern und in bestimmten Bereichen der Temperatur der Hitzewüste anpassen. Im Gegensatz zum Menschen, bei dem die Körpertemperatur gleich bleibend bei etwa 37 °C liegt, steigt die Körpertemperatur beim Dromedar bei Hitze bis zu 7 °C über die Normaltemperatur auf 42 °C. Erst dann beginnt es zu schwitzen, um seinen Körper zu kühlen. Wir Menschen schwitzen bereits viel früher.

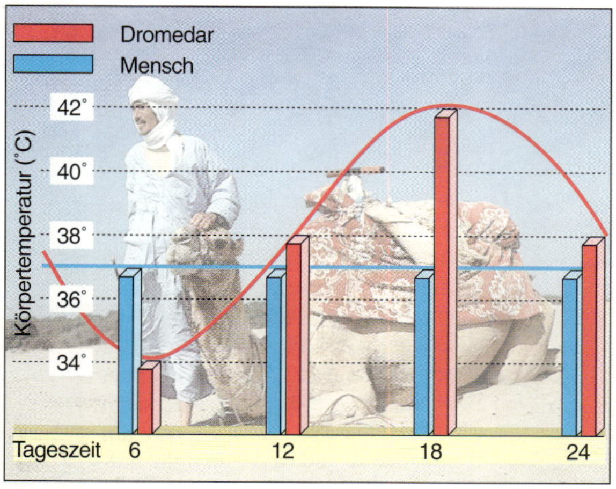

3 Wechselnde Körpertemperatur – eine Anpassung an die Hitzewüste

Tiere der Hitzewüste sind durch den Bau und die Leistungen ihres Körpers und durch ihr Verhalten der extremen Hitze und Dürre angepasst.

1 Wo kommen Dromedare vor? Beschreibe.

2 Auf welche Weise wird beim Dromedar die Wasserverdunstung herabgesetzt?

3 Wie begegnen in der Hitzewüste lebende Tiere dem Wassermangel? Nimm zur Beantwortung der Frage auch die Pinnwand auf S. 234 zu Hilfe.

4 Das einhöckerige Kamel (Dromedar) und das in den Wüsten und Steppen Asiens lebende zweihöckerige Kamel (Trampeltier) dienen den Wandervölkern (Nomaden) als Haustiere. – Welche Bedeutung haben diese Kamele für ihre Besitzer?

Pinnwand

LEBEN IN HITZE UND DÜRRE

Wüstenfuchs (Fennek)

Vorkommen: Wüsten in Nordafrika und in Arabien
Merkmale: Körperhöhe 20 cm; Länge 40 - 60 cm; 1,5 kg schwer; große, löffelartige Ohrmuscheln
Nahrung: Eidechsen, Nager, Aas, Insekten
Angepasstheit: dichtes Fell gegen Kälte und Hitze; Abgabe von Körperwärme durch große Ohrmuscheln; kann nicht schwitzen und hechelt daher wie ein Hund zum Abkühlen; nachts aktiv; gutes Hörvermögen zum Aufspüren von Beutetieren

Es geht auch ohne Trinken

Einige Tierarten in der Wüste schaffen es, ohne Trinken auszukommen. Ihr Körper versorgt sich mit dem lebensnotwendigen Wasser durch die aufgenommene feste Nahrung. Wie ist das möglich?
Zum einen enthält die Nahrung der Tiere etwas Wasser. Zum anderen entsteht auch beim Verdauungsvorgang Wasser, das die Tiere nutzen können.
Außerdem sparen viele Wüstentiere Wasser, indem sie nur wenig Urin ausscheiden.

Wüstenspringmaus

Vorkommen: Steppen und Wüsten in Nordafrika und Arabien
Merkmale: langer Schwanz; kurze Vorderbeine; lange Hinterbeine; dichtes Haarkleid
Nahrung: Nahrung: Pflanzenteile
Angepasstheit: dichtes Fell; Schutzfärbung; kann sich durch meterweite Sprünge im Zickzack in Sicherheit bringen; nachtaktiv

Dornteufel (Wüstenteufel; Moloch)

Vorkommen: Australische Wüste und Halbwüste
Merkmale: Körper mit Dornen besetzt; Länge 20 cm
Nahrung: Ameisen
Angepasstheit: Dornenkleid als Schutz vor Fressfeinden; Tarnfärbung; Haut sammelt morgens in unzähligen haarfeinen Kanälen den Tau und transportiert das Wasser zu den Mundwinkeln

Schwarzkäfer

Die Namib-Wüste liegt an der Südwestküste Afrikas. Dort leben verschiedene Arten von Schwarzkäfern. Sie nutzen die feuchte Luft, die zu bestimmten Tageszeiten vom Meer herüberweht, zum Trinken. Eine Art macht dazu „Kopfstand". Aus der feuchten Luft schlägt sich dann das Wasser an den Flügeldecken nieder. Es perlt am Körper herab und wird vom Käfer aufgesogen.

Wirbeltiere in ihren Lebensbereichen

Prüfe dein Wissen

A 1 In einem Fischgeschäft werden u. a. angeboten: Hering, Makrele, Forelle, Scholle, Lachs, Karpfen, Hecht, Schellfisch, Aal, Rotbarsch. – Ordne die Fische nach Süßwasser- und Meeresfischen.

A 2 Welche Aussagen sind zutreffend? Delfine sind a) die größten Fische, b) Walfische, c) Säugetiere, d) Bartenwale.

A 3 Bauplan eines Fisches. – Ordne den Ziffern die entsprechenden Begriffe zu.

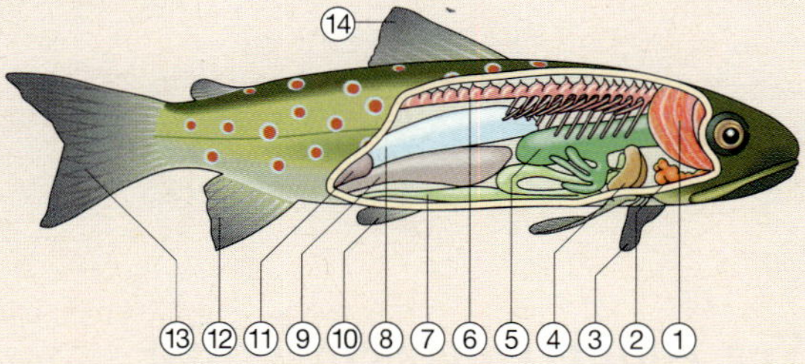

A 6 Welcher Kopf gehört zu welchem Kriechtier?

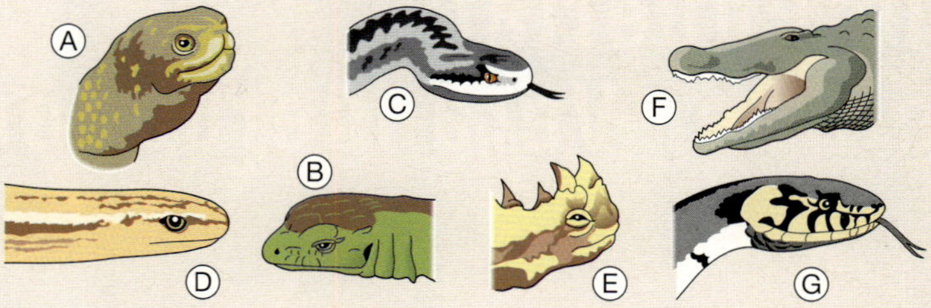

A 7 Welcher Fuß gehört zu welchem Vogel? Falke, Specht, Ente, Storch, Amsel, Blässhuhn, Eule.

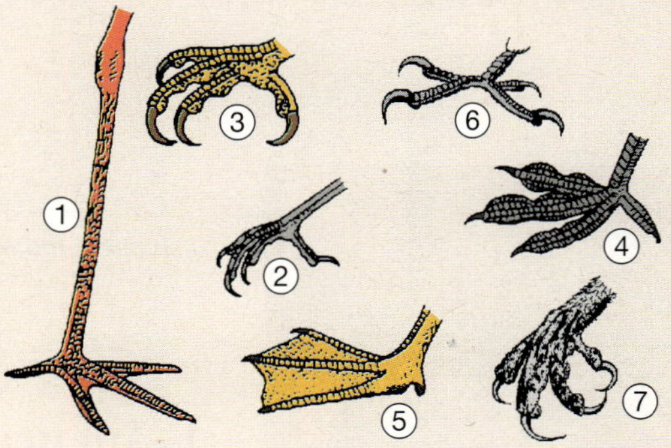

A 4 Ein Frosch springt ins Wasser und taucht erst nach 50 Minuten wieder auf. Wie ist das möglich?
a) Er kann die Luft anhalten.
b) Er atmet durch die Haut.
c) Er atmet durch Kiemen.
d) Er atmet durch Lunge und Haut.
e) Er atmet durch Haut und Kiemen.

A 5 Was trifft zu, wenn ein Frosch einen anderen „Huckepack" trägt?
a) Sie pflanzen sich fort.
b) Ein Männchen besamt im Körper des Weibchens die Eier.
c) Der abgelegte Laich wird vom Männchen besamt.

A 8 Wie heißen die Flugformen?
a) Vorwärts ohne Flügelschlag; verliert an Höhe.
b) Der Vogel „steht" mit propellerartigen Flügelschlägen in der Luft.
c) Ausgebreitete Flügel und Ausnutzung von Aufwinden.
d) Die Flügel werden auf und ab geschlagen; Vorwärtsflug.
e) Die Flügel werden schnell auf und nieder bewegt; der Schwanz ist gegen die Flugrichtung gespreizt.

A 9 Welche Bezeichnung für die Entwicklung eines Lurches vom Ei bis zum ausgewachsenen Tier trifft zu?
a) Generationswechsel, b) Metamorphose, c) Gestaltwandel, d) Metaphasen

A 10 Kulturfolger sind
a) Tiere, die in Menschennähe günstige Lebensbedingungen vorfinden;
b) kulturell interessierte Menschen;
c) wild lebende Tiere, die in menschlich beeinflussten Lebensräumen günstige Lebensbedingungen finden.

A 11 Welche Säugetiere besitzen ein Raubtier-, ein Pflanzenfresser-, ein Nagetier-, ein Insektenfresser-, ein Allesfressergebiss? Ordne zu.
Spitzmaus, Reh, Dachs, Eichhörnchen, Igel, Fledermaus, Wal, Eisbär, Kamel, Hase, Maulwurf, Fuchs, Wildschwein.

Die Pubertät – Zeit der Veränderungen

1 Jungen und Mädchen – ein problemloses Verhältnis?

1 Auf dem Weg zum Erwachsenwerden

Sebastian wird 12 Jahre alt. Eigentlich hätte er die beiden Mädchen aus dem Nachbarhaus gern zu seiner Geburtstagsfete eingeladen, doch das war auf einmal nicht mehr so einfach. Letztes Jahr noch feierte er gemeinsam mit Lisa und Jenny. Dieses Jahr traute er sich nicht so recht, sie wieder einzuladen. Jan, sein bester Freund, spielte sich in Gegenwart von Mädchen immer so „obercool" auf. Und überhaupt: Was würden wohl die andern sagen, wenn er Mädchen einladen würde? Außerdem war er sich auch nicht sicher, ob Lisa und Jenny überhaupt kommen würden. Neulich, als er sie in der Fußgängerzone mit ihren Freundinnen getroffen hatte, hatten sie ihn ziemlich hochnäsig behandelt. Alle waren plötzlich so komisch. Was war in der letzten Zeit mit ihnen geschehen?

Zwischen dem 10. und dem 14. Lebensjahr verändern sich Mädchen und Jungen. Der Umgang mit dem anderen Geschlecht wird schwieriger. Gleichaltrige Mädchen und Jungen finden sich in dieser Zeit meist gegenseitig ziemlich albern. Die Mädchen sind am liebsten mit anderen Mädchen zusammen, Jungen fühlen sich häufig in Jungengruppen am wohlsten. Man kann dort über die anderen reden, herumalbern, lachen oder Probleme diskutieren. Die Meinungen der Freunde oder Freundinnen werden sehr wichtig. Man möchte dazugehören, in der Clique die gleichen Dinge tun, manchmal sogar die gleiche Kleidung tragen. Solche Verhaltensweisen sind in dieser Entwicklungsphase häufig zu beobachten. Es kann aber auch vorkommen, dass die Clique etwas vorhat, was man nicht

Stichwort

Hormone

Hormone sind Stoffe, die im Körper erzeugt und mit dem Blut verteilt werden. Sie steuern Körpervorgänge.

mitmachen möchte. In einer solchen Situation sollte man zur eigenen Meinung stehen. Gute Freundinnen und Freunde erkennen auch andere Ansichten an.
Erwachsenen gegenüber werden Jungen und Mädchen in diesem Alter zunehmend kritischer. Sie wollen die Verhaltensweisen und Ansichten der Eltern oder Lehrer nicht mehr einfach übernehmen, sondern stärker selbst entscheiden. Äußerlich zeigt sich dies häufig an der Kleidung oder in der Gestaltung der Frisur.
Umgekehrt ist allerdings auch für Erwachsene der Umgang mit Mädchen und Jungen dieses Alters schwieriger geworden. Ihre Ansichten und Stimmungen können sich jetzt sehr schnell ändern. Manchmal sind sie „gut drauf" und dann wieder „total daneben". Ein solches Verhalten ist für Erwachsene nur noch schwer einzuschätzen und erfordert eine Menge Geduld und Einfühlungsvermögen. Alle diese Veränderungen können in dieser Zeit zu viel Ärger zu Hause und in der Schule führen. Auch Eltern sowie Lehrerinnen und Lehrer müssen sich erst daran gewöhnen, dass „ihre" Kinder langsam erwachsen werden.

Man nennt diese Entwicklungsphase, in der Mädchen zu Frauen und Jungen zu Männern werden, **Pubertät.** Der Grund für die Veränderungen ist die vermehrte Bildung von *Geschlechtshormonen* im Körper. Der Zeitpunkt, wann bei einzelnen Mädchen und Jungen die Pubertät beginnt, ist ganz verschieden. Bei den meisten Mädchen beginnt die Produktion von Geschlechtshormonen schon vor dem 10. Geburtstag. Die ersten Veränderungen sind ziemlich bald danach zu beobachten. Bei Jungen beginnen die Veränderungen meistens etwas später. Der Entwicklungsunterschied gleicht sich aber nach einigen Jahren wieder aus.

2 Immer wieder gibt es Streit

3 „Mutprobe" – ein gutes Gefühl?

Die Entwicklung vom Kind zum Erwachsenen nennt man Pubertät. Der Beginn der Pubertät ist für jedes Kind verschieden. Während der Körper heranreift, verändern sich auch Gefühle und Einstellungen. Mädchen und Jungen werden kritischer gegenüber Erwachsenen. Gleichaltrige Freundinnen und Freunde gewinnen zunehmend an Bedeutung.

1 Beschreibe die Situation auf den Bildern 1A und 1B. Vergleiche das Verhalten der Jungen und Mädchen.

2 Gibt es Themen, über die du mit deinem Vater oder deiner Mutter immer wieder streitest? Mache eine Liste. Stellt in eurer Klasse zusammen, welche Themen besonders häufig genannt werden.

3 „Ich bin gerne ein Mädchen/ein Junge, weil …" Überlegt euch Gründe, warum ihr gerne ein Mädchen oder ein Junge seid. Schreibt dann eure Überlegungen auf kleine Zettel. Jede Aussage beginnt mit „… weil". Auf jedem Zettel soll nur eine Aussage stehen. Ihr könnt aber mehrere Zettel beschriften. Sammelt anschließend alle Zettel ein und mischt sie gut durch. Lest dann alle Aussagen vor. Welche Aussagen lassen sich eindeutig einem bestimmten Geschlecht zuordnen, welche treffen für beide zu? Sprecht über die verschiedenen Aussagen.

4 Lies die Texte auf der Pinnwand S. 238/239. Sage deine Meinung.

Pinnwand

GESCHLECHTERROLLEN IM WANDEL

Maik: Meine Eltern haben sich getrennt!

Als sich meine Eltern vor drei Jahren trennten, dachte ich, jetzt ist alles zu Ende. Ich habe geheult, geschrien, war trotzig und traurig, es hat alles nichts genützt. Mein Vater ist dann schließlich ausgezogen. Zuerst habe ich niemandem etwas davon erzählt. Alle sollten glauben, dass alles noch so wäre wie vorher. Aber das ging nicht gut. Meine Lehrerin hat's dann gemerkt, weil ich in der Schule immer schlechter geworden bin. Aber jetzt geht es mir wieder gut. Ich bin sogar froh, dass sich meine Eltern getrennt haben. Die ewigen Streitereien waren einfach fürchterlich. Mit meiner Mutter komme ich ganz toll klar: Wir besprechen alle Entscheidungen, zum Beispiel wohin wir in Urlaub fahren. Ich bin dann total gleichberechtigt. Früher haben immer meine Eltern alles bestimmt. Natürlich helfe ich auch bei den Hausarbeiten. Ich kann schon einige Gerichte ganz allein kochen.

Meinen Vater sehe ich einmal im Monat am Wochenende. Ich übernachte bei ihm und er nimmt sich richtig Zeit für mich. Es gibt dann immer ein super Programm: Wir gehen ins Kino, fahren Kanu oder machen sonstwas tolles. Ich glaub, Vater hat auch schon eine neue Freundin. Er hat mir neulich von ihr erzählt. Wie ich allerdings mit der klarkomme, weiß ich noch nicht. Aber vielleicht ist sie ja ganz nett …

Hatice trägt seit ein paar Wochen ein Kopftuch

Wenn bei türkischen Mädchen die Pubertät beginnt, treten für viele die strengen Kleidungs- und Verhaltensregeln für muslimische Frauen in Kraft. Dazu gehören das Tragen eines Kopftuches und der Verzicht auf enge T-shirts oder kurze Röcke. Manche Mädchen dürfen das Haus nur noch unter Aufsicht verlassen. Die Teilnahme an Klassenfahrten oder Feten ist häufig verboten. Es wird von ihnen erwartet, dass sie später einen türkischen Mann heiraten und davor keinerlei Beziehungen zu anderen Jungen oder Männern haben. Für türkische Mädchen ist es manchmal schwierig, die Erwartungen ihrer Familie und das Leben mit ihren Freundinnen und Freunden zu vereinbaren.

Im Vergleich zu den Mädchen haben türkische Jungen viel mehr Freiheiten. Es wird zwar auch von ihnen erwartet, dass sie später ein türkisches Mädchen heiraten, sie dürfen aber davor auch mit anderen Mädchen befreundet sein. Sie können an allen Veranstaltungen teilnehmen, ohne sich um ihren „guten Ruf" sorgen zu müssen. Allerdings haben oft auch türkische Jungen Probleme mit ihrem Leben zwischen der Familie und den Freunden.

Polizei-Verordnung

§ 1. Während der Damenbadestunden, das ist die Zeit, wo eine rote Fahne auf der Marienhöhe aufgezogen ist, darf der Badestrand von Personen männlichen Geschlechts, welche das 8. Lebensjahr vollendet haben, nicht betreten werden.

§ 2. Ebenso ist während der Damenbadestunden das Betreten der Marienhöhe und der Zugänge zum Damenbadestrand von da ab, wo die Warnungstafeln mit der Aufschrift „Verbotener Weg für Herren" aufgestellt sind, verboten.

§ 3. Die Boot- und Schaluppenführer dürfen bei Lustfahrten während der Damenbadestunden mit ihren Fahrzeugen nicht in die Nähe des Damenbadestrandes kommen.

§ 4. Zuwiderhandlungen gegen vorstehende Bestimmungen werden mit Geldbuße bis zu 15 Mk., an deren Stelle im Unvermögensfalle entsprechende Haft tritt, bestraft.

Der königliche Amtshauptmann
Vorstehende Polizei-Verordnungen werden hiermit zur öffentlichen Kenntnis gebracht.

Königliches Bade- und Polizei-Commissariat

Norderney, 1880

2 Jungen entwickeln sich zu Männern

2.1 Das männliche Erscheinungsbild

Wenn man kleine Kinder beim Spielen beobachtet, kann man häufig nur vermuten, ob es sich um einen Jungen oder ein Mädchen handelt. Allerdings wird es dir bestimmt nicht schwer fallen, das Geschlecht von nackten Menschen zu erkennen. Die Geschlechtsorgane sind ein unverwechselbares Merkmal. Da dieses Merkmal von der Geburt an vorhanden ist, bezeichnet man es als **primäres Geschlechtsmerkmal.** Erst später unterscheiden sich Mann und Frau auch durch andere Merkmale.
Im Verlauf der Pubertät verändert sich der Körper des Jungen unter dem Einfluss von Hormonen. Betrachtest du die Abbildungen, dann fällt dir auf, dass sich die *Körperform* ändert. Die Schultern werden breiter, das Becken bleibt schmal. Die *Muskulatur* wird kräftiger. Ein weiteres Merkmal ist die zunehmende *Körperbehaarung*. Oberhalb des Glieds zeigen sich die ersten Schamhaare und etwas später wachsen die ersten Haare in den Achselhöhlen. Schließlich erscheint ein dünner Bartflaum auf der Oberlippe. Außerdem kann es bei manchen Jungen zu einer Behaarung von Brust, Rücken oder Bauch kommen.

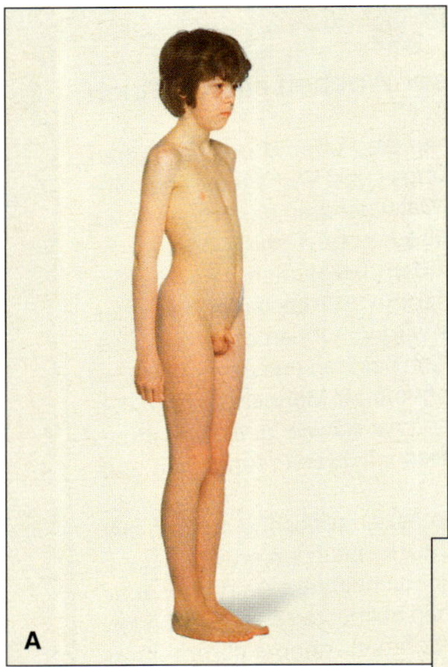

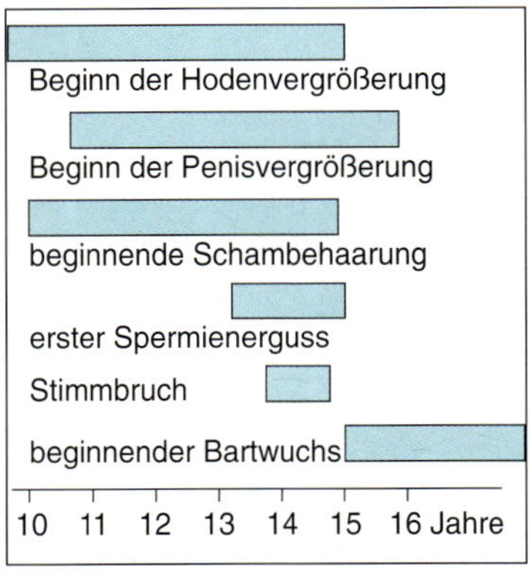

1 Entwicklung der Geschlechtsmerkmale bei Jungen

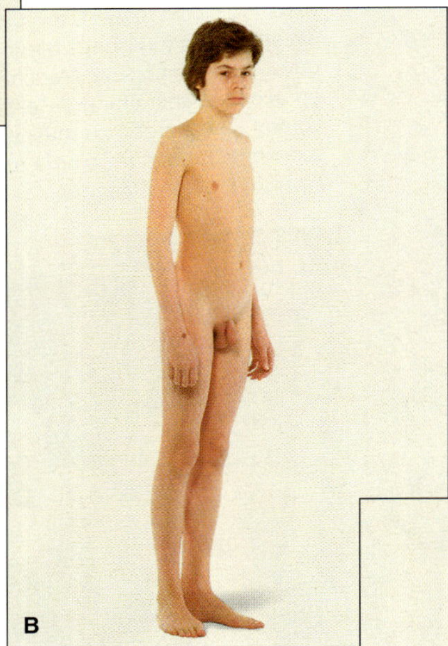

Während der Wachstumsphase vergrößert sich auch der Kehlkopf. Er wird als „Adamsapfel" sichtbar. Auch die Stimmbänder werden länger. Dies führt zum *Stimmbruch*. Während einiger Monate schlägt die hohe Kinderstimme immer wieder in eine tiefere Männerstimme um. So bildet sich die männliche Stimme heraus.
Diese Merkmale prägen das männliche Erscheinungsbild. Weil sie sich erst im Verlauf der Pubertät entwickeln, spricht man von **sekundären Geschlechtsmerkmalen.** Es ist vollkommen normal, dass sich diese Merkmale auch unter Gleichaltrigen zu verschiedenen Zeitpunkten entwickeln.

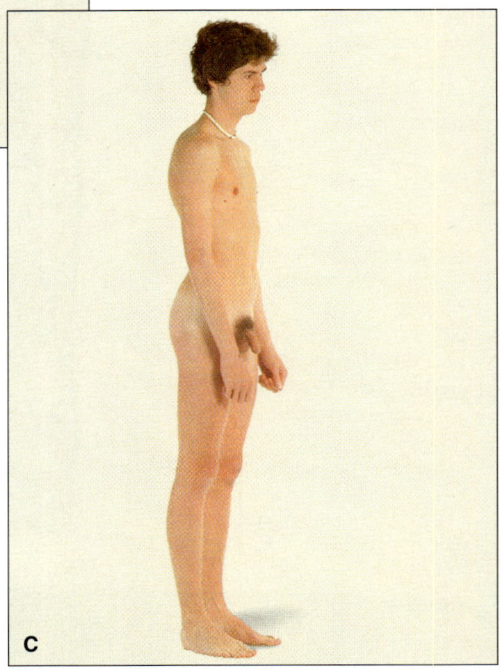

2 Entwicklung eines Jungen zum Mann.
***A** 11 Jahre; **B** 13 Jahre; **C** 16 Jahre*

Das männliche Erscheinungsbild wird durch kräftige Muskulatur, Körperbehaarung und Bartwuchs, die breiteren Schultern und die tiefere Stimme geprägt. Diese sekundären Geschlechtsmerkmale entwickeln sich während der Pubertät.

2.2 Die männlichen Geschlechtsorgane

Während der Pubertät vergrößern sich die männlichen Geschlechtsorgane. Jungen bemerken, dass ihr **Penis** länger und der *Hodensack* größer wird. Im Hodensack befinden sich zwei **Hoden.** In ihnen werden täglich mehrere Millionen männliche Geschlechtszellen, die **Spermien,** gebildet. In den *Nebenhoden* werden sie gespeichert. Sind diese gefüllt, kann es zu einem Samenerguss kommen. Dabei werden die Spermien zusammen mit Flüssigkeiten aus *Bläschendrüse* und *Vorsteherdrüse* in die Spermienleiter abgegeben. Diese münden in die Harn-Spermien-Röhre, durch die die Spermien ausgestoßen werden. Der erste Spermienerguss zeigt, dass ein Junge geschlechtsreif geworden ist. Er könnte jetzt ein Kind zeugen. Vorn am Penis befindet sich die *Eichel.* Sie reagiert sehr empfindlich auf Berührungen und ist deshalb durch die *Vorhaut* geschützt. Bei manchen Jungen wird die Vorhaut aus religiösen Gründen entfernt. Diesen Vorgang nennt man Beschneidung.

Im Normalzustand ist der Penis weich. Vor allem mit Beginn der Pubertät wird er häufiger steif. Das liegt daran, dass sich die Blutgefäße der *Schwellkörper* mit Blut füllen. Der Penis wird dicker und länger und richtet sich auf. Eine solche Gliedversteifung bezeichnet man als *Erektion.*

In der Pubertät kann es vorkommen, dass Jungen im Schlaf eine Erektion haben, die mit einem Spermienerguss verbunden sein kann. Auch durch Berührung der Geschlechtsorgane kann sich das Glied versteifen. Dies sind alles natürliche Vorgänge. Hierfür braucht sich niemand zu schämen.

Während der Pubertät vergrößern sich die männlichen Geschlechtsorgane. Durch den Einfluss von Hormonen bilden sich in den Hoden Spermien.

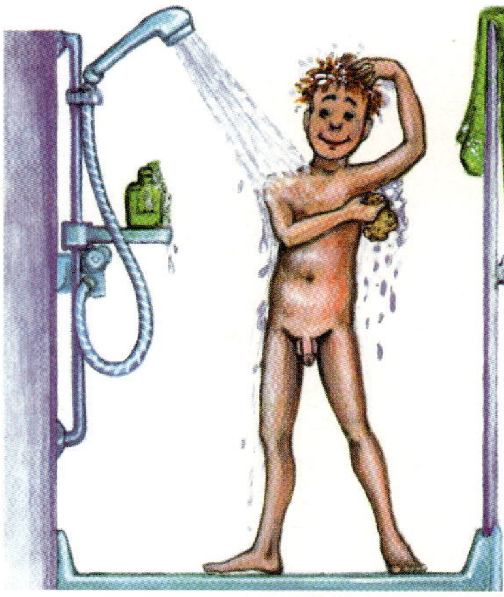

2 Hinweise zur Körperpflege. *Dusche dich täglich. Besonders die Achselhöhlen und die Füße solltest du dabei mit Seife reinigen. Ziehe beim Waschen der Geschlechtsorgane die Vorhaut vorsichtig über die Eichel zurück. Wasche die talgähnlichen Ablagerungen ab, damit dort keine Entzündungen entstehen können.*

1 Beschreibe den Weg der Spermien von den Hoden bis zum Spermienerguss.

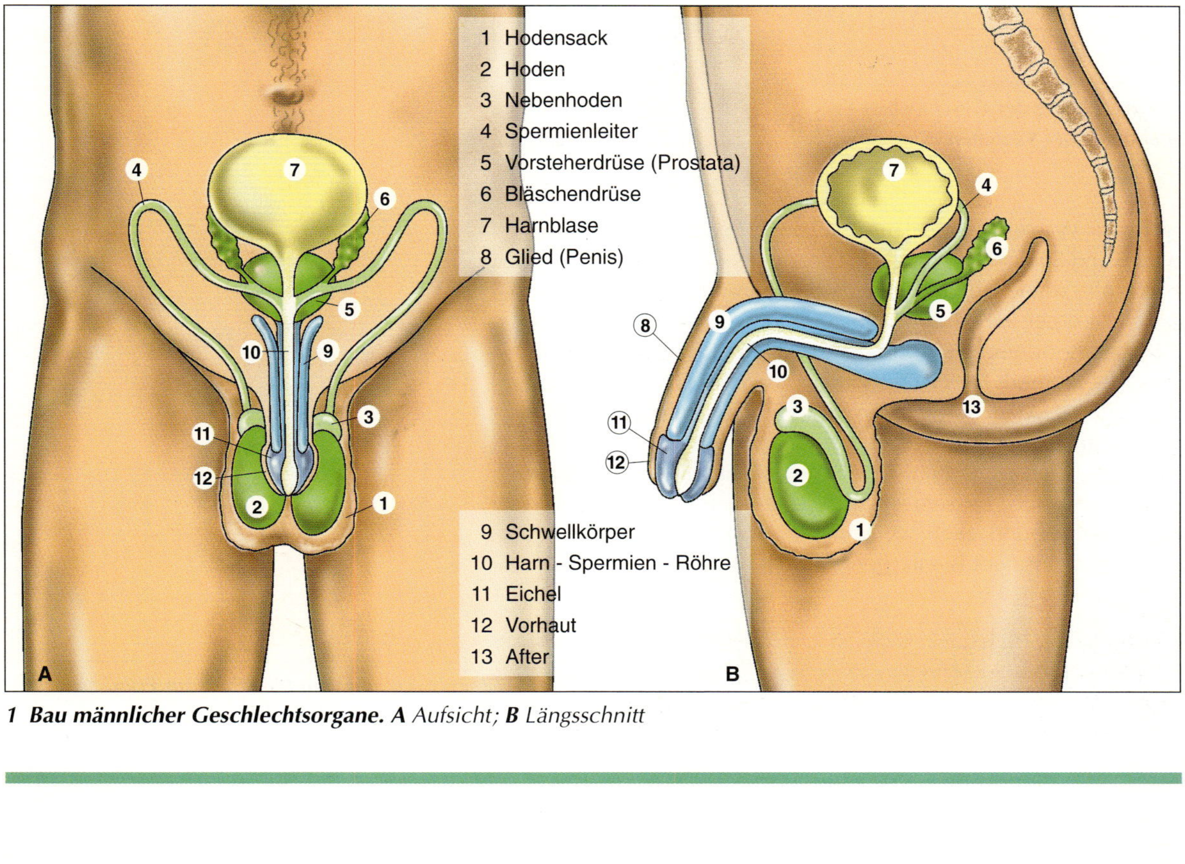

***1 Bau männlicher Geschlechtsorgane. A** Aufsicht; **B** Längsschnitt*

3 Mädchen entwickeln sich zu Frauen

3.1 Das weibliche Erscheinungsbild

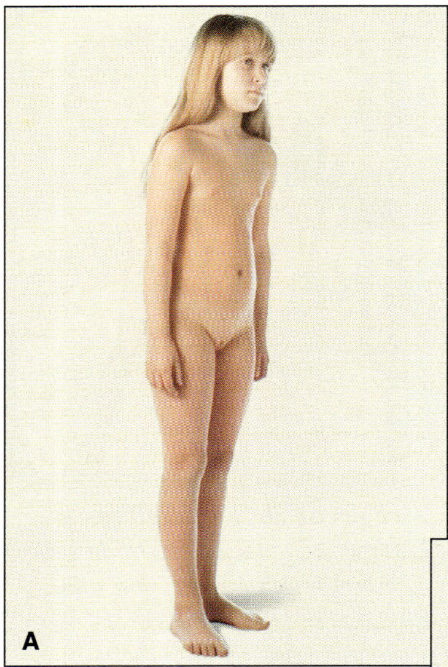

Die Pubertät beginnt bei Mädchen gewöhnlich früher als bei Jungen. Betrachtest du die Bildreihe, wirst du die Veränderungen der **primären Geschlechtsmerkmale,** der Geschlechtsorgane, allerdings nur schwer feststellen können. Die Entwicklung der Geschlechtsorgane läuft bei Mädchen vorwiegend im Innern des Körpers ab.

Deutlicher kannst du die äußerlich sichtbaren Veränderungen erkennen. Unter dem Einfluss von Hormonen entwickeln sich die **sekundären Geschlechtsmerkmale.** Die Mädchen bemerken zunächst Veränderungen an ihrer Figur. Das Becken wird breiter. Durch verstärkte Fetteinlagerungen in der Haut werden die Schenkel und die Hüften runder. Die Taille wirkt dadurch schmaler. Gleichzeitig beginnen die *Brüste* zu wachsen. Im Bereich der Geschlechtsorgane und in den Achselhöhlen zeigen sich feine Haare, die mit der Zeit stärker und krauser werden. Auch die Beschaffenheit der Haut verändert sich. Die Talgdrüsen produzieren mehr Fett als vorher. Dadurch können Pickel entstehen. Wer zu Pickeln neigt, sollte sich mit entzündungshemmenden Mitteln und viel warmem Wasser waschen und auf fette Speisen, scharfe Gewürze und Süßigkeiten möglichst verzichten.

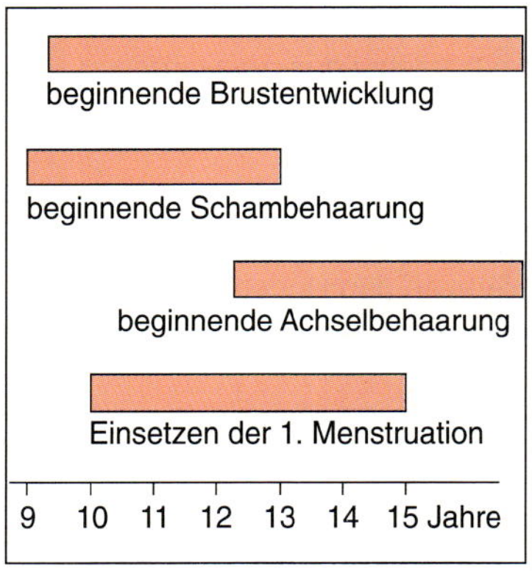

***1** Entwicklung der Geschlechtsmerkmale bei Mädchen*

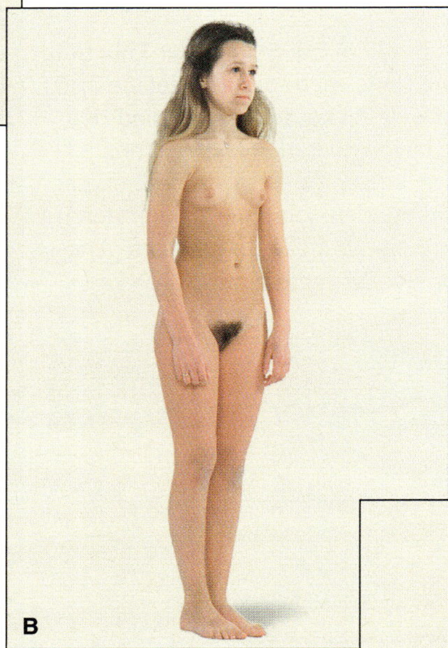

Nicht alle Mädchen sind glücklich, wenn sie feststellen, dass sich ihr Körper äußerlich sichtbar verändert. Sie fühlen sich zu dick oder zu dünn, zu groß oder zu klein, zu wenig „fraulich" oder viel zu rund. Dies ist ein ganz natürliches Gefühl während der Pubertät. Mädchen müssen sich an ihren fraulicheren Körper erst gewöhnen.

Viele Mädchen wünschen sich in dieser Zeit einen ungestörten eigenen Bereich. Diesem Wunsch sollte von den Eltern, den Geschwistern und allen weiteren Personen im Umfeld eines Mädchens Verständnis entgegengebracht werden.

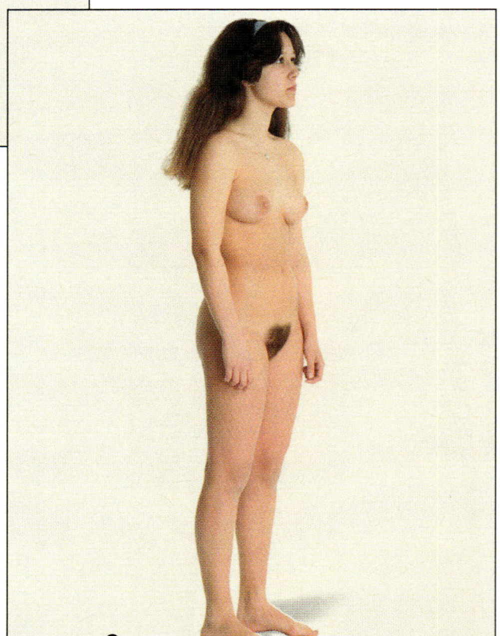

***2** Entwicklung vom Mädchen zur Frau.*
***A** Mädchen; **B** Jugendliche; **C** Frau*

Während der Pubertät bilden sich auch bei Mädchen die sekundären Geschlechtsmerkmale heraus. Es sind die Brüste, die runderen Schenkel und Hüften und das breitere Becken.

3.2 Die weiblichen Geschlechtsorgane

Von den weiblichen Geschlechtsorganen sind äußerlich meist nur die *großen Schamlippen* mit den Schamhaaren sichtbar. Darunter liegen die *kleinen Schamlippen*. Sie umschließen den Kitzler, auch *Klitoris* genannt, die Harnröhrenöffnung und die Scheidenöffnung. Diese ist – bis auf eine kleine Öffnung – durch eine dünne Hautschicht, das Jungfernhäutchen, verschlossen. Scheide und After sind durch eine Muskelschicht, den Damm, getrennt.

Die **Scheide** ist eine etwa 10 cm lange Röhre. Sie führt zu den inneren Geschlechtsorganen, die im Becken liegen. Bei der Geburt wird das Kind durch diese Röhre, die stark dehnbar ist, hindurchgepresst. Am oberen Ende der Scheide befindet sich die muskulöse **Gebärmutter.** Sie ist mit der Gebärmutterschleimhaut ausgekleidet. Während einer Schwangerschaft entwickelt sich hier das Kind. In den oberen Teil der Gebärmutter münden die beiden Eileiter, an deren anderem Ende sich die Eierstöcke befinden. Die Eierstöcke haben etwa die Größe einer Walnuss. In ihnen befinden sich von Geburt an über 200 000 mikroskopisch kleine **Eizellen.** Es sind die weiblichen Geschlechtszellen. Jeden Monat reift abwechselnd im linken und rechten Eierstock eine Eizelle heran. Sie entwickelt sich in einem *Eibläschen.* Nach etwa 14 Tagen platzt das Eibläschen und entlässt die Eizelle in die trichterförmige

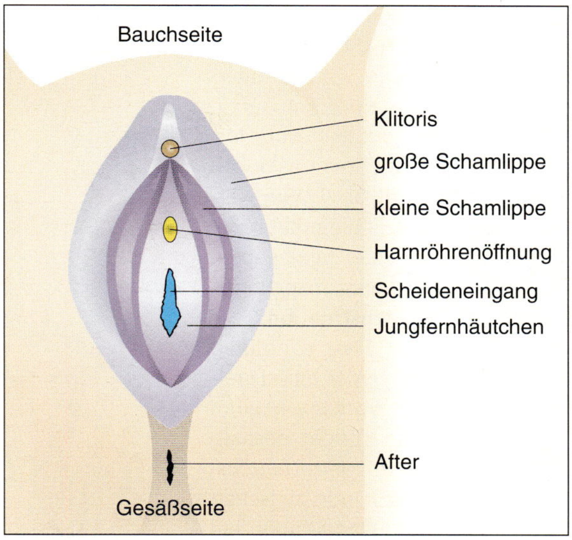

2 Die äußeren Geschlechtsorgane

Öffnung des Eileiters. Dieser Vorgang heißt *Eisprung.* Nachdem er zum ersten Mal stattgefunden hat, könnte ein Mädchen Kinder bekommen. Im Lauf von drei bis vier Tagen wird die Eizelle durch den Eileiter in die Gebärmutter transportiert. Dort hat sich indessen die Gebärmutterschleimhaut verdickt. Sie ist jetzt weich und stark durchblutet. Ein Kind könnte sich jetzt darin

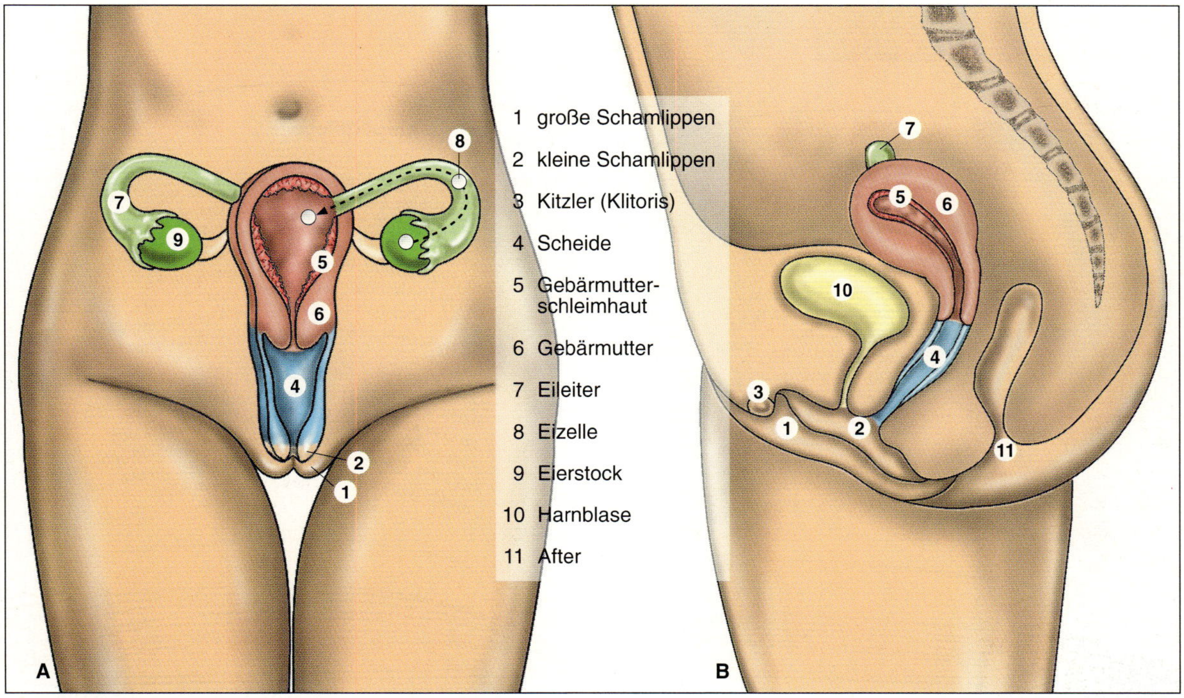

***1 Bau der weiblichen Geschlechtsorgane. A** Aufsicht; **B** Längsschnitt*

entwickeln. Wird die Eizelle nach dem Eisprung nicht befruchtet, stirbt sie ab. Die Gebärmutterschleimhaut kann nun ihre Aufgabe nicht mehr erfüllen und löst sich deshalb etwa zwei Wochen nach dem Eisprung ab. Dabei werden Blut und Schleimhautreste durch die Scheide abgegeben. Diesen Vorgang nennt man Regelblutung oder **Menstruation.** Sie dauert etwa 4–5 Tage. Unmittelbar danach reift wieder eine Eizelle heran und der Vorgang beginnt von neuem. Man spricht deshalb auch von einem *Menstruationszyklus.* Die Zeitabstände zwischen zwei Monatsblutungen können bei jungen Mädchen noch sehr unregelmäßig sein.

Von den weiblichen Geschlechtsorganen sind äußerlich nur die großen Schamlippen zu sehen. Die inneren Geschlechtsorgane liegen im Becken. Sie nehmen in der Pubertät unter dem Einfluss von Hormonen ihre Aufgabe auf. Dies wird an der monatlich wiederkehrenden Menstruation erkennbar.

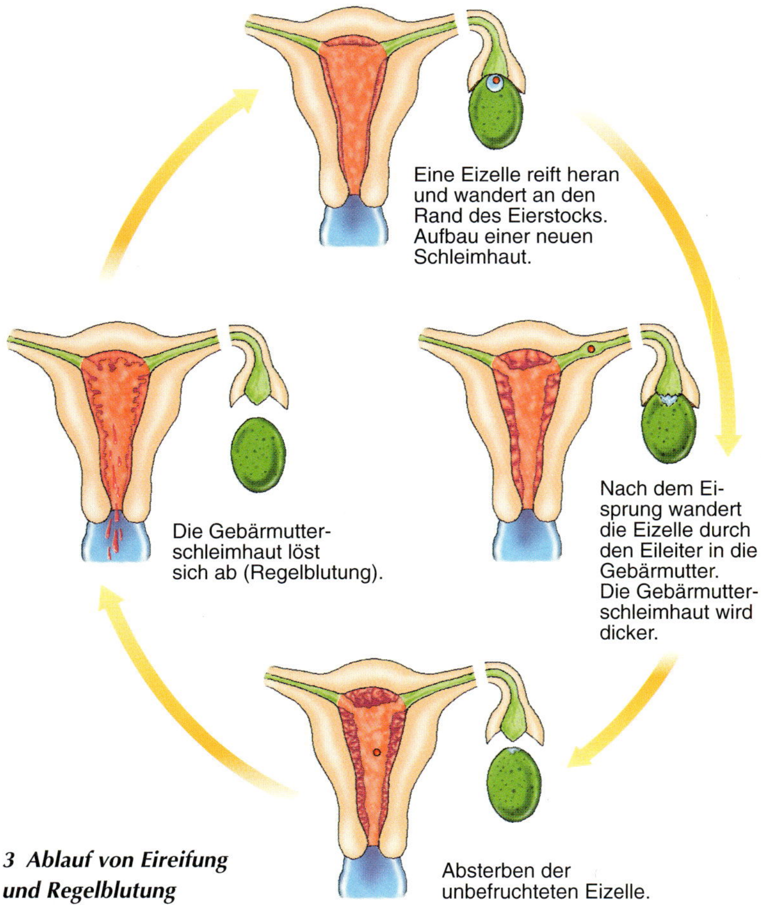

3 Ablauf von Eireifung und Regelblutung

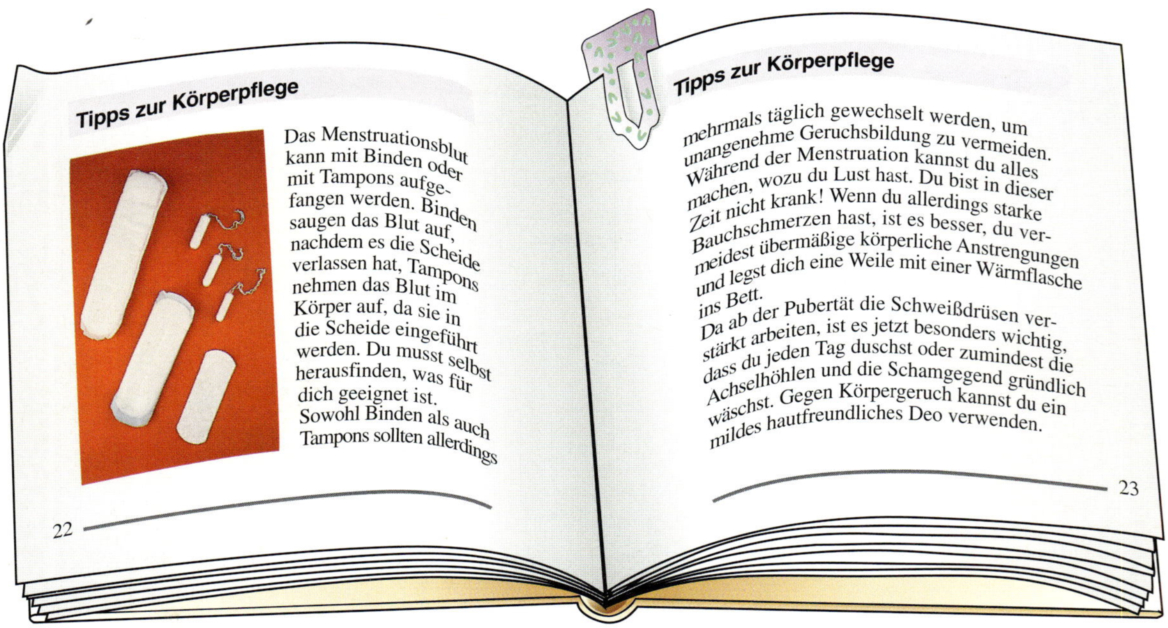

4 Körperpflege der Frau

4 Schwangerschaft und Geburt

Wenn sich eine Frau und ein Mann lieben, entsteht meist der Wunsch, „miteinander zu schlafen". Mit diesen Worten umschreibt man häufig den Geschlechtsverkehr. Dabei wird das steife Glied des Mannes in die Scheide der Frau eingeführt. Kommt es dort zu einem Spermienerguss, bewegen sich die Spermien von der Scheide durch die Gebärmutter in die beiden Eileiter. Treffen die Spermien dort auf eine reife Eizelle dringt eines von ihnen in die Eizelle ein. Die Kerne der beiden Zellen wandern nun aufeinander zu und verschmelzen miteinander. Diesen Vorgang nennt man **Befruchtung.** Anschließend wird die befruchtete Eizelle durch die Bewegung von Flimmerhärchen des Eileiters in die Gebärmutter befördert. Etwa eine Woche nach der Befruchtung nistet sich die Eizelle, die sich bis dahin bereits mehrfach geteilt hat, in der Gebärmutterschleimhaut ein. Damit beginnt die **Schwangerschaft.**

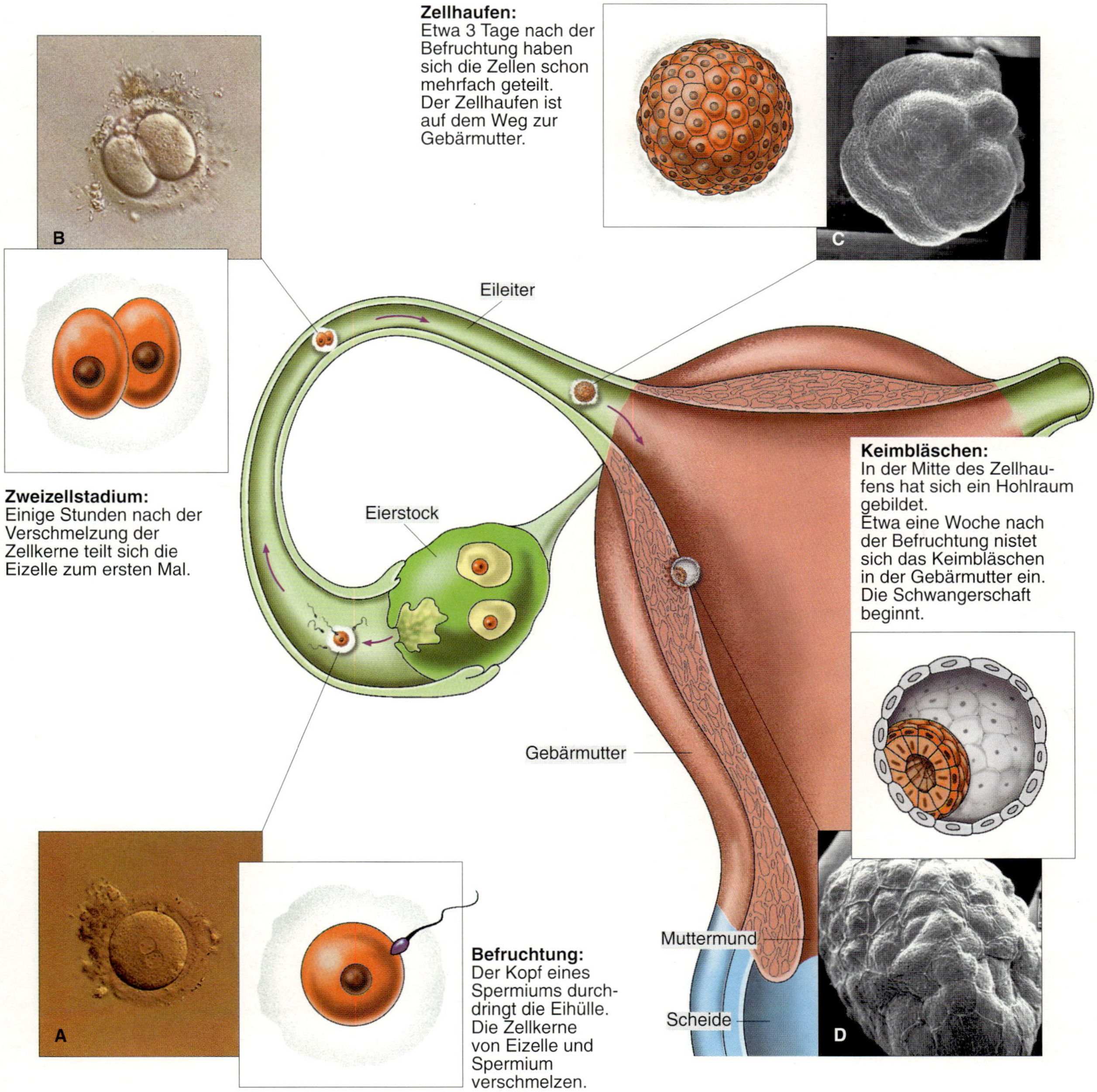

1 Weg der befruchteten Eizelle und erste Entwicklungsschritte

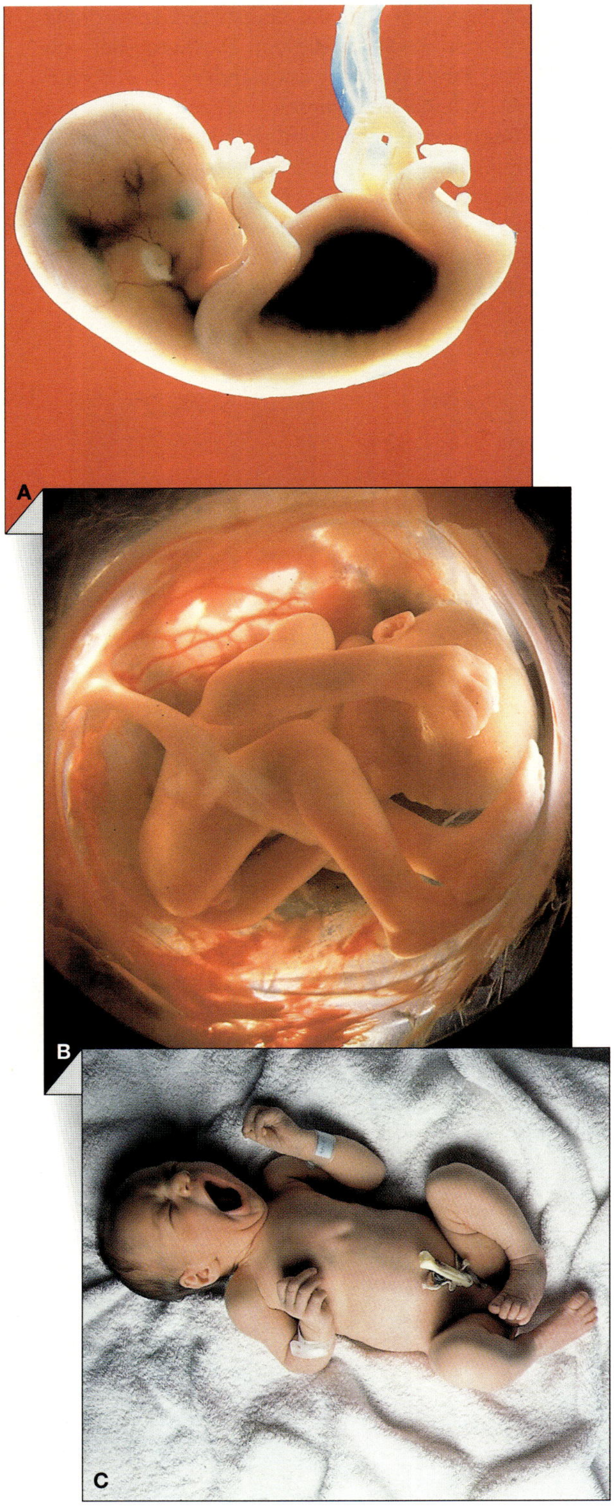

2 Entwicklung eines Kindes
A *Embryo, etwa 9 Wochen alt;* ***B*** *Fetus, 25. Woche;*
C *Neugeborenes mit abgeklemmter Nabelschnur*

Das Kind wächst nun in der Gebärmutter heran. Zunächst kann man in dem jungen Keim, dem **Embryo,** nur schwer ein menschliches Wesen erkennen. Doch schon innerhalb der ersten 8 Wochen werden alle Organe angelegt. Die Frau erkennt jetzt am Ausbleiben ihrer Regelblutung, dass sie schwanger ist.

Vom 3. Monat an wird der Keim **Fetus** genannt. Alle Organe sind schon ausgebildet und nehmen an Größe zu. Bis zur Geburt schwimmt er in der *Fruchtblase,* die mit *Fruchtwasser* gefüllt ist. Dieses schützt den Fetus vor Erschütterungen und ermöglicht ihm Bewegungsfreiheit. Ab dem 5. Monat kann die Mutter bereits erste Bewegungen des Kindes spüren. Das Kind wird von der Mutter über die *Nabelschnur* versorgt. Die Nabelschnur beginnt am Bauch des Kindes und endet im *Mutterkuchen.* So werden vom Mutterkuchen Nährstoffe und Sauerstoff in den Körper des Kindes transportiert. Gleichzeitig werden über die Nabelschnur Abfallstoffe in den Mutterkuchen und damit in die Blutbahn der Mutter geleitet. Die Mutter scheidet diese Stoffe dann aus. Im Mutterkuchen findet also ein Stoffaustausch zwischen dem mütterlichen und dem kindlichen Blut statt.

Nach 9 Monaten ist die Entwicklung des Kindes im Mutterleib abgeschlossen. Es ist jetzt etwa 50 cm lang. Die **Geburt** kündigt sich durch *Wehen* an. Dabei ziehen sich die Muskeln der Gebärmutter immer wieder zusammen und verursachen der Mutter Schmerzen. Schließlich platzt die Fruchtblase und das Fruchtwasser fließt heraus. Die eigentliche Geburt beginnt mit dem Erscheinen des Köpfchens. Jetzt hilft die Hebamme, die Ärztin oder der Arzt. Der Kopf wird angehoben und das Kind wird aus der Scheidenöffnung gezogen. Sobald das Kind die Scheide verlassen hat, beginnt es selbstständig zu atmen. Ein paar Minuten nach der Geburt wird die Nabelschnur einige Zentimeter vor dem Bauch des Kindes an zwei Stellen abgeklemmt und durchtrennt. Diesen Vorgang nennt man **Abnabelung.** Aus dem Fetus ist ein **Säugling** geworden.

Bei der Befruchtung verschmelzen eine Eizelle und eine Samenzelle. Mit dem Einnisten der befruchteten Eizelle in der Gebärmutterschleimhaut beginnt die Schwangerschaft. Der Geburtsvorgang beginnt mit dem Einsetzen der Wehen. Nach der Geburt wird das Kind abgenabelt.

1 Berichte, wie du Schwangeren helfen kannst, z. B. beim Treppensteigen oder in der Straßenbahn.

5 Dein Körper gehört dir!

Schlagzeilen wie in dem nebenstehenden Zeitungsartikel findet man immer wieder in Tageszeitungen. Meist gehen die Mädchen nach so einem schrecklichen Erlebnis mit ihren Eltern zur Polizei und zeigen den Täter an. Zeitungsreporter greifen dann diese Vorfälle auf und berichten darüber. Doch solche Vorfälle sind trotz allem eher Einzelfälle. Zwar sind es fast immer Männer, die Mädchen oder manchmal auch Jungen belästigen oder sexuell missbrauchen, aber nur selten ist es ein ganz fremder Mann. Viel öfter sind es Männer, die die Mädchen und Jungen kennen. Das können andere Jungen aus der eigenen Schule sein, ein Mann aus der Nachbarschaft oder sogar jemand aus der eigenen Familie. Meistens ist der Tatort auch nicht ein dunkler Park oder eine abgelegene Straße, sondern eine vertraute Wohnung und sehr häufig ist gar keine brutale Gewalt im Spiel.

Mädchen und Jungen, die sexuell missbraucht werden, wissen häufig nicht, wie sie sich verhalten sollen. Oft glauben sie, dass es nur ihnen so geht und sie geben sich sogar noch selber die Schuld. Sie trauen sich nicht, darüber zu reden, denn sie haben Angst, dass ihnen niemand glaubt. Häufig müssen sie auch versprechen, niemand etwas über dieses „Geheimnis" zu erzählen. Doch es ist sehr wichtig, darüber zu reden. Wenn sich keine Vertrauensperson zum Reden finden lässt, gibt es andere Stellen, wo Mädchen und Jungen alleine hingehen und sich aussprechen können, wo ihnen geglaubt wird.

Berührungen und Zärtlichkeiten können schöne Gefühle auslösen. Wenn sie aber unangenehm sind oder komische Gefühle auslösen, dann solltest du folgendes wissen:

- Dein Körper gehört dir! Du hast das Recht zu bestimmen, wer dich anfassen darf und wer nicht!
- Du hast das Recht, alle Zärtlichkeiten und Berührungen, die du nicht magst, sehr deutlich abzulehnen!
- Du hast das Recht, unheimliche, merkwürdige oder unangenehme Geheimnisse zu erzählen, auch wenn du versprochen hast, es nicht zu tun!

Jedes Kind darf selber bestimmen, wo und wie es angefasst werden möchte. Wenn Mädchen und Jungen sexuell belästigt oder missbraucht werden, sollten sie darüber reden, auch wenn es ihnen verboten wurde.

Mädchen belästigt!

„**Essen** – Von einem Unbekannten wurde am Montagnachmittag eine 11-jährige Schülerin belästigt, als sie von der Schule nach Hause ging. In der Gartenstraße merkte sie, dass ihr ein Mann folgte. Direkt nach der Unterführung hielt er das Mädchen am Arm fest und berührte es unsittlich. Als die Elfjährige schrie und sich wehrte, ließ der Mann sie los und flüchtete …"

1 Bericht aus einer Tageszeitung

2 Deutliche Ablehnung

? Hier findest du Hilfe:

Deutscher Kinderschutzbund, Jugendamt, Frauenzentren, Mädchentreffs, Nottelefon für Kinder und Frauen, Pro Familia, Telefonseelsorge, … Die Telefonnummern stehen im Telefonbuch.

1 Betrachte die Abb. 2. Nenne weitere Möglichkeiten um Ablehnung auszudrücken.

Übung

Mein Körper gehört mir!

A 1 Was können sie tun?

Beispiel 1:
Auf dem Weg zur Schule nähert sich Anna von hinten ein Mann und fasst sie am Arm an. Sie hatte schon länger bemerkt, dass er ihr folgte. Was sollte sie tun?

1 Was könnte Anna sagen?

Beispiel 2:
Irgendwie mag Julia ihren Onkel Peter. Er ist witzig und unternimmt immer wieder tolle Sachen mit ihr. Wenn nur eins nicht wäre: Zum Abschied nimmt er sie immer ganz fest in die Arme, tätschelt ihren Po und gibt ihr einen dicken, feuchten Kuss. Sie traut sich nicht ihm zu sagen, dass ihr das alles unangenehm ist. Würde er dann noch mit ihr weggehen?

a) Was können Anna und Julia tun? Überlegt euch verschiedene Lösungsmöglichkeiten für beide Situationen.
b) Tragt die Lösungsmöglichkeiten in der Klasse vor und vergleicht sie miteinander.
Stimmt darüber ab, welche ihr für die beste haltet.

A 2 Weitererzählen oder nicht?

Geheimnisse können der Anlass für gute oder schlechte Gefühle sein. Wann darf man sie weitererzählen?

Geheimnis 1:
Leyla (12) hat Marion (15) und Ellen (16) dabei beobachtet, wie sie im Supermarkt 4 CDs geklaut haben. Am nächsten Tag in der Schule verschenken die beiden Mädchen die CDs, um ihre Großzügigkeit zu beweisen. Mehmet, Leylas älterer Bruder, erhält auch eine und erzählt zu Hause ganz stolz davon.

Geheimnis 2:
Kai erzählt Uwe von einem Mädchen aus der 6b, das er ganz toll findet. Kai bittet Uwe, keinem Menschen etwas davon zu erzählen.

Geheimnis 3:
Der Freund von Anjas Vater will Anja, wenn sie alleine sind, immer streicheln und küssen obwohl Anja das nicht mag. Er sagt ihr, dass sie niemand etwas davon erzählen darf, das wäre ihr gemeinsames Geheimnis.

a) Welches Geheimnis sollte man weitererzählen, welches nicht? Begründe.
b) Wer wäre der jeweils geeignete Ansprechpartner? Mache Vorschläge.

A 3 Gefühle haben – Gefühle zeigen

Die einen machen lachend einen Luftsprung, die andern klatschen begeistert in die Hände; wieder andere strahlen über das ganze Gesicht, manche weinen sogar! Du weißt sicher, von welchem Gefühl die Rede ist: vom Glücklichsein! Wenn wir traurig oder wütend sind, verhalten wir uns ganz anders. Manche Menschen verstecken ihre Gefühle. Sie denken, es wäre eine Schwäche, sie zu zeigen. Doch das Gegenteil ist richtig: Wir müssen unsere eigenen Gefühle und die anderer Menschen ernst nehmen, um miteinander leben zu können, ohne krank zu werden.

a) Stellt Gefühle pantomimisch dar und lasst eure Mitschüler raten, welche ihr meint.

b) Fertigt eine Collage mit Bildern aus Zeitschriften, die Gefühle ausdrücken.

A 4 Gefühle erkennen – Gefühle achten

a) Betrachte die Bilder und überlege dir: Was könnten die Betroffenen fühlen? Wie heißen die Gefühle? Woran erkennst du diese Gefühle? Was könnte jeweils passiert sein?

Fette Seitenzahlen weisen auf ausführliche Behandlung im Text oder auf Abbildungen hin;
f. = die folgende Seite; ff. = die folgenden Seiten.

A

B

C

D

E

F

W

Y

Z

Liste der Tiere

Liste der Pflanzen

Titel (Feuersalamander): Angermayer; 3 o. und 8.1A, 10.1 A-C, 10.2 A-C, 11 o.li, 11 u.li (2 Abb.), 11 o.re, 11 u.re, 12.1 A-D, 12.2 A-D, 13 o.li, 13 u.li. (3 Abb.), 13 o.re, 13 u.re, 14.1 A-F, 15.2 A, 15.2 C, 16.1 A+B, 17.3 A, 17.4, 18.4 A+B, 18.5 A, 18.5 B, 19 u.li, 19 u.re, 19 o.re, 20 A4 (2 Abb.): Jaenicke; 21 A2: Volkswagen AG; 21 A4: Jaenicke; 21 A5: Johannes Lieder; 3 u. und 22.1: Rosenfeld/Mauritius; 23 o.li: IMA, Hannover; 23 M.li: Nagel/Silvestris; 23 u.li, 23 o.M., 23 M.M.: IMA, Hannover; 23 u.M., 25.5: Vitakraft-Werke, Bremen; 23 o.re: IMA, Hannover; 23 M.re: Schmidt/Silvestris; 23 u.re: IMA, Hannover; 24.1: Reinhard-Tierfoto; 24.2 A+B: Vitakraft-Werke, Bremen; 24 3A, 24 3B: Chr. Steimer/Juniors Tierbild Bildarchiv; 25.4: Fabian; 25.6: Jaenicke; 26.1, 27 o.li, 27 M.li, 27 u.li, 27 o.re, 27 u.re: Minkus; 28.1: Klein&Hubert/Okapia; 28.2 A: Lichtbild-Archiv Dr. Keil; 28.2 B: Klein&Hubert/Okapia; 28.2 C: Dr. Dragesrot/Okapia; 28.2 D: Zollkriminalamt, Köln; 28.2 E: Klein&Hubert/Okapia; 29.4: Wegner/Silvestris; 30.1, 30.2: Reinhard-Tierfoto; 30.3: Lenz/Silvestris; 30.4: Hofmann/Silvestris; 31 o.li: Reinhard-Tierfoto; 31 o.M.: Reinhard/Mauritius; 31 o.re: Berg/Okapia; 31 M.: Wegner/Silvestris; 31 u.li: Prenzel/Silvestris; 31 u.re: Dr. Wagner/Silvestris; 32 o.li: Hermeline/Okapia; 32 u.li: dpa; 32 o.re: Wegler/Zefa; 32 u.re: Labat/Cogis/Okapia; 33.1, 33.2, 33.3, 33.4, 34.1: Monika Wegler, München; 34.2: Egmont Ehapa Verlag GmbH; 35.4: Lothar/Silvestris; 35.5: Danegger/Okapia; 35.6: Walz/Silvestris; 36.7: Kim Taylor/Bruce Coleman LTD; 36.8: Gerard Lacz/Natural History Photographic Agency; 36.9 A, 36.9 B, 36.9 C: Monika Wegler, München; 36.10: Reinhard/Okapia; 37 o.li: Dennis/Silvestris; 37 o.re: KHS/Okapia; 37 M.li: Reinhard-Tierfoto; 37 M.re: Monika Wegler, München; 37 u.li: Wegler/Zefa; 37 u.re: Ausloos/Mauritius; 38 o.li: Lacz/Silvestris; 38 o.re: Fogden/Okapia; 38 u.li: Lacz/Silvestris; 38 u.re: Reinhard-Tierfoto; 39 A1: Int. Stock/Zefa; 39 A2: Reinhard/Okapia; 39 A3: Sally Anne Thompson/Animal Photography, London; 39 A6 li.+M.: Lichtbild-Archiv Dr. Keil; 39 A6.re: Schafer/Zefa; 40.1 A: Archiv für Kunst und Geschichte, Berlin; 40.1 B: Jaenicke; 40.1 C: IMA, Hannover; 40.1 D: Freytag/Mauritius; 40.1 E: Weimann/Mauritius; 40.2 A: IMA, Hannover; 40.2 B: Jaenicke; 42.1 A: Bramaz/Bavaria; 42.1 B: Müller-Güll/Bavaria; 42.1 C: Schilling/dpa; 43.2 A: IMA, Hannover; 43.2 C: Okapia; 44 o.li: Schindler/dpa; 44 o.re: Reinhard/Bavaria; 44 M.: C.V.L./Eurelios/Science Photo Library/Focus; 45.1 A, 45.1 B: Archiv für Kunst und Geschichte, Berlin; 45.1 C: Royal Collection, London; 45.1 D, 45.1 E: Archiv für Kunst und Geschichte, Berlin; 45.1 F: Demart pro Art B.V., Dacz 1994; 46.1: Eye-Press/Mauritius; 46.2: Kiepke/Okapia; 46.3: Lenz/Silvestris; 46.5: Arndt/Silvestris; 46.6: Lenz/Silvestris; 46.7: IMA, Hannover; 47.8, 47.9: Maier/Silvestris; 47.10: Lenz/Silvestris; 47.12: Deuter/Zefa; 47.13: Reinhard-Tierfoto; 47.14: Angermayer; 48.1 A: Reinhard/Okapia; 48.1 B: Kent/Focus; 48.2 A: Hanneforth/Silvestris; 48.2 B: Reinhard/Okapia; 49.3 A: Berger/Silvestris; 49.3 B: Kranemann/Okapia; 49.3 C: Pablo/Silvestris; 50.1: Albinger/Silvestris; 50.2, 50.3, 50.4: IMA, Hannover; 50.5: Okapia; 51.6: Berg/Okapia; 51.7: Dr. Schiffer/IMA, Hannover; 51.8: IMA, Hannover; 51.9: Dr. Schiffer/IMA, Hannover; 51.10: Schellhammer/Okapia; 52.1 A: Wegner/Silvestris; 52.1 B, 52.1 C: Wolters/Deutscher Kleintierzüchter; 52.1 D: Proll/Deutscher Kleintierzüchter; 52.1 E: Wolters/Deutscher Kleintierzüchter 52.1 F: Marc/IFA-Bilderteam; 52.1 G: Wolters/Deutscher Kleintierzüchter; 52.1 H: Proll/Deutscher Kleintierzüchter; 53.2 A: Reinhard/Okapia; 53.2 B: Reinhard/Mauritius; 53.2 C: Reinhard-Tierfoto; 53.2 D: Photo Shot/Bavaria; 53.2 E: Lindenburger/Silvestris; 53.2 F: Reinhard-Tierfoto; 54.1 C, 54.1 D, 54.1 E, 54.1 F: Lichtbild-Archiv Dr. Keil; 54.1 G, 54.1 H: Reinhard-Tierfoto; 54.1 I: Roth/Okapia; 54.1 J: Parks/Okapia; 55 V3: Jaenicke; 56.2 re: Beck/Mauritius; 56.2 li: Reinhard-Tierfoto; 56.1 li: Benelux Press/Bavaria; 56.1 re: „Aus Hühner und Puten, Verlagsunion Agrar"; 4 o. und 58.1, 58.2 A, 60.1, 62.1, 64.1: Minkus; 65.7: aus: C. Taylor/Stephen Pople: Das große Technikbuch für Schüler. c) der deutschsprachigen Ausgabe by Arena Verlag GmbH, Würzburg 1996; 66.1 A, 66.1 C, 67.1 A+B, 67.2, 67.3, 67.4, 67.5, 67.6, 67.7, 68.1 A+B, 68.2 A+B, 68.3 A+B, 68.4 A+B: Minkus; 76 M.: Kerscher/Silvestris; 80 V1: Worm; 81 V6: Tegen; 82.1 o., 82.1 M., 82.1 u., 84.1 o., 84.1 u., 86 o., 86 u.li, 86 u.re, 87 o., 87 u.li, 87 u.re, 88.1 A: Minkus; 92 V2, 92 V3, 92 V4, 92 V5: Tegen; 4 u. und 94.1: Musmann/Albert Schweitzer-Familienwerk e.V.; 4 u. und 94.1 A: Dobers; 4 u. und 94.1 B: Jaenicke; 4 u. und 94.1 C: Worm; 4 u. und 94.1 D: Jaenicke; 96.1 A-C, 97 o.li: Dobers; 97 M.li: Greiner + Meyer; 97 u.li: Reinhard/Bavaria; 97 o.M.: Dobers; 97 M.re: Ruckszio/Silvestris; 97 u.M.: Dobers; 97 o.re: Reinhard/Okapia; 97 u.re: Pfeiffer/Silvestris; 98 A2, 101 o.li: Dobers; 101 u.li: Jaenicke; 101 u.li. (Insert): Dobers; 101 M.: Jaenicke; 101 o.re: Dobers; 101 M.re, 101 u.re: Jaenicke; 102 o.li, 102 u.li: Dobers; 102 M., 102 o.re, 102 u.re: Jaenicke; 103.2: The Chelsea Physic Garden Company, London; 104.1, 104.2: Dobers; 104.3: Dr. Brehm/Silvestris; 105.4 A: Tönnies; 105.4 B, 105.4: Jaenicke; 105.4 D: Weber; 105.4 F: Dobers; 105.4 G: Jaenicke; 105.4 H: Tönnies; 105.4 I, 106.1: Dobers; 106.1 A: Tönnies; 106.1 B: Jaenicke; 106.2: Dobers; 106.3: Geduldig/Naturbild/Okapia; 107.1: Schuchardt; 108.1 A+1 B: Hecker/Silvestris; 109.2: Wilmshorst/Silvestris; 109.3: Wendler/Okapia; 109.4: Wilmshorst/Silvestris; 109.5 A: Laßwitz/Naturbild/ Okapia; 110.1: Wellinghorst; 110.1 A Lupe: Jaenicke; 110.1 B Lupe: Pelka/Silvestris; 111.4: M. Haberer/Biofot; 111.3: Bühler/Silvestris; 112 A: Geduldig/Okapia; 112 B: Kohlhaupt-Sendtner/Mauritius; 112 C: Dobers; 112 D: Jaenicke; 112 E, 112 F: Dobers; 112 G: Otto/Bavaria; 112 H: Havelin/Okapia; 112 I: Heppner/Silvestris; 114.1 (Insert): Rauschenbach/Mauritius; 114.1 A: Wellinghorst; 115 o.li: Starke; 115 M.li: Wellinghorst; 115 u.li: Krahmer/Okapia; 115 o.M.: Wellinghorst; 115 M.re: Hecker/Silvestris; 115 u.M.: Weinzierl/Silvestris; 115 o.re: Dobers; 115 u.re: NHPA/Silvestris; 116.1, 116.1 B: Minkus; 117.3 A: Wellinghorst; 117.3 B, 117.3 C: Dobers; 117.3 D: Worm; 120.1 A, 120.1 B: Dobers; 120.1 B (Insert): Tönnies; 120.2 A: Dobers; 120.2 B: Jaenicke; 120.2 C, 121.1 C, 121.1 D: Dobers; 121.4 A: Kuchelbauer/Silvestris; 121.4 C, 122.5, 122.6: Dobers; 122.6 (Lupe): Jaenicke; 122.8: Tönnies; 123 u.li: Photosource/Zefa; 123 u.re: PP/Bavaria; 124.1 A o.li: Dobers; 124.1 A o.M.: Ruckszio/Zefa; 124.1 A o.re, 125.1 B o., 125.1 C o.: Dobers; 125.1 D o.: Philipp; 126.1 A: Dobers; 126.1 B, 126.1 C: Tönnies; 126.1 D: Starke; 126.1 E: Jaenicke; 126.1 F: Dobers; 126.1 G: Geiersperger/ Silvestris; 126.1 H: Angermayer; 126.1 I, 127.1, 127.3 A, 127.3 B: Jaenicke; 128.1: Fischer/Mauritius; 128.2: Gruber/Bavaria; 128.3: Reinhard/Angermayer; 128.4: Danegger/Okapia; 129.5: Brandl/Silvestris; 129.6 A: Kuch/ Silvestris; 129.6 B: Reinhard-Tierfoto; 129.7: Soder/Okapia; 130.1: Reinhard-Tierfoto; 131 o.li: Reinhard/Bavaria; 131 M.li, 131 M., 131 u.li: Reinhard-Tierfoto; 131 o.re: Brandl/Silvestris; 131 u.re: Jaenicke; 132.1: Tönnies; 132.2: Dr. Hüppop/Institut für Vogelforschung, Helgoland; 132.3: Nagel, Wilhelmshaven; 133.4: M-SAT, Saarbrücken/Astrofoto; 133.4 A: Dr. Michael Kaatz/Storchenhof Loburg; 133.4 B: Buchhorn/Silvestris; 133.4 C: Buchhorn/Okapia; 133.4 D, 135.1: Wothe/Silvestris; 135.2: Soder/Okapia; 135.3: Danegger/Silvestris; 135.4: FLPA/Silvestris; 135.5: Schmidt/Silvestris; 136.1, 137.3: Dobers 137.4: Rohdich/Bavaria; 138.1, 138.2 A, 138.2 B, 138.2 C, 138.2 D, 138.2 E, 139.2 F, 139.2 G, 139.2 H: Jaenicke; 140 (Underlay): Dobers; 140 o.li: Dr. Bellmann, Lonsee; 140 M.li: Pfletschinger/Angermayer; 140 u.li: Lond. Sc. Films/OSF/Okapia; 140 o.M., 140 u.M.; 140 o.re: Jaenicke; 140 M.re, 140 u.re: Pfletschinger/Angermayer; 141.1 A-D: Dr. Bellmann, Lonsee; 141.2 A-C: Dobers; 5 und 144.1: Jaenicke: 146.1 A, 146.1 B, 148 o. (6 Abb.), 148 u., 149 V2, 149 V3, 149 V4: Jaenicke; 150.1: L. Bergmann GmbH & Co. KG, Goldenstedt; 150.2 A: Büttner/Naturbild/Okapia; 150.2 B: Jaenicke; 150.2 C: Worm; 150.2 D, 151.3 C: Jaenicke; 152.1: Willers/Silvestris; 152.3: Archiv für Kunst und Geschichte; 153.2 (4 Abb.): Jaenicke; 154 o.: IMA, Hannover; 154 u.: Vidler/Mauritius; 155.1, 155.2 A, 155.2 B, 155.2 C, 155.3 A, 155.3 B+C, 156. 1 A-H, 156.2, 157.3, 158.1, 158.2, 159.A 3 A-C, 160.1 (auch Inserts), 160.2 (auch Kreis), 160.3 A-C + 161 D-F; 161.5 A+B: Jaenicke; 162 o.: Hubatka/Mauritius; 162 M.: Reinhard-Tierfoto; 162 u.li/169 u., 162.3: Jaenicke; 163.1 A: Kalt/Zefa; 163.1 B, 163.1 C: Jaenicke; 164.1: Kalt/Zefa; 164.1 li., 164.1 M.: Jaenicke; 164.1 re: Greiner + Meyer 164.2, 165.5, 166.u.li (2 Abb.): Jaenicke; 167.1 D: Jung/Nature + Science AG; 168.1 A-C, 169 o., 170 o.re, 170 o.M., 170 u.li, 170 u.re, 172.1, 172.2 A:, 172.2 B: Jaenicke; 172.3: Wendler/Silvestris; 173.4: Tönnies; 173.5: hapo/Okapia; 174 M.li: Silvestris; 174 M.re: Jaenicke; 174 u.li: Bosch/IFA-Bilderteam; 174 u.M: Pforr/Silvestris; 174 u.re: Dobers; 175 M.li,175 M.re, 175 u.li, 175 u.M., 175 u.re: Jaenicke; 176 M.li: Tönnies; 176 M.re: Starke; 176 u.li, 176 u.M.: Jaenicke; 176 u.re: Tönnies; 177 M.li: Jaenicke; 177 M.re: Wellinghorst; 177 u.li: Jaenicke; 177 u.M: Dobers; 177 u.re: Jaenicke; 178 A (Insert): Gross/Silvestris; 178 A: Laßwitz/Naturbild/Okapia; 178 B: Reinhard/Okapia; 178 C: Kunz/Greiner + Meyer; 178 D (Insert): Tönnies; 178 D: Blaich/Greiner + Meyer; 179 A2 li, 179 A8 A, 179 A8 B, 179 A8 C, 179 A8 D: Jaenicke; 6 und 180.1: Dietrich/Silvestris; 6 und 180.1 A: Dani/Jeske/Silvestris; 6 und 180.1 B: Schmidt/Silvestris; 6 und 180.1 C: Kapp/Silvestris; 6 und 180.1 D: Cramm/Silvestris; 6 und 180.1 E: Pölking/Silvestris; 181 o.li: Bildarchiv Martin Thomas; 181 M.li: Buchhornd/Silvestris; 181 u.li: Brockhaus/Silvestris; 181 o.re: Bayerisches Landesamt für Wasserwirtschaft München; 181 o.M.: Greiner + Meyer; 181 M.re: Ewald/Greiner + Meyer; 181 u.re: Jaenicke; 182.1A: Layer/Greiner + Meyer; 183.3 A: Angermayer; 183.3 B: Lichtbild-Archiv Dr. Keil; 184.1: Reinhard/Angermayer; 184.2 A: Hartl/Okapia; 184.2 B: Heppner/Silvestris; 184.2 C: Hartl/Okapia; 185.1 D, 185.1 E: Tetra Werke, Melle 186.1 B: Tegen; 188 o.re: Reinhard/Zefa; 188 M.li: Greiner + Meyer; 188 M.re: Lenz/Silvestris; 188 u.li: Lacz/Silvestris; 188 u.re: Chaumeton/Nature/Okapia; 189 o.li: FLPA/Silvestris; 189 M.li: Raimund Cramm; 189 u.li: Rohdich/ Bavaria; 189 o.re: Dan Burton/Wildlife; 189 u.re: Fleetham/Silvestris; 190.1A: TCL/Bavaria 192.1: Wegner/ Silvestris; 192.1 A: Rohdich/Silvestris; 192.1 B: Wellinghorst; 193.2: Bach/Zefa; 194.1 A: Thielscher/Silvestris; 194.1 B, 194.1 C, 194.1 D, 194.1 E, 194.1 F: Pfletschinger/Angermayer; 195 u.li: Reinhard-Tierfoto; 195 u.M.: Wellinghorst; 195 u.li: Kuchlbauer/Mauritius; 197 A: Wellinghorst; 197 B: Pfletschinger/Angermayer; 197 C: Salamander Aktiengesellschaft; 197 D: Wendler/Silvestris; 197 E: Pfletschinger/Angermayer; 197 F: Wellinghorst; 198.1 A: Reinhard-Tierfoto; 198.2 A: Ziessler/Angermayer; 199 o.li: Reinhard/Mauritius; 199 M.li, 199 u.li, 199 o.re, 199 u.re: Reinhard-Tierfoto; 200.1 B: Lanceau/Nature/Okapia; 200.2: Danegger/Silvestris; 201 o.: Naturfoto Labhardt, Bottmingen/Schweiz; 201 u.: Jaenicke; 202.1: Danegger/Silvestris; 202.2: Reinhard-Tierfoto; 203.4 B: Sohns/Okapia; 204.1: Rolfes/Silvestris; 204.2: Pieper/Silvestris; 206.1 A: Reinhard/Angermayer; 206.1 C (Insert): Pfletschinger/Angermayer; 208 o.li, 208 u.li, 208 o.M., 208 u.M., 208 o.re, 208 u.re: Reinhard-Tierfoto; 210.1 A: Maier/Silvestris; 210.1 B, 210.2 o., 210.2 M., 210.2 u.: Pfletschinger/Angermayer; 211.3 A: Meyers/Zefa; 211.3 B: Schrempp/Greiner + Meyer; 212 o.li: Sohns/Silvestris; 212 u.li: Reinhard-Tierfoto; 212 o.re: Rao/Bavaria; 212 u.re: Reinhard-Tierfoto; 213 o., 213 M.li, 213 M.re: Dinosaurierpark, Münchehagen; 213 u.li: Jaenicke; 213 u.re: Dinosaurierpark, Münchehagen; 214.1: Georg Quedens, Amrum; 216.1 A: Tilford/OSF/Okapia; 216.1 B: NHPA/Silvestris; 216.1 C: Mönch/Angermayer; 216.2: Sohns/Silvestris; 217.4: Rosing/Silvestris; 217.5: Groß/Okapia; 217.6: Osolinski/ OSF/Okapia; 218 A1 o., 218 A1 u.: Dalton/Silvestris; 218.1 o.: Photri Inc./Okapia; 219.1, 219.2: Deutsches Museum, München; 219.3: Archiv für Kunst und Geschichte, Berlin 219.4: SOP/Mauritius; 220.1 A: Reinhard/Angermayer; 220.1 B: Zefa; 220.1 C: Gross/Silvestris; 220.2 A: Schiersmann/Zefa; 220.2 B, 220.3: Cramm/Silvestris; 221 o.li: Schmidt/Angermayer; 221 u.li: Layer/Zefa; 221 o.M.: Reinhard/Angermayer; 221 u.M.: Reinhard/Bavaria; 221 u.re: Reinhard/Angermayer; 222.3A: Dalton/Silvestris; 222.3B: Danegger/Zefa; 223 o.li, 223 u.li, 223 o.M.: Reinhard-Tierfoto; 223 u.M.: Lichtbild-Archiv Dr. Keil; 223 o.re: Reinhard-Tierfoto; 224.1 A: Silvestris; 225 o.li: Schmidt/Angermayer; 225 u.li: Wothe/Silvestris; 225 o.M.: Schmidt/Angermayer; 225 u.re: Silvestris; 225 o.re: Stiel/Mauritius; 226.1 A: Mönch/Angermayer; 226.1 B: Sunset/Silvestris; 227.3: Heblich/Silvestris; 227.1 A: UWE/Silvestris; 227.1 B: Pott/Okapia; 227.1 C: Cramm/Okapia; 228.1 B: Myers/Zefa; 228.1 C: Foott/Okapia; 229.2 B: Allan/OSF/Okapia; 229.2 C: Reinhard/Angermayer; 230 o.re, 230 li: Reinhard-Tierfoto; 230 M.re: Dr. Hinrich Bäsemann, Tromsö; 230 u.re: Blohm/Zefa; 231.1: Weyer/Okapia; 231.3: Nicklin/Save-Bild/Minden Pictures; 232.1 A: Evans/Wings; 233.2: Reinhard-Tierfoto; 233.3: Uselmann/Okapia; 234 o.li: Reinhard-Tierfoto; 234 u.li: Dobers; 234 o.re: Cramm/Silvestris; 234 u.re: Dr. Bellmann, Lonsee; 7 und 236.1 A, 236.1B, 238 o.li: Minkus; 238 u.li: Archiv für Kunst und Geschichte; 238 o.re, 238 u.re: Minkus; 239 o.li: W.H. Müller/Greiner + Meyer; 239 M.re: Minkus; 239 u.re: Bildarchiv Preußischer Kulturbesitz; 240.2 A, 240.2 B, 240.2 C, 242.2 A, 242.2 B, 242.2 C: Lemke, Peter & Partner; 244.4: Minkus; 245.1 A, 245.1 B: Dr. Schleyer/ Florian Karly, München; 245.1 C, 245.1 D: Karly; 246.2 A: Garry Watson/Science Photo Library/Focus; 246.2 B aus: Ein Kind entsteht/Lennart Nilsson/Mosaik Verlag; 246.2 C: TCL/Bavaria; 248 A3, 249 A4 o.li, 249 A4 o.re, 249 A4 u.li, 249 A4 u.re: Minkus

Wasserfrosch
ca. 12 cm

Laubfrosch
bis 5 cm

Grasfrosch
bis 10 cm

Moorfrosch
bis 8 cm

Seefrosch
bis 17 cm

Springfrosch
bis 9 cm

Teichfrosch
bis 9 cm

Alpensalamander
bis 16 cm

Feuersalamander
bis 28 cm